雷达极化抗干扰技术

李永祯　肖顺平　王雪松
王　伟　施龙飞　著

国防工業出版社
·北京·

图书在版编目（CIP）数据

雷达极化抗干扰技术/李永祯等著. —北京：国防工业出版社，2010.9

ISBN 978 -7 -118 -06971 -6

Ⅰ. ①雷…　Ⅱ. ①李…　Ⅲ. ①雷达抗干扰—研究
Ⅳ. ①TN974

中国版本图书馆 CIP 数据核字（2010）第 163669 号

※

国防工業出版社出版发行

（北京市海淀区紫竹院南路 23 号　邮政编码 100048）

国防工业出版社印刷厂印刷

新华书店经售

*

开本 880×1230　1/32　印张 9½　字数 281 千字

2010 年 9 月第 1 版第 1 次印刷　印数 1—4000 册　**定价** 32.00 元

国防书店：（010）68428422　　发行邮购：（010）68414474

发行传真：（010）68411535　　发行业务：（010）68472764

前言

随着现代电子战的迅猛发展以及战场电磁环境的日趋复杂和恶劣，最大限度地挖掘和利用雷达传感系统所获得的电磁信息，提高雷达抗干扰能力和生存能力，进而适应复杂多变的战场环境，已经成为雷达信息处理技术领域所面临的基础课题和紧迫任务。

极化反映了电磁波的矢量特性，雷达对电磁波极化信息的提取和利用，可以有效地提高其抗干扰、目标检测和目标识别的能力。随着人们对极化信息认识、开发和利用的不断深入，雷达极化问题的研究引起了美、俄、英、法、意、日等发达国家相关专家的高度关注和浓厚的研究兴趣，积累了一批基础性研究成果并逐渐迈入实用阶段，在电磁波极化表征、极化 SAR 成像、增强目标检测和识别能力等方面取得了一批极富学术价值的研究成果，已广泛应用于机载/星载合成孔径雷达、地基防御雷达以及气象雷达等多种体制雷达系统中。但是，极化信息在雷达抗干扰领域的应用则发展缓慢，目前仍然是采用一些简单的极化抗干扰方法，如采用极化捷变来实现抗干扰等，对极化信息的挖掘和利用相对不够充分，难以应对越来越智能化、灵巧化的先进雷达干扰。

作者近年来结合国家自然科学基金重点项目和青年基金项目以及“十一五”国防预研等项目的工作，在雷达极化测量、压制干扰极化抑制、欺骗干扰的极化识别和抑制等方面取得了一批富有学术意义和工程应用的研究成果，以此为主要基础，撰写了本书，对雷达极化抗干扰技术进行了深入探讨，供相关领域科技工作者阅读参考。

全书共分 6 章。第 1 章简要归纳、评述了雷达干扰与抗干扰的研究现状和发展趋势，论述了雷达极化抗干扰的相关理论、应用成果以及亟需解决的前沿问题；第 2 章介绍了雷达极化学的一些基础理论，系统阐述了电磁波和雷达目标极化特性的各种表征方法及其相互关系，着重从物理层面揭示了雷达目标信号、干扰信号的极化本质特征，为极化信息用于雷达抗干扰提供物理基础和数学工具；第 3 章介绍了几种雷达极化测量方法，着重讨论了一种能够同时获得良好自相关特性和互相关特性的复合编码同时极化测量方法；第 4 章主要阐述了极化抗噪声压制干扰的方法，重点讨论了噪声压制干扰的自适应极化迭代滤波方法和干扰背景下的目标极化增强方法；第 5 章主要阐述了极化抗有源假目标欺骗干扰的相关问题，分析了有源假目标和雷达目标的极化特性，并以此为基础，着重讨论了几种基于极化域特征差异进行识别有源真假目标的方法及其识别性能；第 6 章主要阐述了极化抗有源角度欺骗干扰的相关问题，着重讨论了交叉极化角度欺骗和两点源角闪烁等角度欺骗干扰的极化抑制方法及其抑制性能。

本书由李永祯副教授、肖顺平教授、王雪松教授、王伟教授和施龙飞博士后执笔。在本书的撰写过程中，庄钊文教授、王国玉研究员、蒋兴才教授、汪连栋研究员、张文明副教授、徐振海副教授、王涛副研究员和代大海讲师等提供了多方面的支持和帮助，同时还得到了李金梁、马梁、常宇亮、刘进、胡万秋、刘勇、戴幻尧等研究生的帮助。本书的研究内容还得到了黄培康院士和毛二可院士的指导，在此一并表示衷心的感谢！

由于时间仓促，水平有限，书中不当之处在所难免，敬请读者批评指正。

作　者

2010 年 5 月

目　录

第1章 绪 论

1.1 引 言

随着现代电子战的迅猛发展，以武器及其平台的隐身、电子干扰、超低空突防、反辐射导弹为代表的电子战技战术使用对雷达系统的工作性能与生存能力构成了越来越严峻的挑战和威胁。因此，雷达抗干扰问题日益成为雷达技术领域中极为重要的研究内容[1, 12]。

雷达干扰大致分为压制式干扰和欺骗式干扰两类，前者主要依赖能量压制达到干扰雷达检测的目的，后者主要通过产生虚假目标信号或干扰雷达参数测量达到掩护目标、消耗雷达资源的目的。本质上，雷达抗干扰就是利用干扰信号与有用信号（如目标回波）的特征差异，抑制干扰而保留或增强有用信号。干扰信号与有用信号的特征差异可能在时域、频域、空域和极化域的任一个域中出现，相应地也存在着不同域的抗干扰方法。

目前，现役战术/战略雷达大多工作于水平或垂直极化状态，而有源雷达干扰的极化状态多数设计为圆极化或45°/135°斜极化，主要是在时域、频域和空域进行对抗，相关技术已经比较成熟，而国内雷达/雷达对抗学术界和工业部门对极化域的对抗还考虑得比较少，极化信息在雷达抗干扰方面的潜力尚未被充分认识和挖掘，对雷达极化抗干扰性能的定量评估更是甚少关注[1-15]。

极化反映了电磁波的矢量特性，雷达对电磁波极化信息的提取和利用，可以有效地提高其抗干扰、目标检测和目标识别的能力[1-9]。随着人们对极化信息认识、开发和利用的不断深入，极化信息获取与处理技术已广泛应用于机载/星载合成孔径雷达、地基防御雷达、毫米波制导雷达以及气象雷达等雷达系统中，极化测量雷达和雷达极化学的研究已成为当前雷达技术发展的热点。为此，以高精度极化测量能力为基础，以目标、干扰极化特征差异为前提，充分挖掘极化信息的潜力，发展极化抗干扰技术，必然会提高雷达应对复杂电磁环境的能力。同时，随着雷达抗干扰向综合化（综合利用时域、频域、空域、极化域的各种信息、各种技术手段）和网络化（综合利用各种平台）的方向发展[13-15]，极化信息作为电磁波的一种基本信息，与传统的时域、频域、空域信息的配合使用，将有助于解决雷达抗干扰中亟待解决的一些难题，并有望成为雷达抗干扰技术发展的一个新的推动力。

以作者近年来在雷达极化抗干扰方面的研究成果为基础写成本书，共 6 章：第 1 章着重介绍了雷达极化抗干扰技术方面的研究进展；第 2 章介绍了雷达极化学的一些基础理论，并从物理层面揭示了雷达目标信号、干扰信号的极化本质特征；第 3 章介绍了雷达极化信息测量方法；第 4 章介绍了噪声压制干扰背景下的极化抑制和目标极化增强方法；第 5 章介绍了利用极化信息鉴别真、假目标的研究成果；第 6 章讨论了典型角度欺骗干扰的极化抑制方法。本书内容以战场电磁环境为背景，充分考虑了工程应用中涉及的重要影响因素，其方法和结论对于雷达系统优化设计、提高雷达抗干扰和目标识别能力等科学研究和工程应用具有指导意义。

1.2 雷达对抗技术的发展现状

在探讨雷达极化抗干扰问题之前，首先简要阐述雷达干扰与抗干扰技术的发展现状和趋势，简要分析雷达干扰与抗干扰问题中所涉及的极化信息，以及极化信息在解决相关问题中所起到的作用。

1.2.1 雷达干扰技术的发展现状

雷达干扰和雷达抗干扰之间的矛盾对立关系决定了它们的发展是针锋相对而又密不可分的，任何一方由于新技术的采用而形成的短暂优势，都会很快被另一方有针对性的技术进步所打破，从而形成了雷达干扰和雷达抗干扰技术交替发展的局面。

1. 雷达干扰技术发展历程[12-15], [229-232]

雷达干扰技术的发展总是和雷达本身的发展水平息息相关，其发展过程大致分为以下几个阶段。

（1）20 世纪四五十年代，雷达波形比较简单，工作频段相对固定，几乎没有抗干扰能力，这一时期的雷达干扰样式也比较简单，主要是瞄准式和阻塞式噪声干扰，干扰对象主要是警戒雷达或目标指示雷达。

（2）20 世纪六七十年代，雷达系统采用了多种抗干扰技术，如频率捷变、脉宽捷变、重复周期捷变等，有效地减轻或消除了噪声干扰和简单欺骗干扰的影响，此阶段对干扰技术的研究也相应出现了一个高潮，具体表现为：一方面研究了更大功率和更宽频率覆盖范围的噪声干扰技术，以改善噪声干扰的压制效果；另一方面开发了具有多种欺骗干扰样式的应答式和转发式干扰机，干扰样式包括距离欺骗、角度欺骗、速度欺骗、倒圆锥扫描、距离波门拖引以及噪声/欺骗双模干扰等，并先后成功应用于干扰机系统。

（3）20 世纪 70 年代末 80 年代初以后，随着计算机、大规模集成电路、固态功率放大器、微波单片集成电路、高效固态功率模块以及固态相控阵天线等技术或器件的成熟和应用，一些新体制雷达（如脉冲多普勒雷达、脉冲压缩雷达、相控阵雷达、合成孔径雷达等）相继问世并得到了广泛的应用，这些新体制雷达采用了许多新技术，如波形调制、相参积累、超低旁瓣天线、旁瓣对消等，大大提高了雷达系统的抗干扰能力，同时也促进了新型雷达干扰技术的发展，如灵巧干扰、分布式干扰和高逼真欺骗式干扰等。

2. 雷达干扰技术的发展趋势

为了应对日益发展的雷达抗干扰技术，雷达干扰技术呈现综合化、分布化、灵巧化的发展趋势[12]，综合时域、频域、空域和极化域进行对抗。

1）综合化干扰

由于雷达干扰技术针对性较强，一种干扰手段通常只能对一两种抗干扰措施有效，而目前雷达抗干扰技术已经向综合化方向发展，如相控阵扫描、单脉冲跟踪、旁瓣对消、脉冲压缩、相干积累、频率捷变、重频参差、脉宽捷变、波形捷变等抗干扰措施可以相互兼容、综合运用。因此，唯有综合利用多种干扰手段，对敌方雷达系统实施干扰，才能发挥作用。

2）分布化干扰

随着雷达技术的发展，超低旁瓣天线、旁瓣对消等抗干扰措施使旁瓣干扰异常困难，应用少量干扰机难以形成大范围干扰区域以掩护己方目标，只有采用众多的主瓣干扰机才能达到战术目的。此外，雷达组网使传统的“一对一”方式的干扰失效，必须要发展“面对面”的干扰。分布式干扰是一种按一定规律布放的干扰群，可以形成数目众多的主瓣干扰，是实现“面对面”干扰和对雷达组网进行干扰的有效途径。

3）灵巧化干扰

单一、固定的干扰信号样式往往难以对付变化的抗干扰措施，为此必须及时改变干扰信号的样式，以对抗不同雷达的抗干扰方式。另一方面，先进雷达往往具有复杂、精巧的信号特征，它们使噪声干扰的对抗效果大大降低，为此，必须发展精巧的干扰信号样式。灵巧干扰是指干扰信号的样式（结构和参数）可以根据干扰对象和干扰环境灵活地变化，或干扰信号的特征与目标回波信号非常相似，前者称为自适应干扰，后者称为高逼真欺骗干扰。

随着极化信息在雷达中的应用，极化干扰技术亦逐渐受到重视，据相关文献报道[15]，美国国防部在 2001 财年—2005 财年就已经开始对具有极化捷变能力的干扰机研制项目进行支持。

1.2.2 雷达抗干扰技术的发展现状[12-15], [229-232]

雷达抗干扰本质上是利用干扰信号与有用信号（如目标回波）的特征差异，抑制干扰的同时保留或增强有用信号。干扰信号与有用信号的特征差异可能在时域、频域、空域和极化域的任一个域中出现，相应地也存在着不同的抗干扰方法，同时也形成了联合域的抗干扰方法。下面简要阐述雷达在时域、空域、频域和极化域上的抗干扰技术。

1. 时域抗干扰方面

雷达在时域的抗干扰措施主要有距离选通、前沿跟踪、重频捷变等。

1）距离选通

跟踪雷达在跟踪目标时，为了减少关联错误，需要应用距离选通措施。搜索雷达为了防异步干扰和降低虚警概率，也要应用距离选通或视频积累抗干扰措施来确认目标。距离选通利用的是目标回波短时间内连续在同一距离上出现，而干扰、杂波或噪声在距离轴上出现的位置较随机。

同步干扰信号与雷达发射脉冲同步，雷达会把这种干扰信号误认为是目标回波信号，因此，同步干扰是对抗距离选通的有效措施。

2）前沿跟踪

前沿跟踪是跟踪雷达常用的一种抗干扰措施，它利用距离拖引假目标滞后于目标回波的特点，控制距离门跟踪最前面的信号或跟踪回波脉冲的前沿。

对抗“抗拖距”的方法是应用“脉冲＋噪声”或“脉冲＋同步投放箔条”的复合干扰，由于噪声或箔条可以在目标回波信号的前面出现，故它们可以诱使前沿跟踪电路不断跟踪最前面的噪声或箔条信号，从而把雷达距离跟踪波门引离目标。此外，针对线性调频（LFM）信号的距离前向拖引干扰也可以有效对付前沿跟踪措施。

对于拖引干扰，第 5 章所介绍的假目标鉴别方法可以用于识别真实目标和拖引假目标。

3）重频捷变

重频捷变对现有雷达对抗设备而言是一种简单而有效的反侦察、抗干扰措施，重频捷变使侦察设备的信号分选、识别困难，并使干扰机难以施放同步干扰，特别是重频捷变与频率捷变相结合，可使干扰方在收到雷达脉冲前不能在时域和频域上实施瞄准干扰，大大降低有效干扰的区域。

重频捷变、频率捷变虽然可以一定程度上对抗同步假目标干扰，但仍然存在两个问题：一是对于线性调频信号的情况，干扰方通过对采集到的线性调频信号进行适当的多普勒调制，利用线性调频信号的距离－多普勒耦合特性，可形成前置假目标；二是即使雷达不采用线性调频信号，滞后的假目标信号仍然可以掩盖干扰机后方的被掩护目标。因此，对于高逼真度的实时转发假目标而言，目前还没有很成功的抗干扰措施，在第 5 章中介绍的极化鉴别方法是对抗这类假目标干扰的一种尝试。

2. 空域抗干扰方面

空域抗干扰措施主要包括超低旁瓣天线、旁瓣对消、旁瓣匿隐、单脉冲测角、相控阵扫描等。

1）超低旁瓣天线、旁瓣对消、旁瓣匿隐

超低旁瓣天线的旁瓣电平比传统雷达低 15dB～20dB，大大降低了从雷达天线旁瓣进入的有源干扰、箔条干扰和地（海）杂波干扰的强度，消弱了旁瓣干扰的效能。同时，也使从旁瓣辐射的雷达信号强度降低至原来的 1/30 以下，使干扰侦察系统对雷达旁瓣信号的侦察、测向、定位更加困难。对抗超低旁瓣天线雷达的主要方法就是使侦察和干扰设备与被保护平台处于同一方向，甚至是同一平台（即自卫式干扰）。

旁瓣对消是现代雷达普遍采用的空域滤波措施，该技术可有效地对付支援式干扰。但同样地，当目标与干扰角度位置接近时，则经典对消算法会将目标回波信号也一并对消，因此通常认为旁瓣对消对自卫式干扰是无效的。

在这种情况下，如果目标回波与干扰在极化上存在差异，则依然可以从极化域将干扰对消，自适应极化对消器（Adaptive Polarization Canceller，APC）即是一种最典型的干扰抑制极化滤波器，第 4 章将对其进行介绍。

2）单脉冲测角

单脉冲角跟踪可以在一个脉冲内提取信号的到达方向信息，并且可以被动（无源）地测量和跟踪干扰源，这对于携带自卫式有源干扰机的作战平台构成了严重危胁。

对抗单脉冲测角的干扰方式是角欺骗干扰，主要包括各种有/无源角欺骗诱饵，如美军的 FOTD（光纤拖曳式诱饵）成为多种战斗机、攻击机、轰炸机及电子战飞机的标准配置。第 6 章介绍了利用极化信息抑制角欺骗干扰的方法，具有一定的工程参考价值。

3）相控阵扫描

相控阵天线扫描捷变是利用相控阵天线的电子扫描特性，使雷达天线照射目标的时间呈现很大的不确定性，从而使电子战支援接收机对雷达的侦察、识别、定位非常困难，因而会降低干扰的有效性。

有效对抗相控阵扫描雷达或其他参数捷变雷达的关键是使干扰机具有极快的响应速度，以便及时、准确地把干扰信号瞄准、发射出去。现代干扰设备能在几微秒的时间内实现准确的频率瞄准和角度瞄准，并施放有效的干扰，是对抗相控阵天线扫描捷变的有效措施。

3. 频域抗干扰方面

频域抗干扰措施主要有频率捷变、窄带滤波和频谱扩展等。

1）频率捷变

频率捷变是迄今为止最为广泛使用的一种抗干扰措施，它可以使侦察机难以准确分辨、识别雷达辐射源，并使干扰机难以使用瞄频干扰。

为了对抗雷达的捷变频措施，干扰方必须大力提高瞄频速度，缩短瞄频时间。在简单电磁环境下，现代干扰机可以在零点几微秒的时间内、几千兆赫带宽上进行瞬时测频，精度可达到1MHz的量级，甚至更高。

2）窄带滤波

窄带滤波是利用目标与干扰、杂波在频谱上的差别，提取目标而滤除干扰、杂波。如在脉冲多普勒（PD）、动目标显示（MTI）和动目标检测（MTD）等处理中，利用目标与地（海）杂波的多普勒特性差异，在频域将目标提取出来。

3）频谱扩展

现代雷达发展的一个重要特点是应用扩谱技术，使雷达信号的带宽越来越宽。这一方面是为了提高雷达的距离分辨率，另一方面也降低了发射信号在单位频带内的功率密度，从而降低了被电子侦察设备侦察的概率，是低截获概率（LPI）的一个实现途径。

为了侦察、识别频谱扩展信号，各国正在大力发展数字化接收机并应用现代数字信号处理技术，提取淹没在噪声中的雷达信号。

4. 极化域抗干扰方面

在极化域内的雷达干扰和抗干扰也得到了一定的发展，其措施主要有极化滤波和极化鉴别等，相关内容将在1.3节介绍。

5. 雷达组网方面

将位于同一个区域内的多部、多种类型的雷达组网，使它们的情报能相互支援、相互补充，从而实现在时域、频域和空域上的多重覆盖，是一种强有力的抗干扰措施。对于雷达组网，任何功能强大的单个干扰设备都难以实现有效对抗，只有用多个干扰设备构成的电子干扰网来对付雷达组网，即以多对多、以网制网。实现这种电子干扰网的手段就是分布式干扰，就是所谓的“狼群”战术。

综上所述，雷达抗干扰只有充分利用各种信息，并进行高度融合，才能应对日益严重的雷达干扰威胁。对于雷达对抗双方而言，单凭一种技术、一种手段，是难以完全压倒对方的。因此，在智能化、网络化（分布式）的未来雷达电子战中，干扰和抗干扰双方：一方面要积极开发、研究各种干扰、抗干扰手段；另一方面要将各种信息、手段进行综合，充分挖掘现有系统的潜力，实现系统对抗的整体优势。

1.3 雷达极化抗干扰技术的发展现状

无论是雷达干扰，还是雷达抗干扰，凡是涉及电磁波和天线的问题均会涉及极化的问题。从雷达极化抗干扰的角度来看，主要涉及的极化问题如图 1.3.1 所示。

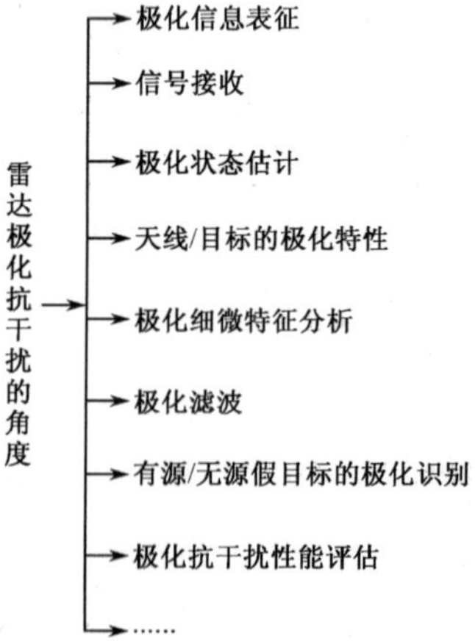

图 1.3.1 雷达抗干扰中涉及到的极化问题

将极化信息应用于雷达目标识别，一直是雷达极化学研究的热点和重点，而极化信息在雷达抗干扰方面的潜力则没有被充分认识和挖掘利用。这实际上与雷达抗干扰和雷达干扰的发展水平以及极化信息的特点都有一定的关系：一方面，现有雷达抗干扰或雷达干扰主要还是依赖于单个平台、单个技术手段，多个平台、多种技术手段之间相互独立；另一方面，极化信息没有达到与时域、频域及空域信息相提并论的高度，难以独立支持一种对抗手段。

结合本书探讨的内容，本节将分别阐述雷达极化学、雷达极化测量技术、极化抗压制干扰和极化抗欺骗干扰技术等方面的发展现状和趋势。

1.3.1 雷达极化学的发展现状和趋势

雷达极化问题的研究始于 20 世纪 40 年代。1946 年，美国俄亥俄州立大学大线实验室学者 G. Sinclair[6]指出，雷达目标可视为一个“极化变换器”，可用一个 2×2 矩阵来描述雷达目标的散射特性，这就是著名的“Sinclair 极化散射矩阵”。以此为起点，雷达界开始了对雷达极化学的探索研究。

从 20 世纪 40 年代中期开始至 20 世纪 50 年代末期，这是雷达极化学研究的第一个热潮。继 G. Sinclair 首次提出了极化散射矩阵概念之后，V. Rumsey 在 1949 年—1951 年间、E. M. Kennaugh 在 1948 年—1952 年间对极化散射矩阵进行了更为深入的研究，Kennaugh 于 1952 年针对互易性、单静态、相干情况，提出了富有开创意义的“目标最优极化”概念[16]，这些成果为经典雷达极化学奠定了初步的理论基础，初步揭示了极化在雷达信息处理中的应用前景，因而掀起了 20 世纪 50 年代雷达极化学的研究热潮。此外，雷达目标和地物杂波的极化特性测量与分析作为实现“最优极化”、目标分类等应用的基础性课题，也得到了广泛研究[17, 18]，并获得了大量有意义的成果。这一阶段中，由于具备高精度极化测量能力的雷达系统尚未研制成功，因此主要在理论方面开展了一些探索工作，并通过在已有雷达上进行全极化改装获得部分实验数据以支持理论研究。

从 20 世纪 50 年代末期开始，包括了整个 60 年代和 70 年代初期，研究重点集中在简单形体雷达目标的极化分类与识别方面，采用的技术路线主要是提取目标极化散射矩阵元素及其特征变量以对目标进行分类和识别。20 世纪 50 年代末，J.R.Huynen 在 Lockheed 公司进行了大量相干散射矩阵的测量工作，进一步发展了 Kennaugh 的目标最优极化理论，利用 Poincare 极化球和 Stokes 矢量表征法导出了著名的 Huynen 极化叉的概念，用于诸如振子目标、球状目标、对称目标等简单形体目标的分类和识别[19]；1960 年，Copeland 在 Kennaugh 的指导下，提出了第一个用于雷达目标分类和识别的实现方案[20]；1965 年，S. H. Brickel 和 O. Lowenshuss 提出了基于极化散射矩阵变换的三参数轨迹法，用于目标分类识别[21, 22]，同年，Brikel 提出了散射矩阵行列式值、散射矩阵的迹、功率散射矩阵行列式值、功率散射矩阵的迹和去极化系数等不随极化平面旋转或目标绕视线旋转而改变的极化不变特征量[21]；Kuhl 在 1970 年研究任意形状目标在任意观测角下的识别问题时，提出了更具有一般意义的五参数轨迹法[23]。

总的来看，在此阶段中，由于人们对目标极化散射特性与目标结构等属性的相互关系还缺乏了解，没有深入揭示雷达目标的极化散射机理，因此，所提出的目标极化分类与识别方法并不十分实用，尤其是对于具有复杂结构的现代军用目标。

此外，在此阶段中，在雷达气象学方面，各国学者对云内水成物粒子的极化散射特性的研究兴趣逐渐升温。该领域研究最早开始于 20 世纪 50 年代，国内外相关科学家开始对水成物粒子后向散射的极化效应进行研究[24, 25]，60 年代苏联用经过极化改装的雷达获取实验数据研究云和降水，试图确定降水物相态和评价人工影响天气的效果，到 60 年代末，加拿大科学家成功研制了高精度双极化气象雷达[26]。自此，极化在气象雷达中的应用开始蓬勃发展，并成为极化信息应用较为成功的领域之一。

从 20 世纪 70 年代初期至今，高精度极化测量雷达技术获得了迅速发展，以此为基础，极化应用研究在滤波、检测和识别等多个方面取得了重要进展。文献[27-30]通过极化测量雷达获得了大量实测数据，以此为支持，对地杂波、雨杂波以及雷达目标的极化散射特性进行了深入研究；文献[31-53]研究了利用极化信息改善正交双极化雷达目标检测性能的问题：A. J. Poelman 于 1975 年首次研究了高斯噪声环境下正交双极化接收雷达的目标检测问题[31]，并于 1981 提出了虚拟极化适配（VPA）的概念[32]，为极化检测处理提供了一种简便、可行的工程实现方法；D. Giuli 和 R. D. Chaney 等人分析了极化目标检测算法的理论性能[36, 37]； L. M. Novak 等分别研究了杂波环境中的目标最优极化检测算法[41, 42]； A. D. Maio、A. Farina 等研究了高分辨雷达距离扩展目标的极化自适应检测问题[45, 47]。文献[54-83]针对地（海）杂波、雨杂波以及干扰环境，研究了提高信杂比/信干比的极化滤波方法：1975 年 F. E. Nathanson 在研究雨杂波对消问题时，提出了自适应极化对消器（APC）的概念及系统实现方案[54]，这是最早的极化滤波器；A. J. Poelman 于 1984 年提出了多凹口极化滤波器（MLP），用于抑制部分极化的干扰和杂波[58]； D. Giuli 和 M. Gherardelli 等人则在前两者基础上提出了 MLP-APC[59]和 MLP-SAPC[62]；乔晓林、张国毅等对高频地波雷达的极化滤波问题进行了深入研究，提出了序贯极化滤波、极化域—频域联合抑制多干扰等方法[66-68]；王雪松、徐振海等对 SINR（信号干扰噪声功率比）极化滤波器的理论性能进行了较为全面的分析，并进行了优化设计[70, 76-78]；以提高图像信杂比为目的的极化对比增强技术随着极化合成孔径雷达（SAR）的广泛应用也得到了充分发展，V.Santalla、J.Yang 等人在此方面做了大量理论研究工作[73-75]。文献[84-104]研究了极化阵列信号处理技术，利用极化信息有效地提高了空间阵列的抗干扰、目标分辨能力。

SAR 目标分类及空间目标识别等军事需求催生了极化目标识别技术的发展[1-10], [105-118]，特别是进入 20 世纪 90 年代后，一批机载/星载多波段、多极化 SAR 以及地基宽带全极化成像雷达的投入使用，使极化域特征提取与识别技术得到了迅速发展。早在 1970 年，J. R. Huynen 就在其博士学位论文《雷达目标唯象学理论》中阐述了极化散射矩阵元素与目标属性之间的内在联系[4]，并提出了目标极化分解的概念，对雷达目标极化识别研究起到了推动性作用；此后，W. L. Cameron 和 S. R. Cloude 等众多学者进一步发展了目标极化分解理论[105, 106]，并在 SAR ATR（自动目标识别）等领域得到了广泛应用；N. F. Chamberlain 等人于 1991 年提出了“瞬时极化响应（TPR）”的概念[115]，并对几类大型商用飞机进行了试验，取得了不错的识别效果；国内，国防科技大学在宽带全极化雷达目标识别方面做了大量工作，肖顺平教授系统地研究了光学区宽带雷达目标识别的问题，提出了基于多维极化特征空间、目标本征极化和极化谱特性等复杂飞机目标识别理论和方法[8]，何松华教授针对毫米波导引头成像雷达对地物目标的识别问题进行了研究[117]，提出了距离—极化二维结构像的概念，王雪松教授提出了“瞬态极化”的概念[9]，突破了经典极化“时谐性”或“窄带性”的约束，并深入研究了雷达目标瞬态极化识别等问题。

雷达极化学作为雷达界的一个重要分支正日益受到重视，随着理论研究与工程实践的相互促进和发展，雷达极化学将在抗干扰、目标识别等领域发挥越来越重要的作用。

1.3.2 雷达极化测量技术的发展现状和趋势

雷达极化抗干扰的前提是能够通过极化测量技术获得满足精度要求的极化信息。下面首先对极化测量方法进行总结，然后对全极化雷达的发展和应用情况进行介绍。

1. 极化测量方法

下面介绍雷达极化学发展过程中先后出现的几种极化测量方法。

1）单极化发射、双极化接收测量体制

早期极化测量雷达多采用单极化发射、双极化接收的方式。早期的空间探测雷达，如美国于 1958 年研制成功用于观测、跟踪卫星的 Millstone Hill 雷达[128]，20 世纪 60 年代研制成功用于弹道导弹防御研究的 AMRAD 雷达[129, 130]等，都属于这种方式。这种测量方法中，极化信息的作用主要是改善对目标的检测性能，通过对两接收极化通道信号的融合，可平均将信噪比提高几个分贝[123]，从而可以获得更为稳定的检测和跟踪性能。此外，采用这种极化测量方法还可以通过调整两接收极化通道的相对幅度和延迟而对消阻塞式干扰和雨杂波[59]，Athanson 于 1970 年提出的用于空中交通管制雷达抑制雨杂波的自适应极化对消器实现方案就是采用这种极化测量方法[54]。

2）分时极化测量体制

随着技术的发展，无论是空间目标探测雷达、合成孔径雷达还是气象雷达等，都需要获取更多的“目标”（包括人造目标、地物、水成物粒子等）散射特性信息，上述极化测量方法只能部分地获取“目标”

极化散射信息，已不能满足需求。因此，收、发均为双极化的测量方法得到了发展。在这种测量方法中，发射和接收在一个相干处理期间内能够实现“全极化测量”，目前主要有两种基本体制：分时极化测量体制（interleaved-pulsed technique）和同时极化测量体制（simultaneous pulsed technique，or single-hit technique）。

分时极化测量体制在脉冲间进行发射极化的切换，主要方式是交替发射（一对）正交极化、同时接收正交极化。

早期的极化气象雷达均采用交替发射、同时接收的分时体制，其发射极化样式包括正交圆极化、正交椭圆极化以及正交线极化，可用于测量差反射率、去极化比（圆去极化比、线去极化比等）、相位差等参数，这些参数直接地反映了雨滴变形程度、冰雹尺寸以及云中气流传输和扩散等气象状况[125]。极化合成孔径雷达方面，美国麻省理工学院林肯实验室在 20 世纪 80 年代末研制的 Ka 波段机载合成孔径雷达 ADTS[131]、JPL（喷气推进实验室）的 SIR-C 系统[132]、加拿大的 CCRS/DREO 系统[133]、丹麦的 EMISAR 合成孔径雷达[134, 135]、美国的 S-POL 气象雷达都采用了分时极化测量体制，实际上现役先进的 SAR 系统基本上都采用了分时极化测量体制。空间探测雷达方面，据文献[136-139]报道，美国弹道导弹防御系统中承担中段目标识别的 GBR/XBR 雷达也很可能采用了分时极化测量体制。

分时极化测量体制虽然能够获得更多的目标散射信息，但存在以下固有缺陷[140]。

（1）对于由运动姿态变化引起散射特性随时间变化较快的非平稳目标，分时极化测量体制会在脉冲回波之间产生去相关效应。

（2）目标的多普勒效应会导致脉冲回波测量值之间相差一个相位，影响测量精度。

（3）距离模糊会影响脉冲回波的正常接收，影响极化测量的正确性。

（4）由于需要在脉冲之间进行极化切换，因极化切换器件的隔离度是有限的，存在交叉极化的干扰效应，对测量产生不利影响。

3）同时极化测量体制

针对分时极化测量体制的这些缺陷，学者们提出了正交极化同时发射和同时接收的极化测量体制。

在气象雷达领域，采用功分器和移相器实现正交极化同时发射、同时接收的新型气象雷达在近年来成为发展热点，这种同时发射方式首先由 Sachidananda 和 Zrnic 于 1985 年提出，在当时的主要目的是提高扫描速度，而实际上，这种方式相对于以往极化气象雷达所采用的分时体制还具有其他优点，如省去了价格较贵的铁氧体大功率开关，减少了测量脉冲之间的去相关性，消除了多普勒频率对相位测量的影响等。目前，美国 Ohio 州理工大学 CSU-CHILL 气象雷达、3cm New Mexico Tech(NMT)气象雷达均已修改或设计成水平、垂直极化同时发射方式[141]。

然而，这种正交极化同时发射的方式并不能实现目标对两入射正交极化去极化效应的分离，因而测不到目标的极化散射矩阵。为此，Giuli 等人于 1990 年提出了同时极化测量体制的概念[140-142]，同时极化体制只发射一个脉冲，该脉冲由两个（或多个）编码波形相干叠加得到，每个波形对应一种发射极化。这些编码波形之间相互正交，因此在接收处理中，利用“码分多址”的方法可以分离出不同发射极化对应的回波，经进一步处理后就可以获取完整的目标极化信息，即获得目标的极化散射矩阵。

Giuli 提出的这种同时极化测量体制在测量目标散射矩阵时，采用了两组 m 序列分别对应两正交发射极化，由于两发射极化的回波受到的多普勒调制完全相同，因而列元素之间不存在相位差，也由于在一个脉冲时间内即完成了测量，减少了目标去相关效应的影响。

然而，随着极化信号处理理论的发展，特别是极化抗干扰技术的需要，发射极化捷变的数目要求更大，且要求极化测量能够解决多目标相互影响等问题，面对这些新情况，传统的同时极化测量体制已不能够满足要求，表现在：

（1）编码序列之间不能完全正交，各编码通道之间存在着一定的耦合，各发射极化回波的测量之间也就存在一定的耦合。

（2）由于大多数编码序列的自相关特性和互相关特性是相互制约的，无法同时达到较为理想的水平，只能取折中，特别地，当发射极化数目（编码序列数目）较多时，无法找到数量足够且满足要求的编码序列。

针对目前同时极化测量体制的局限，第 3 章中介绍了一种复合编码同时极化测量体制，采用“外层地址码+内层码”的复合编码波形代替传统同时极化测量体制采用的伪随机码序列组，将对编码序列的自相关性要求和互相关要求解耦，使这两个方面的性能同时满足要求，从而能够同时发射多组极化，又能够有效减少密集（假）目标旁瓣的相互影响，较好地解决了上述矛盾。

2. 典型全极化测量雷达系统

随着极化基础理论的发展，以及极化测量技术的进步，美国、加拿大、意大利、德国、法国、英国、荷兰等发达国家十分重视对极化雷达的研制，而且已有相当数量的极化雷达问世，主要在目标监视与特征测量、机载/星载 SAR 和气象观测等几个方面得到了发展和应用。

1）目标监视与特征测量雷达

对弹道导弹、卫星等空间目标的探测与跟踪是事关国家安全的重要防御技术，而目标极化信息、高分辨信息是空中/空间监视雷达识别目标类型、辨别假目标诱饵的重要依据，因而受到了广泛重视。鉴于该方面研究的军事敏感性，其相关报道非常有限，目前已知的包括美国于1958年研制的用于卫星、弹道导弹目标跟踪、监视的Millstone Hill雷达[119]，宽带 X 波段空中目标成像雷达系统（MERIC）[120]，弹道导弹靶场测量雷达 AN/MPS-36 系统以及 MIT 林肯实验室的用于弹道导弹防御的 AMRAD 雷达[121]，美国陆军导弹司令部的 Ku 波段极化测量雷达，美国罗姆空军发展中心（RADC）的 S 波段极化跟踪雷达，美国密执安州环境研究所（ERIM）的 GAIR 地空 X 波段 ISAR 雷达等。此外，美国战略导弹防御系统中的关键组成部分，X 波段地基防御雷达系统（GBR）是一种宽带高分辨成像雷达，也具有全极化测量能力，能够利用极化信息和高分辨信息完成对弹头、无源诱饵、碎片以及有源假目标的识别等任务。

2）极化合成孔径雷达

将极化信息应用到 SAR 图像信息处理中，可用于抑制相干斑干扰，提高对目标的检测性能以及对地物分类、识别能力。

1985 年，美国 JPL 实验室研制出第一部真正意义上的机载全极化合成孔径雷达（Polarimetric Synthetic Aperture Radar，POLSAR）JPL/CV-900。此后，关于极化成像雷达及其处理、应用的研究进入了一个快速发展的阶段。

目前，国外较有代表性的极化 SAR 系统主要有以下几种。

（1）机载极化 SAR 方面：美国国家航空航天局（NASA）的 JPL/CV-990 多波段（L、C、X）极化合成孔径雷达；美国林肯实验室的 Ka 波段（33GHz）机载毫米波极化 SAR 系统；法国国家空间教育与研究局（ONERA）的 REMSES 多波段（L、C、X、Ku、W）极化 SAR 系统；法国地球与行星环境物理研究中心（CRPE）与 THOMSON/CSF 公司的 RENE 机载双波段（S、X）极化 SAR 系统；荷兰空间计划局（NIVR）的 PHARUS 机载 C 波段相控阵极化 SAR 系统；德国应用科学研究会/无线电和数学研究会（FGAN/FFM）的 AER 机载 X 波段极化 SAR 系统；欧洲空间局的地球遥感计划卫星 Envisat-1 SAR 系统；俄罗斯的多频多极化机载 SAR 系统；美 Michigan 大学环境研究所（ERIM）和美海军航空武器发展中心（NAWC）联合开发的 X、L、C 波段的 P-3 SAR 系统等。

（2）星载极化 SAR 系统方面：除美、德、意联合研制的 SIR-C/X-SAR 系统外，还有欧洲空间局 ENVISAT 卫星上搭载的 ASAR 系统、加拿大的 RadarSat-2 系统、美国的 LightSAR 系统以及日本的 PALSAR 系统等。

近年来，我国也积极开展了极化 SAR 的研制工作，中国科学院电子所、中国电子科技集团公司 38 所已先后研制出多极化机载 SAR 系统，我国新一代星载 SAR 也将具有多频段、多极化同时成像的能力，并具有多种工作模式，能够满足军事应用和民用遥感的需求。

3）极化气象雷达

极化信息在气象观测方面的应用研究开始于 20 世纪 50 年代。由于云内许多水成物粒子不是理想球体，并且粒子的轴在空间分布上存在优势取向，因此可以利用回波极化信息反演出云内水成物粒子的主要形态，进行气象预测。第一部真正的高精度正交双通道极化雷达于 20 世纪 60 年代末在加拿大研制成功[26]，70 年代中期，美国科学家 Seliga 等提出了双线极化雷达的理论，并在外场试验中取得成功，此后极化气象雷达在世界各国迅速发展起来。20 世纪 80 年代，法国、德国、英国、澳大利亚、日本等国都相继发展了自己的极化气象雷达[122, 123]。原中国科学院兰州高原大气物理研究所也成功地研制了我国第一部 3cm 圆极化和 5cm 双线极化雷达[124-127]，并开展了双线极化雷达在云和降水物理、遥测区域降雨量和人工影响天气方面的应用研究。2004 年 6 月，为进一步研究 X 波段天气雷达在人工防雹中的应用，成都信息工程学院研制的 XDPR 双极化雷达在玉溪成功安装，通过外场探测和 XDPR 双极化雷达在人工防雹中的应用研究，提高了 XDPR 双极化雷达的探测能力和雹云识别准确率，更好地为我国人工影响天气和防灾减灾事业服务[177]。

此外，在反舰导弹毫米波雷达导引头中，极化信息也有应用，在某些角度和散射类型下，海平面后向散射的水平极化分量与垂直极化分量相差很大，利用这种特性对天线极化进行设置可有效地滤除海杂波等干扰。

1.3.3 极化抗压制干扰的发展现状和趋势

压制式干扰一般是用噪声来淹没目标回波信号，破坏雷达的检测和参数测量。杂波（包括地/海杂波以及箔条等无源散射干扰）虽然不主动发射干扰信号，但可以造成与压制式干扰类似的干扰效果。随着技术的发展，压制式干扰呈现全频域覆盖（采用宽带阻塞式干扰，或具备瞬时测频能力的窄带瞄准式干扰）、全空域覆盖（如分布式干扰）的发展趋势，只依赖于频域措施（如大带宽频率捷变等）或空域措施（如超低旁瓣天线、旁瓣对消等）的抗干扰方法，往往不能有效地应对。

利用极化信息进行抗干扰的相关技术研究长期以来就受到了广泛关注，形成了两种不同的对抗思路。第一种是在考虑雷达系统成本的准则下，尽可能降低雷达天线的交叉极化增益，以对抗一般的交叉极化干扰。第二种是利用雷达天线系统的极化能力，故意接收干扰信号的交叉极化分量，让雷达在某一通道中能够对消或抑制进入主通道的共极化干扰。诸如所谓的极化分集/捷变、旋转极化对消、极化噪声对消、视频极化对消、极化选择、可变极化抗干扰手段等[232]都可以归结于上述思路。极化滤波是利用干扰（杂波）与目标在极化特征上的差异对干扰（杂波）进行抑制，20 世纪 70 年代就已应用于工程中[54]，将极化滤波与频域滤波、空域滤波综合使用，是未来对抗压制式干扰的发展趋势。

1. 干扰极化抑制

极化滤波技术是颇具应用潜力的一种抗干扰措施，其本质就是利用天线对不同极化信号的选择性来提取有用信号和抑制干扰,一般较多地采用目标干扰噪声功率比（SINR）来衡量极化滤波器的滤波效果。极化滤波技术经历了一个由硬件实现到虚拟实现，由固定极化滤波到自适应极化滤波的发展过程。

早期极化滤波器的研究集中在干扰极化抑制方面，即通过使干扰抑制比达到最大的准则，实现 SINR 的优化，由于只考虑有源干扰特性，因此这种干扰极化抑制滤波器只是对雷达接收极化进行优化。极化对消器是最早的、也是应用最普遍的一种极化滤波器，1975 年 Nathanson 在研究宽带阻塞式干扰的抑制和雨杂波对消问题时，给出了自适应极化对消器（APC）的实现框图[54]，其实质是利用正交极化通道信号的互相关性自动地调整两通道的加权系数，使合成接收极化与干扰（杂波）极化互为交叉极化，从而抑制干扰；Poelman 于 1984 年提出了多凹口极化滤波器（MLP），用于抑制杂波和干扰[55]；1985 年、1990 年意大利学者 Giuli 和 Gherardelli 将 APC 和多凹口极化（MLP）滤波器结合，分别提出了 MLP-APC[59]和 MLP-SAPC[61]，借助于 APC 以提高 MLP 滤波器的自适应能力，但由于 MLP 采用了非线性处理，破坏了信号的相参性，故在许多场合其应用受到了限制。随着数字电路和数字信号处理技术在雷达信号处理中的广泛应用，以相关反馈环电路为基础的传统 APC 已不适用于现代军用雷达和复杂战场电磁环境，为此，在第 4 章中专门研究了 APC 的迭代滤波算法。

国内在干扰极化抑制方面也做了一些创新性工作，1991 年乔晓林等在高频地波雷达极化抗干扰研究中，提出了序贯极化滤波方法[66]；张国毅利用地波雷达中多个天波电台干扰在频域和极化域均存在差异的特点，提出了频域—极化域联合滤波算法[67, 68]，均取得了较好效果；

空军雷达学院于 2002 年立项“XXX 雷达变极化改造”[69]，实现 12 种极化变换用以对抗有源干扰；文献[88-91]分别研究了完全极化、部分极化以及相关干扰情况下极化敏感阵列的抗干扰性能。

2. 目标极化增强

提高 SINR 的另一个途径是提高目标回波功率，即通过极化优化，使目标接收功率最大化。因为滤波是在干扰（或杂波）背景下进行，因此这种极化滤波器要求在抑制干扰的同时增强目标，故称之为 SINR 滤波器。1995 年，D. P. Stapor 研究了单一信号源、干扰源情况下的以 SINR 最大为准则的最优化问题[63]。王雪松、徐振海等研究了极化轨道约束下 SINR 的局部最优化问题（发射极化与接收极化具有某种固定的关系），将 SINR 全极化域滤波这个双自由度最优化问题转化为两个单自由度最优化问题，并研究了信号干扰功率差（PDSI）准则下的全极化域和极化轨道约束下的最优化问题，随后将 SINR 和 PDSI 的极化优化问题推广到了多散射源情况[76-81]。

V. Santalla 和 J. Yang 在图像极化增强的研究中，提出了提高目标杂波功率比的极化对比增强方法[73-75]，该方法也可以用于干扰环境下以 SINR 为准则的极化滤波，其前提是要求目标散射矩阵、杂波散射矩阵等均为已知，而在战场环境下，目标和干扰的散射矩阵不可能事先获知，因而无法直接将这类极化增强的方法应用到 SINR 滤波中。

对于 SINR 滤波问题，在第 4 章中介绍了一种雷达收、发极化的联合优化方法，是一种更为具有普遍意义的极化滤波方法。

1.3.4 极化抗欺骗干扰的发展现状和趋势

欺骗式干扰多用于干扰火控雷达、跟踪制导雷达的截获系统、跟踪系统，使雷达无法截获或跟踪目标，或使雷达跟踪到错误的距离、方向。欺骗式干扰样式主要包括多假目标干扰、拖引干扰、角度欺骗干扰以及组合欺骗干扰等。

现代军用雷达往往具备多种抗干扰措施，随着相控阵技术、单脉冲测角技术、脉冲多普勒技术等的广泛应用，雷达抗欺骗干扰的能力已大为提高。然而，高逼真度、大密度的多假目标干扰在当前仍然是一种极具破坏力、十分重要的干扰样式，而角度欺骗干扰，特别是针对单脉冲测角体制的角度欺骗干扰，目前还没有有效的对抗方法。

近年来，极化信息在雷达抗欺骗干扰方面的研究工作逐渐见诸一些文献报道中，下面进行简要的归纳总结。

1. 假目标干扰的极化抑制

数字射频存储器（DRFM）等先进器件的成熟为高逼真度假目标干扰的工程应用提供了有力的技术支持。DRFM 可以截获、存储、转发敌方雷达信号，能精确模拟雷达波形，可以做到与真实目标在时域、频域和空域的特征都十分相似，使雷达无法分辨。面对高逼真度假目标干扰给雷达带来的严峻挑战，目前还没有很有效的对抗措施。传统抗假目标干扰的方法，如距离选通、重频捷变、频率捷变等，主要是通过假目标在脉冲间体现的时域、频域特征差异予以识别和剔除，但对于同步假目标干扰、采用 DRFM 技术的新型转发式假目标干扰等[143, 144]，则对抗效果较差，此外，这类方法还需要消耗大量的雷达资源。

近年来，借助于极化信息，通过对极化域特征的提取和应用来鉴别真、假目标的工作获得了一定的进展，在第 5 章中给出了几种利用有源假目标与雷达目标的极化特征差异进行鉴别的方法。

2. 角度欺骗干扰的极化抑制

早期雷达的角度测量主要采用圆锥扫描（针状波束）或线性扫描（扇形波束）的方式，利用目标回波信号幅度包络进行角度测量和跟踪。对此，倒相干扰、同步挖空干扰以及随机挖空干扰分别针对圆锥扫描、线性扫描和隐蔽扫描（发射不扫描，只有接收进行扫描），通过叠加干扰信号扰乱回波幅度包络，从而干扰雷达角度测量[12]。

现代雷达较多地采用了单脉冲测角技术，在一个脉冲内即可完成测角，对于这种测角方式，上述几种干扰方式是无效的。针对单脉冲测角的角度欺骗干扰目前主要有交叉眼干扰和交叉极化干扰，此外，低空突防飞机还经常采用一种地面反射干扰，以阻挠敌方雷达的角跟踪。本质上，对单脉冲测角的干扰主要是通过使雷达天线口径面处的目标回波相位波前发生畸变，而使雷达角度测量出现错误，诱使雷达往远离目标的方向跟踪，或使雷达角度测量出现角闪烁效应。

由于目标散射特性姿态敏感性等因素的影响，角闪烁干扰是最常采用的一种角度欺骗干扰，其对雷达跟踪的影响也最大。对于角闪烁的抑制，主要的方法是分集平均[146,147,151,156,159]，其核心思想是通过对互不相关的多次测量值进行平均来减小角闪烁误差，因此角闪烁的抑制效果取决于测量值之间的去相关性，去相关性越强，抑制效果越好。频率分集、空间分集和极化分集是三种典型的分集方式[147, 150]：频率分集主要是通过改变扩展目标中各散射点源的相对相位而使角度测量值产生近似随机变化；空间分集则是利用扩展目标散射特性的姿态敏感性，通过观测方向的变化获得近似随机变化的角度测量值；而极化分集利用扩展目标回波矢量随雷达极化改变的特性，通过极化的分集获得近似随机变化的角度测量值。此外，还有一种方法是利用了角闪烁误差与 RCS 的负相关性，将分集与加权平均相结合[151]。第 6 章中研究了交叉极化角欺骗干扰、两点源角闪烁干扰的极化抑制方法，对雷达抗角度欺骗干扰的工程应用具有一定参考价值。

综上所述，从雷达抗干扰技术现状来看，时域、频域和空域等抗干扰技术在理论上和工程应用方面都已经比较成熟，而极化域抗干扰技术的研发还远未达到应有的水平，根据已掌握的文献资料，国内外投入工程应用的极化域抗干扰措施主要集中在噪声压制干扰的抑制方面，极化信息利用在雷达抗干扰方面还是一个尚待大力开发的领域。同时，随着雷达抗干扰向综合化、网络化的方向发展，极化信息作为电磁波的一种基本信息，与传统的时域、频域、空域信息的融合使用，将会成为雷达抗干扰技术发展的一个新的推动力。

第 2 章　雷达极化基础理论

2.1　引　言

电磁波的极化现象以及雷达目标的变极化效应在 20 世纪 50 年代就已经受到学术界的广泛关注。在随后的几十年中，美、俄、英、法、意、日等发达国家的有关学者对雷达极化问题产生了浓厚的研究兴趣，并且积累了一大批基础性研究成果并逐渐迈入实用阶段。极化雷达技术已成为现代雷达的主要技术方向之一，如何充分挖掘、利用极化信息来提高雷达抗干扰能力，成为亟需解决的问题，而极化基础理论是开展相关研究的基石。

自 1669 年，E.Bartolinus 利用方解石晶体将一束入射光分解为“普通光”和“异常光”而发现极化现象以来，基于“时谐性”的假设条件，学者们先后提出了 Jones 矢量、椭圆几何描述子、极化相位描述子、极化比以及 Stokes 矢量等静态参数来描述完全极化电磁波的极化特性；对于准单色波，提出了“部分极化”的概念来描述其极化特性，其实质是把准单色波视为一个具有各态历经性的平稳随机过程，通过对其进行时间平均以代替集平均，进而得到一组统计意义上的部分极化描述子[1-7]。近年来，随着宽带电磁理论以及极化测量技术的发展，譬如复杂调制宽带电磁波、瞬变电磁波等，王雪松[9]率先提出了“瞬态极化”的概念用以表征电磁波极化的时变现象，建立了适用于描述一般电磁波的瞬态极化描述子参量集合。这些关于确定性电磁波的极化描述方法和表征工具在理论分析、工程设计等不同场合得到了广泛的应用。

另一方面，电磁波的极化也并不总是确定性的，在很多场合，人们观测到的是随机变化的，如自然光、箔条云团散射的雷达波等，因而关于随机极化波统计特性的研究也是如火如荼。自 20 世纪 60 年代以来，国内外雷达界学者一直对于电磁波极化的统计描述给予了较大的关注，主要工作集中在波的幅度、相位、极化椭圆几何描述子以及Stokes 矢量等统计描述上，给出了电磁波极化的整体统计特征[160-163]；在瞬态极化理论的基础上，李永祯[11]和刘涛[164]等较为系统地研究了随机电磁波瞬态极化的统计特性，阐述了电磁波的瞬态极化统计特性。

相应的，雷达目标极化特性的表征理论也经历了类似的发展过程。针对相干散射目标，G.Sinclair 提出了可用一个 2 阶相干散射矩阵来描述目标电磁散射特性的全部信息；对于非相干散射的雷达目标，学者们先后提出了 Mueller 矩阵、Kennaugh 矩阵、极化协方差矩阵和相干矩阵等方法来描述部分极化波激励下雷达目标的电磁散射特性，并提出了目标最优极化的概念[1-8]；针对宽频带时变雷达目标，王雪松[9]于 1999 年提出了雷达目标电磁散射的瞬态极化表征方法，李永祯[11]和曾勇虎[10]分别从不同角度对瞬态极化理论进行了拓展和完善，提出了电磁波和雷达目标的瞬态极化时频分布表征方法和统计表征方法。

本章归纳、总结了适用于不同条件下电磁波和雷达目标极化特性的表征方法，以期理清这些刻画方法的研究思路和表征内涵，为适应不同的应用需求提供工具和基础。在此基础上，重点分析了天线和典型雷达目标的极化特性，从物理层面揭示了雷达目标信号、干扰信号的极化本质特征，为后续极化抗干扰技术研究提供物理依据。

2.2 电磁波的极化及其表征

作为矢量波共有的一种性质，极化是指用一个场矢量来描述空间某一个固定点所观测到的矢量波随时间变化的特性。对电磁波而言，极化描述了电场矢量端点随时间变化的空间轨迹，表明了电场强度的取向和幅度随着时间而变化的性质。

2.2.1 完全极化电磁波及其表征

1. 完全极化电磁波的概念

所谓完全极化电磁波通常是指在观测期间极化状态不变的电磁

波，其电场矢量端点在传播空间任一点处描绘出一个具有恒定椭圆率角和倾角的极化椭圆，极化椭圆是不随时间而变化的，诸如单载频连续波、单频脉冲信号等。对于一个沿笛卡儿坐标系中 $+z$ 方向传播的单频信号（单色波）而言，在水平垂直极化基 $(\hat{h},\hat{v})$ 下，其电场矢量可简记为

$$\boldsymbol{e}_{\mathrm{HV}}(z,t)=\begin{bmatrix}E_{\mathrm{H}}(z,t)\\E_{\mathrm{V}}(z,t)\end{bmatrix}=\begin{bmatrix}a_{\mathrm{H}}\,\mathrm{e}^{\mathrm{j}(\omega t-kz+\varphi_{\mathrm{H}})}\\a_{\mathrm{V}}\,\mathrm{e}^{\mathrm{j}(\omega t-kz+\varphi_{\mathrm{V}})}\end{bmatrix},\ t\in\boldsymbol{T} \tag{2.2.1}$$

式中：$k=\dfrac{2\pi}{\lambda}$ 为波数，λ 为波长；φ_{H}、φ_{V} 为电磁波水平、垂直极化分量的相位；a_{H}、a_{V} 为电磁波水平、垂直极化分量的幅度；$\boldsymbol{T}$ 为电磁波的时域支撑集。

在上式的基础上，下面简要回顾 Jones 矢量、极化比、极化相位描述子、极化椭圆几何描述子以及 Stokes 矢量等经典极化表征参数的概念以及相互关系。

2. 完全极化电磁波极化的描述

1）Jones 矢量

对于该单色波而言，其 Jones 矢量为

$$\boldsymbol{e}_{\mathrm{HV}}=\begin{bmatrix}E_{\mathrm{H}}\\E_{\mathrm{V}}\end{bmatrix}=\begin{bmatrix}a_{\mathrm{H}}\mathrm{e}^{\mathrm{j}\varphi_{\mathrm{H}}}\\a_{\mathrm{V}}\mathrm{e}^{\mathrm{j}\varphi_{\mathrm{V}}}\end{bmatrix}=\begin{bmatrix}x_{\mathrm{H}}+\mathrm{j}y_{\mathrm{H}}\\x_{\mathrm{V}}+\mathrm{j}y_{\mathrm{V}}\end{bmatrix} \tag{2.2.2}$$

显然，Jones 表征方法不仅包含了电磁波的极化信息，也包含了波的强度信息和相位信息，其取值空间为一个 2 维复空间。

2）极化比

根据极化比的定义[7]可知，电磁波在水平垂直极化基 $(\hat{h},\hat{v})$ 下可表示为

$$\rho_{\mathrm{HV}}=\frac{E_{\mathrm{V}}}{E_{\mathrm{H}}}=\tan\gamma\,\mathrm{e}^{\mathrm{j}\phi},\quad(\gamma,\phi)\in\left[0,\frac{\pi}{2}\right]\times[0,2\pi] \tag{2.2.3}$$

其中：$\gamma=\arctan\dfrac{a_{\mathrm{V}}}{a_{\mathrm{H}}}$；$\phi=\varphi_{\mathrm{V}}-\varphi_{\mathrm{H}}$。

极化比表征方法仅包含了电磁波的极化信息，其取值空间为包含无穷远点 (∞) 的复平面。

3）极化相位描述子

$(\gamma,\phi)\in\left[0,\frac{\pi}{2}\right]\times[0,2\pi]$，即为极化相位描述子，其和极化比是完全等价的，也仅包含了电磁波的极化信息，不过其取值空间是 2 维实平面的一个矩形子集。

4）极化椭圆几何描述子

由极化椭圆几何描述子 (ε,τ) 的定义[7]，易得

$$\begin{cases}\varepsilon=\dfrac{1}{2}\arcsin\dfrac{2a_{\mathrm{H}}a_{\mathrm{V}}\sin\phi}{a_{\mathrm{H}}^2+a_{\mathrm{V}}^2}\\ \tau=\dfrac{1}{2}\arctan\dfrac{2a_{\mathrm{H}}a_{\mathrm{V}}\cos\phi}{a_{\mathrm{H}}^2-a_{\mathrm{V}}^2}\end{cases},\quad(\varepsilon,\tau)\in\left(-\frac{\pi}{4},\frac{\pi}{4}\right]\times\left(-\frac{\pi}{2},\frac{\pi}{2}\right] \tag{2.2.4}$$

其中：ε、τ 分别表示在空间一点处电场矢端所绘极化椭圆的椭圆率角和倾角，如图 2.2.1 所示。

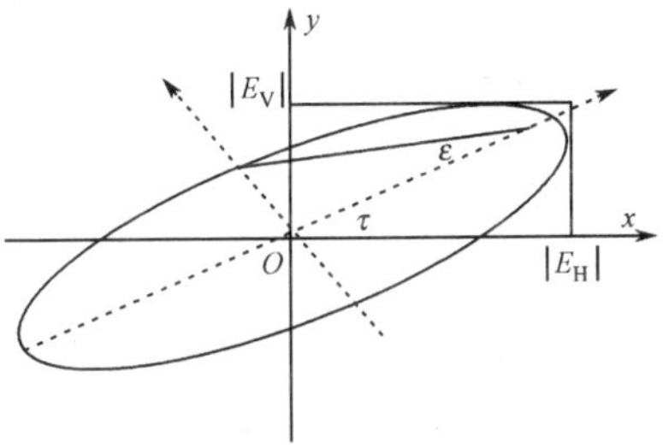

图 2.2.1　极化椭圆的几何参数

需要指出的是，工程上常用的极化角即为极化倾角 τ，其轴比为 $\sigma=|\tan\varepsilon|$。

由此可见，极化椭圆几何描述子与极化相位描述子和极化比从表征的信息角度来讲是完全等价的，均仅包含了电磁波的极化信息，其取值空间也是 2 维实空间的一个矩形子集。

5）Stokes 矢量

由 Stokes 矢量的定义式[7]，在水平垂直极化基 $(\hat{h},\hat{v})$ 下，有

$$\begin{cases}g_0=a_{\mathrm{H}}^2+a_{\mathrm{V}}^2, & g_1=a_{\mathrm{H}}^2-a_{\mathrm{V}}^2\\ g_2=2a_{\mathrm{H}}a_{\mathrm{V}}\cos\phi, & g_3=2a_{\mathrm{H}}a_{\mathrm{V}}\sin\phi\end{cases} \tag{2.2.5}$$

其中：$g_0^2 = g_1^2 + g_2^2 + g_3^2$。

完全极化电磁波 Stokes 矢量的 g_0 分量描述了电磁波的功率密度，而其余三个元素所构成的子矢量则表征了波的极化状态。其中，g_1 是在水平垂直极化基下的两个正交分量的功率之差；g_2 为电磁波在 45° 和 135° 正交极化基下的两个正交分量之间的功率差；g_3 为电磁波在左、右旋圆极化基下的两正交分量之间的功率差。

根据式（2.2.5）可以给出 Stokes 矢量的几何解释：g_1、g_2、g_3 可以看作是半径为 g_0 的球上一点的笛卡儿坐标，2ε为该点矢径相对于 g_1-g_2 平面的俯仰角坐标，且其符号与 g_3 相同，2τ则是该点矢径在 g_1-g_2 平面内的投影与 g_1 轴正向的夹角，其符号以相对于 g_1 轴正方向沿逆时针方向旋转为正。这种几何解释由 H.Poincare 引入，故将该球称为 Poincare 极化球，如图 2.2.2 所示。

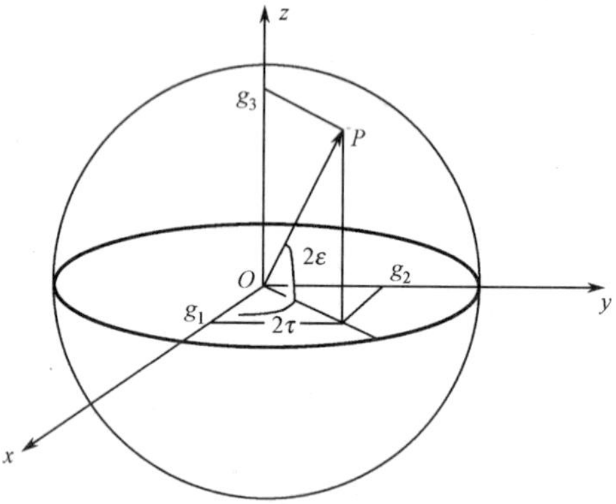

图 2.2.2 Poincare 极化球及球上极化状态的几何描述子表征

Poincare 极化球是表征极化状态的非常有用的工具。任何一个完全极化电磁波都可以用 Poincare 极化球面上的一点予以完全地表征。对极化状态而言，所有可能的极化状态和 Poincare 球面上的点集构成了一一对应关系。也就是说，任意极化状态在 Poincare 球上找到对应的一点 P，P 点的经度和纬度角分别对应极化椭圆的椭圆率角ε和倾角 τ 的两倍。

需要指出的是，在忽略相位信息的前提下，Jones 矢量和 Stokes

矢量是完全等价的；若不考虑电磁波的功率密度及其相位信息，而仅考虑电磁波的极化信息，那么上述这五种极化描述是彼此等价的。

2.2.2 部分极化电磁波及其表征

1. 部分极化电磁波的概念

所谓部分极化电磁波（准单色波）通常是指在观测期间矢量端点在传播空间给定点处描绘出的轨迹是一条形状和取向都随时间变化的类似于椭圆曲线的电磁波。一般而言，包含以下两种情况。

1）窄带信号

在实际系统中，一个辐射源产生的电磁波具有一定的带宽，此时电磁波为色散的，但是通常具有有限带宽且带宽远比中心频率小，即为所谓的窄带信号。

此时，对于沿$+z$方向传播的横电磁行波而言，在水平垂直极化基$(\hat{h},\hat{v})$下，其电场矢量可简记为

$$\boldsymbol{e}_{\mathrm{HV}}(z,t)=\begin{bmatrix}E_{\mathrm{H}}(z,t)\\E_{\mathrm{V}}(z,t)\end{bmatrix}=\begin{bmatrix}a_{\mathrm{H}}(t)\mathrm{e}^{\mathrm{j}[\omega t-kz+\varphi_{\mathrm{H}}(t)]}\\a_{\mathrm{V}}(t)\mathrm{e}^{\mathrm{j}[\omega t-kz+\varphi_{\mathrm{V}}(t)]}\end{bmatrix},t\in\boldsymbol{T} \tag{2.2.6}$$

其中：$a_{\mathrm{H}}(t)$、$a_{\mathrm{V}}(t)$和$\varphi_{\mathrm{H}}(t)$、$\varphi_{\mathrm{V}}(t)$都是缓变过程，这时波近似为一个简谐波，但是变化关系是确定的。

2）平稳随机极化电磁波

由于接收机噪声或者地海杂波等因素的影响，雷达天线接收的电磁波的极化通常是随机变化的，即使是单频连续波雷达也是如此。也就是说，式（2.2.6）中的$a_{\mathrm{H}}(t)$、$a_{\mathrm{V}}(t)$和$\varphi_{\mathrm{H}}(t)$、$\varphi_{\mathrm{V}}(t)$是一个随机过程，指出的是其为各态历经性平稳随机过程。

2. 部分极化电磁波极化的描述

对于部分极化电磁波的描述是将其视为一个具有各态历经性的平稳随机过程，通过对其进行时间平均以代替集平均，进而得到一组统计意义上的部分极化描述子。下面给出常用的几种描述方法。

1）相干矩阵与相干矢量

设一个部分极化平面电磁波沿$+z$轴方向传播，其电场分量为

式（2.2.6）所列，则可定义部分极化波的相干矩阵 $\boldsymbol{C}=\begin{bmatrix} C_{\mathrm{HH}} & C_{\mathrm{HV}} \\ C_{\mathrm{VH}} & C_{\mathrm{VV}} \end{bmatrix}$ 为

$$\boldsymbol{C}=\left\langle \boldsymbol{e}(t)\boldsymbol{e}^{\mathrm{H}}(t)\right\rangle=\begin{bmatrix} \left\langle a_{\mathrm{H}}^{2}(t)\right\rangle & \left\langle a_{\mathrm{H}}(t)a_{\mathrm{V}}(t)\mathrm{e}^{\mathrm{j}[\phi_{\mathrm{H}}(t)-\phi_{\mathrm{V}}(t)]}\right\rangle \\ \left\langle a_{\mathrm{H}}(t)a_{\mathrm{V}}(t)\mathrm{e}^{-\mathrm{j}[\phi_{\mathrm{H}}(t)-\phi_{\mathrm{V}}(t)]}\right\rangle & \left\langle a_{\mathrm{V}}^{2}(t)\right\rangle \end{bmatrix} \tag{2.2.7}$$

其中：上标“H”表示 Hermit 转置；“$\langle\ \rangle$”表示求集平均。对于部分极化波的幅度和相位通常可以认为是具有各态历经性的平稳随机过程，这样相干矩阵的定义式中出现的集平均运算可以用时间平均来代替。

由式（2.2.7）可见，相干矩阵 $\boldsymbol{C}$ 是一个 Hermit 矩阵，易知，相干矩阵的迹是这个电磁波的平均功率密度，且相干矩阵的行列式是非负的，可以将其唯一地作如下形式的分解：

$$\boldsymbol{C}=C_1+C_2=\begin{bmatrix} A & 0 \\ 0 & A \end{bmatrix}+\begin{bmatrix} B & D \\ D^{*} & F \end{bmatrix} \tag{2.2.8}$$

其中：$A,B,F\geqslant 0$；$BF=|D|^2$。

利用部分极化波的相干矩阵可以定义波的相干因子为

$$\mu=\frac{C_{\mathrm{HV}}}{\sqrt{C_{\mathrm{HH}}C_{\mathrm{VV}}}} \tag{2.2.9}$$

显然，$|\mu|\leqslant 1$，μ 的模值反映了波的电场分量之间的相关程度。当 $|\mu|=1$ 时，意味着这个波的两个正交场分量之间具有完全相干性，极化状态不随时间而变化，即为完全极化波；当 $|\mu|<1$ 时，意味着波的两个场分量之间是部分相干的，称之为部分极化波；当 $|\mu|=0$ 时，意味着波的两个场分量之间是完全不相关的，称之为完全未极化波。

对相干矩阵行展开后再转置就得到波的相干矢量，记为 $\boldsymbol{C}$，它是一个 4 维复列矢量：

$$\boldsymbol{C}=\left[C_{\mathrm{HH}},C_{\mathrm{HV}},C_{\mathrm{VH}},C_{\mathrm{VV}}\right]^{\mathrm{T}}=\left\langle \boldsymbol{e}(t)\otimes\boldsymbol{e}^{*}(t)\right\rangle \tag{2.210}$$

其中：“$\otimes$”表示 Kronecher 积；“*”表示复共轭。

2）部分极化波的 Stokes 参数表征

由式（2.2.6）可见，部分极化波的 Stokes 矢量定义为

$$
\boldsymbol{J}=\begin{bmatrix} g_0 \\ g_1 \\ g_2 \\ g_3 \end{bmatrix}=\begin{bmatrix} \left\langle a_{\mathrm{H}}^2(t)\right\rangle+\left\langle a_{\mathrm{V}}^2(t)\right\rangle \\ \left\langle a_{\mathrm{H}}^2(t)\right\rangle-\left\langle a_{\mathrm{V}}^2(t)\right\rangle \\ 2\left\langle a_{\mathrm{H}}(t) a_{\mathrm{V}}(t)\cos\phi(t)\right\rangle \\ 2\left\langle a_{\mathrm{H}}(t) a_{\mathrm{V}}(t)\sin\phi(t)\right\rangle \end{bmatrix} \tag{2.2.11}
$$

其中：$\phi(t)=\phi_{\mathrm{V}}(t)-\phi_{\mathrm{H}}(t)$； $g_0^2 \geqslant g_1^2+g_2^2+g_3^2$。

根据式（2.2.7）和式（2.2.11），可以得到 Stokes 矢量和波的相干矢量之间的关系为

$$
\boldsymbol{J}=\boldsymbol{R}\boldsymbol{C}, \quad \boldsymbol{C}=\frac{1}{2}\boldsymbol{R}^{\mathrm{H}}\boldsymbol{J} \tag{2.2.12}
$$

式中：$\boldsymbol{R}=\begin{bmatrix} 1 & 0 & 0 & 1 \\ 1 & 0 & 0 & -1 \\ 0 & 1 & 1 & 0 \\ 0 & \mathrm{j} & -\mathrm{j} & 0 \end{bmatrix}$。

众所周知，一个部分极化波可以表示成一个完全极化波和一个完全未极化波之和。那么，对于部分极化波的 Stokes 矢量 J 可以唯一地分解为如下形式：

$$
\boldsymbol{J}=\boldsymbol{J}_1+\boldsymbol{J}_2=\begin{bmatrix} g_0-\sqrt{g_1^2+g_2^2+g_3^2} \\ 0 \\ 0 \\ 0 \end{bmatrix}+\begin{bmatrix} \sqrt{g_1^2+g_2^2+g_3^2} \\ g_1 \\ g_2 \\ g_3 \end{bmatrix} \tag{2.2.13}
$$

显然，$\boldsymbol{J}_1$ 代表着一个未极化波，波的平均功率密度为 $g_0-\sqrt{g_1^2+g_2^2+g_3^2}$，而 $\boldsymbol{J}_2$ 代表一个完全极化波，其平均功率密度为 $\sqrt{g_1^2+g_2^2+g_3^2}$。

由式（2.2.13）可见，部分极化波的完全极化部分的 Stokes 矢量在形式上与单色波的 Stokes 矢量是相同的，这意味着在前面讨论过的用以描述完全极化信号的各种参数和方法也同样地适用于描述部分极化波。

3）极化度与部分极化波的分解

由式（2.2.13）可见，部分极化波的 Stokes 矢量可以唯一地分解

为一个完全极化波和一个未极化波的 Stokes 矢量之和，极化度定义为完全极化波的强度与部分极化波总强度之比，即

$$P = \frac{\sqrt{g_1^2 + g_2^2 + g_3^2}}{g_0} \tag{2.2.14}$$

其中：$0 \leqslant P \leqslant 1$。那么，部分极化波的 Stokes 矢量 $\boldsymbol{J}$ 可表示为

$$\boldsymbol{J} = \begin{bmatrix} g_0 \\ \sqrt{g_1^2 + g_2^2 + g_3^2}\cos 2\varepsilon \cos 2\tau \\ \sqrt{g_1^2 + g_2^2 + g_3^2}\cos 2\varepsilon \sin 2\tau \\ \sqrt{g_1^2 + g_2^2 + g_3^2}\sin 2\varepsilon \end{bmatrix} = g_0 \begin{bmatrix} 1 \\ P\cos 2\varepsilon \cos 2\tau \\ P\cos 2\varepsilon \sin 2\tau \\ P\sin 2\varepsilon \end{bmatrix}$$

这样，可将完全极化波表征的 Poincare 球的表面扩展到整个球体，并且球内任意一点具有明确的物理意义。诸如当 $P = 0$，点在 Poincare 球心处，表示完全未极化波；当 $P = 1$，点在 Poincare 球表面处，表示完全极化波；当 $0 < P < 1$ 时，点在 Poincare 球内部，表示部分极化状态。

为了便于分析，根据部分极化波相干矩阵的定义可以得到极化度的另一种表示方式为

$$P = \frac{\sqrt{(\mathrm{Tr}\boldsymbol{C})^2 - 4\mathrm{Det}\boldsymbol{C}}}{\mathrm{Tr}\boldsymbol{C}} \tag{2.2.15}$$

其中：Tr 表示求取矩阵的迹；Det 表示求取矩阵的行列式。

2.2.3 瞬态极化电磁波及其表征

1. 瞬态极化电磁波的概念

所谓瞬态极化电磁波通常是指在观测期间矢量端点在传播空间给定点处描绘出的轨迹是一条形状和取向都随时间变化的电磁波，诸如双频电磁信号、宽带电磁信号等。从其定义可见，瞬态极化电磁波是更为普适的概念，涵盖了部分极化波和完全极化波。

设空间传播的一般平面电磁波在水平垂直极化基 $(\hat{h}, \hat{v})$ 下可表示为

$$\boldsymbol{e}_{\mathrm{HV}}(t) = \begin{bmatrix} a_{\mathrm{H}}(t)\mathrm{e}^{\mathrm{j}\varphi_{\mathrm{H}}(t)} \\ a_{\mathrm{V}}(t)\mathrm{e}^{\mathrm{j}\varphi_{\mathrm{V}}(t)} \end{bmatrix}, \quad t \in \boldsymbol{T} \tag{2.2.16}$$

其中：$a_{\mathrm{H}}(t)$ 和 $a_{\mathrm{V}}(t)$ 为电磁波随时间变化的水平、垂直极化分量的幅度；$\varphi_{\mathrm{H}}(t)$ 和 $\varphi_{\mathrm{V}}(t)$ 为其水平、垂直极化分量的相位。

需要说明的是，此时 $a_{\mathrm{H}}(t)$、$a_{\mathrm{V}}(t)$、$\varphi_{\mathrm{H}}(t)$ 和 $\varphi_{\mathrm{V}}(t)$ 未必如式（2.2.6）所列的缓变过程，在数学上可以是一个任意关于时间 t 的函数。

由于极化椭圆几何描述子是基于电场矢量端点在电磁波传播截面上随时间变化轨迹为一椭圆的这一几何形状而定义的，当电磁波的极化随时间变化时，也即其轨迹不再为椭圆时，基于椭圆几何形状定义的参数 (ε,τ)，难以直观拓展表征。而其他诸如 Jones 矢量、极化相位描述子、极化比和 Stokes 矢量等四种极化表征方法原则上均可拓展来描述极化时变电磁波的极化信息。由于 Stokes 矢量良好的数学运算和图形显示特性，下面针对一般的平面电磁波，主要基于 Stokes 矢量的扩展来研究其极化现象及表征问题。

具体而言，本小节的研究对象不但包括完全极化电磁波，而且也包括各种极化时变的电磁波，本质上是把电磁波的极化看作动态参量而非静态参量。

2. 电磁波的时域瞬态极化表征

时域瞬态 Stokes 矢量和时域瞬态极化投影矢量（IPPV）在水平垂直极化基 $(\hat{h},\hat{v})$ 下的定义为[9]

$$\boldsymbol{j}_{\mathrm{HV}}(t)=\begin{bmatrix} g_{\mathrm{HV}0}(t) \\ \boldsymbol{g}_{\mathrm{HV}}(t) \end{bmatrix}=\boldsymbol{Re}_{\mathrm{HV}}(t)\otimes\boldsymbol{e}^{*}_{\mathrm{HV}}(t)\,,\quad t\in\boldsymbol{T} \tag{2.2.17}$$

和

$$\tilde{\boldsymbol{g}}_{\mathrm{HV}}(t)=\left[\tilde{g}_{\mathrm{HV}1}(t),\tilde{g}_{\mathrm{HV}2}(t),\tilde{g}_{\mathrm{HV}3}(t)\right]^{\mathrm{T}}=\frac{\boldsymbol{g}_{\mathrm{HV}}(t)}{g_{\mathrm{HV}0}(t)}\,,\ t\in\boldsymbol{T} \tag{2.2.18}$$

其中：$\boldsymbol{g}_{\mathrm{HV}}(t)$ 称之为瞬态 Stokes 子矢量。

显然，电磁波的时域瞬态 Stokes 矢量蕴含了其强度信息和极化信息，而其 IPPV 侧重刻画了电磁波的极化特性。下面简要回顾时域极化聚类中心、极化散度、瞬态极化状态变化率和时域极化测度等电磁波瞬态极化描述子的概念以及刻画电磁信号之间瞬态极化关系的极化相似度和极化起伏度等概念及性质。

1）时域极化聚类中心

电磁波的 IPPV 在 Poincare 单位球面上构成了一个以时间作为序参量的 3 维矢量有序集，即为瞬态极化投影集，描述了电磁波瞬态极化随时间的演化特性。瞬态极化投影集是一个分布于单位球面上的空间点集，其分布态势反映了电磁波的整体极化特性，故电磁波的时域极化聚类中心定义为

$$\tilde{\boldsymbol{G}}_{\mathrm{HV}}=\int_{\boldsymbol{T}} a(t)\tilde{\boldsymbol{g}}_{\mathrm{HV}}(t)\mathrm{d}t \qquad (2.2.19)$$

其中：$a(t)$ 为时域支撑 $\boldsymbol{T}$ 上的权因子函数，它满足

$$a(t)\geqslant 0,\quad \forall t\in \boldsymbol{T} \quad \& \quad \int_{\boldsymbol{T}} a(t)\mathrm{d}t=1$$

这意味着，如果极化投影集的空间分布越疏散，其极化聚类中心越接近于原点；反之，若极化投影集的空间分布越趋集中，那么其极化聚类中心就会越接近于单位球面。

2）时域极化散度

电磁波的瞬态极化投影集所处的空间位置可由极化聚类中心大致给出，而其空间疏密特性则可以用极化散度来描述，定义为

$$D_{\mathrm{HV}}^{(k)}=\int_{\boldsymbol{T}} a(t)\left\|\tilde{\boldsymbol{g}}_{\mathrm{HV}}(t)-\tilde{\boldsymbol{G}}_{\mathrm{HV}}\right\|^{k}\mathrm{d}t \qquad (2.2.20)$$

其中：$k\in\mathbb{N}$ 为正整数，称为极化散度的阶数。

电磁波极化散度的值越大，则表明该极化投影集的空间分布越疏散，也即电磁波的极化状态随时间变化越剧烈；反之，则表明极化投影集的空间分布越集中。特别地，当 $D_{\mathrm{HV}}^{(k)}=0$ 时，即为极化状态恒定不变的单色波。

3）时域瞬态极化状态变化率

对一个具有“几乎处处可微性”的电磁波而言，其瞬态极化状态变化率定义为

$$\boldsymbol{V}_{\mathrm{HV}}^{(n)}=\frac{\mathrm{d}^{n}}{\mathrm{d}t^{n}}\tilde{\boldsymbol{g}}_{\mathrm{HV}}(t),\quad t\in\boldsymbol{T} \qquad (2.2.21)$$

其中：$n\in\mathbb{N}$，称为变化率的阶数。

4）时域极化测度

时域瞬态极化投影集为电磁波的极化状态随时间在 Poincare 单位球面上的连续或分段变化曲线，故可定义其极化测度为空间曲线的测度，即

$$B_{\mathrm{PT}}=\int_{T}\left\|\frac{\mathrm{d}}{\mathrm{d}t}\boldsymbol{g}_{\mathrm{HV}}(t)\right\|\mathrm{d}t=\int_{T}\left\|\boldsymbol{V}_{\mathrm{HV}}^{(1)}(t)\right\|\mathrm{d}t=\int_{T}\frac{\sqrt{\left\|\boldsymbol{g}_{\mathrm{HV}}'(t)\right\|-\left[g_{\mathrm{HV0}}'(t)\right]^{2}}}{g_{\mathrm{HV0}}(t)}\mathrm{d}t \tag{2.2.22}$$

其中：上标“′”代表一阶导数。

5）时域瞬态极化相似度

设在同一时域支撑集 $\boldsymbol{T}$ 上的两个电磁信号在水平垂直极化基下分别表示为 $\boldsymbol{e}_{\mathrm{HV}A}(t),\ t\in\boldsymbol{T}$ 和 $\boldsymbol{e}_{\mathrm{HV}B}(t),\ t\in\boldsymbol{T}$，其时域 IPPV 分别为 $\tilde{\boldsymbol{g}}_{\mathrm{HV}A}(t),\ t\in\boldsymbol{T}$ 和 $\tilde{\boldsymbol{g}}_{\mathrm{HV}B}(t),\ t\in\boldsymbol{T}$，那么可定义电磁波之间的瞬态极化相似度为

$$l_{\mathrm{HV}}(t)=\tilde{\boldsymbol{g}}_{\mathrm{HV}A}^{\mathrm{T}}(t)\tilde{\boldsymbol{g}}_{\mathrm{HV}B}(t),\quad t\in\boldsymbol{T} \tag{2.2.23}$$

6）时域平均极化相似度

若需比较任意电磁波之间的整体相似程度，类似单一电磁波的刻画，可以定义其时域平均极化相似度为

$$l_{\mathrm{M}}=\int_{T}a(t)l_{\mathrm{HV}}(t)\mathrm{d}t \tag{2.2.24}$$

其中：$a(t)$ 为时域支撑 $\boldsymbol{T}$ 上的权因子函数。由时域平均极化相似度的定义可见，l_{M} 必满足如下不等式关系：

$$|l_{\mathrm{M}}|\leqslant 1$$

当且仅当两电磁波在时域支撑集 $\boldsymbol{T}$ 中几乎每个时刻的极化状态都相同或正交时，上式中等号才能成立。

7）时域极化起伏度

在同一时域支撑集 $\boldsymbol{T}$ 内，任意电磁波之间的整体相似程度可由时域平均极化相似度大致给出，而其极化之间差异的程度则可用时域极化起伏度来描述，定义为

$$l_{\mathrm{V}}^{(k)}=\int_{T}a(t)\left|l_{\mathrm{HV}}(t)-l_{\mathrm{M}}\right|^{k}\mathrm{d}t \tag{2.2.25}$$

其中：$k \in \mathbb{N}$，称为极化起伏度的阶数。

由上可知，时域极化聚类中心、极化散度、瞬态极化状态变化率和极化测度等概念实质上是给出了如何刻画一条“空间曲线”随时间变化特性的方法；时域瞬态极化相似度、平均极化相似度和极化起伏度实质上是给出了如何刻画不同“空间曲线”之间关系的方法。在实际应用中，应根据具体问题和关注的焦点来决定采用相应的刻画手段。

需要指出的是：在信号与系统理论中，为了分析问题便易，常将时域信号通过正交分解等手段变换到另外一个域上来表征，譬如频域、复频域、复倒谱域和时频联合域等，建立时域和变换域之间的完备对应关系和变换域上的信号描述方法。同理，根据雷达极化分析的需要，对于时变电磁波也可类似进行域的变换，在变换域上构建瞬态极化表征方法，诸如变换域上的极化聚类中心、极化散度、极化状态变化率、极化测度和变换域的极化相似度和极化起伏度等描述子。

2.2.4 随机极化电磁波及其表征

1. 随机极化电磁波的概念

在大量的实际应用中，波的极化并不总是确定性的。恰恰相反，在更多的场合，人们观测到的是时变的，甚至是随机的极化，如自然光、箔条云团散射的雷达波等。部分极化波表征的是各态历经的平稳随机过程，给出了电磁波极化的整体统计特征，而难以刻画非平稳随机极化波的统计特性。

所谓随机极化电磁波通常是指在观测期间矢量端点在传播空间给定点处描绘出的轨迹是难以确切给出的；对于任意时刻而言，电磁波的极化是一组随机变量，诸如自然光、箔条云的散射回波等。从其概念可见，随机极化电磁波是不仅包括属于平稳随机过程的电磁波，也包括属于非平稳随机过程的电磁波。

对于任意时刻t而言，式（2.2.16）表示的一般电磁波中幅度$a_{\mathrm{H}}(t)$和$a_{\mathrm{V}}(t)$，以及相位$\varphi_{\mathrm{H}}(t)$和$\varphi_{\mathrm{V}}(t)$均为服从某一分布的随机变量。

2. 随机极化电磁波的统计表征

对于实际雷达系统而言，由于雷达回波在每一距离分辨单元内都是由大量随机独立散射元散射相干合成的，根据切比雪夫大数定律，可认为散射回波近似是服从正态分布的；同时，正态分布也便于数学运算。因而，本小节以正态分布为例，简要给出随机电磁波的统计特性。

设一个随机极化波服从零均值正态分布，即在省略了时间关系后，其在水平垂直极化基（$\hat{h},\hat{v}$）下有

$$\boldsymbol{e}_{\mathrm{HV}} \sim N\left(0, \Sigma_{\mathrm{HV}}\right) \tag{2.2.26}$$

其中：Σ_{HV} 为协方差矩阵，且有

$$\Sigma_{\mathrm{HV}} = \left\langle \boldsymbol{e}_{\mathrm{HV}} \boldsymbol{e}_{\mathrm{HV}}^{\mathrm{H}} \right\rangle = \begin{bmatrix} \sigma_{\mathrm{HH}} & \sigma_{\mathrm{HV}} \\ \sigma_{\mathrm{VH}} & \sigma_{\mathrm{VV}} \end{bmatrix}$$

因此，电磁波在水平垂直极化基（$\hat{h},\hat{v}$）下的联合概率密度函数为

$$f(\boldsymbol{e}_{\mathrm{HV}}) = \frac{1}{\pi^2 \left|\Sigma_{\mathrm{HV}}\right|} \exp\left\{-\boldsymbol{e}_{\mathrm{HV}}^{\mathrm{H}} \Sigma_{\mathrm{HV}}^{-1} \boldsymbol{e}_{\mathrm{HV}}\right\} \tag{2.2.27}$$

其中：$\left|\Sigma_{\mathrm{HV}}\right| = \sigma_{\mathrm{HH}}\sigma_{\mathrm{VV}} - \left|\sigma_{\mathrm{HV}}\right|^2$；上标“−1”表示矩阵的逆。

那么$(a_{\mathrm{H}}, a_{\mathrm{V}}, \phi)$的联合概率密度为

$$f(a_{\mathrm{H}}, a_{\mathrm{V}}, \phi) = \frac{2a_{\mathrm{H}}a_{\mathrm{V}}}{\pi\left(\sigma_{\mathrm{HH}}\sigma_{\mathrm{VV}} - \left|\sigma_{\mathrm{HV}}\right|^2\right)} \exp\left\{-\frac{\sigma_{\mathrm{VV}}a_{\mathrm{H}}^2 + \sigma_{\mathrm{HH}}a_{\mathrm{V}}^2 - 2\left|\sigma_{\mathrm{HV}}\right|a_{\mathrm{H}}a_{\mathrm{V}}\cos(\phi + \beta_{\mathrm{HV}})}{\sigma_{\mathrm{HH}}\sigma_{\mathrm{VV}} - \left|\sigma_{\mathrm{HV}}\right|^2}\right\} \tag{2.2.28}$$

基于式（2.2.28）可以给出随机电磁波的幅度、相位、幅度比和相位差的统计分布及其数字特征，电磁波瞬态 Stokes 矢量和 IPPV 的统计特性亦可得到，具体参见文献[11]。

2.2.5 电磁波极化表征方法的相互关系

前面简要给出了电磁波极化的四种定义和对应的表征方法，其实是根据电磁波的不同分类、不同应用背景而提出的，下面简要给出这几种表征方法的相互关系。

一般而言，电磁信号按照载频进行分类，可以分为单频信号（或单色波）、窄带信号（准单色波）和宽频带信号几类；依照统计的观点

进行分类，可以分为确定性信号和随机性信号两大类。

完全极化电磁波就是指单频信号，原则上 Jones 矢量、椭圆几何描述子、极化相位描述子、极化比以及 Stokes 矢量等极化表征参数只能用于此类信号极化的表征。部分极化电磁波事实上包含两种情况：一是确定性的窄带电磁信号；二是各态历经性平稳随机电磁信号。部分极化电磁波可以采用相干矩阵和相干矢量以及部分极化波的 Stokes 矢量等来描述，是包容了完全极化电磁波的，但是难以刻画宽频带、非平稳随机电磁信号；电磁波的瞬态极化表征虽然是针对宽频带电磁信号而提出的，但它也是可以刻画单频、窄带电磁信号的，是最为普适的表征手段；随机极化波的瞬态极化统计表征是与电磁波的瞬态极化表征相对应的，只不过一个描述确定性信号，另一个是用以刻画随机电磁信号的。四种关于电磁波极化的定义和表征方法的相互关系如图 2.2.3 所示。

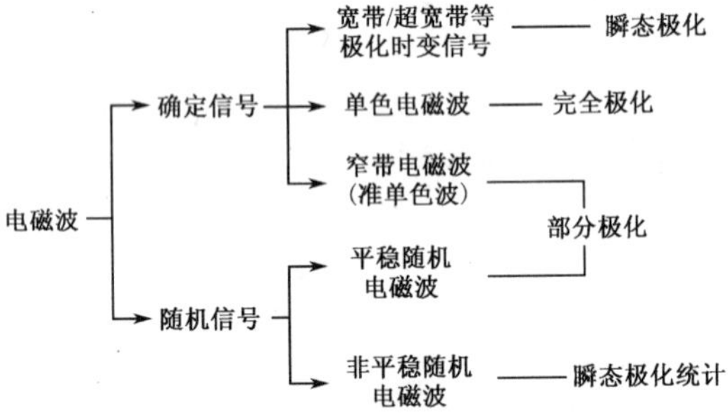

图 2.2.3　电磁波极化表征体系

2.3　天线的极化特性及其表征

无论是防御方的雷达系统还是进攻方的侦察和干扰系统，天线的性能在很大程度上决定了该武器系统的整体性能。对于现代电子战而言，雷达系统、侦察或干扰系统天线的测试、精确建模与仿真无疑是至关重要的。

目前，对天线的测量与分析侧重于天线方向图、天线增益、半功率波束宽度或任意电平波束宽度、极化隔离度、输入阻抗、驻波和损耗等相关参数，这些研究多集中在对天线本身电磁特性以及天线设计等方面，而对天线的极化特性深入分析的相关报道较为少见[165-173]。

由于雷达极化对抗技术是利用电磁波和天线的极化特性进行干扰与抗干扰斗争的相关技术，能否有效提高对敌方电子信息装备的干扰效果和己方信息装备的抗干扰效果，日益受到学术界和工业部门的广泛关注，显然深入分析天线的极化特性是非常有必要的。

2.3.1 天线极化特性的表征

1. 天线的极化

在天线理论中，天线的极化方式是根据其辐射的电磁波在给定传播方向上的极化状态来定义的。假定以天线中心为球心，天线辐射方向图为球的径向，则辐射电场矢量和磁场矢量都垂直于辐射方向。当球的半径很大时，在球面的局部区域内，可将天线的辐射场看成平面波。在与辐射方向垂直的平面内，即辐射电场和磁场所在平面内，将电场矢量随时间变化的轨迹定义为辐射波的极化。天线的辐射场可能有各种极化方式，但都可分解成两个正交极化的线性组合，而且，天线的两个正交极化分量有各自的方向图。一般而言，天线辐射场的极化方式并非固定不变的，事实上，它与测量辐射场所处位置有着密切关系，在不同观测方向上，天线辐射电磁波的极化状态可能不同，即天线极化是一个空域变量。对于任一天线的辐射场，选取以天线口面中心为原点的球坐标，天线的辐射场可写为[7]，

$$\boldsymbol{e}(r,\theta,\varphi)=\frac{\mathrm{j}z_0 I}{2\lambda r}\exp(\mathrm{j}kr)\boldsymbol{h}(\theta,\varphi) \tag{2.3.1}$$

式中：z_0 为自由空间本征阻抗；I 为天线馈入时谐电流的强度；$\boldsymbol{h}(\theta,\varphi)$ 为天线的有效长度（有些文献也称为有效高度），它与测量点所处空间角坐标（θ,φ）有关。

譬如，熟知的偶极子天线的远场辐射场为

$$\boldsymbol{e}(r,\theta,\varphi)=\frac{\mathrm{j}z_0 Il}{2\lambda r}\mathrm{e}^{\mathrm{j}kr}\sin\theta\hat{\boldsymbol{\mu}}_\theta$$

那么，自由空间中偶极子天线的 $\boldsymbol{h}(\theta,\varphi)=l\cdot\sin\theta\cdot\hat{\boldsymbol{u}}_\theta$，$l$ 和 θ 分别为偶极子天线的长度和俯仰角，$\hat{\boldsymbol{u}}_\theta$ 为俯仰方向单位矢量，容易看出，偶极子天线辐射场的极化方式是随俯仰角而变化的，如图 2.3.1 所示。

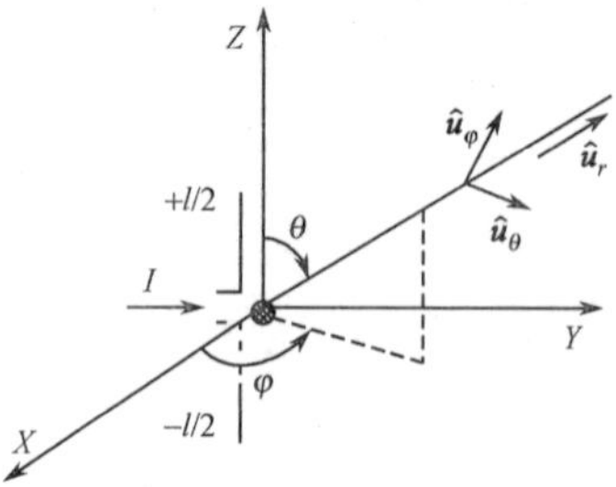

图 2.3.1　偶极子天线辐射场示意图

对于一个天线，当馈入电流给定后，其辐射场只与测量点所处的空间位置有关，而天线的有效长度仅与该测量点的空间角坐标有关。这也就意味着，当测量点与天线相对位置确定以后，就可以用天线在该点的辐射场来定义天线的极化状态，而且，天线极化的 Jones 矢量与天线有效长度矢量仅相差一个标量因子，通常情况下可以用相同的记号 $\boldsymbol{h}$ 来统一表示，并且在无需考虑天线增益或接收功率大小的场合，认为这两者是一致的。由于天线的极化实质上是根据其辐射电磁波在给定方向上的极化状态来定义的，因此 2.2 节中讨论过的所有的电磁波极化描述符也完全适用于天线的极化描述[166, 167]。如果用 Jones 矢量表征，则为

$$\boldsymbol{h}=\begin{bmatrix} E_\theta \\ E_\varphi \end{bmatrix} \tag{2.3.2}$$

其中：$\|\boldsymbol{h}\|=1$。

前面讨论的天线极化是在单色波条件下定义的，也就是说，仅仅考虑了天线被时谐信号激励时的情况，这种定义方式也适用于大多数的窄带系统[8]。根据线性系统理论可知，天线可以看作是一个线性滤波器，当馈入电流不再是时谐或者窄带信号时，输入的非时谐电流经过天线转化为非时谐的辐射电磁波，这个辐射波的频谱就是输入电流的频谱与天线系统频域响应的乘积。

由此可以看出，在非时谐情况下，可以利用天线的冲激响应矢量函数 $\boldsymbol{h}(t)$来定义天线在给定传播方向上的瞬态极化[9]，在物理上它是以冲激电流馈入天线时辐射波在某个特定传播方向上的时变电场函数，具体定义方式与 2.2.3 小节讨论过的瞬态极化电磁波表征方式完全

一致，这里不再赘述。

2. 天线的交叉极化

在设计天线时需要辐射或接收电磁波的极化方式经常被称为“期望极化”，但是，由于各种实际因素的存在，对于发射天线，其辐射电磁波的极化并不是那么纯，总是会混杂着一些所不希望的极化分量；同样地，对于接收天线，难以做到只接收其同极化波，完全接收不到与其正交的极化波。

根据 IEEE 的定义，“在一个包含参考极化椭圆的特定平面内，与这个参考极化正交的极化就称为交叉极化，该参考极化称为同极化”[85,89]。与参考源的场平行的场分量称为共极化场或主极化场，与参考源的场垂直的场分量称为交叉极化场。举例说明：设计一个天线，目的是让其辐射水平线极化波，但其辐射的电磁波中还含有垂直线极化分量，则可将水平线极化分量视为其主极化分量，垂直线极化分量视为其交叉极化分量，而且，垂直线极化分量相对水平线极化分量越小，说明极化越纯。任何一个单色波可以分解为两个正交极化分量，这两个正交分量可以是线极化，如水平、垂直线极化；或者是圆极化，如左旋、右旋圆极化；也可以是一般的椭圆极化。因此，可以任意地选择一对具有单位功率密度的正交极化电场分量作为极化基，不妨记为$\left(\hat{A},\hat{B}\right)$，那么电场可以在这个极化基上表示为

$$\boldsymbol{E}(AB)=E_A\hat{\boldsymbol{A}}+E_B\hat{\boldsymbol{B}} \tag{2.3.3}$$

其中：E_A 和 E_B 是电场 $\boldsymbol{E}$ 在两个极化基上的复数坐标，当极化基给定以后，它们唯一地表征了电场 $\boldsymbol{E}$。

假如设计者在设计天线的时候，希望它是 $\hat{\boldsymbol{A}}$ 极化（例如，$\hat{\boldsymbol{A}}$ 为水平极化方向），但是由于寄生极化 $\hat{\boldsymbol{B}}$（例如，$\hat{\boldsymbol{B}}$ 为垂直极化方向）的存在，使得实际天线极化为 $\hat{\boldsymbol{C}}$（例如，$\hat{\boldsymbol{C}}$ 为 5° 线极化方向）。很自然地，可以将电场矢量 $\boldsymbol{E}$ 在极化基$\left(\hat{\boldsymbol{A}},\hat{\boldsymbol{B}}\right)$上分解为$(E_A,E_B)$，$E_A$ 定义为其“主极化分量”，E_B 定义为其“交叉极化分量”。“期望极化”实质上是一个带有主观色彩的量，参考极化方向的定义并不是唯一的。

“交叉极化隔离度（XPI）”或“交叉极化鉴别率（XPD）”是双极化通道中交叉极化干扰的常用评价指标。对于天线本身而言，工程上

也常借鉴“交叉极化鉴别率（XPD）”的概念来描述单天线的极化纯度[57]，通常称之为天线的“交叉极化鉴别量”，即天线寄生极化与期望极化分量的功率比，具体定义为

$$\mathrm{XPD}=10\lg\left(\frac{P_{\mathrm{X}}}{P}\right)=20\lg\frac{E_{\mathrm{X}}}{E}\ (\mathrm{dB}) \tag{2.3.4}$$

式中：P 为天线主极化分量的功率；P_{X} 为天线交叉极化分量的功率；E 为天线主极化分量电平；E_{X} 为天线交叉极化分量电平。

雷达系统采用的极化工作方式通常有线极化和圆极化两种。以线极化为例，当天线的期望极化是垂直极化时，其交叉极化鉴别量（$\mathrm{XPD_V}$）为

$$\mathrm{XPD_V}=20\lg(E_{\mathrm{VH}}/E_{\mathrm{VV}}) \tag{2.3.5}$$

其中：E_{VV} 为发射极化为垂直极化时，天线接收的垂直极化场，即其共极化场；E_{VH} 为发射极化为垂直极化时，天线接收到的水平极化场，即其交叉极化场。

当天线的期望极化是水平极化时，其交叉极化鉴别率（$\mathrm{XPD_H}$）为

$$\mathrm{XPD_H}=20\lg(E_{\mathrm{HV}}/E_{\mathrm{HH}}) \tag{2.3.6}$$

式中：E_{HH} 为发射极化为水平极化时，天线接收到的水平极化场；E_{HV} 为发射极化为水平极化时，天线接收到的垂直极化场。

习惯上，用圆极化电压轴比来描述圆极化天线的交叉极化鉴别率。圆极化是椭圆极化的特例，椭圆极化波的电压轴比定义为

$$AR=\frac{1+b}{1-b} \tag{2.3.7}$$

式中：b 为反旋系数，等于反旋极化分量与主极化分量之比。

椭圆极化波的交叉极化鉴别率可表示为

$$\mathrm{XPD}=20\lg\frac{AR-1}{AR-1}\ (\mathrm{dB}) \tag{2.3.8}$$

由式（2.3.4）~式（2.3.8）可见，XPD 的值越小，说明天线的寄生极化分量越少，天线极化“越纯”。

2.3.2 基于测量数据的雷达天线极化特性分析

本小节以某 S 波段雷达天线和 X 波段抛物面天线为例，结合测量

数据具体分析天线的极化特性，包括其主极化方向图和交叉极化方向图、极化纯度与方位角的关系、天线的瞬态极化特性等内容，以期为雷达极化干扰与抗干扰的优化设计和性能评估提供支持。

1. 某S波段雷达天线的极化特性

某工作于S波段的相参雷达，工作中心频率为3.2GHz，天线极化形式为垂直极化，3dB波束宽度约为4°。根据天线测量相关理论可知，通过测量该雷达发射的单频脉冲、线性调频和相位编码等不同信号的极化特性，可以获得该雷达天线的极化特性。

1）全极化方向图

天线方向图测量目的是测定或检验天线的辐射特性、天线的波束宽度、天线增益、天线旁瓣特性等多项技术指标。根据雷达天线方位向机扫的外场测试结果，可以获取该雷达天线的一维主极化方向图和其交叉极化方向图。图2.3.2给出了主极化和交叉极化的相对电压幅值随扫描角的变化曲线，其中，横坐标表示扫描角度，纵坐标表示归一化电压值。

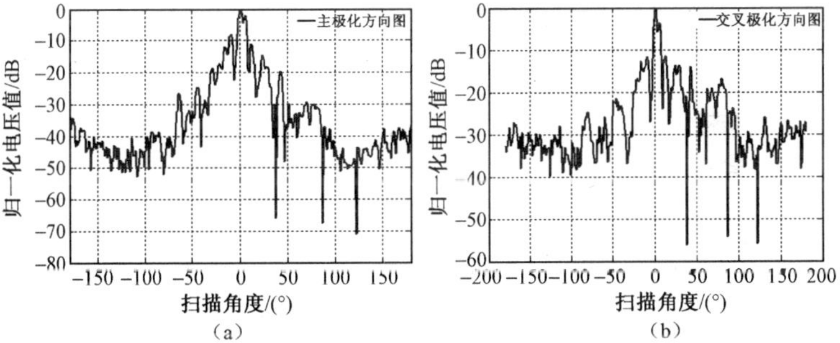

图2.3.2 某S波段雷达天线的方位向全极化方向图

（a）主极化方向图；（b）交叉极化方向图。

前面给出了该雷达天线的一维全向主极化方向图和交叉极化方向图，下面比较分析二者的区别。图2.3.3给出了主极化和交叉极化的相对电压幅值（归一化电压幅值采用主极化方向图的最大值）随扫描角的变化曲线。

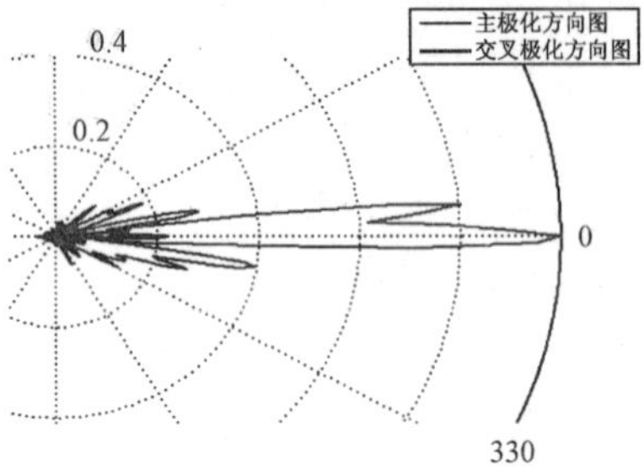

图 2.3.3　主极化和交叉极化方向图

由图 2.3.3 可见，基于实测数据得到的交叉极化方向图的最大值较主极化方向图最大值相差 13.5dB，且位于主极化方向图的主瓣处，其形状与主瓣的方向图相似，有两个比较高的副瓣，比主极化方向图的第一副瓣增益大约低 13dB。

上述结论与 D.C.施莱赫[212]给出的结论有所区别，其认为交叉极化方向图的最大值应大约位于主极化方向图的第一副瓣附近，而在主瓣区形成一凹点；同时考虑到测量过程中极化基未必能够完全对准，这会引起上述现象，不妨设主极化方向图的最大值处交叉极化分量为零，并在此假设条件下对主、交叉极化方向图进行校正，如图 2.3.4 所示。其中需要说明的是校正前、后主极化方向图基本保持不变。

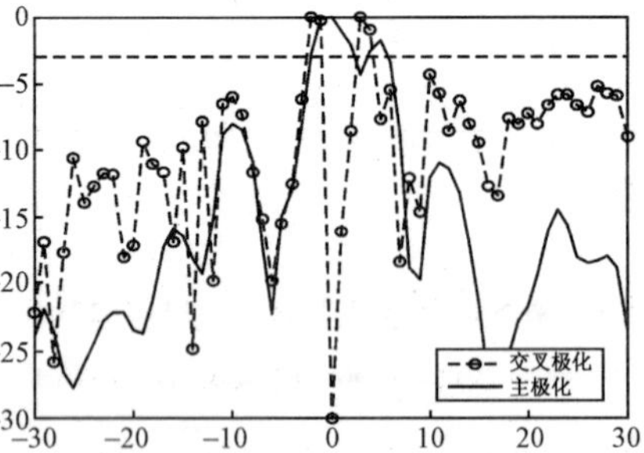

图 2.3.4　校正后主极化和交叉极化方向图

2）天线辐射信号的极化纯度

由于该雷达发射信号带宽较窄，天线的极化特性可用部分极化波的描述方法来刻画，根据 2.2 节中相关公式易得任意方位角下天线的极化特性，诸如极化椭圆率角、极化倾角、轴比、复极化比和 Stokes 参量等特性。图 2.3.5 给出了天线辐射信号的极化椭圆几何描述子 (ε,τ) 随着方位角的变化曲线。其中，在主瓣区，极化椭圆率角 $\varepsilon \approx 0.1°$，极化倾角 $\tau \approx 89.85°$。

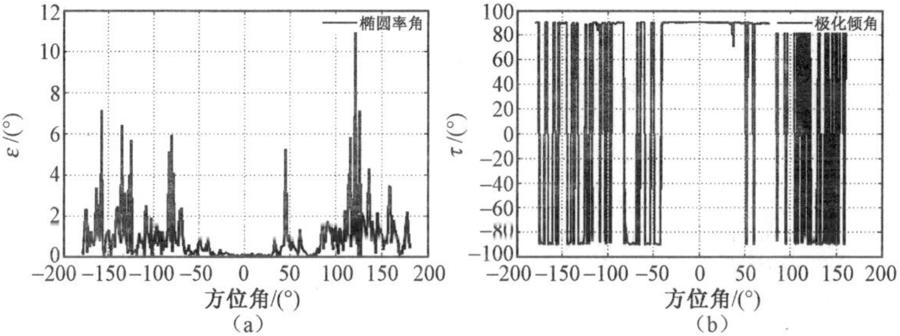

图 2.3.5 极化椭圆几何描述子 (ε, τ) 随着方位角的变化曲线

（a）极化椭圆率角 ε 随着方位角的变化曲线；（b）极化倾角 τ 随着方位角的变化曲线。

由前可知，该雷达发射信号为窄带调制信号，其辐射的电磁波是有一定的带宽，即此时的波为色散的。但它的有限带宽远比中心频率要小，场矢量的端点在传播空间给定点处描绘出的轨迹虽然不再是一个非时变的椭圆，但是其形状和取向都随时间变化的类似于椭圆的曲线，即为部分极化波。对部分极化波的一个非常重要的表征参量就是极化度，它描述了部分极化波中完全极化分量的平均功率密度与总的平均功率密度之比。下面给出其极化度随着方位角的变化曲线，如图 2.3.6 所示。

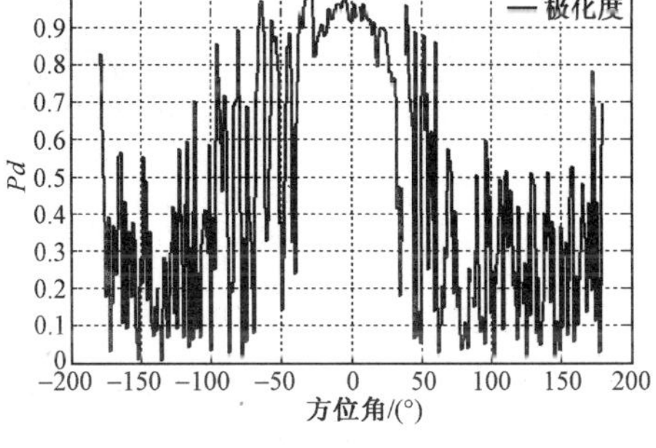

图 2.3.6 极化度随着方位角的变化曲线

由图 2.3.2～图 2.3.6 可见，在方位角±15° 内，天线辐射信号的极化特性基本相同，起伏较小，尤其在方位角±5° 内更是如此，极化倾角位于 90° 附近，极化度较高，基本在 0.9 以上，这说明雷达天线的主瓣和第一副瓣以内天线的极化特性随方位角变化较小。而在天线方向图的背瓣区域，虽仍以垂直极化分量为主，但天线辐射信号的极化特性起伏较大，极化度较小，这一方面是由于天线背瓣辐射特性本身复杂，同时更为重要的可能是由于环境等因素的影响所引起的测量误差所造成的。

3）天线辐射信号的瞬态极化特性分析

根据瞬态极化理论[9]，可以得到天线辐射不同信号时的瞬态极化特性，诸如 IPPV 的时变特性，极化散度、瞬态极化变化率等参数，为进一步了解天线的极化特性提供了基础。

图 2.3.7 给出了辐射单频脉冲信号时某角度测量值下水平和垂直极化接收天线的 I、Q 通道的时域波形，图 2.3.8 给出了时域 IPPV 在单位 Poincare 球面上的分布态势，其中采样频率为 500MHz。

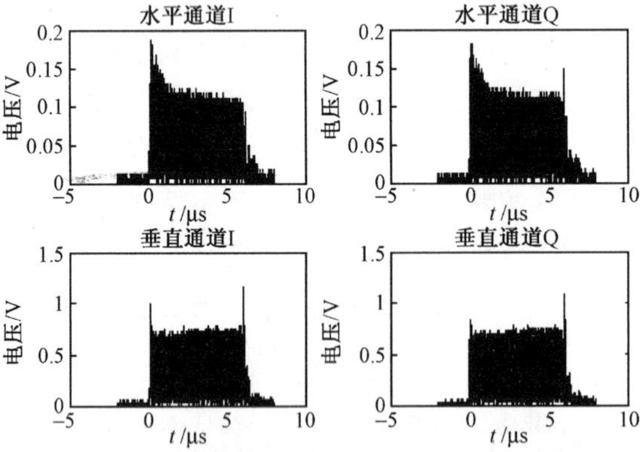

图 2.3.7　水平和垂直接收天线的时域波形

由图 2.3.7 和图 2.3.8 可见，雷达天线辐射单频脉冲信号的极化特性基本不随时间而变化，至于其时域 IPPV 不是一个点，而是有一定的分布区域，主要是由于测量噪声和外部环境等因素造成的。

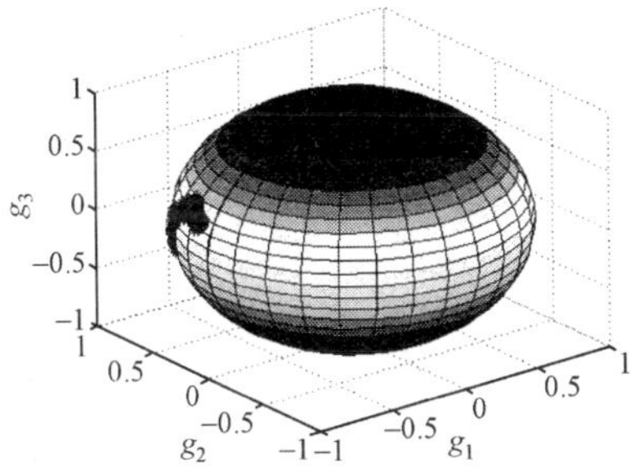

图 2.3.8 时域 IPPV 分布态势

表 2.3.1 给出了处于主瓣区域内雷达天线辐射单频脉冲信号的极化聚类中心和极化散度，由此可进一步说明天线辐射窄带脉冲信号的极化特性基本不随时间而变化，极化纯度较高。

表 2.3.1 处于主瓣区域内雷达天线辐射单频脉冲信号的极化聚类中心和极化散度

测量角度	极化聚类中心			极化散度		
	$\bar{\tilde{g}}_1$	$\bar{\tilde{g}}_2$	$\bar{\tilde{g}}_3$	$D_1^{(2)}$	$D_2^{(2)}$	$D_3^{(2)}$
1.5°	0.9153	0.0226	−0.0362	0.13653	0.02183	0.02499
0°	0.9430	0.1667	0.2746	0.00037	0.00473	0.00244
−1.5°	0.8749	−0.1539	−0.0204	0.17266	0.03786	0.02741

根据该雷达天线的大量实测数据分析，可以初步得出以下几点结论。

（1）在雷达天线的主瓣区域，无论雷达天线辐射单频信号、线性调频信号还是相位编码信号时，其极化特性基本不随时间变化；其辐射信号的频谱特性与信号频谱的理论分析结果相吻合，在其频谱图中，以 3dB 为门限，频域内存在多个采样值，其极化特性基本不变，极化纯度较高。

（2）在雷达天线的副瓣和背瓣区域，无论雷达天线辐射单频信号、线性调频信号还是相位编码信号时，其极化特性随时间变化明显，但是仍有一定的分布区域，这可能是由于测量噪声、外部环境等因素造成的；其辐射信号的频谱特性与信号频谱的理论分析结果比较吻合，在天线辐射信号频谱图中，以 3dB 为门限，此时频域内的多个采样值，极化特性基本不变，但是极化状态显著偏离了天线预期设计的极化形式。这一方面可能是环境等因素的影响，更为重要的是在理论上天线的极化特性将会在第一副瓣区域外逐渐偏离天线设计的极化形式。

由上所述可知，雷达天线辐射信号的极化特性主要取决于天线本身的设计，主瓣区域的极化特性基本能够保证是所期望的极化形式，而在副瓣和背瓣区域均偏离了期望的极化形式，扫描角越大，其极化形式与期望极化相差越大；而天线的极化特性与其所辐射的信号形式有一定的关系，但变化不大，这主要是由于不同形式的信号带宽不一所致。

2. 某抛物面天线的极化特性分析

某工作在 X 波段的正馈抛物面天线如图 2.3.9 所示，抛物面的直径为 30cm。工作中心频率为 10GHz，带宽约 10%，天线的期望极化是水平极化。天线置于微波暗室的转台上，且在方位向上扫描，并同时采用垂直极化和水平极化两个通道接收电压数据。

图 2.3.9　实测抛物面天线

天线的主极化分量是水平极化 E_H，交叉极化分量是垂直极化 E_V，图 2.3.10（a）~图 2.3.10（c）分别给出了天线工作在中心频率 10GHz 及其附近频段 9.8GHz、10.2GHz 时的归一化主极化方向图和交叉极化方向图。

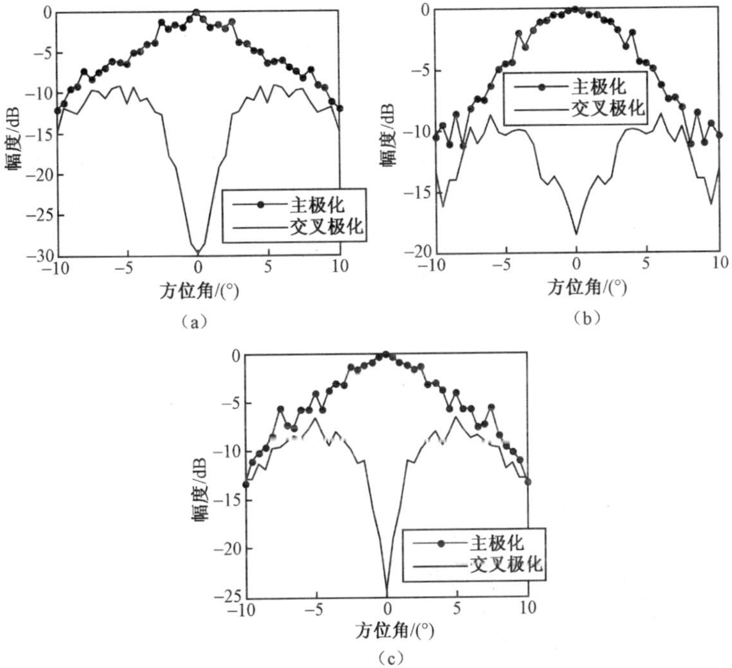

图 2.3.10　实测抛物面天线的主极化和交叉极化方向图

(a) 工作频率 10GHz；(b) 工作频率 9.8GHz；(c) 工作频率 10.2GHz。

由图 2.3.10 可见，该抛物面天线为一窄波束天线，波束宽度约为 5°。根据前面极化比的定义式 $\rho = E_{\mathrm{V}} / E_{\mathrm{H}}$ 和交叉极化鉴别量（或称“极化纯度”）的定义式 $\mathrm{XPD} = 20\lg(E_{\mathrm{cross}} / E_{\mathrm{co}})$ 可知，对于该水平极化抛物面天线来说，后者即为前者的分贝表示。图 2.3.11 和图 2.3.12 分别给出了天线的极化比幅度和极化相位描述子随方位角的变化曲线，其中，每根曲线代表了不同的中心工作频率，具体含义如图 2.3.10 所示。

由图 2.3.11 和图 2.3.12 可见，当天线在空域扫描时，其极化特性发生明显变化，例如，当天线在方位向上半功率波束宽度内扫描时，天线交叉极化鉴别量从 $-\infty$ 增大到 $-7\,\mathrm{dB}$，极化相位描述子 γ 从 0° 增大为 25°。

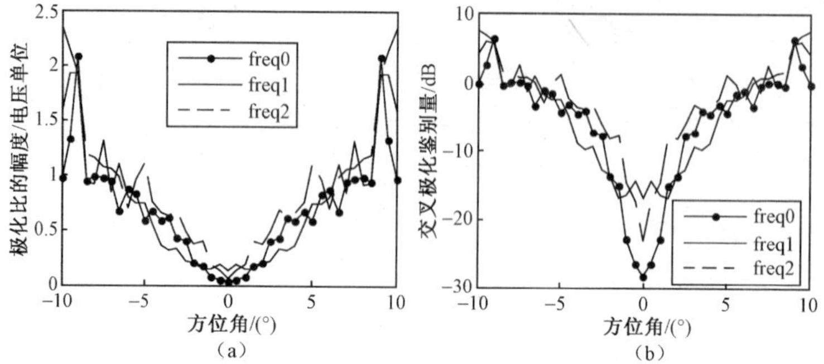

图 2.3.11　X 波段抛物面天线极化比幅度随方位角的变化曲线

（a）极化比幅度分布图；（b）交叉极化鉴别量的分布图。

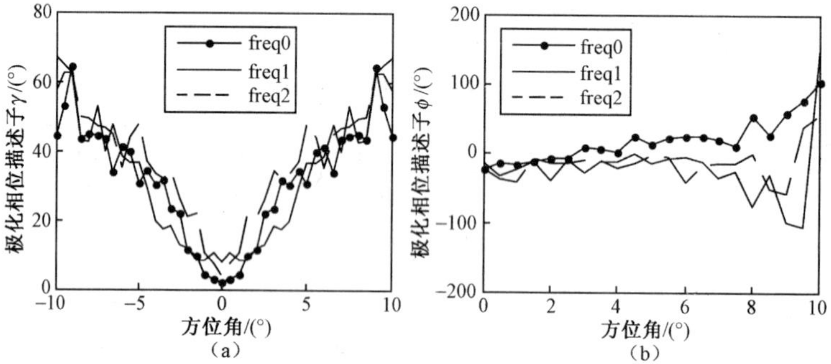

图 2.3.12　X 波段抛物面天线极化相位描述子随方位角的变化曲线

（a）γ 随方位角的变化曲线；（b）ϕ 随方位角的变化曲线。

图 2.3.13（a）~图 2.3.13（c）分别给出了当天线在方位向主瓣范围内扫描，且分别工作在中心频率 10GHz 及其附近频率 9.8GHz、10.2GHz 时，天线所经历的各极化态在 Poincare 球上的分布情况。

由图 2.3.13 可见，天线在方位向上扫描时，经历的各极化状态基本分布于 Poincare 球的赤道上，且分散在+x 轴与 Poincare 球的交点附近。

由图 2.3.11~图 2.3.13 的结果可见，当该正馈抛物面天线在方位向上扫描时，天线的极化特性发生明显变化。而且，在主瓣范围内，天线的极化相位描述子γ单调递增，极化描述子ϕ基本保持不变。

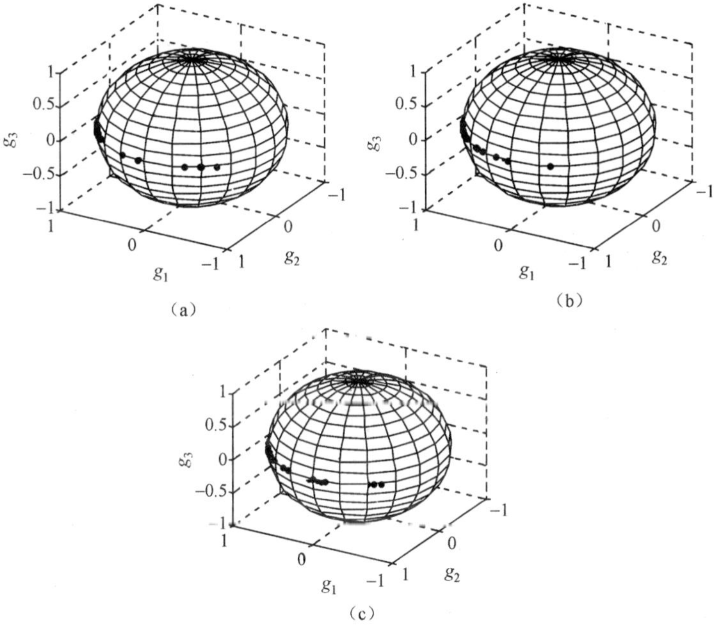

图 2.3.13　X 波段抛物面天线的 IPPV 空域分布

（a）工作频率 9.8GHz；（b）工作频率 10GHz；（c）工作频率 10.2GHz。

利用 GRASP9 软件对典型正馈抛物面天线的极化特性进行计算机仿真，分析结果亦可表明：正馈抛物面天线的极化较纯，尤其是在主瓣范围内，天线的交叉极化分量较小。对比本小节的分析结果可以看出，由于各种现实因素的影响，实际天线的极化纯度比理论推导和仿真结果差得多。

这里选取了一些具有代表性的典型天线，对其极化特性进行探讨，得到了一些有意义的结论，为后续的雷达极化抗干扰及其性能评估研究提供了支持。

需要说明的是，有源干扰信号的极化特性主要取决于辐射源天线的极化特性和辐射源载体的运动形式，也就是说，天线的极化特性很大程度上反映了干扰信号的极化特性。

2.4 雷达目标的极化特性及其表征

雷达目标的电磁散射特性是电子对抗、目标识别、隐身与反隐身、导弹制导、无线电引信等技术的研究基础，而极化特性是雷达目标电磁散射的基本属性之一。

由于受到雷达系统工作体制和工作带宽等因素的制约，前期大量研究都是面向窄带、低分辨雷达系统，这些针对窄带雷达的极化理论称之为经典极化理论[9]。宽带、多极化已经成为新一代雷达系统扩大信息来源、提高抗干扰能力和探测性能的发展趋势之一，为此，王雪松[9]于 1999 年提出了雷达目标电磁散射的瞬态极化表征理论。李永祯[11]和曾勇虎[10]分别从不同角度对瞬态极化理论进行了拓展和完善，提出了电磁波和雷达目标的瞬态极化时频分布表征和统计表征方法。

2.4.1 经典表征方法

在特定频率电磁波激励下，雷达目标的极化特性可以由 Sinclair 极化散射矩阵完全地表征，而对于平稳随机起伏目标的极化特性则可以用 Mueller 矩阵或 Kennaugh 矩阵等予以描述[7]。下面简要阐述雷达目标极化特性刻画的一些经典方法。

1. Sinclair 极化散射矩阵

在单色波激励下，雷达目标在远场区的电磁散射是一个线性过程，入射波和目标散射波的各极化分量之间存在线性关系，并可由 1948 年 G.Sinclair[6]提出的极化散射矩阵来描述，即目标散射波 $\boldsymbol{e}_{\mathrm{S}}=\left[e_{\mathrm{SH}},e_{\mathrm{SV}}\right]^{\mathrm{T}}$ 与入射波 $\boldsymbol{e}_{\mathrm{i}}=\left[e_{\mathrm{iH}},e_{\mathrm{iV}}\right]^{\mathrm{T}}$ 各极化分量的变换关系可表示为

$$\boldsymbol{e}_{\mathrm{S}}=G(r)\boldsymbol{S}\boldsymbol{e}_{\mathrm{i}} \tag{2.4.1}$$

其中：$e_{\mathrm{SH}},e_{\mathrm{SV}}$ 分别为散射场在水平、垂直正交极化基下的复振幅；$e_{\mathrm{iH}},e_{\mathrm{iV}}$ 为入射场的复振幅；$G(r)=\dfrac{1}{r}\exp\left(-\mathrm{j}kr\right)$ 为极化散射矩阵的球面

波因子，在下面的分析中不予考虑。那么 Sinclair 极化散射矩阵可表示为

$$\boldsymbol{S}=\begin{bmatrix} S_{\mathrm{HH}} & S_{\mathrm{HV}} \\ S_{\mathrm{VH}} & S_{\mathrm{VV}} \end{bmatrix}=\mathrm{e}^{\mathrm{j}\alpha}\begin{bmatrix} |S_{\mathrm{HH}}| & |S_{\mathrm{HV}}|\mathrm{e}^{\mathrm{j}(\phi_{\mathrm{HV}}-\alpha)} \\ |S_{\mathrm{HV}}|\mathrm{e}^{\mathrm{j}(\phi_{\mathrm{HV}}-\alpha)} & |S_{\mathrm{VV}}|\mathrm{e}^{\mathrm{j}(\phi_{\mathrm{VV}}-\alpha)} \end{bmatrix}=\mathrm{e}^{\mathrm{j}\alpha}\boldsymbol{S}^{R} \quad (2.4.2)$$

其中：S_{HV} 物理意义上对应着以垂直极化波照射目标时后向散射波的水平极化分量，类似地可以解释其余三个元素的物理含义；$\alpha=\phi_{\mathrm{HH}}$ 为散射矩阵的绝对相位；$\boldsymbol{S}^{R}$ 称为相对极化散射矩阵。

按照式（2.4.1）定义的极化散射矩阵，其元素与雷达散射截面积（RCS）之间具有如下关系：

$$\sigma_{ij}=4\pi\left|S_{ij}\right|^{2},\quad i,j=\mathrm{H},\mathrm{V} \quad (2.4.3)$$

其中：σ_{ij} 表示雷达发射 j 极化波照射目标、在观测点处以 i 极化进行接收时所测得的 RCS。

需要指出的是，目标的散射矩阵是一个线性变换矩阵函数（输入是入射极化，输出是目标回波极化）。因此，通过入射极化的分集、并测量目标回波极化，不仅可对目标散射矩阵（函数）进行估计，而且可估计目标的最佳极化。在此基础上，通过对目标极化散射矩阵进行线性变换，可以提取其特征量，进而可实现对目标的分类与鉴别，并实现抗干扰。

2. Mueller 矩阵

对一个确定性目标，当以完全极化的单色波照射时，其在给定观测条件下的电磁散射特性可以由一个极化散射矩阵进行完全地表征，这种确定性目标对单色波的散射在雷达领域中称为相干散射。

但是，对于起伏目标或者入射波是部分极化波的情况，必须使用另一种变极化效应的描述方法——Mueller 矩阵来刻画雷达目标的极化特性，将入射波和散射波的 Stokes 矢量联系起来。对于相干散射情形，Mueller 矩阵与极化散射矩阵之间存在着一一对应的关系，也就是说，二者在刻画确定性目标的相干电磁散射特性方面是完全等价的；但是对于非相干情形，二者的等价关系将不再保持。

由 2.2 节关于部分极化波的相干矢量的定义可知，入射波和散射波的相干矢量为

$$\boldsymbol{C}_{\mathrm{i}}=\left\langle\boldsymbol{e}_{\mathrm{i}}\otimes\boldsymbol{e}_{\mathrm{i}}^{*}\right\rangle,\ \boldsymbol{C}_{\mathrm{S}}=\left\langle\boldsymbol{e}_{\mathrm{S}}\otimes\boldsymbol{e}_{\mathrm{S}}^{*}\right\rangle \tag{2.4.4}$$

那么，散射场的相干矢量由 $\boldsymbol{e}_{\mathrm{S}}=\boldsymbol{S}\boldsymbol{e}_{\mathrm{i}}$ 可以进一步写为

$$\boldsymbol{C}_{\mathrm{S}}=\left\langle(\boldsymbol{S}\boldsymbol{e}_{\mathrm{i}})\otimes(\boldsymbol{S}\boldsymbol{e}_{\mathrm{i}})^{*}\right\rangle=\left\langle\boldsymbol{S}\otimes\boldsymbol{S}^{*}\right\rangle\left\langle\boldsymbol{e}_{\mathrm{i}}\otimes\boldsymbol{e}_{\mathrm{i}}^{*}\right\rangle=\boldsymbol{W}\boldsymbol{C}_{\mathrm{i}} \tag{2.4.5}$$

其中：$\boldsymbol{W}=\left\langle\boldsymbol{S}\otimes\boldsymbol{S}^{*}\right\rangle$。

若入射波与散射波的 Stokes 矢量分别记为 $\boldsymbol{J}_{\mathrm{i}}$ 和 $\boldsymbol{J}_{\mathrm{S}}$，那么由相干矢量与 Stokes 矢量的等价关系可得

$$\boldsymbol{J}_{\mathrm{S}}=\boldsymbol{R}\boldsymbol{W}\boldsymbol{R}^{-1}\boldsymbol{J}_{\mathrm{i}}=\boldsymbol{M}\boldsymbol{J}_{\mathrm{i}} \tag{2.4.6}$$

其中：$\boldsymbol{M}=(M_{ij})_{4\times4}=\boldsymbol{R}\boldsymbol{W}\boldsymbol{R}^{-1}=\boldsymbol{R}\left\langle\boldsymbol{S}\otimes\boldsymbol{S}^{*}\right\rangle\boldsymbol{R}^{-1}$，称之为 Mueller 矩阵。

正如极化散射矩阵与雷达观测条件有关一样，目标的 Mueller 矩阵不但取决于目标本身的物理特性，同时也与入射波频率、雷达视角以及目标姿态取向等客观观测条件有关。对于确定性目标，一个散射矩阵完全表征了目标在特定观测条件下的电磁散射特性，它给出了目标对于入射波与散射波 Jones 矢量的极化变换关系；而对于起伏性目标，Mueller 矩阵从统计的角度描述了目标在特定观测条件下的极化散射特性，它反映了目标对于入射波和散射波 Stokes 矢量的极化变换关系。从信息含量的角度讲，Mueller 矩阵中仅仅包含了关于目标极化散射过程的二阶矩信息，也就是说，对于刻画目标电磁散射特性而言，Mueller 矩阵所包含的信息是不完全的。

3. Kennaugh 矩阵

这里给出雷达的接收功率与收/发天线极化的依赖关系。在后向散射坐标系下，当一个平面单色波 $\boldsymbol{e}_{\mathrm{S}}$ 照射一个有效长度为 $\boldsymbol{h}_{\mathrm{r}}$ 的天线时，天线输出端口的感应电压为

$$V=\boldsymbol{h}_{\mathrm{r}}^{\mathrm{T}}\boldsymbol{e}_{\mathrm{S}}=\boldsymbol{e}_{\mathrm{S}}^{\mathrm{T}}\boldsymbol{h}_{\mathrm{r}} \tag{2.4.7}$$

在雷达应用中，$\boldsymbol{e}_{\mathrm{S}}$ 可认为是目标的后向散射波，那么雷达天线对目标的接收功率为

$$P_{\mathrm{r}}=|V|^{2}=\left|\boldsymbol{h}_{\mathrm{r}}^{\mathrm{T}}\boldsymbol{e}_{\mathrm{S}}\right|^{2}=(\boldsymbol{h}_{\mathrm{r}}^{\mathrm{T}}\otimes\boldsymbol{h}_{\mathrm{r}}^{\mathrm{H}})(\boldsymbol{e}_{\mathrm{S}}\otimes\boldsymbol{e}_{\mathrm{S}}^{*})=\boldsymbol{C}_{\mathrm{r}}^{\mathrm{T}}\boldsymbol{C}_{\mathrm{S}} \tag{2.4.8}$$

其中：$\boldsymbol{C}_{\mathrm{r}}=\boldsymbol{h}_{\mathrm{r}}\otimes\boldsymbol{h}_{\mathrm{r}}^{*}$ 为接收天线的相干矢量。

由于接收天线的有效长度与其辐射波的 Jones 电场矢量仅相差一

个复变量因子，因此 $\boldsymbol{C}_{\mathrm{r}}$ 正比于接收天线辐射场的相干矢量。根据 Stokes 矢量与相干矢量之间的线性变换关系，式（2.4.8）可用 Stokes 矢量表示为

$$P_{\mathrm{r}}=(\boldsymbol{R}^{-1}\boldsymbol{J}_{\mathrm{r}})^{\mathrm{T}}(\boldsymbol{R}^{-1}\boldsymbol{J}_{\mathrm{S}})=\boldsymbol{J}_{\mathrm{r}}^{\mathrm{T}}\boldsymbol{R}^{-\mathrm{T}}\boldsymbol{R}^{-1}\boldsymbol{J}_{\mathrm{S}}=\frac{1}{2}\boldsymbol{J}_{\mathrm{r}}^{\mathrm{T}}\boldsymbol{U}_4\boldsymbol{J}_{\mathrm{S}} \tag{2.4.9}$$

其中：$\boldsymbol{J}_{\mathrm{r}}$ 为接收天线的 Stokes 矢量；$\boldsymbol{J}_{\mathrm{S}}$ 为目标散射回波的 Stokes 矢量；$\boldsymbol{U}_4=\mathrm{diag}\{1,1,1,-1\}$。

由式（2.4.6）可知，若雷达发射波的 Stokes 矢量为 $\boldsymbol{J}_{\mathrm{i}}$，则 $\boldsymbol{J}_{\mathrm{S}}=\boldsymbol{M}\boldsymbol{J}_{\mathrm{i}}$，即有

$$P_{\mathrm{r}}=\frac{1}{2}\boldsymbol{J}_{\mathrm{r}}^{\mathrm{T}}\boldsymbol{U}_4\boldsymbol{M}\boldsymbol{J}_{\mathrm{i}}=\frac{1}{2}\boldsymbol{J}_{\mathrm{r}}^{\mathrm{T}}\boldsymbol{K}\boldsymbol{J}_{\mathrm{i}} \tag{2.4.10}$$

其中：$\boldsymbol{K}=\boldsymbol{U}_4\boldsymbol{M}$ 即定义为目标的 Kennaugh 矩阵。

4. 极化散射矩阵、极化协方差矩阵、相干矩阵、Mueller 矩阵以及 Kennaugh 矩阵之间的相互关系

对于起伏目标而言，通常选择 Mueller 矩阵 $\boldsymbol{M}$ 或者 Kennaugh 矩阵 $\boldsymbol{K}$、极化协方差矩阵 $\boldsymbol{C}$、极化相干矩阵 $\boldsymbol{T}$ 等来描述目标的散射特性。下面给出这几种矩阵的相互变换关系。首先给出极化协方差矩阵和目标相干矩阵的定义，在此之前，先给出极化散射矩阵的两种向量表示形式：

$$\boldsymbol{x}=\begin{bmatrix}S_{\mathrm{HH}} & S_{\mathrm{HV}} & S_{\mathrm{VV}}\end{bmatrix}^{\mathrm{T}} \tag{2.4.11}$$

$$\boldsymbol{k}=\frac{1}{\sqrt{2}}\begin{bmatrix}S_{\mathrm{HH}}+S_{\mathrm{VV}} & S_{\mathrm{HH}}-S_{\mathrm{VV}} & 2S_{\mathrm{HV}}\end{bmatrix}^{\mathrm{T}}=\boldsymbol{A}\boldsymbol{x} \tag{2.4.12}$$

其中：$\boldsymbol{A}=\begin{bmatrix}1/\sqrt{2} & 0 & 1/\sqrt{2}\\ 1/\sqrt{2} & 0 & -1/\sqrt{2}\\ 0 & \sqrt{2} & 0\end{bmatrix}$；$\boldsymbol{x}$ 为极化散射矩阵在(h, v)极化基上的向量表示；$\boldsymbol{k}$ 为极化散射矩阵在 Pauli 基下的向量表示。

极化协方差矩阵 $\boldsymbol{C}$，定义为

$$\boldsymbol{C}=\left\langle(\boldsymbol{x}-\bar{\boldsymbol{x}})(\boldsymbol{x}-\bar{\boldsymbol{x}})^{\mathrm{H}}\right\rangle \tag{2.4.13}$$

其中：$\bar{\boldsymbol{x}}$ 是平均极化散射矢量。

极化相干矩阵 $\boldsymbol{T}$，定义为

$$T=\langle \boldsymbol{k}\boldsymbol{k}^{\mathrm{H}}\rangle \tag{2.4.14}$$

显然，$\boldsymbol{T}$ 和 $\boldsymbol{C}$ 有如下关系：

$$\boldsymbol{T}=\boldsymbol{A}\boldsymbol{C}\boldsymbol{A}^{\mathrm{H}} \tag{2.4.15}$$

在互易的条件下，Mueller 矩阵 $\boldsymbol{M}$ 和极化相干矩阵 $\boldsymbol{T}$ 的关系可用如下两个公式予以说明：

$$\boldsymbol{M}=\begin{bmatrix} A_0+B_0 & C & H & F \\ C & A_0+B & E & G \\ H & E & A_0-B & D \\ -F & -G & -D & A_0-B_0 \end{bmatrix},\quad \boldsymbol{T}=\begin{bmatrix} 2A_0 & C-\mathrm{j}D & H+\mathrm{j}G \\ C+\mathrm{j}D & B_0+B & E+\mathrm{j}F \\ H-\mathrm{j}G & E-\mathrm{j}F & B_0-B \end{bmatrix} \tag{2.4.16}$$

其中：A_0、B_0、B、C、D、E、F、G、H 为目标的 Huynen 参数，表征了目标的不同特性。

由前述可知，Mueller 矩阵 $\boldsymbol{M}$ 和散射矩阵 $\boldsymbol{S}$ 的关系为 $\boldsymbol{M}=\boldsymbol{R}\langle \boldsymbol{S}\otimes\boldsymbol{S}^{\mathrm{H}}\rangle\boldsymbol{R}^{-1}$；Kennaugh 矩阵 $\boldsymbol{K}$ 和 Mueller 矩阵 $\boldsymbol{M}$ 的关系为 $\boldsymbol{K}=\boldsymbol{U}_4\boldsymbol{M}$。

上述这些矩阵有一个共同点，即它们的元素都是散射矩阵元素的二阶统计平均，即可用 $\langle |S_{\mathrm{HH}}|^2\rangle$、$\langle |S_{\mathrm{HV}}|^2\rangle$、$\langle |S_{\mathrm{VV}}|^2\rangle$、$\langle S_{\mathrm{HH}}S_{\mathrm{HV}}^*\rangle$、$\langle S_{\mathrm{HH}}S_{\mathrm{VV}}^*\rangle$、$\langle S_{\mathrm{HV}}S_{\mathrm{VV}}^*\rangle$ 的线性组合来表示。当然，它们还有各自的特点，如协方差矩阵 $\boldsymbol{C}$ 和相干矩阵 $\boldsymbol{T}$ 都是 Hermit 半正定的，且还存在相同的特征值；Mueller 矩阵和 Kennaugh 矩阵都是实的，Kennaugh 矩阵一般是对称的。对于确定性目标而言，$\boldsymbol{S}$、$\boldsymbol{T}$、$\boldsymbol{C}$、$\boldsymbol{M}$ 和 $\boldsymbol{K}$ 具有一一对应关系，即用来描述目标的散射特性时，它们相互之间是等价的；对于起伏目标而言，$\boldsymbol{S}$、$\boldsymbol{T}$、$\boldsymbol{C}$、$\boldsymbol{M}$ 和 $\boldsymbol{K}$ 不存在一一对应关系，但是 $\boldsymbol{T}$、$\boldsymbol{C}$、$\boldsymbol{M}$ 和 $\boldsymbol{K}$ 之间依然存在等价关系。

5. 极化基的变换与极化不变量

1）极化基的变换公式

下面给出任意正交极化基 $(\hat{a},\hat{b})$ 与水平垂直极化基 $(\hat{h},\hat{v})$ 的变换关

系，有

$$(\hat{h},\hat{v})=(\hat{a},\hat{b})\boldsymbol{U} \tag{2.4.17}$$

其中：$\boldsymbol{U}$ 为极化基过渡酉矩阵，通常可以写为如下形式：

$$\boldsymbol{U}=\frac{1}{\sqrt{1+|\rho|^2}}\begin{bmatrix}1 & -\rho^* \\ \rho & 1\end{bmatrix}$$

其中：ρ 为极化基的变换极化比。

目标的极化散射矩阵在正交极化基 $(\hat{a},\hat{b})$ 和水平垂直极化基 $(\hat{h},\hat{v})$ 下的变换关系为

$$\boldsymbol{S}_{\mathrm{AB}}=\boldsymbol{U}^{\mathrm{H}}\boldsymbol{S}_{\mathrm{HV}}\boldsymbol{U}$$

目标的 Mueller 矩阵和 Kennaugh 矩阵的变基公式为

$$\boldsymbol{M}_{AB}=\boldsymbol{Q}^{-1}\boldsymbol{M}_{\mathrm{HV}}\boldsymbol{Q}\text{，}\quad \boldsymbol{K}_{AB}=\boldsymbol{Q}^{\mathrm{T}}\boldsymbol{K}_{\mathrm{HV}}\boldsymbol{Q}$$

其中：$\boldsymbol{Q}=\boldsymbol{R}(\boldsymbol{U}\otimes\boldsymbol{U}^*)\boldsymbol{R}^{-1}$，且 $\boldsymbol{Q}^{\mathrm{T}}\boldsymbol{Q}=\boldsymbol{I}_4$，$\boldsymbol{Q}=\begin{bmatrix}1 & 0\\ 0 & \boldsymbol{Q}_3\end{bmatrix}$，$\boldsymbol{Q}_3$ 亦为 3 阶正交矩阵。

2）极化不变量

极化不变量是指那些取值仅取决于目标自身的物理属性以及雷达观测条件，而与雷达的极化基选择无关。对于单站全极化测量雷达而言，极化不变量与目标横滚姿态无关，即与观测目标绕雷达视线的旋转无关。事实上，目标绕视线的旋转等效于雷达极化基的相应旋转。这里直接给出在雷达极化理论中常用的一组极化不变量。

（1）散射矩阵的迹、行列式值、Frobenius 范数。

（2）功率矩阵的迹、行列式值、Frobenius 范数和其两个特征值。目标的 Graves 功率矩阵定义为

$$\boldsymbol{G}=\begin{bmatrix}G_{11} & G_{12}\\ G_{21} & G_{22}\end{bmatrix}=\boldsymbol{S}^{\mathrm{H}}\boldsymbol{S}$$

显然，Graves 功率矩阵是一个 2 阶 Hermite 矩阵，秩与 $\boldsymbol{S}$ 相同。设功率矩阵 $\boldsymbol{G}$ 的两个特征值为 λ_1 和 λ_2（不妨设 $\lambda_1\geqslant\lambda_2\geqslant0$），$\lambda_1$ 和 λ_2 是不变量。

（3）伪本征值 μ_1 和 μ_2。对于互易性目标而言，极化散射矩阵是一个 2 阶复对称矩阵，可以对角化，即有

$$\boldsymbol{U}^{\mathrm{T}}\boldsymbol{S}\boldsymbol{U}=\boldsymbol{U}^{\mathrm{T}}\begin{bmatrix} S_{\mathrm{HH}} & S_{\mathrm{HV}} \\ S_{\mathrm{HV}} & S_{\mathrm{VV}} \end{bmatrix}\boldsymbol{U}=\Lambda_{\mathrm{d}}=\begin{bmatrix} \mu_1 & 0 \\ 0 & \mu_2 \end{bmatrix}$$

选择合适的酉矩阵 $\boldsymbol{U}$，使得 μ_1、μ_2 成为非负实数。此时，有

$$\mu_1=\frac{\left|S_{\mathrm{HH}}+2\rho_1 S_{\mathrm{HV}}+\rho_1^2 S_{\mathrm{VV}}\right|}{1+\left|\rho_1\right|^2},\quad \mu_2=\frac{\left|S_{\mathrm{VV}}-2\rho_1^* S_{\mathrm{HV}}+\rho_1^{*^2} S_{\mathrm{HH}}\right|}{1+\left|\rho_1\right|^2}$$

式中：$\rho_1=\dfrac{-B+\sqrt{B^2-4|A|^2}}{2A}$；$A=S_{\mathrm{HH}}^* S_{\mathrm{HV}}+S_{\mathrm{HV}}^* S_{\mathrm{VV}}$；$B=\left|S_{\mathrm{HH}}\right|^2-\left|S_{\mathrm{VV}}\right|^2$。

可以证明，伪本征值 μ_1 和 μ_2 为极化不变量。

还有一些常用的极化不变量为去极化系数、本征极化椭圆极化描述子的极化椭圆率角和椭圆倾角以及零极化等，对应的公式分别如下：

① 去极化系数：

$$D=1-\frac{\left|S_{\mathrm{HH}}+S_{\mathrm{VV}}\right|^2}{\mathrm{Tr}\boldsymbol{G}}$$

② 椭圆倾角：

$$\tau_{\mathrm{d}}=\frac{1}{2}\arctan\frac{2\,\mathrm{Re}(S_1\cdot S_{\mathrm{HV}})}{\mathrm{Re}(S_1\cdot S_2)}$$

③ 椭圆率角：

$$\varepsilon_{\mathrm{d}}=\frac{1}{2}\arctan\frac{2\mathrm{j}S_{12}}{S_1}$$

其中：$S_1=S_{\mathrm{HH}}+S_{\mathrm{VV}}$；$S_2=S_{\mathrm{HH}}-S_{\mathrm{VV}}$；$S_{12}=S_{\mathrm{HV}}\cos(2\tau_{\mathrm{d}})-\dfrac{1}{2}S_2\sin(2\tau_{\mathrm{d}})$。

极化不变量反映了在给定取向下目标的后向散射特性，表示雷达从视线方向上观察目标所能获得的最大目标信息，且不随目标绕视线旋转或雷达极化基改变而改变。具体说，功率矩阵的迹大致反映了目标的大小，散射矩阵的行列式大致反映了目标的粗细，去极化系数表明了目标散射中心的数目，伪本征极化椭圆率表征了目标的对称性，椭圆倾角表征了目标特定的俯仰姿态等。

6. 极化合成和极化特征图

根据目标的极化散射矩阵可以计算发射和接收极化任意组合下的回波功率，这种技术称为极化合成。只要知道目标的 Mueller 矩阵

或 Kennaugh 矩阵，即可以通过极化合成技术获得任意极化收发组合下的接收功率为

$$P_{\mathrm{r}}=\frac{1}{2}\boldsymbol{J}_{\mathrm{r}}^{\mathrm{T}}\boldsymbol{K}\boldsymbol{J}_{\mathrm{T}}=\frac{1}{2}\boldsymbol{J}_{\mathrm{r}}^{\mathrm{T}}\boldsymbol{U}_{4}\boldsymbol{M}\boldsymbol{J}_{\mathrm{T}}$$

其中：$\boldsymbol{J}_{\mathrm{r}}$ 是描述天线极化状态的 Stokes 矢量形式，与目标散射无关；$\boldsymbol{J}_{\mathrm{T}}$ 为发射信号的 Stokes 矢量。将天线发射和接收电磁波的 Stokes 矢量归一化，并利用极化椭圆描述子$\left(\varepsilon_{\mathrm{t}},\tau_{\mathrm{t}}\right)$表示，则有

$$P_{\mathrm{r}}\left(\varepsilon_{\mathrm{r}},\tau_{\mathrm{r}},\varepsilon_{\mathrm{t}},\tau_{\mathrm{t}}\right)=\frac{1}{2}\cdot\begin{bmatrix}1\\ \cos 2\varepsilon_{\mathrm{r}}\cos 2\tau_{\mathrm{r}}\\ \cos 2\varepsilon_{\mathrm{r}}\sin 2\tau_{\mathrm{r}}\\ \sin 2\varepsilon_{\mathrm{r}}\end{bmatrix}^{\mathrm{T}}\cdot\boldsymbol{K}\cdot\begin{bmatrix}1\\ \cos 2\varepsilon_{\mathrm{t}}\cos 2\tau_{\mathrm{t}}\\ \cos 2\varepsilon_{\mathrm{t}}\sin 2\tau_{\mathrm{t}}\\ \sin 2\varepsilon_{\mathrm{t}}\end{bmatrix} \quad (2.4.18)$$

式（2.4.18）即极化合成公式。

特别，当发射天线和接收天线极化状态一致时（即 $\tau_{\mathrm{r}}=\tau_{\mathrm{t}}$、$\varepsilon_{\mathrm{r}}=\varepsilon_{\mathrm{t}}$），称这种天线组合方式为共极化；当发射天线和接收天线极化状态正交时（即 $\tau_{\mathrm{r}}=\tau_{\mathrm{t}}+\dfrac{\pi}{2}$、$\varepsilon_{\mathrm{r}}=-\varepsilon_{\mathrm{t}}$），称为交叉极化。在共极化或交叉极化两种条件下，式（2.4.18）中的变量个数由四个变为两个，所以可以用三维图的形式将回波功率与极化状态之间的关系表示出来，分别称之为共极化特征图和交叉极化特征图。

2.4.2 瞬态极化表征方法

由前所述，无论是 Sinclair 矩阵还是 Mueller 矩阵和 Kennaugh 矩阵，均是反映了被单色波或准单色波激励下雷达目标的电磁散射特性，可视作是对点目标极化散射特性的描述，而难以刻画宽带电磁波激励下分布式目标的电磁散射特性。这种情况下，必须采用更为一般意义上瞬态极化的概念来描述，下面简要阐述其表征的方法和内涵。

1. 雷达目标的瞬态极化散射方程和瞬态极化散射矩阵

设一平面入射波在水平垂直极化基下为 $\boldsymbol{e}_{\mathrm{i}}(t),t\in\boldsymbol{T}_{\mathrm{i}}$，雷达目标的后向散射波记为 $\boldsymbol{e}_{0}(t),t\in\boldsymbol{T}_{0}$，那么有[9]

$$\boldsymbol{e}_{0}(t)=\int_{T}\boldsymbol{s}(\tau)\,\boldsymbol{e}_{\mathrm{i}}(t-\tau)\mathrm{d}\tau=\boldsymbol{s}(t)*\boldsymbol{e}_{\mathrm{i}}(t),\quad t\in\boldsymbol{T}_{0} \quad (2.4.19)$$

其中：$\boldsymbol{T}=\bigcup_{p,q=\mathrm{H,V}}\boldsymbol{T}_{pq}$ 为目标极化冲激响应的时域支撑，而 $\boldsymbol{s}(t)$，$t\in\boldsymbol{T}$ 为雷达目标的时域瞬态极化散射矩阵（简称为瞬态 S-矩阵），即

$$\boldsymbol{s}(t)=\begin{bmatrix} s_{\mathrm{HH}}(t) & s_{\mathrm{HV}}(t) \\ s_{\mathrm{VH}}(t) & s_{\mathrm{VV}}(t) \end{bmatrix},\quad t\in\boldsymbol{T} \tag{2.4.20}$$

对于互易性目标而言，有 $s_{\mathrm{HV}}(t)=s_{\mathrm{VH}}(t),t\in\boldsymbol{T}$。由此可见，目标对入射波的散射过程在数学上是目标瞬态 S-矩阵与入射波的矢量卷积运算过程。式（2.4.19）称为雷达目标的瞬态极化散射方程。

对照式（2.4.2）和式（2.4.20）可见，瞬态 S-矩阵事实上是 Sinclair 散射矩阵表征的点目标向分布式目标的延拓，它反映了目标极化散射的时变特性，为目标的动态特性研究提供工具和基础。

根据雷达目标的瞬态极化散射方程，可知其散射波的 Stokes 矢量与入射波的 Stokes 矢量具有如下关系：

$$\boldsymbol{j}_{\mathrm{o}}(t)=\iint_{\boldsymbol{TT}}\boldsymbol{m}(\tau,\upsilon)\boldsymbol{j}_{\mathrm{i}}(t-\tau,t-\upsilon)\mathrm{d}\tau\mathrm{d}\upsilon \tag{2.4.21}$$

其中：$\boldsymbol{m}(\tau,\upsilon)=\boldsymbol{R}\left[\boldsymbol{s}(\tau)\otimes\boldsymbol{s}^{*}(\upsilon)\right]\boldsymbol{R}^{-1}$，$\tau,\upsilon\in\boldsymbol{T}$，称之为雷达目标的功率型瞬态极化散射矩阵。当 $\tau=\upsilon$ 时，在不致引起混淆的情况下，将 $\boldsymbol{m}(\tau,\upsilon)$ 简记为 $\boldsymbol{m}(t)$，$\boldsymbol{m}(t)$ 称为目标的时域瞬态 M-矩阵，即

$$m(t)=\boldsymbol{R}\left[\boldsymbol{s}(t)\otimes\boldsymbol{s}^{*}(t)\right]\boldsymbol{R}^{-1},\quad t\in\boldsymbol{T} \tag{2.4.22}$$

由式（2.4.6）和式（2.4.22）对照可见，瞬态 M-矩阵的定义与经典极化中的 Mueller 矩阵定义类似，因而其数学性质与 Mueller 矩阵类同。

2. 雷达目标的瞬态极化测量方程和瞬态极化测量矩阵

设雷达发射天线的瞬态极化冲激响应为 $\boldsymbol{h}_{\mathrm{t}}(t),t\in\boldsymbol{T}_{\mathrm{t}}$，接收天线的瞬态极化冲激响应为 $\boldsymbol{h}_{\mathrm{r}}(t),t\in\boldsymbol{T}_{\mathrm{r}}$，那么目标散射波在雷达接收天线上的瞬时感应电压为

$$v(t)=\iint_{\upsilon\in\boldsymbol{T}_0\,\tau\in\boldsymbol{T}}\boldsymbol{h}_{\mathrm{r}}^{\mathrm{T}}(t-\upsilon)\boldsymbol{s}(\tau)\boldsymbol{h}_{\mathrm{t}}(\upsilon-\tau)\mathrm{d}\tau\mathrm{d}\upsilon \tag{2.4.23}$$

其中：$\boldsymbol{T}_{\mathrm{V}}=\left\{t\,\middle|\,(t-\boldsymbol{T}_{\mathrm{o}})\cap\boldsymbol{T}_{\mathrm{r}}\neq\phi\right\}$。式（2.4.23）称为雷达目标的瞬态极化测量方程。

根据式（2.4.23）可得目标的瞬态接收功率为

$$p(t)=\frac{1}{2}\iint\iint \boldsymbol{j}_{\mathrm{r}}^{\mathrm{T}}(\tau,\upsilon)k_{\mathbf{M}}(t_1,t_2)\boldsymbol{j}_{\mathrm{t}}(t-\tau-t_1,t-\upsilon-t_2)\mathrm{d}t_1\mathrm{d}t_2\mathrm{d}\tau\mathrm{d}\upsilon \quad (2.4.24)$$

其中：$\boldsymbol{j}_{\mathrm{t}}$ 和 $\boldsymbol{j}_{\mathrm{r}}$ 为雷达发射、接收天线的互 Stokes 矢量，而 $\boldsymbol{k}_{\mathbf{M}}(t_1,t_2)$ 为雷达目标的瞬态极化测量矩阵，且有

$$\boldsymbol{k}_{\mathbf{M}}(t_1,t_2)=U_4\boldsymbol{m}(t_1,t_2) \quad (2.4.25)$$

特别地，当 $t_1=t_2=t$ 时，$\boldsymbol{k}_{\mathbf{M}}(t)$ 简称为目标时域瞬态 K-矩阵，与 Kennaugh 矩阵类同。

根据时域和频域之间的对偶关系，下面在雷达目标电磁散射时域描述的基础上直接给出对应的频域数学表征。设入射电磁波的频谱为 $\boldsymbol{E}_{\mathrm{i}}(\omega)$，目标散射波的频谱为 $\boldsymbol{E}_0(\omega)$，那么雷达目标的频域瞬态极化散射方程和频域瞬态极化散射矩阵（简称为频域 S-矩阵）分别为

$$\boldsymbol{E}_0(\omega)=\boldsymbol{S}(\omega)\boldsymbol{E}_{\mathrm{i}}(\omega)$$

和

$$\boldsymbol{S}(\omega)=\begin{bmatrix} S_{\mathrm{HH}}(\omega) & S_{\mathrm{HV}}(\omega) \\ S_{\mathrm{VH}}(\omega) & S_{\mathrm{VV}}(\omega) \end{bmatrix},\quad \omega\in\Omega \quad (2.4.26)$$

根据雷达目标的频域瞬态极化散射方程可得其散射波的频域互 Stokes 矢量为

$$\boldsymbol{J}_0(\omega_1,\omega_2)=\boldsymbol{R}\boldsymbol{E}_0(\omega_1)\otimes\boldsymbol{E}_0^*(\omega_2)=\boldsymbol{M}(\omega_1,\omega_2)\boldsymbol{J}_{\mathrm{i}}(\omega_1,\omega_2)$$

其中：$\boldsymbol{J}_{\mathrm{i}}(\omega_1,\omega_2)$ 为入射波的频域互 Stokes 矢量，而 $\boldsymbol{M}(\omega_1,\omega_2)$ 为雷达目标频域功率型极化散射矩阵。当 $\omega_1=\omega_2=\omega$ 时，$\boldsymbol{M}(\omega_1,\omega_2)$ 记为 $\boldsymbol{M}(\omega)=\boldsymbol{R}\left[\boldsymbol{S}(\omega)\otimes\boldsymbol{S}^*(\omega)\right]\boldsymbol{R}^{-1}$，简称雷达目标的频域 M-矩阵。那么，雷达目标的频域瞬态极化测量方程和频域瞬态极化测量矩阵分别为

$$P(\omega)=\frac{1}{2}\boldsymbol{J}_{\mathrm{r}}^{T}(\omega)\boldsymbol{K}_{\mathrm{M}}(\omega)\boldsymbol{J}_{\mathrm{t}}(\omega),\quad \omega\in\Omega$$

和

$$\boldsymbol{K}_{\mathrm{M}}(\omega)=U_4\boldsymbol{M}(\omega),\quad \omega\in\Omega \quad (2.4.27)$$

其中：$\boldsymbol{J}_{\mathrm{r}}(\omega)$ 和 $\boldsymbol{J}_{\mathrm{t}}(\omega)$ 分别为收、发天线极化的频域瞬态 Stokes 矢量；$P(\omega)$ 为频域接收功率谱。

3. 雷达目标瞬态极化散射特征参量的表征

由雷达目标瞬态极化散射矩阵和瞬态极化测量矩阵的定义可知，

二者实质上是给出了雷达目标极化散射的冲激响应函数，完整地刻画了雷达目标极化散射的动态特性。利用雷达目标极化散射的冲激响应函数来提取雷达目标特征的方法主要有两种思路：一是直接根据瞬态极化散射矩阵的变换、分解来提取目标特性，诸如目标的大小、形状、姿态和物理属性等；二是根据雷达目标散射回波间接的获取雷达目标电磁散射特性，此时可以按照电磁波瞬态极化的描述方法来研究目标的极化特性。

为了更好的理解瞬态极化散射矩阵的物理含义和其刻画目标特性的本质，下面给出直接根据雷达目标极化散射的冲激响应函数描述目标的极化特性。在水平垂直极化基 $(\hat{h},\hat{v})$ 下，雷达目标的频域瞬态 S-矩阵和频域瞬态 M-矩阵分别记为 $\boldsymbol{S}_{\mathrm{HV}}(f)$, $\boldsymbol{M}_{\mathrm{HV}}(f)$, $f\in\Omega$，由定义可知其分别是分布于 $\boldsymbol{C}^{2\times2}$ 和 $\boldsymbol{R}^{4\times4}$ 上的空间点集，其随频率的变化就在 $\boldsymbol{C}^{2\times2}$ 和 $\boldsymbol{R}^{4\times4}$ 上形成了高维曲线，用数学的方法，从矩阵论的角度刻画雷达目标电磁散射在 $\boldsymbol{C}^{2\times2}$ 和 $\boldsymbol{R}^{4\times4}$ 上所形成的空间点迹或高维曲线，可望导出能够充分体现目标电磁散射特性差异的特征参量，提取与目标姿态不敏感的稳健性特征。

借鉴前面对空间点迹或高维曲线的描述方法，本节简要给出雷达目标瞬态极化散射矩阵的聚类中心、散度和变化率等概念和性质。

1）频域瞬态极化散射矩阵的聚类中心

雷达目标的频域瞬态 S-矩阵和瞬态 M-矩阵在 $\boldsymbol{C}^{2\times2}$ 和 $\boldsymbol{R}^{4\times4}$ 上的分布态势反映了雷达目标电磁散射的整体极化特性，其聚类中心可定义为

$$\bar{\boldsymbol{S}}_{\mathrm{HV}}=\int_{\Omega}A(f)\boldsymbol{S}_{\mathrm{HV}}(f)\mathrm{d}f \tag{2.4.28}$$

和

$$\bar{\boldsymbol{M}}_{\mathrm{HV}}=\int_{\Omega}A(f)\boldsymbol{M}_{\mathrm{HV}}(f)\mathrm{d}f \tag{2.4.29}$$

其中：$A(f)$ 为频域支撑 Ω 上的权因子函数。

2）频域瞬态极化散射矩阵的散度

雷达目标的频域瞬态 S-矩阵和瞬态 M-矩阵所处的空间位置可由其聚类中心大致给出，而空间疏密特性则可以用其散度的概念来描述，具体可定义为

$$D_{\mathrm{S}}^{(k)} = \int_{\Omega} A(f) \left\| \boldsymbol{S}_{\mathrm{HV}}(f) - \bar{\boldsymbol{S}}_{\mathrm{HV}} \right\|^{k} \mathrm{d}f \tag{2.4.30}$$

和

$$D_{\mathrm{M}}^{(k)} = \int_{\Omega} A(f) \left\| \boldsymbol{M}_{\mathrm{HV}}(f) - \bar{\boldsymbol{M}}_{\mathrm{HV}} \right\|^{k} \mathrm{d}f \tag{2.4.31}$$

其中：$k \in \boldsymbol{N}$，称为频域极化散度的阶数；符号“$\| \ \|$”表示矩阵范数。

若雷达目标的频域瞬态 S-矩阵或瞬态 M-矩阵的散度值越大，则表明该极化散射矩阵的空间分布越疏散，也即雷达目标的频域瞬态 S-矩阵和瞬态 M-矩阵随频率变化越剧烈；反之亦然。

3）频域瞬态极化散射矩阵的变化率

对一个具有“几乎处处可微性”的高维曲线而言，其变化率可定义为

$$\boldsymbol{V}_{\mathrm{S}}^{(n)}(f) = \frac{\mathrm{d}^n}{\mathrm{d}f^n} \boldsymbol{S}_{\mathrm{HV}}(f), \quad f \in \Omega \tag{2.4.32}$$

和

$$\boldsymbol{V}_{\mathrm{M}}^{(n)}(f) = \frac{\mathrm{d}^n}{\mathrm{d}f^n} \boldsymbol{M}_{\mathrm{HV}}(f), \quad f \in \Omega \tag{2.4.33}$$

其中：$n \in \mathbf{N}$，称为变化率的阶数。

为了直观而方便地衡量雷达目标频域瞬态极化散射矩阵变化率的大小，可由矩阵范数来度量，具体为

$$\lambda_n(f) = \left\| \boldsymbol{V}_{\mathrm{S}}^{(n)}(f) \right\| = \left\| \frac{\mathrm{d}^n}{\mathrm{d}f^n} \boldsymbol{S}_{\mathrm{HV}}(f) \right\|, \quad f \in \Omega \tag{2.4.34}$$

和

$$\eta_n(f) = \left\| \boldsymbol{V}_{\mathrm{M}}^{(n)}(f) \right\| = \left\| \frac{\mathrm{d}^n}{\mathrm{d}f^n} \boldsymbol{M}_{\mathrm{HV}}(f) \right\|, \quad f \in \Omega \tag{2.4.35}$$

特别地，当 $n=1$ 时，$\lambda_1(f)$ 或 $\eta_1(f)$ 的大小描述了雷达目标在该频率下的极化色散程度。

4. 雷达目标间瞬态极化散射关系的描述

前面给出了针对单一雷达目标电磁散射瞬态极化的表征方法，从数学角度来讲，是给出了一“高维时变空间曲线”的刻画方法。下面

探讨雷达目标之间极化散射关系的描述方法。设在同一时间支撑域 $\boldsymbol{T}$ 上两个雷达目标的瞬态极化散射矢量分别为 $\boldsymbol{s}_A(t)$ 和 $\boldsymbol{s}_B(t)$，那么目标的瞬态极化相似系数可定义为

$$q_{A,B}(t)=\frac{\left|\boldsymbol{X}_A^{\mathrm{T}}(t)\boldsymbol{A}^{\mathrm{T}}\boldsymbol{A}\boldsymbol{X}_B(t)\right|}{\left\|\boldsymbol{A}\boldsymbol{X}_A(t)\right\|\left\|\boldsymbol{A}\boldsymbol{X}_B(t)\right\|},\quad t\in\boldsymbol{T} \tag{2.4.36}$$

其中：$0\leqslant q_{A,B}(t)\leqslant 1$，$t\in\boldsymbol{T}$，$\boldsymbol{X}_A(t)=\begin{bmatrix} s_{\mathrm{HH}A}(t)\\ s_{\mathrm{HV}A}(t)\\ s_{\mathrm{VV}A}(t)\end{bmatrix}$，$\boldsymbol{X}_B(t)=\begin{bmatrix} s_{\mathrm{HH}B}(t)\\ s_{\mathrm{HV}B}(t)\\ s_{\mathrm{VV}B}(t)\end{bmatrix}$，$\boldsymbol{A}=\begin{bmatrix} 1/\sqrt{2} & 0 & 1/\sqrt{2}\\ 1/\sqrt{2} & 0 & -1/\sqrt{2}\\ 0 & \sqrt{2} & 0\end{bmatrix}$。

类似地，可以定义雷达目标极化散射相似度的概念来描述雷达目标电磁散射极化特性之间的整体相关程度，具体为

$$q_{\mathrm{ave}}(A,B)=\int_{\boldsymbol{T}}a(t)q_{A,B}(t)\mathrm{d}t \tag{2.4.37}$$

由上面两式易知，雷达目标瞬态极化相似系数和目标极化散射相似度具有如下性质

1）线性不变性

对于任意瞬态 S-矩阵 $\boldsymbol{s}_A(t)$ 和 $\boldsymbol{s}_B(t)$ 而言，其瞬态极化相似系数为 $q_{A,B}(t)$，$t\in\boldsymbol{T}$，而瞬态 S-矩阵 $a\boldsymbol{s}_A(t)$ 和 $b\boldsymbol{s}_B(t)$ 之间的瞬态极化相似系数记为 $q_{aA,bB}(t)$，$t\in\boldsymbol{T}$，那么有

$$q_{aA,bB}(t)=q_{A,B}(t),\quad t\in\boldsymbol{T} \tag{2.4.38}$$

其中：$a,b\in\mathbb{C}$。进而，对于雷达目标之间的目标极化散射相似度也存在如下关系：

$$q_{\mathrm{ave}}(A,B)=q_{\mathrm{ave}}(aA,bB) \tag{2.4.39}$$

2）“旋转”不变性

同理，若瞬态 S-矩阵 $J(\theta)\boldsymbol{s}_A J(-\theta)$ 和 $J(\theta)\boldsymbol{s}_B J(-\theta)$ 之间的瞬态极化相似系数记为 $q_{J(\theta)AJ(-\theta),J(\theta)BJ(-\theta)}(t)$，$t\in\boldsymbol{T}$，那么有

$$q_{J(\theta)AJ(-\theta),J(\theta)BJ(-\theta)}(t)=q_{A,B}(t),\quad t\in\boldsymbol{T} \tag{2.4.40}$$

其中：θ 为任意角度。

对于雷达目标之间的目标极化散射相似度也存在如下关系：

$$q_{\text{ave}}(A,B) = q_{\text{ave}}\left[J(\theta)AJ(-\theta), J(\theta)BJ(-\theta)\right] \tag{2.4.41}$$

也就是说，当且仅当两目标在任意时刻存在如下关系：

$$\boldsymbol{s}_A(t) = dJ(\theta)\boldsymbol{s}_B(t)J(-\theta), \quad d \in C \tag{2.4.42}$$

此时 $q_{A,B}(t)=1$，可以认为这两个目标的极化散射特性是相似的。

对于同一雷达目标而言，当目标姿态差异较小时，其在不同姿态下的瞬态极化相似系数虽然呈现出一定的随机性，但一般整体上比较接近于 1，表明此时目标的极化散射特性一致程度较高；反之，当目标姿态差异较大时，其在不同姿态下的瞬态极化相似系数随机性强，且一般系数较小，说明此时目标的极化散射特性一致性程度较低。可以预知的是，在雷达一个波束驻留观测期间，雷达目标极化散射具有很高的相似性或者是有规律可循的，而不同目标在观测期间极化散射差异较大，说明极化信息在一定的条件下可以在目标数据关联、识别中应用的；同时，通过刻画雷达目标在整个姿态范围内的瞬态极化相似程度，也可从一个侧面大致给出雷达目标的可分性程度。

前面侧重阐述了雷达目标电磁散射动态特性的描述方法和目标特征参量的刻画思路。在实际应用中，可以针对不同背景和应用需求，选择合适的雷达目标特征参量和描述方法。

2.4.3 典型雷达目标的极化特性分析

雷达目标特征信息隐含于雷达回波之中，通过特定的波形设计和对回波幅度与相位的处理、分析与变换，可以得到雷达散射截面及其起伏统计模型、目标极化散射矩阵、目标多散射中心分布和目标成像等参量，它们表征了雷达目标的固有特征。这里紧密结合作者拥有的数据资源，统计分析不同类型雷达目标的极化特性，主要包括基于窄带雷达目标极化散射矩阵的统计分析和宽带高分辨雷达目标极化散射特性的统计分析两个部分，以为雷达极化抗干扰的设计和性能评估提供支持。

1. 窄带雷达目标极化特性的统计分析

结合目标特性测量数据，探讨窄带雷达目标的极化特性与目标姿态角之间的依赖关系，统计分析不同目标在同一频率区间和姿态角区间的极化特性，以及同一目标在不同频率、姿态角区间的极化特性，以为后续的极化抗干扰、真假目标识别等应用提供支持。

1）雷达目标多极化 RCS 的统计分析

由式（2.4.3）可知，目标在确定频率、姿态的情况下雷达散射截面积（RCS）和极化散射矩阵中的元素具有如下关系：

$$\sigma_{ij}(f,\theta,\varphi) = 4\pi \left| S_{ij}(f,\theta,\varphi) \right|^2, \quad i,j = H,V \tag{2.4.43}$$

其中：f 为当前激励频率；(θ,φ) 为目标的当前姿态。雷达目标散射的总能量可定义为

$$\sigma_{\mathrm{S}}(f,\theta,\varphi) = \sigma_{\mathrm{HH}}(f,\theta,\varphi) + 2\sigma_{\mathrm{HV}}(f,\theta,\varphi) + \sigma_{\mathrm{VV}}(f,\theta,\varphi) \tag{2.4.44}$$

为直观分析和评估目标多极化 RCS 起伏特性，常采用一些统计参数来描述，诸如区段均值、标准差、极大值、极小值和极差以及偏度系数、峰度系数等。区段均值是对给定频率范围和角扇形范围内的原始数据进行数学平均，设频率范围和角扇形范围内的数据长度为 N，则区段均值定义为

$$\bar{\sigma} = \frac{1}{N}\sum_{n=1}^{N}\sigma_n \tag{2.4.45}$$

每一区段的标准差定义为

$$S_{\mathrm{td}} = \left[\frac{\sum_{n=1}^{N}(\sigma_n - \bar{\sigma})^2}{N-1} \right]^{1/2} \tag{2.4.46}$$

而极大值 $\sigma_{\max}$、极小值 $\sigma_{\min}$ 和极差 σ_{L} 的定义分别为

$$\begin{aligned} \sigma_{\max} &= \max\{\sigma_1, \sigma_2, \cdots, \sigma_N\}, \\ \sigma_{\min} &= \min\{\sigma_1, \sigma_2, \cdots, \sigma_N\}, \\ \sigma_{\mathrm{L}} &= \sigma_{\max} - \sigma_{\min} \end{aligned} \tag{2.4.47}$$

偏度系数和峰度系数描述了 RCS 序列总体密度函数的图形特征，侧重表示了 RCS 序列密度函数的偏斜程度及相对参照分布的平坦程度。对长度为 N、均值和标准差分别为 $\bar{\sigma}$ 和 S_{td} 的 RCS 序列 $\sigma_i(i=1,\cdots,N)$，其数学定义分别如下：

偏度系数：

$$g_1=\frac{1}{\sqrt{6N}}\sum_{i=1}^{N}\left(\frac{\sigma_i-\bar{\sigma}}{S_{\mathrm{td}}}\right)^3 \tag{2.4.48}$$

峰度系数：

$$g_2=\frac{1}{\sqrt{24N}}\sum_{i=1}^{N}\left[\left(\frac{\sigma_i-\bar{\sigma}}{S_{\mathrm{td}}}\right)^4-3N\right] \tag{2.4.49}$$

图 2.4.1 给出了部分弹头类目标模型在暗室测量的 RCS 随着姿态角的变化曲线，测量频率范围是 8.75GHZ~10.75GHZ，频率步进间隔为 20MHz，测量误差小于±1.5dB（相对于大于–30dBsm 的目标），其中，横坐标代表方位角，其他参数意义具体如图 2.4.1 所示。

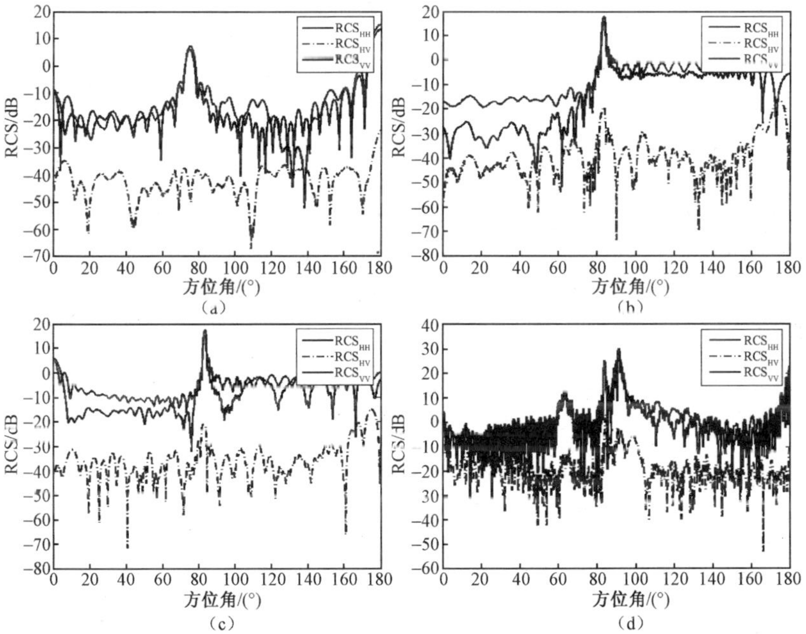

图 2.4.1 部分弹头类目标模型的 RCS 随着姿态角的变化曲线（工作频率为 10GHz）

（a）锥体；（b）无缝锥球体；（c）有缝锥球体；（d）某有翼弹头模型。

部分飞机类目标模型在暗室测量的 RCS 的部分统计参数见表 2.4.1 和表 2.4.2，测量频率范围是 34.7GHz~35.7GHz，频率步进间隔为 2MHz；测试姿态为：0° 横滚角、0° 及 15° 俯仰角，方位角范围为 0° ~30° 、70° ~120° 和 150° ~180° ，方位角采样间隔为 1° 。

表 2.4.1　某隐身飞机目标模型 RCS 的统计参数

极化形式	中值/dB	极大值/dB	极小值/dB	极差/dB	对数均值/dB	标准差	偏度系数	峰度系数
姿态范围	方位角：0° ~30°							
HH	−0.0077	4.7223	−15.7781	20.5004	−2.2315	0.7453	0.8187	3.1774
HV	−15.8151	−10.6459	−29.6882	19.0423	−16.6284	0.0254	0.6821	2.4044
VV	−9.1490	−0.0294	−18.6216	18.5922	−8.1973	0.2776	1.4642	4.2917
姿态范围	方位角：70° ~110°							
HH	5.0927	17.6043	−6.0973	23.7016	4.9858	11.8217	3.6718	15.7344
HV	−5.4362	13.8554	−19.6519	33.5073	−5.2066	5.3592	3.5168	14.3876
VV	−1.6096	15.4449	−17.4588	32.9038	−1.7077	6.7356	3.6974	16.5100
姿态范围	方位角：150° ~180°							
HH	5.7702	13.2143	−4.8629	18.0772	4.5319	4.8506	1.5335	5.3879
HV	−10.6673	−2.2080	−28.1205	25.9125	−11.5544	0.1277	2.2516	8.3656
VV	−2.7439	1.4818	−20.6532	22.1350	−4.9910	0.4026	0.5713	2.4200

表 2.4.2　某战斗机目标模型 RCS 的统计参数

极化形式	中值/dB	极大值/dB	极小值/dB	极差/dB	对数均值/dB	标准差	偏度系数	峰度系数
姿态范围	方位角：0° ~30°							
HH	6.3115	12.3458	−8.7515	21.0974	5.4235	5.3788	0.5432	1.8070
HV	−2.3163	6.3523	−7.4292	13.7815	−1.0122	1.1333	1.5094	4.4391
VV	8.7263	18.7085	−0.6728	19.3812	8.2675	14.6400	2.8158	11.9670
姿态范围	方位角：70° ~110°							
HH	14.9038	31.9210	−3.8741	35.7951	14.3899	296.2307	3.9674	18.1013
HV	−0.7748	15.5224	−15.1924	30.7147	−0.3688	5.8790	4.6482	25.6618
VV	14.3651	29.7471	−13.0465	42.7936	14.2699	188.8288	2.7205	10.9167
姿态范围	方位角：150° ~180°							
HH	12.0256	20.9466	5.4913	15.4553	12.2544	24.4285	2.5593	10.5196
HV	2.3514	11.1378	−14.2309	25.3687	1.6707	3.1681	2.2770	7.8244
VV	8.9480	23.9185	−1.1295	25.0480	9.8023	45.0346	4.1648	20.9558

由图 2.4.1、表 2.4.1、表 2.4.2 以及其他目标在不同频率、姿态角下的大量计算结果，可以得到如下几点结论。

（1）对于飞机类目标而言，多极化 RCS 起伏剧烈，随姿态角敏感，机头方向 RCS 较小，机身侧向和后部的 RCS 值相对较大；对于导弹类目标而言，多极化 RCS 相对平缓，尤其相邻角度的 RCS 值相关性强，弹头目标前段和后部的 RCS 变化较小，而侧面 RCS 起伏剧烈。

（2）对于飞机类目标而言，交叉极化分量与共极化分量（HH 或 VV），以及共极化分量之间相对大小随姿态、频率起伏较大，且与目标密切相关；对于导弹类目标而言，交叉极化分量均值较共极化分量（HH 或 VV）RCS 小 10dB 以上，而共极化分量（HH 和 VV）的 RCS 特性基本一致。

（3）目标 RCS 的动态范围较大，极差最大可达 60 多 dB，甚至更大，并且其对数均值与线性均值通常不相等；目标侧向的 RCS 普遍较大。

2）共交极化比的统计分析

美国专利 4035797 的作者认为，共极化和交叉极化信号幅度之比对简单目标而言是一个常数，而对于复杂目标而言，比值随着雷达和目标的距离不同而变化；由 R.I.Dunn 撰写的专利亦利用正交通道中回波幅度的比较进行军用机动交通车辆目标的识别，并与民用交通车辆予以区别。下面具体分析不同类目标的$|S_{VV}/S_{HH}|$、$|S_{HV}/S_{VV}|$和$|S_{HV}/S_{HH}|$的统计特性。

图 2.4.2 给出了部分飞机目标缩比模型的$|S_{VV}/S_{HH}|$随着姿态角的变化曲线，其中，横坐标 1～31 对应方位角 0°～30°，即为机头方向；32～73 对应方位角 70°～110°，即为飞机侧面部位；74～104 对应方位角 150°～180°，即为机尾；工作频率为 34GHz，纵坐标为 dB 表示，其参数意义具体如图 2.4.2 所示。图 2.4.3 给出了部分导弹类目标模型的$|S_{VV}/S_{HH}|$随着姿态角的变化曲线，工作频率为 10GHz，其参数意义具体如图 2.4.3 所示。图 2.4.4 给出了简单体目标的$|S_{VV}/S_{HH}|$随着姿态角的变化曲线。

由图 2.4.2～图 2.4.4 及大量计算结果可以得到如下结论。

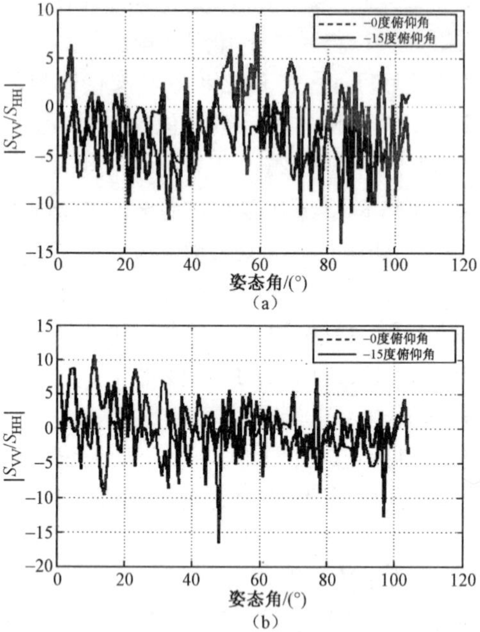

图 2.4.2　部分飞机目标缩比模型的$|S_{VV}/S_{HH}|$随着姿态角的变化曲线

(a) 某隐身飞机目标模型；(b) 某战斗机目标模型。

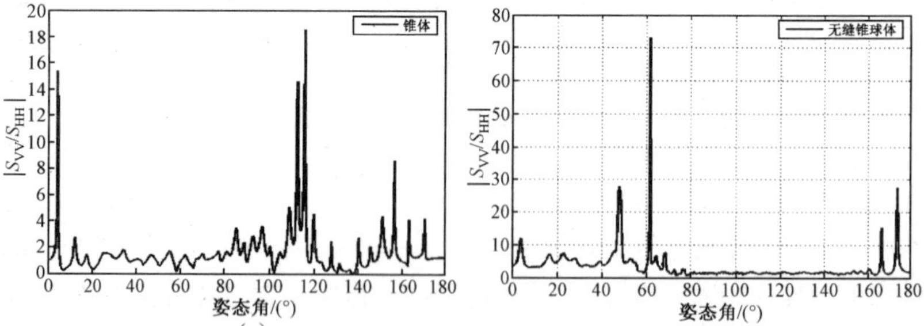

图 2.4.3　部分弹头类目标模型的$|S_{VV}/S_{HH}|$随着姿态角的变化曲线

(a) 锥体；(b) 无缝锥球体。

(1) 复杂目标的$|S_{VV}/S_{HH}|$随着姿态角变化剧烈，而简单目标的$|S_{VV}/S_{HH}|$随着姿态角变化相对平缓，而且变化比较有规律。

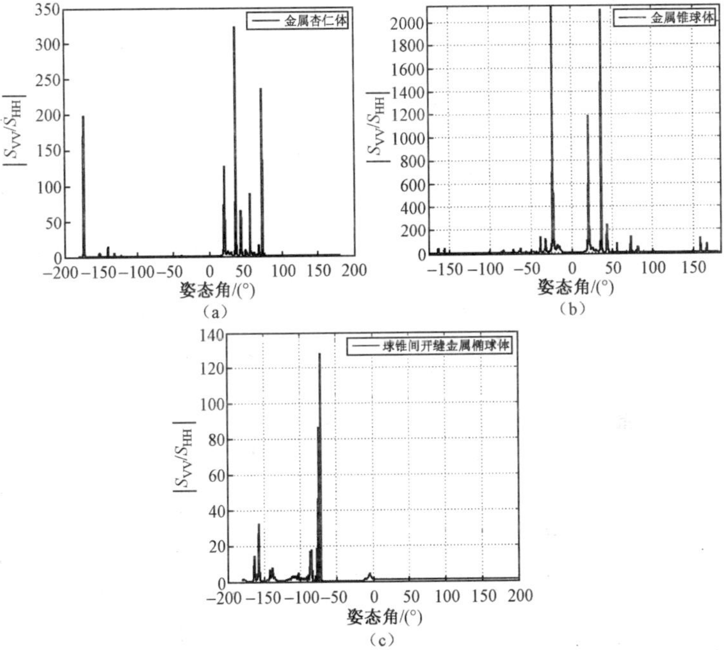

图 2.4.4　部分简单体目标模型的$|S_{VV}/S_{HH}|$随着姿态角的变化曲线

(a) 金属杏仁体，6GHz；(b) 金属椭球体，6GHz；(c) 球锥间开缝金属椭球体，6GHz。

(2) 不同目标在不同频段的$|S_{VV}/S_{HH}|$中值接近于 1，说明一般情况下，目标的共极化分量的散射强度是相当的。

(3) 对于飞机和弹头类目标的极差相对较大，甚至达到 30dB 以上；但是无论何种目标，其$|S_{VV}/S_{HH}|$没有明显的区段性，若用 dB 表示，其近似服从均匀分布。

类似地，由大量计算结果分析可得：

(1) 飞机类目标的$|S_{VV}/S_{HH}|$和$|S_{VV}/S_{HH}|$随着姿态角变化剧烈，而弹头和简单体目标的$|S_{VV}/S_{HH}|$和$|S_{VV}/S_{HH}|$相对平缓，而且变化比较有规律。

(2) 飞机类目标的$|S_{VV}/S_{HH}|$和$|S_{VV}/S_{HH}|$统计中值接近于 1，表明飞机类目标的交叉极化分量与其共极化分量的相差不大；而导弹类

目标的$|S_{VV}/S_{HH}|$和$|S_{VV}/S_{HH}|$统计中值在 0.1 左右，说明导弹类目标的交叉极化分量远小于共极化分量的 RCS。

3）极化不变量的统计分析

极化不变量从一个侧面反映了在给定取向下目标的后向散射特性，具有明确的物理含义，且不随目标绕视线旋转或雷达极化基改变而改变。下面主要分析散射矩阵行列式的值、散射矩阵的迹、功率散射矩阵的迹、功率散射矩阵行列式的值、去极化系数、伪本征值μ_1和μ_2、本征极化椭圆极化描述子的极化椭圆率角和椭圆倾角等几个极化不变量的统计分布规律。

图 2.4.5 和图 2.4.6 给出了部分导弹类目标模型的极化不变量随着姿态角的变化曲线，工作频率为 10GHz。

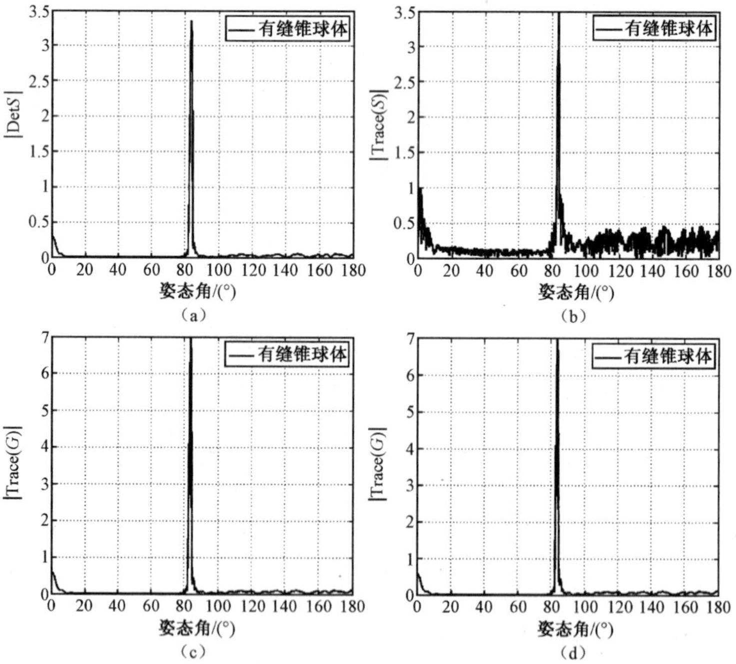

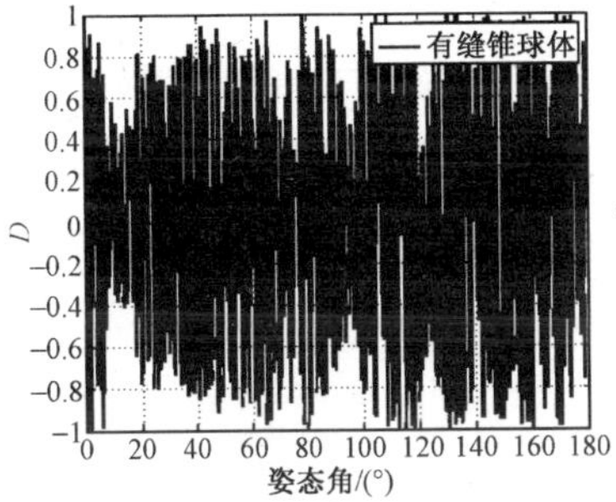

(e)

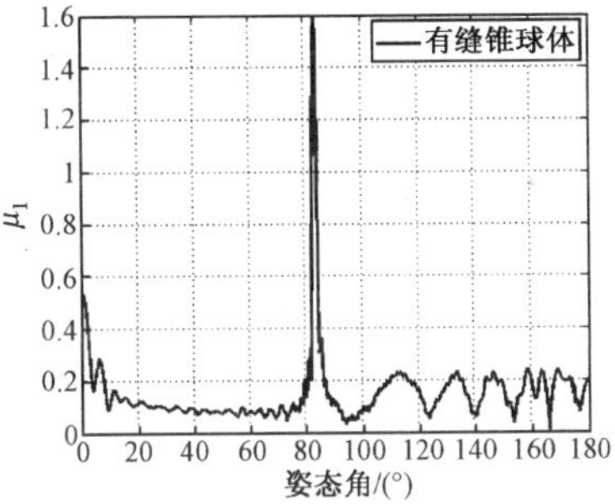

(f)

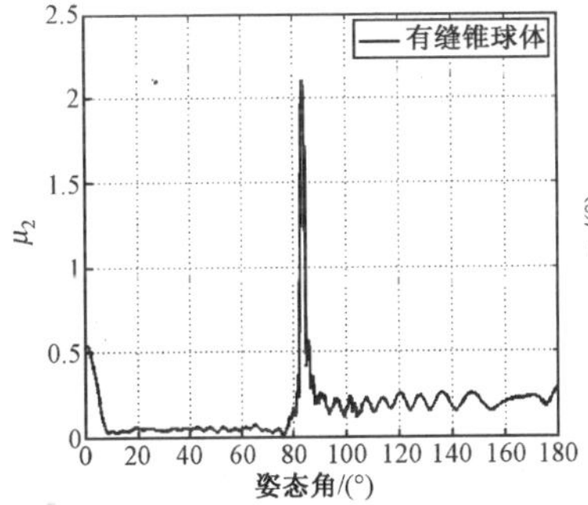

(g)

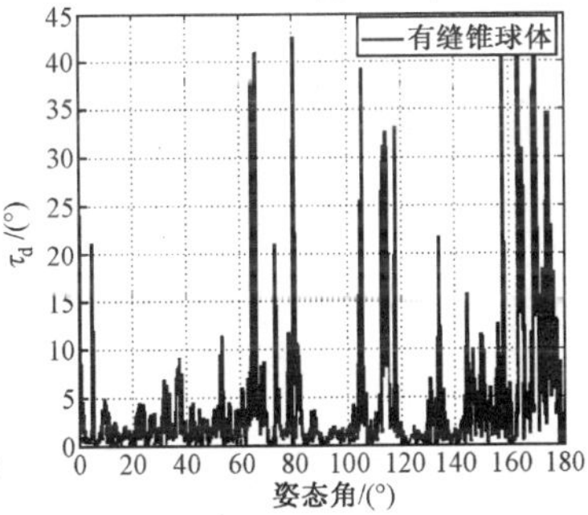

(h)

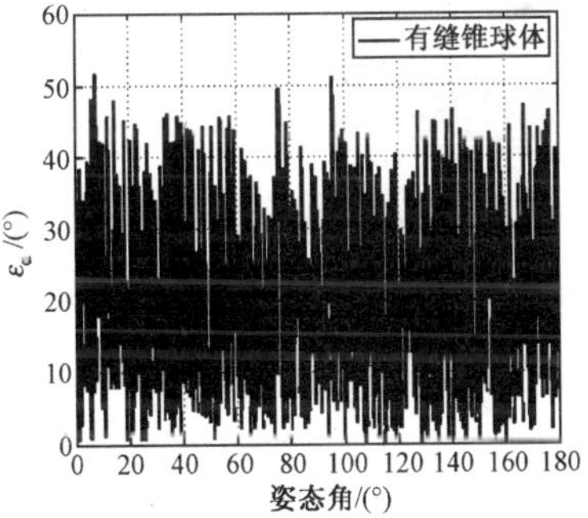

(i)

图 2.4.5 有缝锥球体模型的极化不变量随着姿态角的变化曲线

(a) 散射矩阵行列式的绝对值；(b) 散射矩阵迹的绝对值；

(c) 功率散射矩阵行列式的绝对值；(d) 功率散射矩阵迹的绝对值；

(e) 去极化系数；(f) 伪本征值 μ_1；(g) 伪本征值 μ_2；

(h) 本征极化椭圆率角，(i) 本征椭圆倾角。

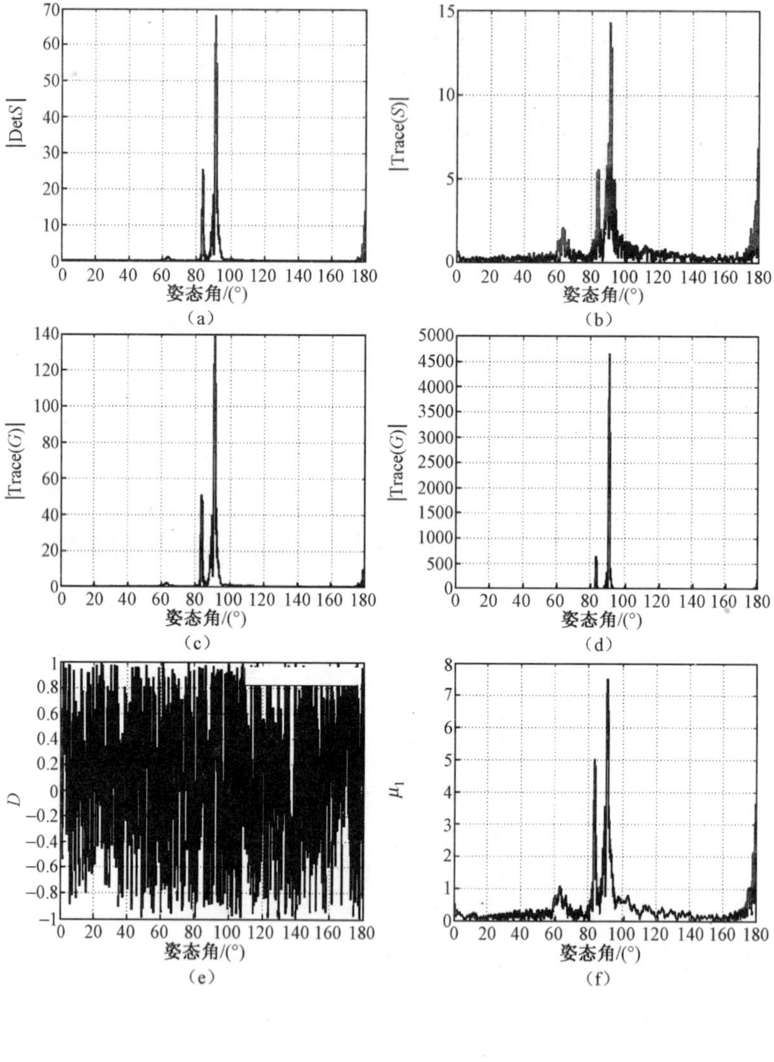
|DetS|
姿态角/(°)
(a)
|Trace(S)|
姿态角/(°)
(b)
|Trace(G)|
姿态角/(°)
(c)
|Trace(G)|
姿态角/(°)
(d)
D
姿态角/(°)
(e)
μ_1
姿态角/(°)
(f)

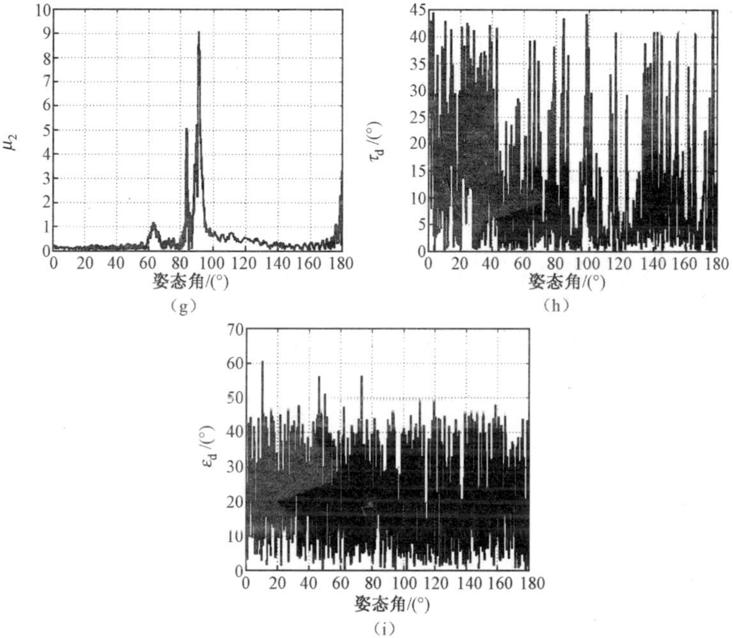

图 2.4.6　有翼弹头模型的极化不变量随着姿态角的变化曲线

(a) 散射矩阵行列式的绝对值；(b) 散射矩阵迹的绝对值；(c) 功率散射矩阵行列式的绝对值；(d) 功率散射矩阵迹的绝对值；(e) 去极化系数；(f) 伪本征值 μ_1；(g) 伪本征值 μ_2；(h) 本征极化椭圆率角，(i) 本征椭圆倾角。

由图 2.4.5 和图 2.4.6 及大量计算结果可以得到如下结论。

(1) 无论是飞机目标还是导弹类目标，其极化不变量，诸如散射矩阵行列式的值、散射矩阵的迹、功率散射矩阵的迹、功率散射矩阵行列式的值、去极化系数、伪本征值 μ_1 和 μ_2、本征极化椭圆极化描述子的极化椭圆率角和椭圆倾角等，对姿态角敏感，随姿态角变化剧烈，尤其是飞机类目标更是如此。

(2) 不同目标的极化不变量在同一姿态下是不同的，在不同姿态下的统计中值、极大值、极小值、对数均值、标准差、偏度系数和峰度系数是各不相同的，为目标的分类与识别、抗干扰提供物理基础。

4) 目标极化形状因子的统计分析

目标极化形状因子是后续进行有源真假目标鉴别时提出的一个

概念，其定义为

$$\gamma=\frac{\left|S_{\mathrm{VV}}S_{\mathrm{HH}}^{*}-S_{\mathrm{HV}}S_{\mathrm{HV}}^{*}\right|}{\left|S_{\mathrm{HH}}\right|^{2}+\left|S_{\mathrm{HV}}\right|^{2}+\left|S_{\mathrm{VV}}\right|^{2}+\left|S_{\mathrm{HV}}\right|^{2}} \tag{2.4.50}$$

图 2.4.7 给出了部分导弹类目标模型的目标极化形状因子随着姿态角的变化曲线，其中，工作频率为 10GHz。

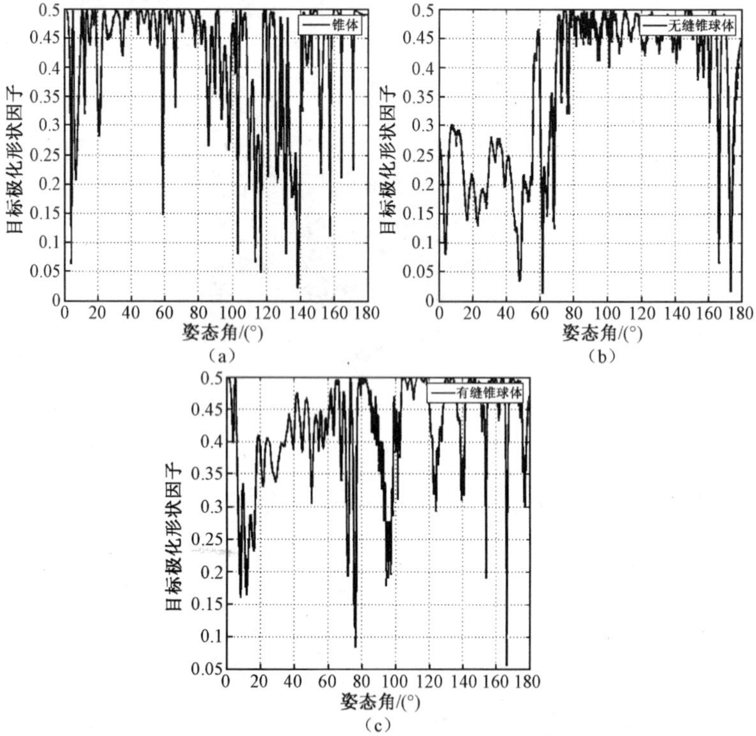

图 2.4.7 部分导弹类目标模型的目标极化形状因子随着姿态角的变化曲线

（a）锥体；（b）无缝锥球体；（c）有缝锥球体。

由图 2.4.7 及其他频点的大量计算，可以得到如下结论。

（1）一般情况下，目标极化形状因子大于 0.1，均值在 0.3 以上。

（2）外形复杂目标的极化形状因子随姿态角变化剧烈，而外形简单的目标极化形状因子随姿态角变化平缓，而且存在一定的规律性。

2. 宽带雷达目标的极化特性分析

结合微波暗室测量数据，这一节简要探讨宽带雷达目标的极化特性与频率、姿态角之间的依赖关系，以期为后续的极化抗干扰、真假目标识别等应用提供支持。

1）散射总能量的统计分析

目标极化散射总能量定义为宽带散射 RCS 的总和，即

$$\sigma_{\mathrm{S}} = \int_{\Omega} \left[\sigma_{\mathrm{HH}}(f) + 2\sigma_{\mathrm{HV}}(f) + \sigma_{\mathrm{VV}}(f)\right] \mathrm{d}f \tag{2.4.51}$$

图 2.4.8 给出了部分导弹类目标模型的目标极化散射总能量随着姿态角的变化曲线。

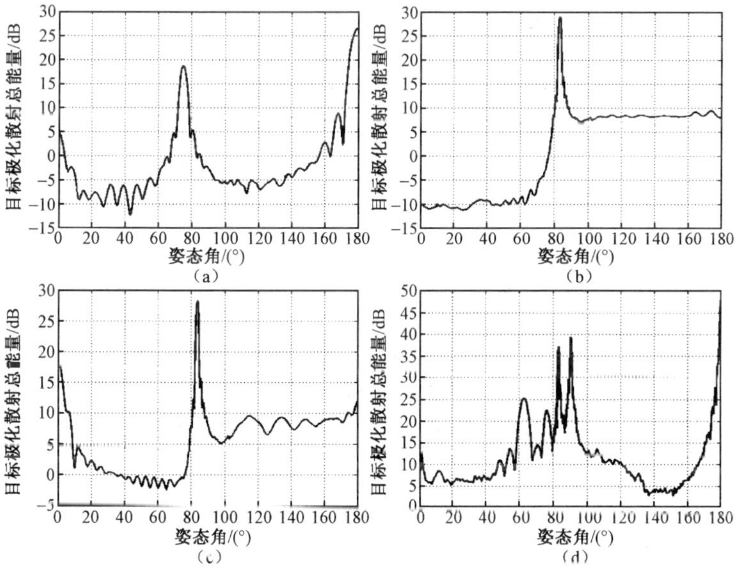

图 2.4.8　部分导弹类目标模型的目标极化散射总能量随着姿态角的变化曲线

(a) 锥体；(b) 无缝锥球体；(c) 有缝锥球体；(d) 某有翼弹头模型。

由图 2.4.8 及大量计算结果可以得到如下结论。

(1) 对于飞机类目标而言，目标极化散射总能量起伏较为剧烈，随姿态角敏感，机头方向 RCS 较小，机身后部的散射总能量相对较大，机身侧向的散射总能量值最大；对于导弹类目标而言，目标极化散射

总能量相对平缓，尤其相邻角度的散射总能量相关性强，弹头目标前段和后部的散射总能量变化较小，而侧面散射总能量起伏较大。

（2）目标极化散射总能量的动态范围较大，极差最大可达 60dB 以上，并且较任一单极化 RCS 随姿态角起伏平缓；目标正侧向的散射总能量普遍较大。

2）径向长度的统计分析

目标的长度信息是真假目标识别最直观、最重要依据之一。诸如对于弹道导弹目标而言，真假目标的长度存在较大的差别：真目标一般有一定的范围（大多为 1m~3m），而假目标的长度与之有一定的差别（母舱的长度要大于弹头，而有源诱饵的距离像长度很小，碎片的长度一般也小于弹头长度）。另外，采用长度信息鉴别转发式有源干扰也十分有效。因此，采用长度信息识别目标是国内外研究者公认的一种有效手段。

在实际中，由于噪声和其他因素的影响，要获取目标的长度信息并非易事。目标只占据距离像中的一部分，而雷达通常难以区分目标和噪声的分界点，另外，目标的长度与其姿态密切相关，而估计目标姿态是一件困难的事情。M.A.Hussain 提出的目标观测长度 L_s 计算公式为

$$L_s=\left(\max\left\{l\mid H(l)>q\right\}-\min\left\{l\mid H\left(l\right)>q\right\}\right)\Delta r \qquad l=1,2,\cdots,N \tag{2.4.52}$$

式中：$H\left(l\right)$ 为距离像；q 为门限阈，它与噪声电平有关；Δr 为距离分辨单元大小。

在式（2.4.52）中，难以确定的值只有一个，即门限阈 q，q 值过大或太小都将造成长度估计的失真。在实际中可以考虑先对目标距离像进行归一化，根据经验值确定归一化后的门限值 q。

在实际应用中，需要注意以下几个问题。

（1）由于雷达信号带宽的限制，在求取径向长度临界值时，需要考虑 Strech 处理后逆傅里叶变换的高副瓣效应，通常可以经过加窗处理降低这种效应。

（2）一般情况下，利用不同极化通道的数据求取目标的径向长度不一致，综合四个极化通道的数据显然可以提高目标径向长度的估计精度。

（3）对于不同类型的目标和不同应用背景而言，归一化后的门限值 q 的选取不一，一般情况下，$q \in [0.1, 0.4]$。

图 2.4.9 给出了某隐身飞机、某战斗机等部分飞机缩比模型的目标径向长度随着姿态角的变化曲线。需要说明的是，图 2.4.9 纵坐标为距离分辨单元，目标径向长度为其与分辨率（$\Delta R = 0.15\text{m}$）的乘积。

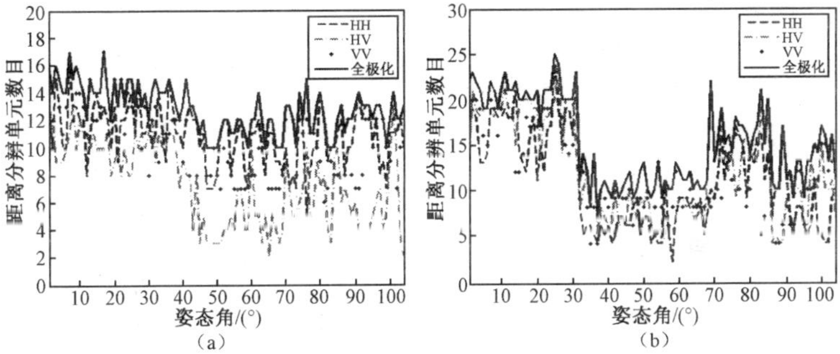

图 2.4.9 部分飞机缩比模型的目标径向长度随着姿态角的变化曲线

（a）某隐身飞机；（b）某战斗机。

由图 2.4.9 及大量计算结果可以得到如下结论。

（1）利用宽带散射数据估计目标径向长度总体而言是与目标实际径向长度相吻合的，利用目标全极化信息估计其径向长度较利用任一单极化信息估计准确。

（2）目标径向长度的估计值随姿态角起伏较为剧烈，相邻角度之间的估计值相差最大可达 5 个分辨单元以上，尤其是利用 HV 极化分量估计的长度值更是如此。

在实际抗干扰、目标特征提取与识别等应用中，径向长度虽然是一种非常有效的特征，但是必须考虑到其不确定性对其性能的影响。

3）极化一维距离像的统计分析

雷达目标在高频区的散射回波可以归结为若干个散射中心回波的叠加，这些散射中心分别对应于目标的强散射结构，在高分辨雷达照射下，目标连续占据多个距离单元，形成一维距离像。

图 2.4.10 给出了在某一姿态下导弹类目标模型各个极化通道的频域和时域响应曲线。

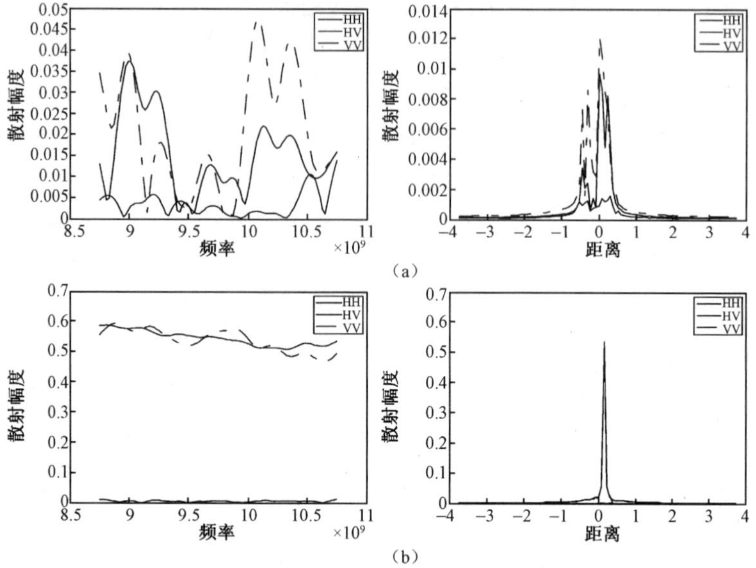

图 2.4.10 部分导弹类目标模型各个极化通道的频域和时域响应曲线

（a）无缝隙锥球；（b）有缝隙锥球。

由图 2.4.10 及大量计算结果，可以得到：

（1）目标的共极化通道即 HH 和 VV 通道的响应的幅度要远远大于交叉极化通道即 HV 通道。

（2）目标在共极化通道即 HH 和 VV 通道的一维距离像有很多相似之处，尤其是峰值点的位置。

（3）目标的峰值点的数目较少时，目标的频域响应曲线起伏比较平缓，而当目标的峰值点的数目越多时，即目标的物理结构越复杂时，目标的频域响应起伏越剧烈。

4）频率敏感性的统计分析

径向长度是从时域上描述了目标的宽带散射特性，对应地从频域上看，目标的极化特性随频率变化而变化，文献[11]提出了雷达目标频域瞬态极化散射矩阵的聚类中心、散度和变化率等概念，并结合弹头类目标的测量数据，定义如下两个特征参量来刻画其电磁散射特性的差异，以期能够有效地识别目标，具体为

$$P = \max\left\{\left|\mathrm{FFT}^{-1}\left[\eta_1(f)\right]\right|\right\} \tag{2.4.53}$$

和

$$Q = \max\left\{\left|\mathrm{FFT}^{-1}\left[\lambda_2(f)\right]\right|\right\} \tag{2.4.54}$$

其中：$\lambda_1(f)=\left\|\frac{\mathrm{d}}{\mathrm{d}f}\boldsymbol{S}_{\mathrm{HV}}(f)\right\|$，$\eta_2(f)=\left\|\frac{\mathrm{d}^2}{\mathrm{d}f^2}\boldsymbol{M}_{\mathrm{HV}}(f)\right\|$，$f\in\Omega$。

特征参量 P、Q（分别称之为一阶特征量和二阶特征量）侧重反映了雷达目标极化散射随频率的变化特性，度量了雷达目标电磁散射的极化色散程度和其极化散射结构的稳定程度。

由文献[11]和大量计算结果可知，将各类目标投影到特征平面上后，它们具有良好的同类目标的聚合性和异类目标之间的分离性。在较大的方位范围内分布区域不重叠，具有良好的可分性，这里不再赘述。

本节紧密结合现有数据资源，详细分析了雷达目标的极化特性，得到了一些有意义的结论，为后续的雷达极化抗干扰及其效果评估提供了基础。需要指出的是，这里结论依赖于雷达目标测量或计算数据的准确度，由于有限数据样本和精度等因素的限制，某些结论需要进一步加以验证。

2.5 小 结

本章主要是归纳、总结了适用于单频、窄带和宽频带等不同条件下电磁波和雷达目标极化特性的表征方法，侧重阐述了各表征方法的物理概念以及它们之间的相互关系，并讨论了雷达目标和天线的极化特性等问题，从物理层面分析了雷达目标信号、干扰信号的极化本质特征。

本章为雷达极化抗干扰研究提供了相关理论工具和物理依据，同时为电磁波和雷达目标的极化特性分析提供了有力工具，也为微弱目标极化检测、目标极化特征提取与分类识别、POLSAR 雷达信息表征与数据处理等应用领域的研究提供了良好基础。

第 3 章　雷达极化测量方法

3.1　引　言

利用极化信息可以提高雷达抗干扰、检测和识别等能力，具有极化测量能力是雷达实现极化处理的前提。目前，极化测量体制主要有两种：一种是分时极化测量体制，简称为分时极化体制；另一种是同时极化测量体制，简称为同时极化体制。

分时极化体制按时间先后发射多个不同极化的脉冲，接收时两正交极化通道（水平极化 H 和垂直极化 V）同时接收信号，其示意图如图 3.1.1 所示。

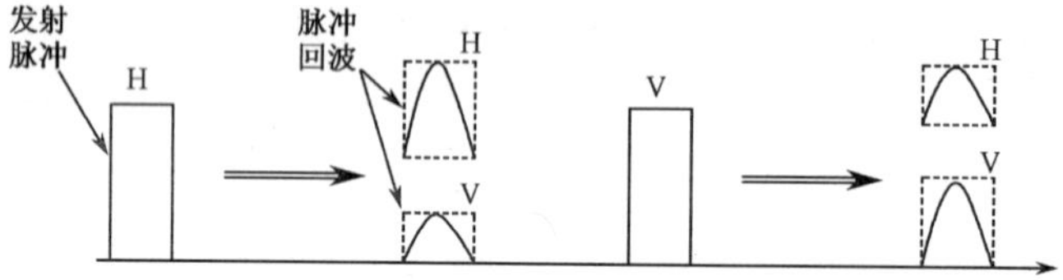

图 3.1.1　分时极化测量示意图

现有极化雷达大多采用分时极化体制，该体制对动目标测量而言，虽可有条件近似获得目标的极化散射矩阵，但获取不到理论上完整的极化信息，存在以下一些缺点。

（1）由于需要多个脉冲重复周期才能完成一次测量，因此对于非平稳目标（即由于运动姿态变化而引起的散射特性随时间变化较快的目标），其散射特性在各脉冲之间会产生一定的去相关效应，从而限制了测量精度[140]。

（2）由于历时较长，目标的多普勒效应会导致各脉冲回波测量之间相差一个无法精确补偿的相位，从而影响测量精度。

（3）距离模糊会影响脉冲回波的正常接收，例如，如果目标回波时延大于脉冲重复周期，则水平极化脉冲的回波可能会落入垂直极化脉冲的信号采集区域内，这显然会影响正常的极化测量[140]。

（4）分时极化体制需要在脉冲之间进行极化切换，由于极化切换器件的隔离度有限，难免存在着交叉极化干扰作用，这也会对测量产生不利的影响[140]。

针对分时极化体制的这些固有缺陷，Giuli 等人提出了同时极化体制的概念[142]。同时极化测量体制只需发射一个脉冲，该脉冲由多个编码序列相干叠加得到，每个编码序列对应一种发射极化。在接收时，利用编码序列之间的正交性分离出不同发射极化对应的矢量回波，经进一步处理后就可以获取目标的完整极化信息。同时极化测量示意如图 3.1.2 所示。

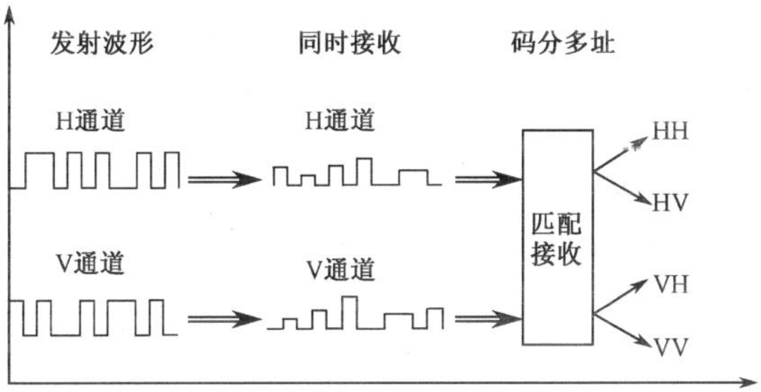

图 3.1.2　同时极化测量示意图

相比于分时极化体制，同时极化体制具有以下优点[148]。

（1）由于同时极化体制只需一个脉冲，历时较短，更适用于非平稳目标的情况。

（2）对于目标回波多普勒调制，同时极化体制与分时极化体制受其影响的机理不同，后者是测量数据间存在着不可忽略的相位差，而前者主要取决于编码波形的自相关特性和互相关特性对多普勒的敏感程度，只要多普勒估计精度达到一定要求，则经多普勒补偿后，这种影响不会妨碍同时极化体制的正常使用。

（3）同时极化体制只发射一个脉冲，因此不存在距离模糊的问题。

（4）由于同时极化体制同时利用了两个正交极化通道，不需要进行极化切换，因此也不存在交叉极化干扰的问题。

然而，Giuli 提出的这种同时极化体制也有其不足之处，主要表现在：

（1）编码波形之间不能完全正交，各编码通道测量之间存在着一定的耦合。

（2）多目标情况下，不同目标回波匹配接收后的自相关旁瓣将相互影响，并影响编码通道之间的正交性。

（3）在编码序列的优选方面，由于大多数编码序列的自相关特性和互相关特性是相互制约的，因此只能在这两个相关性能上进行折中。

这里将同时极化体制的应用扩展到雷达抗干扰领域，这些新的应用需要更多的发射极化数目（即需要更多的编码序列数目），对多目标间的互扰（匹配输出旁瓣的相互影响）问题也要能够克服，传统的同时极化体制已不能满足要求。为此，本章着重介绍一种新的同时极化体制处理方式——复合编码同时极化测量体制，在该体制下，对编码序列的自相关特性要求和互相关特性要求被解耦，由一个优选的伪随机序列（或线性调频脉冲）实现良好的自相关特性，而由一组地址码实现对测量值完全的正交隔离，在信号波形的选择上大大放宽了要求。

3.2 节介绍了分时极化体制测量原理，列出了测量过程的主要数学模型；3.3 节介绍了同时极化体制测量的原理，分析了复合编码同时极化体制的工作性能和优缺点；3.4 节探讨了利用辅助天线（旁瓣对消天线）和主天线的极化差异来获取目标极化散射矩阵的方法。

3.2 分时极化体制测量方法

对于分时全极化相参雷达，其发射信号可表示为（为表述方便，这里暂不考虑信号的幅度）

$$\boldsymbol{X}(t)=\mathrm{e}^{\mathrm{j}2\pi f_0 t}\cdot\sum_{n=1}^{N}s\big(t-(n-1)T\big)\boldsymbol{h}_{tn} \qquad (3.2.1)$$

式中：$s(t)$ 为脉冲调制信号，一般采用矩形脉冲、线性调频脉冲或相位编码脉冲信号，其脉冲宽度为 τ_p；$\boldsymbol{h}_{tn}$ 为第 n 个脉冲发射极化的 Jones 矢量表示形式（2×1 矢量）；N 为发射极化数目；f_0 为载频；T 为脉冲重复周期（上式以第一个脉冲起始时刻为 $t=0$ ，所有脉冲信号、脉冲回波信号均以此为时间基准）。

上述波形产生的物理过程是，由 N 个脉冲重复周期均为 T 的脉冲调制信号 $s(t)$，调制一个频率为 f_0 的连续波信号 $e^{j2\pi f_0 t}$ ，得到一个相参的射频脉冲串，将其加注到两正交极化通道中（在本书后续章节中，若无特殊说明，正交极化基采用水平、垂直极化基），通过相应极化的天线发射出去。

假设目标散射矩阵在相干时间内（ NT ）、信号带宽内是恒定的，记为 $\boldsymbol{S}=\begin{bmatrix} S_{\mathrm{HH}} & S_{\mathrm{HV}} \\ S_{\mathrm{VH}} & S_{\mathrm{VV}} \end{bmatrix}$，径向速度在相干时间内也可看做是恒定的，记为 V_{r} ，多普勒频率为 $f_{\mathrm{d}}=\dfrac{-2V_{\mathrm{r}}f_0}{c}$ （ $c=3\times10^8\,\mathrm{m/s}$ ，为光速），则经目标散射后，回波矢量信号可表示为

$$\boldsymbol{Y}(t)=\boldsymbol{S}\cdot\boldsymbol{X}(t)=e^{j2\pi(f_0+f_{\mathrm{d}})(t-\tau_1)}\cdot\sum_{n=1}^{N}s\big(t-(n-1)T-\tau_n\big)\boldsymbol{S}\boldsymbol{h}_{tn} \qquad (3.2.2)$$

其中： $\tau_n=\tau_1+\dfrac{2V_{\mathrm{r}}(n-1)T}{c}$ 为第 n 个脉冲回波的时延。

式（3.2.2）没有考虑由于多普勒效应引起的脉冲宽度展宽或者压缩，实际上只要满足[175]

$$\frac{2V_{\mathrm{r}}\tau_p}{c}<<\frac{1}{\Delta f} \qquad (3.2.3)$$

就可以忽略这种影响，一般情况下该条件很容易满足， Δf 为 $s(t)$ 的带宽。

分时极化体制的水平（H）、垂直（V）极化通道对来波矢量信号同时进行接收，数学过程表示为

H 通道： $z_{\mathrm{H}}(t)=\boldsymbol{h}_{\mathrm{r-H}}^{\mathrm{T}}\boldsymbol{Y}(t)$

V 通道： $z_{\mathrm{V}}(t)=\boldsymbol{h}_{\mathrm{r-V}}^{\mathrm{T}}\boldsymbol{Y}(t)$

其中， $\boldsymbol{h}_{\mathrm{r-H}}=[1,0]^{\mathrm{T}}$ 、 $\boldsymbol{h}_{\mathrm{r-V}}=[0,1]^{\mathrm{T}}$ 分别为水平和垂直接收极化矢量。

将两接收极化通道的信号记为一个矢量信号，即

$$\boldsymbol{Z}(t)=\begin{bmatrix} z_{\mathrm{H}}(t) \\ z_{\mathrm{V}}(t) \end{bmatrix}=\begin{bmatrix} 1 & 0 \\ 0 & 1 \end{bmatrix}\boldsymbol{Y}(t)=\boldsymbol{Y}(t) \tag{3.2.4}$$

接收到的信号首先要进行混频，将射频信号变为中频信号或零中频信号，本振信号可表示为一个频率为 f_0 的连续波信号为

$$q(t)=\mathrm{e}^{\mathrm{j}2\pi f_0 t+\mathrm{j}\phi} \tag{3.2.5}$$

其中：ϕ 为初相，那么混频后的矢量信号表示为

$$\boldsymbol{W}(t)=\boldsymbol{Z}(t)\cdot q^{*}(t)=\mathrm{e}^{-\mathrm{j}2\pi f_0\tau_1-\mathrm{j}\phi}\cdot\mathrm{e}^{\mathrm{j}2\pi f_{\mathrm{d}}(t-\tau_1)}\cdot\sum_{n=1}^{N}s\left(t-(n-1)T-\tau_n\right)\boldsymbol{Sh}_{tn} \tag{3.2.6}$$

其中，用 $\Delta\phi=-2\pi f_0\tau_1-\phi$ 表示右边第一项的相位，该相位不影响测量的相参性。

由上式可见，混频后脉冲串被正弦波 $\mathrm{e}^{\mathrm{j}2\pi f_{\mathrm{d}}t}$ 所调制（即多普勒调制），在对各脉冲信号进行匹配接收后，其输出幅度值（复幅度）将相差一个多普勒相位。设匹配接收滤波器的冲激响应为 $h(t)=s^{*}\left(\tau_{\mathrm{p}}-t\right)$，其数学过程表示为

$$\boldsymbol{R}(t)=\int_{-\infty}^{\infty}h(t-\lambda)\boldsymbol{W}(\lambda)\cdot\mathrm{d}\lambda=\int_{-\infty}^{\infty}s^{*}\left(\tau_{\mathrm{p}}-t+\lambda\right)\boldsymbol{W}(\lambda)\cdot\mathrm{d}\lambda \tag{3.2.7}$$

将式(3.2.6)代式(3.2.7)中，得到，在 $t=\tau_{\mathrm{p}}+(n-1)T+\tau_n$（$n=1,\cdots,N$）处，会出现 N 个峰值点，对应的幅度(2 维矢量)分别记为

$$\begin{aligned}\boldsymbol{R}_n&=A\exp\left\{\mathrm{j}\Delta\phi+\mathrm{j}2\pi f_{\mathrm{d}}\left[(n-1)T+\tau_n-\tau_1\right]\right\}\cdot\boldsymbol{Sh}_{tn}\\&=A\exp\{\mathrm{j}\Delta\phi\}\exp\left\{\mathrm{j}2\pi f_{\mathrm{d}}(n-1)T\left(1+\frac{2V_{\mathrm{r}}}{c}\right)\right\}\cdot\boldsymbol{Sh}_{tn}\\&\approx A\exp\{\mathrm{j}\Delta\phi\}\cdot\exp\left\{\mathrm{j}2\pi f_{\mathrm{d}}(n-1)T\right\}\boldsymbol{Sh}_{tn}\end{aligned} \tag{3.2.8}$$

其中：$A=\int_{-\infty}^{\infty}\left|s(t)\right|^{2}\exp\{\mathrm{j}2\pi f_{\mathrm{d}}t\}\cdot\mathrm{d}t$，$A\exp\{\mathrm{j}\Delta\phi\}$ 为常数项，上式中用到了 $\frac{2V_{\mathrm{r}}}{c}\approx 0$。

显然，由于目标运动的影响，相对于回波极化矢量 $\{\boldsymbol{Sh}_{tn}\}$，$\{\boldsymbol{R}_n\}$ 中每个矢量值都附加了一个相位项 $2\pi f_{\mathrm{d}}(n-1)T$，经多普勒补偿后，

该相位差为

$$\Delta\phi_m = 2\pi\tilde{f}_{\mathrm{d}}(n-1)T \tag{3.2.9}$$

其中：$\tilde{f}_{\mathrm{d}} = f_{\mathrm{d}} - \hat{f}_{\mathrm{d}}$ 为多普勒估计误差，当 $\tilde{f}_{\mathrm{d}}$ 较大时将严重影响分时极化体制的测量性能。利用分时极化体制测量目标散射矩阵，则散射矩阵测量值的两列元素（当发射极化 ht，分别取水平或垂直极化时的 Rn）之间将存在相位差 $2\pi\tilde{f}_{\mathrm{d}}T$ 。

本小节介绍了分时极化体制测量原理和涉及的主要数学模型，为后续 5.2 节和 5.4 节有源欺骗干扰的极化鉴别等应用研究提供了基础。

3.3 同时极化体制测量方法

在 3.2 节介绍了分时极化体制的测量原理，如前所述，分时极化体制存在着一些固有缺陷。对此，Giuli 等人提出了同时极化体制的概念[142]，类似于通信中码分多址（Code Division Multiple Access，CDMA）的思想，同时极化体制只需发射一个脉冲，该脉冲由多个编码波形叠加得到，每个编码波形对应一种发射极化（相当于 CDMA 中的一个“用户”），接收时利用编码波形之间的正交性分离出不同发射极化对应的回波，将其极化信息提取后可用于极化信息处理。

下面首先介绍同时极化测量体制的基本工作原理，而后介绍一种复合编码同时极化测量方法。

3.3.1 同时极化体制测量原理

1. 同时极化体制测量数学模型

同时极化体制雷达发射波形表示为（为描述方便，不考虑幅度）

$$\boldsymbol{X}(t) = \mathrm{e}^{\mathrm{j}2\pi f_0 t}\sum_{m=1}^{M}\boldsymbol{h}_{tm}s_m(t) \tag{3.3.1}$$

其中：$\boldsymbol{h}_{tm}$ 为第 m 个发射极化的 Jones 矢量表示形式，且 $\|\boldsymbol{h}_{tm}\| = 1$；$f_0$ 为载频，$\{s_m(t)\}$（$m = 1,\cdots,M$）是一组编码波形，脉冲宽度为 τ_{p}，多采用伪随机序列组，如 m-sequences（m 序列），理论上要求它们之

间相互正交，利用这种正交隔离性可分离出不同发射极化对应的散射回波。同时极化体制的发射波形是调制波形 $\sum_{m=1}^{M}\boldsymbol{h}_{tm}s_m\left(t\right)$ 分别在 H、V 极化通道调制载波 $\mathrm{e}^{\mathrm{j}2\pi f_0 t}$ 得到的。

设目标散射矩阵为 $\boldsymbol{S}=\begin{bmatrix} S_{\mathrm{HH}} & S_{\mathrm{HV}} \\ S_{\mathrm{VH}} & S_{\mathrm{VV}} \end{bmatrix}$，径向速度记为 V_{r}，多普勒频率为 $f_{\mathrm{d}}=\dfrac{-2V_{\mathrm{r}}f_0}{C}$。经目标散射，并经雷达 H、V 极化通道同时接收后，回波矢量信号可表示为

$$\boldsymbol{Z}\left(t\right)=\boldsymbol{S}\cdot\boldsymbol{X}\left(t\right)=\mathrm{e}^{\mathrm{j}2\pi\left(f_0+f_{\mathrm{d}}\right)\left(t-\tau\right)}\cdot\sum_{m=1}^{M}s_m\left(t-\tau\right)\boldsymbol{Sh}_{tm} \tag{3.3.2}$$

其中：τ 为目标回波时延。

混频信号记为 $q\left(t\right)=\mathrm{e}^{\mathrm{j}2\pi f_0 t+\mathrm{j}\phi}$，那么混频后的矢量信号表示为

$$\boldsymbol{W}\left(t\right)=\boldsymbol{Z}\left(t\right)\cdot q^*\left(t\right)=\mathrm{e}^{-\mathrm{j}2\pi f_0\tau-\mathrm{j}\phi}\cdot\mathrm{e}^{\mathrm{j}2\pi f_{\mathrm{d}}\left(t-\tau\right)}\cdot\sum_{m=1}^{M}s_m\left(t-\tau\right)\boldsymbol{Sh}_{tm} \tag{3.3.3}$$

用 $\Delta\phi=-2\pi f_0\tau-\phi$ 为右边第一项的相位，该相位不影响测量的相参性。

对混频后的信号进行多通道匹配处理，每个通道的匹配滤波器响应函数分别为 $h_n\left(t\right)=s_n{}^*\left(\tau_{\mathrm{p}}-t\right)$（$n=1,\cdots,M$），其数学过程表示为

$$\boldsymbol{R}_n\left(t\right)=\int_{-\infty}^{\infty}h_n\left(t-\lambda\right)\boldsymbol{W}\left(\lambda\right)\cdot\mathrm{d}\lambda=\int_{-\infty}^{\infty}s_n{}^*\left(\tau_{\mathrm{p}}-t+\lambda\right)\boldsymbol{W}\left(\lambda\right)\cdot\mathrm{d}\lambda \tag{3.3.4}$$

将式（3.3.3)带入式（3.3.4）中，由于 $s_m\left(t\right)$（$m=1,\cdots,M$）之间相互正交，即 $\int_{-\infty}^{\infty}s_m{}^*\left(t\right)s_n\left(t\right)\cdot\mathrm{d}t=\begin{cases}0 & m\neq n\\ A & m=n\end{cases}$，因此在 $t=\tau_{\mathrm{p}}+\tau$ 处，每个通道都会出现峰值（2 维矢量），分别记为

$$\begin{aligned}\boldsymbol{R}_n&=\int_{-\infty}^{\infty}\exp\left(-\mathrm{j}2\pi f_{\mathrm{d}}t\right)s_m{}^*\left(t\right)s_n\left(t\right)\mathrm{d}t\cdot\exp\left\{\mathrm{j}\Delta\phi+\mathrm{j}2\pi f_{\mathrm{d}}\tau_{\mathrm{p}}\right\}\cdot\boldsymbol{Sh}_{tn}\\&\approx A\exp\left\{\mathrm{j}\Delta\phi+\mathrm{j}2\pi f_{\mathrm{d}}\tau_{\mathrm{p}}\right\}\cdot\boldsymbol{Sh}_{tn}\end{aligned} \tag{3.3.5}$$

式（3.3.5）中的“≈”是由于多普勒频率 f_{d} 的调制导致回波与编码波形不能完全匹配造成的，但主要是对幅度的影响（且在经多普勒

补偿后影响很小），因此$\{\boldsymbol{R}_n\}$之间可认为不存在相位差，可作为回波极化矢量$\{\boldsymbol{Sh}_{tn}\}$的测量值。

同时极化体制发射、接收信号处理流程如图 3.3.1 和图 3.3.2 所示。

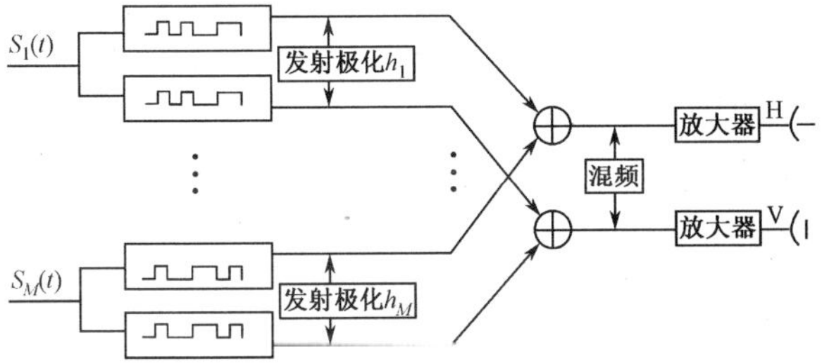

图 3.3.1 同时极化体制发射信号处理流程

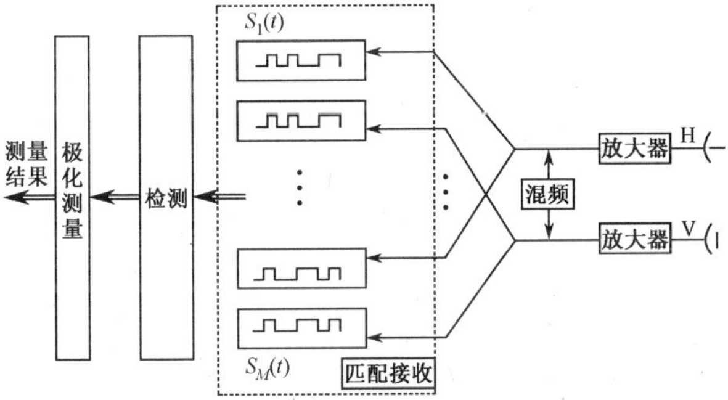

图 3.3.2 同时极化体制接收信号处理流程

2. 同时极化体制测量存在的问题

同时极化体制测量主要包括以下几个方面的问题。

（1）前面假设目标散射矩阵为 $\boldsymbol{S}=\begin{bmatrix} S_{\mathrm{HH}} & S_{\mathrm{HV}} \\ S_{\mathrm{VH}} & S_{\mathrm{VV}} \end{bmatrix}$，而实际上，目标散射矩阵是频率$\omega$的函数，只有在窄带情况下，目标散射矩阵才可看作是恒定的。

一般来说，简单形体目标的散射矩阵随频率变化较为缓慢（如飞航导弹、弹道导弹等目标），而复杂目标的散射矩阵随频率变化则相对剧烈（如一些飞机目标）。为了保证满足“窄带假设”，编码信号的带宽不能太宽，由于编码信号带宽相当于码元宽度的倒数，因此，编码码元宽度应足够宽才行。

（2）当同一方向存在多个目标时，不同目标回波匹配输出的自相关旁瓣将相互影响（称为目标间的“互扰”），导致目标极化测量相互影响。

Giuli 定义了峰值旁瓣比（Peak Sidelobe Level，PSL）来衡量编码波形的自相关旁瓣对结果的影响[142]（需指出的是，本书中所提到的自相关和互相关都是指非周期自相关和非周期互相关，下文中不再一一说明）。设第 m 个编码波形的自相关函数为 $R_{mm}(t)$，则峰值旁瓣比定义为

$$\mathrm{PSL}_m = \min_{\tau \notin \Omega_m} 20\lg \frac{|R_{mm}(0)|}{|R_{mm}(\tau)|} \tag{3.3.6}$$

其中：Ω_m 为 $R_{mm}(t)$ 主瓣区域。PSL_m 越大，则目标间的互扰越小。增大码元数目有利于获得更高的 PSL_m，但基于脉冲宽度的限制（即回波到达时间不能早于发射脉冲结束时间），要求码元宽度应足够窄。

（3）编码波形 $s_m(t)$（$m=1,\cdots,M$）之间并不能完全正交，因此各编码通道之间存在着一定的耦合。

Giuli 定义了独立性（Isolation，I）来衡量编码波形之间的互相关[142]。设第 m 个编码波形与第 n 个编码波形的互相关函数为 $R_{mn}(t)$，则编码之间独立性的衡量指标为

$$I_m = \min_{\forall \tau, n\neq m} 20\lg \frac{|R_{mm}(0)|}{|R_{mn}(\tau)|} \tag{3.3.7}$$

I_m 越大则编码之间的独立性越好，编码通道之间的耦合越小。增大码元数目有利于获得更高的 I_m 值，同样是基于脉冲宽度的限制，要求码元宽度应足够窄。

（4）在编码序列的选择方面，大多数编码序列的自相关特性和互相关特性都是相互制约的，即 PSL_m 和 I_m 不能够同时获得比较理想的值。

在文献[142]中，Giuli 采用两个 m 序列测量点目标（point target）的散射矩阵，对于511位码长的两个m序列，其PSL和 I 可达到28.15dB和 23.04dB，这对于单个点目标散射矩阵的测量基本可以满足要求。但对于雷达抗干扰中要面临的更为复杂的情况，如多目标、多发射极化的情况，此时，对 PSL 和 I 的要求都大大地提高了，而由上述四点

可以看出，同时极化体制对编码序列、码元宽度的选择是互相矛盾的，不能同时具有很好的自相关特性和互相关特性，因此，普通同时极化波形体制难以完全胜任抗干扰算法的需要。

3.3.2 复合编码同时极化体制测量方法

3.3.1 节已经分析了同时极化体制在面对较为复杂的情况，如多目标、多发射极化等情况时，在波形及其参数的选择方面存在的矛盾。其中，多数问题都归结为编码波形的自相关特性和互相关特性难以同时满足要求，即 $\{\mathrm{PSL}_m\}$ 和 $\{I_m\}$ 难以同时达到理想的水平。事实上，不仅难以找到自相关和互相关特性都很好的伪随机序列组，甚至能满足最基本要求的序列组数目也很少。例如，对于最常用的伪随机序列——m 序列，9 级移位寄存器产生的 m 序列（码元数目为 511）有 48 个，但其中找不到包含 3 个序列的组合，其 $\{I_m\}$ 均大于 23dB。

这里介绍一种将自相关特性要求和互相关特性要求解耦的复合编码同时极化体制，可以使自相关特性和互相关特性同时达到理想值，从而能够满足日益复杂的极化抗干扰算法的需要。该体制处理的基本思想是：优选一个自相关特性达到要求的调制波形（诸如采用伪随机码序列或线性调频脉冲），用以减轻多目标情况下目标之间的互扰；优选一组正交地址码序列（如 walsh 地址码），利用它们之间的完全正交性，实现极化编码通道之间的隔离。

1. 基本原理

图 3.3.3 为复合编码同时极化体制处理流程，图 3.3.4 是其所采用的复合编码波形，波形采用两级编码：外层是地址码，采用 walsh 正交码；内层是伪随机码或线性调频脉冲（统称为内层码）。

每个 walsh 码元中包含一个完全相同的、完整的内层码，接收时，首先进行内层码的匹配接收，则所有 walsh 码元将在相同位置出现峰值，提取该峰值点的幅度并与 walsh 序列组分别进行地址相关（相关求和），利用 walsh 序列之间的正交性可分别得到各脉冲回波矢量的极化测量值。

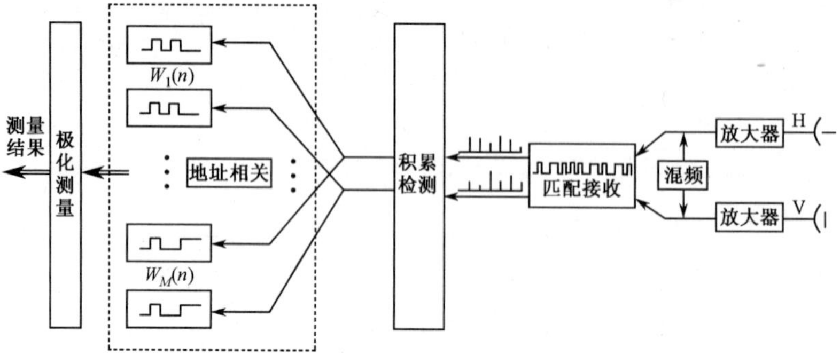

图 3.3.3　复合编码同时极化体制处理流程

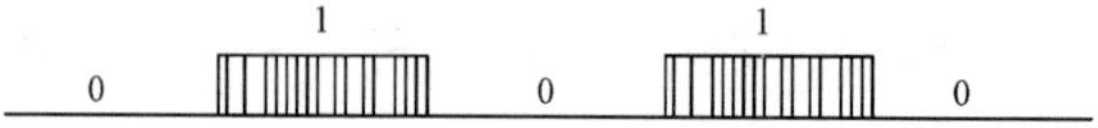

图 3.3.4　复合编码波形

由于长度为 N 的 walsh 码可以找到 N 个相互正交的 walsh 码组合，这无疑将大大扩展可承载的“用户数”，即发射变极化的数目可大大增加，满足算法的需要。下面介绍图 3.3.3 中一些关键环节的数学过程。

发射波形可写为（为描述方便，不考虑其幅度）

$$\boldsymbol{X}(t)=\mathrm{e}^{\mathrm{j}2\pi f_0 t}\sum_{n=1}^{N}\left(\sum_{m=1}^{M}w_{n,m}\cdot s\left(t-(m-1)\tau_{\mathrm{p}}\right)\right)\boldsymbol{h}_{tn} \qquad (3.3.8)$$

式中：$\boldsymbol{h}_{tn}$ 为第 n 个发射极化 Jones 矢量（共 N 个发射极化），每个发射极化对应一个 M 位长的 walsh 序列 $\left\{w_{n,m}\right\}$； $w_{n,m}$ 是第 n 个 walsh 序列中第 m 个码元的值；$s(t)$ 为内层码的波形（伪随机序列或线性调频脉冲），其他参数定义同前。

目标回波矢量接收信号可表示为

$$\boldsymbol{Z}(t)=\boldsymbol{S}\cdot\boldsymbol{X}(t)=\mathrm{e}^{\mathrm{j}2\pi(f_0+f_\mathrm{d})(t-\tau)}\cdot\sum_{n=1}^{N}\left(\sum_{m=1}^{M}w_{n,m}\cdot s_m\left(t-(m-1)\tau_{\mathrm{p}}-\tau\right)\right)\boldsymbol{S}\boldsymbol{h}_{tn} \qquad (3.3.9)$$

式（3.3.9）中忽略了目标在码元间的微小移动。

混频信号记为 $q(t)=\mathrm{e}^{\mathrm{j}2\pi f_0 t+\mathrm{j}\phi}$，$\phi$ 为初相，混频后的矢量信号表示为

$$\begin{aligned}\boldsymbol{W}(t)&=\boldsymbol{Z}(t)\cdot q^*(t)\\&=\mathrm{e}^{-\mathrm{j}2\pi f_0\tau-\mathrm{j}\phi}\cdot\mathrm{e}^{\mathrm{j}2\pi f_\mathrm{d}(t-\tau)}\cdot\sum_{n=1}^{N}\left(\sum_{m=1}^{M}w_{n,m}\cdot s\left(t-(m-1)\tau_\mathrm{p}-\tau\right)\right)\boldsymbol{Sh}_{tn}\end{aligned}\tag{3.3.10}$$

用 $\Delta\phi=-2\pi f_0\tau-\phi$ 表示右边第一项的相位。

对混频后的信号首先进行内层码的匹配接收，响应函数为 $h(t)=s^*(\tau_\mathrm{p}-t)$，其数学过程表示为

$$\boldsymbol{R}(t)=\int_{-\infty}^{\infty}h(t-\lambda)\boldsymbol{W}(\lambda)\cdot\mathrm{d}\lambda=\int_{-\infty}^{\infty}s^*(\tau_\mathrm{p}-t+\lambda)\boldsymbol{W}(\lambda)\cdot\mathrm{d}\lambda\tag{3.3.11}$$

将式（3.3.10）代入式（3.3.11），由于 $\boldsymbol{W}(t)$ 由 M 个内层码 $s(t)$ 按不同幅度串接而成，因此，在 $t=m\tau_\mathrm{p}+\tau$（$m=1,\cdots,M$）处（如果内层码是线性调频脉冲，则由于距离—多普勒耦合效应，还会有个偏移），会分别出现峰值，记为

$$\boldsymbol{R}_m=A\exp\left\{\mathrm{j}\Delta\phi+\mathrm{j}2\pi f_\mathrm{d}m\tau_\mathrm{p}\right\}\cdot\sum_{n=1}^{N}w_{n,m}\boldsymbol{Sh}_{tn}\tag{3.3.12}$$

其中

$$A=\int_{-\infty}^{\infty}s^*(t)s(t)\exp\left(\mathrm{j}2\pi f_\mathrm{d}t\right)\cdot\mathrm{d}t\tag{3.3.13}$$

由式（3.3.12）和式（3.3.13）可以看出，多普勒频率 f_d 存在两方面的不利影响：一是影响匹配接收，即 A 的幅度要减小；二是使各码元上的幅度 $\left\{\sum_{n=1}^{N}w_{n,m}\boldsymbol{Sh}_{tn}\right\}$ 被多普勒调制，存在相位差 $2\pi f_\mathrm{d}m\tau_\mathrm{p}$，该相位差将影响 walsh 码地址相关时的正交性。

为分析方便，这里先忽略式（3.3.12）中的相位项 $2\pi f_\mathrm{d}m\tau_\mathrm{p}$，将测量值序列 $\{\boldsymbol{R}_m\}$（$m=1,\cdots,M$）分别与 N 个 walsh 序列进行地址相关，有

$$\begin{aligned}\boldsymbol{P}_n&=\sum_{m=1}^{M}w_{n,m}\boldsymbol{R}_\mathrm{m}=A\mathrm{e}^{\mathrm{j}\Delta\phi}\cdot\sum_{m=1}^{M}\left(w_{n,m}\sum_{k=1}^{N}w_{k,m}\boldsymbol{Sh}_{tk}\right)\\&=A\mathrm{e}^{\mathrm{j}\Delta\phi}\cdot\sum_{k=1}^{N}\left(\sum_{m=1}^{M}w_{n,m}w_{k,m}\right)\boldsymbol{Sh}_{tk}\\&=A\mathrm{e}^{\mathrm{j}\Delta\phi}\cdot M\boldsymbol{Sh}_{tn}\end{aligned}\tag{3.3.14}$$

式（3.3.14）利用了 walsh 地址码序列组的正交性，即

$$\sum_{m=1}^{M} w_{n,m} w_{k,m} = \begin{cases} M & (n=k) \\ 0 & (n \neq k) \end{cases} \tag{3.3.15}$$

显然，由式（3.3.14)可知，$\boldsymbol{P}_n$ 可作为回波极化 $\boldsymbol{Sh}_{tn}$ 的有效测量。

下面简要分析复合编码同时极化体制处理方式的主要优点与存在的问题。

与传统的同时极化体制相比，该处理方式有以下改进之处。

（1）由于该体制将对编码序列的自相关和互相关要求解耦，因此，在编码的选择上大大放宽了要求：互相关特性由完全正交的地址码组来实现，在单目标情况下，可以保证极化通道之间完全隔离；对于内层码，如果采用伪随机码序列，则可以不考虑其互相关特性而只选择自相关特性最好的一个伪随机码序列，如果采用线性调频脉冲，则可以在匹配接收处理时，选择合适的加窗函数以使其输出旁瓣达到理想的水平。

（2）由于使用同一个内层码，不存在由于频谱结构不同（传统的同时极化体制采用多个伪随机码序列，频谱是不同的）而导致的目标散射矩阵不一致的问题，这又放宽了对内层码选择的限制：若采用伪随机序列，则可以采用码元更窄而码元数更长的伪随机序列，而这也将有利于提高伪随机码的自相关特性；若采用线性调频脉冲，则可以采用更大带宽的调频脉冲，从而获得更佳的距离分辨力。

然而，如上所述，目标多普勒效应的影响必须在匹配接收之前进行补偿，否则将影响匹配输出的峰值幅度 A，并使得测量值序列 $\{\boldsymbol{R}_m\}$ 间存在相位差 $2\pi f_{\mathrm{d}} m\tau_{\mathrm{p}}$，从而影响地址码的相关接收，使得极化通道之间不能实现完全正交。因此，在使用复合编码同时极化体制进行测量的同时，必须要进行精确的目标多普勒频率估计。

2. 内层码的选择及目标多普勒频率的估计

如前所述，内层码可采用伪随机码和线性调频脉冲两种，它们各有优点和缺点。

采用伪随机码的优点首先是其低可截获性，即具有一定的反侦察能力；其次，对于转发式假目标干扰，如果将伪随机码与重频捷变、

频率捷变配合使用，则只会在真目标回波后方出现假目标，大大减小了干扰区域，提高了抗干扰能力。伪随机码的缺点是其非周期自相关旁瓣不能做到很低，因此，当“目标”（包括真目标或假目标）数目较大时，“目标”间的互扰非常大，对检测、测量和假目标鉴别都带来严重影响。

采用线性调频脉冲的主要好处是在匹配接收时，可通过加窗的方法降低匹配输出的旁瓣电平，如采用凯瑟窗（kaiser window）或切比雪夫窗（chebyshev window），可方便地控制匹配输出的峰值旁瓣比，使其轻易地达到 30dB～40dB 的水平，对于多“目标”的情况非常有利。然而，线性调频存在距离—多普勒耦合效应，转发式假目标干扰可对截获到的线性调频信号进行多普勒调制后再转发，可在真目标前、后均产生假目标，干扰区域较大。

综上，在“目标”数目不大的情况下，内层码采用伪随机码更有优势，而在“目标”数目较大，互扰问题严重的情况下，则应采用线性调频脉冲。

另一个必须关注的问题是目标多普勒频率的估计，其估计精度直接影响复合编码同时极化体制的测量精度。由文献[175]知，多普勒频率估计精度主要由测量信号的信噪比、脉冲宽度决定，例如，若发射正弦矩形脉冲信号，则多普勒频率估计的理论精度（估计误差的标准差）为

$$\sigma_{\mathrm{f}}=\frac{\sqrt{3}}{\pi t_{\mathrm{p}}\sqrt{\dfrac{2E}{N_0}}} \tag{3.3.16}$$

其中：t_{p} 为信号长度；E 为信号能量；N_0 为噪声功率谱密度；$\dfrac{2E}{N_0}$ 为匹配滤波后的输出信噪比。例如，对于脉宽 $t_{\mathrm{p}}=500\mu\mathrm{s}$，输出信噪比为 $\dfrac{2E}{N_0}=33\mathrm{dB}$ 的情况，由式（3.3.16）可求得多普勒频率估计标准差约为 24Hz。

假设雷达采用矩形脉冲信号测量目标多普勒频率，则雷达发射

信号包括用于极化测量的复合编码信号和用于目标多普勒估计的矩形脉冲信号。这两种信号在接收时必须能够进行分离，有时分和频分两种途径可以实现分离：时分的方法是在发射编码信号之前或之后，发射相同载频的正弦脉冲信号，然而，对于转发式假目标干扰的情况，不宜采用时分的方法，因为矩形正弦脉冲回波信号会被干扰调制，从而无法准确测量目标多普勒频率；为此，可以采用频分的方法，令矩形脉冲信号载频与复合编码信号载频相差足够大，由于 DRFM 的带宽是有限的，因此正弦脉冲回波信号将不会受到干扰的调制，可以正确地估计目标多普勒频率，经简单的换算后可用于编码信号的多普勒补偿。

3. 测量性能分析

以上阐述了复合编码同时极化测量的基本原理，下面分析噪声和目标多普勒频率估计误差对测量性能的影响。

由前可知，在多目标、多发射极化的情况下，衡量复合编码同时极化体制的测量性能，应包括两个方面：一方面是自相关旁瓣的大小，它决定了"目标"间互扰的程度；另一方面是互相关性，它决定了极化编码通道之间的隔离性（每个发射极化对应一个极化编码通道）。

前一方面性能由内层码的自相关特性决定，即由伪随机码序列本身的自相关特性，或线性调频脉冲的自相关特性及其匹配接收时的窗函数决定，这方面性能对于多假目标鉴别尤为重要，但其性能水平主要由雷达信号理论当前的发展水平决定，因此在这里不予讨论。本小节只讨论测量方法在互相关性方面的性能，即极化编码通道之间的隔离性。

假设雷达发射 M=8 组不同极化，则相应地有 8 个极化编码通道，采用 8 组 8 位 walsh 码，分别如下：

$$\{1 \quad 1 \quad 1 \quad 1 \quad 1 \quad 1 \quad 1 \quad 1\}$$
$$\{1 \quad -1 \quad 1 \quad -1 \quad 1 \quad -1 \quad 1 \quad -1\}$$
$$\{1 \quad 1 \quad -1 \quad -1 \quad 1 \quad 1 \quad -1 \quad -1\}$$
$$\{1 \quad -1 \quad -1 \quad 1 \quad 1 \quad -1 \quad -1 \quad 1\}$$

$$\{\ 1\quad 1\quad 1\quad 1\quad -1\quad -1\quad -1\quad -1\ \}$$
$$\{\ 1\quad -1\quad 1\quad -1\quad -1\quad 1\quad -1\quad 1\ \}$$
$$\{\ 1\quad 1\quad -1\quad -1\quad -1\quad -1\quad 1\quad 1\ \}$$
$$\{\ 1\quad -1\quad -1\quad 1\quad -1\quad 1\quad 1\quad -1\ \}$$

设 M 组回波极化分别为$\{\boldsymbol{h}_m\}$（$m=1,\cdots,M$），经复合编码同时极化体制测量，得到M个通道的测量结果分别为$\{\hat{\boldsymbol{h}}_m\}$（$m=1,\cdots,M$）。为了评价$M$个通道之间的隔离性，可以用测量矢量$\hat{\boldsymbol{V}}=\left[\hat{\boldsymbol{h}}_1^{\mathrm{T}},\ \cdots,\ \hat{\boldsymbol{h}}_M^{\mathrm{T}}\right]$（将测量矢量并为一个长的矢量）与矢量$\boldsymbol{V}=\left[\boldsymbol{h}_1^{\mathrm{T}},\ \cdots,\ \boldsymbol{h}_M^{\mathrm{T}}\right]$的相似性来衡量，即矢量$\hat{\boldsymbol{V}}$与矢量$V$越相似，则表明通道之间的互耦越小，通道隔离性越好。

矢量间的夹角余弦是反映矢量间相似程度的一个重要指标，类似2.2.3 小节，这里以观测矢量$\hat{\boldsymbol{V}}$与矢量V的夹角余弦绝对值$|\zeta|$来衡量极化编码通道之间的隔离性，即

$$|\zeta|=\left|\frac{\mathrm{Re}\left[\boldsymbol{V}^{\mathrm{H}}\hat{\boldsymbol{V}}\right]}{\|\boldsymbol{V}\|\cdot\|\hat{\boldsymbol{V}}\|}\right| \tag{3.3.17}$$

$|\zeta|$越大，则表示通道隔离性越好。

下面首先构造测量模型。

设目标多普勒频率的估值为$\hat{f}_{\mathrm{d}}$，多普勒估计误差为$\tilde{f}_{\mathrm{d}}=f_{\mathrm{d}}-\hat{f}_{\mathrm{d}}$，经多普勒补偿后，多普勒调制相位将降为$\Phi(m)=2\pi\tilde{f}_{\mathrm{d}}m\tau_{\mathrm{p}}$，而匹配滤波输出的峰值幅度变为（式（3.3.13））$A=\int_{-\infty}^{\infty}s^*(t)s(t)\exp\left(\mathrm{j}2\pi\tilde{f}_{\mathrm{d}}t\right)\cdot\mathrm{d}t$。一般情况下，补偿后的幅度$A$已经非常接近于理想值$\int_{-\infty}^{\infty}s^*(t)s(t)\cdot\mathrm{d}t$了，且与码元序号$m$无关，不会影响地址码的相关接收。因此，下面着重考虑多普勒补偿剩余相位$\Phi(m)=2\pi\tilde{f}_{\mathrm{d}}m\tau_{\mathrm{p}}$以及观测噪声对地址码相关接收的影响，也即对极化编码通道隔离性的影响。

测量矢量$\hat{\boldsymbol{V}}=\left[\hat{\boldsymbol{h}}_1^{\mathrm{T}}, \cdots, \hat{\boldsymbol{h}}_8^{\mathrm{T}}\right]$中，各极化矢量观测值可写为

$$\hat{\boldsymbol{h}}_n = A\cdot\sum_{m=1}^{M} w_{n,m}\left[\sum_{k=1}^{M}\left(w_{k,m}\mathrm{e}^{\mathrm{j}\Phi(m)}\boldsymbol{h}_k\right)\right]+\begin{bmatrix} nH_n \\ nV_n \end{bmatrix} \tag{3.3.18}$$

其中：$\begin{bmatrix} nH_n \\ nV_n \end{bmatrix}$（$n=1,\cdots,M$）为第 n 个极化矢量对应的观测噪声，下面分析$\begin{bmatrix} nH_n \\ nV_n \end{bmatrix}$的分布性质。

设经内层码匹配接收后的观测噪声为$\begin{bmatrix} n_{\mathrm{H}}(t) \\ n_{\mathrm{V}}(t) \end{bmatrix}$（两元素分别为 H、V 通道的观测噪声，相互独立），服从二维复高斯分布$N\left(0,\sigma^2\begin{bmatrix} 1 & 0 \\ 0 & 1 \end{bmatrix}\right)$，将输出信噪比$\mathrm{SNR}_{\mathrm{out}}$定义为

$$\mathrm{SNR}_{\mathrm{out}} = A^2/\sigma^2$$

将观测噪声$\begin{bmatrix} n_{\mathrm{H}}(t) \\ n_{\mathrm{V}}(t) \end{bmatrix}$的采样$\begin{bmatrix} n_{\mathrm{H}}(m) \\ n_{\mathrm{V}}(m) \end{bmatrix}$分别送到各 walsh 序列中进行地址相关（按式（3.3.14）），有

$$\begin{bmatrix} nH_n \\ nV_n \end{bmatrix} = \sum_{m=1}^{M}\left(w_{n,m}\begin{bmatrix} n_{\mathrm{H}}(m) \\ n_{\mathrm{V}}(m) \end{bmatrix}\right) \tag{3.3.19}$$

由于 H、V 通道的观测噪声相互独立，因此，下面只以 H 通道为例，分析$\{nH_n\}$的统计特性和相关性，有

$$\begin{aligned} E\left[nH_n\cdot nH_m^{*}\right] &= \mathrm{E}\left[\sum_{k=1}^{M}\left(w_{n,k}n_{\mathrm{H}}(k)\right)\cdot\sum_{l=1}^{M}\left(w_{m,l}n_{\mathrm{H}}(l)\right)^{*}\right] \\ &= \sum_{k=1}^{M} w_{n,k}\left(\sum_{l=1}^{M} w_{m,l}E\left[n_{\mathrm{H}}(k)\left(n_{\mathrm{H}}(l)\right)^{*}\right]\right) \\ &= \sigma^2\sum_{k=1}^{M} w_{n,k}w_{m,k} \end{aligned} \tag{3.3.20}$$

因此，由 walsh 地址码序列组的正交性（式（3.3.15））可以看出，

各极化矢量对应的观测噪声矢量 $\begin{bmatrix} nH_n \\ nV_n \end{bmatrix}$ 相互独立，且均服从 $N\left(0,\ M\sigma^2\begin{bmatrix} 1 & 0 \\ 0 & 1 \end{bmatrix}\right)$ 的二维复高斯分布。

图 3.3.5 为观测矢量 $\hat{\boldsymbol{V}}$ 与矢量 $\boldsymbol{V}$ 的夹角余弦绝对值的均值和方差，随多普勒估计误差和信噪比 $\mathrm{SNR_{out}}$ 的变化曲线（蒙特卡罗仿真 100 次），其中，发射极化数目 $M=8$。

由图可见，观测矢量 $\hat{\boldsymbol{V}}$ 与矢量 $\boldsymbol{V}$ 之间的相似度整体上是较高的，且信噪比越大、多普勒估计误差越小，相似度的均值越大、方差越小，这说明在图示的范围内（多普勒估计误差为 10Hz、20Hz、30Hz），极化编码通道之间的隔离性是非常好的。

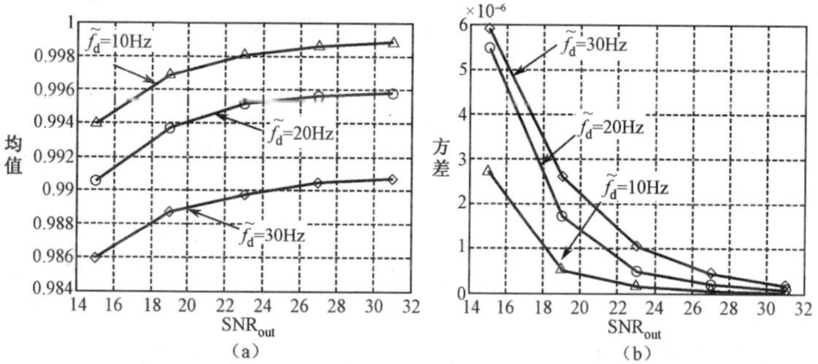

图 3.3.5　观测矢量 $\hat{V}$ 与矢量 V 的夹角余弦绝对值的均值与方差

（a）相似度均值；（b）相似度方差。

本节介绍了一种将自相关特性和互相关特性要求解耦的复合编码同时极化体制测量方法，放宽了对编码序列选择的限制，该体制可满足雷达抗干扰等需求对极化测量性能更为苛刻的要求，为后续 5.3 节转发式假目标干扰的极化鉴别等应用研究提供了基础。

3.4　基于辅助天线的雷达目标极化散射矩阵的估计方法

为了提高生存能力、适应不同用途和需求，雷达和干扰系统，应尽可能在现有硬件资源的基础上挖掘更多的潜力，充分发挥其对抗性能，以期在战争中取得优势。

旁瓣对消是一种相干处理技术，主要是利用主通道与参考通道信号的相关性，对辅助通道的信号进行滤波，使其产生主通道信号的“复制品”，然后从主通道信号中减去，是一种能有效抑制旁瓣有源压制式干扰的技术措施。自20世纪60年代以来，它受到了各国工程技术人员的重视。在国外，这方面发展已较为成热，外军的一些高性能防空雷达中相继采用了该项技术，诸如美国“爱国者”武器系统中的AN/MPQ-53相控阵雷达有5个用于旁瓣对消的辅助阵，“宙斯盾”系统中的AN/SPY-1D雷达有6个辅助阵，俄罗斯的C-300系统中的火控雷达也有2个辅助阵，而且具有极化脉间捷变的能力[178, 190, 212]。在国内，有关单位已解决了雷达旁瓣对消技术的工程化问题，部分雷达系统亦具备了旁瓣对消的能力[213]。

在弹道导弹突防过程中，通常会使用自卫干扰辅助进行突防，此时辅助天线多数闲置。本节探讨了利用辅助天线和主天线的极化差异来获取目标极化散射矩阵的可行性，以期为目标分类与识别、抗有源假目标欺骗干扰等应用提供辅助依据。3.4.1小节给出了雷达主天线不同极化方式下的接收信号模型和辅助天线的接收信号模型；3.4.2小节根据主天线极化方式的不同，提出了两种估计雷达目标极化散射矩阵的方法；3.4.3小节结合暗室测量数据仿真分析了雷达目标极化散射矩阵的估计精度。

3.4.1 主辅天线的接收信号模型

不失一般性，不妨设主天线可在水平和垂直极化之间进行脉间切换，而辅天线的极化形式为垂直极化，这也是目前变极化雷达常用的极化组态。

1. 主天线的接收信号模型

在某一时刻，雷达当前发射信号的极化形式是水平极化，其在水平垂直极化基下可表示为

$$\boldsymbol{e}_{\mathrm{i}}(t) = g_{\mathrm{m}} A_{\mathrm{m}}(t)\boldsymbol{h}_{\mathrm{m}} \tag{3.4.1}$$

式中：g_{m} 为主天线的电压增益；$A_{\mathrm{m}}(t)=\sqrt{\dfrac{P_t}{4\pi L_t}}\exp(\mathrm{j}2\pi f_{\mathrm{c}}t)\upsilon(t)$；$\boldsymbol{h}_{\mathrm{m}}=[1,\ \varepsilon]^{\mathrm{T}}$ 为主天线的当前极化形式，ε 为天线的交叉极化分量，因为实际天线中交叉极化分量比主极化分量低 15dB～30dB[166]，这与辅天线的增益相接近，故不可忽略不计。

因此，在雷达接收天线端口处，雷达目标的后向散射波为

$$\boldsymbol{e}_{\mathrm{S}}(t)=\frac{g_{\mathrm{m}}}{4\pi R^2}A_{\mathrm{m}}(t-\tau)\mathrm{e}^{\mathrm{j}2\pi f_{\mathrm{d}}(t-\tau)}\boldsymbol{S}\boldsymbol{h}_{\mathrm{m}} \tag{3.4.2}$$

其中：$\boldsymbol{S}=\begin{bmatrix} S_{\mathrm{HH}} & S_{\mathrm{HV}} \\ S_{\mathrm{VH}} & S_{\mathrm{VV}} \end{bmatrix}$ 为雷达目标在当前姿态、当前频率下的极化散射矩阵，对于互易性目标而言，$S_{\mathrm{HV}}=S_{\mathrm{VH}}$。那么，主天线的实际接收电压为

$$v_{\mathrm{m1}}(t)=g_{\mathrm{m}}^2\left(S_{\mathrm{HH}}+2\varepsilon S_{\mathrm{HV}}+\varepsilon^2 S_{\mathrm{VV}}\right)\chi(t)+n_{\mathrm{m1}}(t) \tag{3.4.3}$$

其中：$\chi(t)=\dfrac{\mathrm{k}_{\mathrm{RF}}}{4\pi R^2 L_{\mathrm{R}}}A_{\mathrm{m}}(t-\tau)\mathrm{e}^{\mathrm{j}2\pi f_{\mathrm{d}}(t-\tau)}$；$n_{\mathrm{m1}}(t)$ 为主天线接收通道的接收机噪声，服从正态分布，即有 $n_{\mathrm{m1}}\sim N\left(0,\sigma_{\mathrm{m}}^2\right)$。

在下一脉冲，若雷达发射天线的极化方式切换为垂直极化 $\boldsymbol{h}_{\mathrm{m}}=[\varepsilon,\ 1]^{\mathrm{T}}$，不妨设天线的其他参数不变。在接收时，主天线的极化有垂直极化和水平极化两种情况可选。若为垂直极化，那么主天线的接收电压为

$$v_{\mathrm{m}2A}(t)=g_{\mathrm{m}}^2\left(S_{\mathrm{VV}}+2\varepsilon S_{\mathrm{HV}}+\varepsilon^2 S_{\mathrm{HH}}\right)\chi(t-T_{\mathrm{r}})+n_{\mathrm{m2}}(t) \tag{3.4.4}$$

若天线的极化为水平极化，那么主天线的接收电压为

$$v_{\mathrm{m}2B}(t)=g_{\mathrm{m}}^2\left[\left(1+\varepsilon^2\right)S_{\mathrm{HV}}+\varepsilon\left(S_{\mathrm{HH}}+S_{\mathrm{VV}}\right)\right]\chi(t-T_{\mathrm{r}})+n_{\mathrm{m2}}(t) \tag{3.4.5}$$

其中：$n_{\mathrm{m2}}\sim N\left(0,\sigma_{\mathrm{m}}^2\right)$；$T_{\mathrm{r}}$ 为雷达脉冲重复周期，倘若目标的多普勒可以精确估计，那么由于 f_{d} 带来相位变化可以补偿，不妨仍记 $\chi(t-T_{\mathrm{r}})=\chi(t)$。

2. 辅天线的接收信号模型

设主、辅天线相距为 d，目标在相对天线的方向为 (θ,ϕ)，为了简

化分析，只考虑一个方位，目标位于θ方向，如图 3.4.1 所示。那么目标到达主、辅天线的距离差和时间差分别为

$$\Delta R = d\sin\theta\ ,\quad \Delta\tau = \frac{2d\sin\theta}{C} \tag{3.4.6}$$

一般情况下，$R >> d$，故$\dfrac{\Delta R}{R} = \dfrac{d\sin\theta}{R} \approx 0$，即由距离差引起回波功率的变化可以忽略不计；而由时间差引起目标回波的时延差异，是可以根据d,θ的值来补偿。为了简化分析，近似认为目标散射波同时到达主辅天线。同时，主、辅天线的接收通道除了天线的极化形式和增益不一样外，其他诸如接收带宽和中心频率等参数是一致的。那么当雷达发射水平极化信号时，辅天线的接收电压可表示为

$$v_{\mathrm{c1}}(t) = g_{\mathrm{m}} g_{\mathrm{c}} \left[S_{\mathrm{HV}} \left(1+\varepsilon^2\right) + \varepsilon\left(S_{\mathrm{HH}} + S_{\mathrm{VV}}\right) \right] \chi(t) + n_{\mathrm{c1}}(t) \tag{3.4.7}$$

其中：g_{c}为辅天线的电压方向图；$n_{\mathrm{c1}}(t)$为辅助天线接收通道接收机噪声，$n_{\mathrm{c1}} \sim N\left(0,\sigma_{\mathrm{c}}^2\right)$，$\sigma_{\mathrm{c}}^2 = \sigma_{\mathrm{m}}^2$。

在雷达发射垂直极化信号时，辅天线的接收电压为

$$v_{\mathrm{c2}}(t) = g_{\mathrm{m}} g_{\mathrm{c}} \left[S_{\mathrm{VV}} + 2\varepsilon S_{\mathrm{HV}} + \varepsilon^2 S_{\mathrm{HH}} \right] \chi(t) + n_{\mathrm{c2}}(t) \tag{3.4.8}$$

其中：$n_{\mathrm{c2}} \sim N\left(0,\sigma_{\mathrm{c}}^2\right)$。

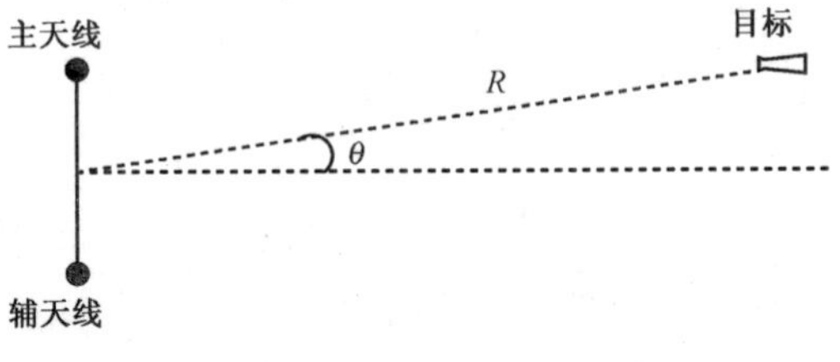

图 3.4.1 目标与主辅天线的相对位置关系

3.4.2 极化散射矩阵的估计算法

由式（3.4.3）～式（3.4.8）分析可知，根据主天线的极化方式不同，有两种估计雷达目标极化散射矩阵的方法，下面给出具体的估计公式及其估计精度的简要分析。

1. 极化散射矩阵的估计——方案 A

在第二个脉冲，若雷达主天线发射和接收的极化方式均为垂直极化时，即由式（3.4.3）、式（3.4.4）、式（3.4.7）和式（3.4.8）可以联合解出目标极化散射矩阵的四个元素。事实上，根据雷达目标的互易性可知，$S_{\mathrm{HV}}=S_{\mathrm{VH}}$，那么只要由前三个公式就可得到目标的极化散射矩阵。

为了便于分析，暂不考虑噪声的影响，由式（3.4.3）和式（3.4.4）可得

$$v_{\mathrm{m1}}(t)-v_{\mathrm{m2}}(t)=g_{\mathrm{m}}^{2}\left(1-\varepsilon^{2}\right)\left(S_{\mathrm{HH}}-S_{\mathrm{VV}}\right)\chi(t) \tag{3.4.9}$$

即有

$$S_{\mathrm{HH}}=m_{A}+S_{\mathrm{VV}} \tag{3.4.10}$$

其中：$m_{A}=\dfrac{v_{\mathrm{m1}}(t)-v_{\mathrm{m2}A}(t)}{g_{\mathrm{m}}^{2}\left(1-\varepsilon^{2}\right)\chi(t)}$。

同理，式（3.4.3）和式（3.4.7）可得

$$g_{\mathrm{c}}v_{\mathrm{m1}}(t)-2\varepsilon g_{\mathrm{m}}v_{\mathrm{c1}}(t)=g_{\mathrm{c}}g_{\mathrm{m}}^{2}\left[S_{\mathrm{HH}}\left(1-2\varepsilon^{2}\right)-\varepsilon^{2}S_{\mathrm{VV}}\right]\chi(t) \tag{3.4.11}$$

进而，有

$$S_{\mathrm{HH}}\left(1-2\varepsilon^{2}\right)-\varepsilon^{2}S_{\mathrm{VV}}=m_{B} \tag{3.4.12}$$

其中：$m_{B}=\dfrac{g_{\mathrm{c}}v_{\mathrm{m1}}(t)-2\varepsilon g_{\mathrm{m}}v_{\mathrm{c1}}(t)}{g_{\mathrm{c}}g_{\mathrm{m}}^{2}\chi(t)}$。

根据式（3.4.10）和式（3.4.12）可以推得极化散射矩阵共极化分量的估计值分别为

$$\hat{S}_{\mathrm{HH}}\approx\frac{1}{g_{\mathrm{m}}^{2}\chi(t)}\left[v_{\mathrm{m1}}(t)-2\alpha\varepsilon v_{\mathrm{c1}}(t)+\varepsilon^{2}v_{\mathrm{m2}A}(t)\right] \tag{3.4.13}$$

和

$$\hat{S}_{\mathrm{VV}}\approx\frac{1}{g_{\mathrm{m}}^{2}\chi(t)}\left[v_{\mathrm{m2}A}(t)-2\alpha\varepsilon v_{\mathrm{c1}}(t)\right] \tag{3.4.14}$$

其中：$\alpha = \dfrac{g_{\mathrm{m}}}{g_{\mathrm{c}}}$。

进而，由式（3.4.3）、式（3.4.13）和式（3.4.14）可知，极化散射分量 S_{HV} 的估计值为

$$\hat{S}_{\mathrm{HV}} \approx \frac{1}{g_{\mathrm{m}}^2 \chi(t)} \left[\alpha v_{\mathrm{c1}}(t) - \varepsilon v_{\mathrm{m2}A}(t) \right] \tag{3.4.15}$$

从上面三个公式可见，极化散射矩阵共极化分量的估计精度主要由主天线接收信号的信噪比来决定，估计精度较高；而 S_{HV} 的估计精度是由辅天线接收的信噪比和主天线接收的信噪比共同决定，辅助天线接收通道的信噪比一般较低，S_{HV} 的估计精度较差。

2. 极化散射矩阵的估计——方案 B

在第二个脉冲，若雷达主天线发射和接收的极化正交时，即由式（3.4.3）、式（3.4.5）和式（3.4.8）可以联合解出目标极化散射矩阵的三个元素。类似地，在不考虑噪声的情况下，可以推得雷达目标极化散射矩阵的估计值分别为

$$\hat{S}_{\mathrm{HH}} \approx \frac{1}{g_{\mathrm{m}}^2 \chi(t) \left(1 - \varepsilon^2\right)^2} \left[v_{\mathrm{m1}}(t) - 2\varepsilon v_{\mathrm{m2}B}(t) + \alpha \varepsilon^2 v_{\mathrm{c2}}(t) \right] \tag{3.4.16}$$

和

$$\hat{S}_{\mathrm{HV}} \approx \frac{1}{g_{\mathrm{m}}^2 \chi(t) \left(1 - \varepsilon^2\right)^2} \left[\left(1 + \varepsilon^2\right) v_{\mathrm{m2}B}(t) - \varepsilon v_{\mathrm{m1}}(t) - \alpha \varepsilon v_{\mathrm{c2}}(t) \right] \tag{3.4.17}$$

以及

$$\hat{S}_{\mathrm{VV}} \approx \frac{1}{g_{\mathrm{m}}^2 \chi(t) \left(1 - \varepsilon^2\right)^2} \left[\alpha v_{\mathrm{c2}}(t) - 2\varepsilon v_{\mathrm{m2}B}(t) + \varepsilon^2 v_{\mathrm{m1}}(t) \right] \tag{3.4.18}$$

从上面三个公式可见，极化散射矩阵 S_{HH} 和 S_{HV} 分量的估计精度主要由主天线接收信号的信噪比来决定，而 S_{VV} 分量的估计精度是由辅天线接收的信噪比和主天线接收的信噪比共同决定。由于目标的共极化分量一般较 S_{HV} 分量大，因此方案 B 的整体估计精度略优。

3.4.3 基于暗室测量数据的仿真分析

为了能够合理评价极化散射矩阵的估计精度，下面从极化散射元素和散射矩阵整体的角度分别进行刻画，即定义如下四个参量，S_{HH} 的相对估计误差、S_{HV} 的相对估计误差、S_{VV} 的相对估计误差和 $\boldsymbol{s}$ 的相对估计误差为

$$\begin{cases} \sigma_{\mathrm{HH}} = \dfrac{1}{M_1 M_2} \displaystyle\sum_{\theta,\varphi} \sum_{f} \dfrac{\left|\hat{S}_{\mathrm{HH}} - S_{\mathrm{HH}}\right|^2}{\left|S_{\mathrm{HH}}\right|^2} \\ \sigma_{\mathrm{HV}} = \dfrac{1}{M_1 M_2} \displaystyle\sum_{\theta,\varphi} \sum_{f} \dfrac{\left|\hat{S}_{\mathrm{HV}} - S_{\mathrm{HV}}\right|^2}{\left|S_{\mathrm{HV}}\right|^2} \\ \sigma_{\mathrm{VV}} = \dfrac{1}{M_1 M_2} \displaystyle\sum_{\theta,\varphi} \sum_{f} \dfrac{\left|\hat{S}_{\mathrm{VV}} - S_{\mathrm{VV}}\right|^2}{\left|S_{\mathrm{VV}}\right|^2} \end{cases} \tag{3.4.19}$$

和

$$\sigma_{\mathrm{S}} = \frac{1}{M_1 M_2} \sum_{\theta,\varphi} \sum_{f} \frac{|\hat{S}_{\mathrm{HH}} - S_{\mathrm{HH}}|^2 + |\hat{S}_{\mathrm{HV}} - S_{\mathrm{HV}}|^2 + |\hat{S}_{\mathrm{VV}} - S_{\mathrm{VV}}|^2}{|S_{\mathrm{HH}}|^2 + |S_{\mathrm{HV}}|^2 + |S_{\mathrm{VV}}|^2} \tag{3.4.20}$$

其中：M_1 为测量姿态（θ,φ）的点数；M_2 为测量频率（f）的点数。

图 3.4.2 给出了某隐身飞机缩比模型的目标极化散射矩阵估计精度随着信噪比（SNR）的变化曲线，其中，$g_{\mathrm{m}} = 30\mathrm{dB}$，$g_{\mathrm{c}} = 20\mathrm{dB}$，$\varepsilon = -20\mathrm{dB}$；图 3.4.2（a）表示 S_{HH} 的相对估计误差随信噪比变化曲线。图 3.4.2（b）～图 3.4.2（d）分别表示了 S_{HV} 的相对估计误差、S_{VV} 的相对估计误差和 $\boldsymbol{s}$ 的相对估计误差。表 3.4.1～表 3.4.4 给出了采用方案 B 的五类飞机缩比模型目标极化散射矩阵的相对估计误差和 S_{VV} 分量相对估计误差与信噪比的变化关系，其中，$g_{\mathrm{m}} = 30\mathrm{dB}$，$\varepsilon = -20\mathrm{dB}$。本节中所用实验数据的测量条件详见 2.4 节。

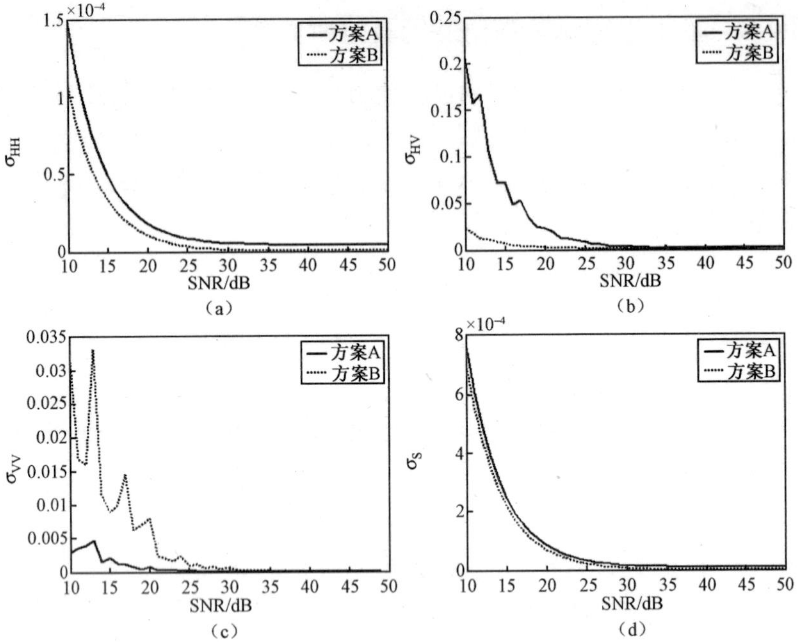

图 3.4.2 某隐身飞机缩比模型的目标极化散射矩阵估计精度随着信噪比的变化曲线

(a) S_{HH} 的相对估计误差随信噪比变化曲线；(b) S_{HV} 的相对估计误差随信噪比变化曲线；(c) S_{VV} 的相对估计误差；(d) 极化散射矩阵 $\boldsymbol{s}$ 的相对估计误差。

需要说明的是，信噪比是根据主天线的信号噪声功率比而定义的。

表 3.4.1 极化散射矩阵的相对估计误差与信噪比的关系（g_c=20dB）

$\boldsymbol{s}$ 的相对估计误差	SNR/dB					
	15	20	25	30	35	40
某隐身飞机	0.1979×10^{-3}	0.0631×10^{-3}	0.0200×10^{-3}	0.0063×10^{-3}	0.0020×10^{-3}	0.0006×10^{-3}
某战斗机	0.1948×10^{-3}	0.0609×10^{-3}	0.0194×10^{-3}	0.0061×10^{-3}	0.0019×10^{-3}	0.0006×10^{-3}
某轰炸机	0.1716×10^{-3}	0.0545×10^{-3}	0.0172×10^{-3}	0.0055×10^{-3}	0.0017×10^{-3}	0.0005×10^{-3}
某无人机	0.2020×10^{-3}	0.0637×10^{-3}	0.0201×10^{-3}	0.0064×10^{-3}	0.0020×10^{-3}	0.0006×10^{-3}
某预警机	0.1663×10^{-3}	0.0526×10^{-3}	0.0166×10^{-3}	0.0053×10^{-3}	0.0017×10^{-3}	0.0005×10^{-3}

表 3.4.2 S_{VV} 的相对估计误差与信噪比的关系（g_c=20dB）

S_{VV} 的相对估计误差	SNR/dB					
	15	20	25	30	35	40
某隐身飞机	0.0080	0.0049	0.0011	0.0002	0.0001	0.00008
某战斗机	0.0040	0.0013	0.0004	0.0001	0.00005	0.00002
某轰炸机	0.0035	0.0007	0.0002	0.0001	0.00004	0.00001
某无人机	0.0089	0.0025	0.0006	0.0003	0.0001	0.00004
某预警机	0.0033	0.0011	0.0005	0.0001	0.00003	0.00001

表 3.4.3 极化散射矩阵的相对估计误差与信噪比的关系（g_c=15dB）

S 的相对估计误差	SNR/dB					
	15	20	25	30	35	40
某隐身飞机	0.5510×10^{-3}	0.1758×10^{-3}	0.0555×10^{-3}	0.0175×10^{-3}	0.0056×10^{-3}	0.0018×10^{-3}
某战斗机	0.5436×10^{-3}	0.1713×10^{-3}	0.0543×10^{-3}	0.0171×10^{-3}	0.0054×10^{-3}	0.0017×10^{-3}
某轰炸机	0.4806×10^{-3}	0.1523×10^{-3}	0.0479×10^{-3}	0.0151×10^{-3}	0.0047×10^{-3}	0.0015×10^{-3}
某无人机	0.5598×10^{-3}	0.1774×10^{-3}	0.0558×10^{-3}	0.0178×10^{-3}	0.0056×10^{-3}	0.0018×10^{-3}
某预警机	0.4616×10^{-3}	0.1460×10^{-3}	0.0463×10^{-3}	0.0146×10^{-3}	0.0046×10^{-3}	0.0015×10^{-3}

表 3.4.4 S_{VV} 的相对估计误差与信噪比的关系（g_c=15dB）

S_{VV} 的相对估计误差	SNR/dB					
	15	20	25	30	35	40
某隐身飞机	0.0384	0.0125	0.0026	0.0011	0.0002	0.0001
某战斗机	0.0160	0.0040	0.0015	0.0004	0.0001	0.00004
某轰炸机	0.0067	0.0040	0.0012	0.0003	0.0001	0.00003
某无人机	0.0203	0.0086	0.0021	0.0006	0.0002	0.0001
某预警机	0.0104	0.0037	0.0014	0.0007	0.0001	0.00005

由图 3.4.2 及大量仿真可见，极化散射矩阵估计精度整体上而言方案 B 要优于方案 A，在雷达能够有效检测目标（信噪比大于 10dB 以上）的时候，估计精度足以满足后续的极化分类与识别、有源假目标的鉴别等处理的要求。由表 3.4.1～表 3.4.4 及大量仿真可见，极化散射矩阵的估计精度与辅助天线与主天线的相对增益差值有关，在二者之间相差 15dB 时，在较低信噪比的情况下依然能够有效估计目标的极化散射矩阵，说明本节提出的估计方法是可行的。

当然，本节的分析是在理想情况下得到的结论，没有考虑主辅天线回波时延补偿和目标多普勒频率估计等误差对算法的影响，实际测量精度要低于本节的仿真结果，但是足以为假目标干扰的识别等后续处理提供重要依据。

3.5 小 结

极化特性是雷达目标电磁散射的基本属性之一，为雷达系统削弱恶劣电磁环境影响、对抗有源干扰、目标分类与识别等方面提供了颇具潜力的技术途径，可以有效地提高现代雷达的性能。如何准确获取目标的极化特性信息，并加以有效利用，长期以来一直是雷达探测技术领域备受关注的前沿问题。

极化抗干扰面临的巨大挑战对极化测量性能提出了更为苛刻的要求，本章介绍了极化测量的基本原理和几种具体极化测量方法，并着重讨论了一种复合编码同时极化测量体制，该体制用“正交地址码＋伪随机码（或线性调频脉冲）”的复合编码代替了传统同时极化体制所采用的伪随机码序列组，能够同时获得良好的自相关特性和互相关特性，为目标极化特性测量、多假目标的极化鉴别等极化抗干扰方法提供了性能良好的平台。

同时，针对现有雷达系统，本章介绍了一种利用辅助天线协助完成目标散射矩阵测量的实用方法，为系统升级改造、提高能力提供了一种参考。

第 4 章 噪声压制式干扰的极化抑制

4.1 引 言

噪声压制干扰是当前雷达干扰系统仍然普遍采用的干扰方式，主要以大功率的噪声淹没目标回波，使雷达无法检测到目标。对抗噪声压制式干扰的方式主要包括采用大时宽信号、相干积累以及旁瓣对消、窄带滤波等。大时宽信号、相干积累都属于“拼能量”的抗干扰方式，效率较低。对于大功率阻塞式或快速瞄准式噪声干扰，频域滤波的方法往往也难以奏效。旁瓣对消虽然可以有效地对消支援式噪声干扰，但对于自卫式或随队式干扰，则因目标信号与干扰信号同时被对消而无法被检测。

利用目标与干扰（杂波）的极化特征差异来抑制干扰（杂波）的抗干扰的方法，诸如变极化、视频极化对消和极化噪声对消等，早在 20 世纪 70 年代就已应用于工程中[242]，其对抗效果的分析方法均可涵盖在极化滤波相关理论中，极化滤波实质是利用天线对不同入射波在极化域进行选择来抑制干扰、改善对有用信号的接收质量[7]。将极化滤波与频域滤波、空域滤波综合使用，是未来对抗压制式干扰的发展趋势。

本章主要阐述极化抗噪声压制干扰的问题，分析了单极化、变极化/随机极化等不同极化体制干扰装置与单极化/全极化等不同体制雷达系统的对抗效果，讨论了信号的极化估计方法和一些典型的极化滤波器，并重点介绍了自适应极化迭代滤波算法、干扰背景下的目标极化增强算法和基于辅助天线的自卫压制式干扰的极化对消算法等。

4.2 单极化雷达抗噪声压制干扰

针对目前现役单极化雷达系统，雷达干扰系统常采用圆极化或45° 斜极化天线以适应各种不同线极化雷达，实质上是在极化问题上用牺牲功率的方法来换取对线极化雷达的可靠干扰。下面首先简要回顾噪声压制式干扰的分类与特点，而后重点阐述不同极化形式的干扰源对付不同极化形式的单极化雷达所引起的功率损耗问题。

4.2.1 噪声压制式干扰的分类与特点

任何一部雷达都有外部噪声和内部噪声，雷达对目标的检测是在这些噪声中进行的，其检测是根据目标信号功率与噪声功率的比值决定的，如果超过检测门限，则可以保证在一定的虚警概率条件下达到一定的检测概率，认为可以发现目标，否则便认为不可发现目标。噪声压制式干扰（又称为噪声遮盖性干扰）正是利用噪声或类似噪声的干扰信号遮盖或淹没目标信号，阻止雷达检测目标信息，一般多用于对搜索雷达进行干扰。为了后面行文方便，本小节从噪声干扰信号的产生、极化的调制方式和作战运用方式等不同角度对噪声压制式干扰进行了分类，并阐述了各自具备的特点。

设噪声信号 $J(t)$ 为干扰信号，那么考虑到空间传播的衰减等因素，在水平垂直极化基下，雷达接收机输入端的干扰信号可以表示为

$$v_{\mathrm{JR}}(t)=K_{\mathrm{RF}}\sqrt{P_{\mathrm{j}}^{\mathrm{c}}}\,g_{\mathrm{v}}(\theta_{\mathrm{J}})g_{\mathrm{J}}\boldsymbol{h}_{\mathrm{R}}^{\mathrm{T}}\boldsymbol{h}_{\mathrm{J}}J(t) \tag{4.2.1}$$

式中：$g_{\mathrm{v}}(\theta_{\mathrm{J}})$ 为雷达天线在干扰方向上的电压增益；g_{J} 为干扰天线电压增益；K_{RF} 为射频电压放大系数；$\boldsymbol{h}_{\mathrm{R}}=\begin{bmatrix}h_{\mathrm{RH}}\\ h_{\mathrm{RV}}\end{bmatrix}$ 为雷达天线的极化形式，且有 $\|\boldsymbol{h}_{\mathrm{R}}\|=1$；$\boldsymbol{h}_{\mathrm{J}}=\begin{bmatrix}h_{\mathrm{JH}}\\ h_{\mathrm{JV}}\end{bmatrix}$ 为噪声压制式干扰天线的极化形式，且有 $\|\boldsymbol{h}_{\mathrm{J}}\|=1$（需要指出的是，雷达天线和干扰天线极化形式是在同一坐标系，即以接收天线口面中心为原点的坐标系中定义的）；$P_{\mathrm{j}}^{\mathrm{c}}$ 为雷达

接收到干扰功率的中间变量，即

$$P_{\mathrm{j}}^{\mathrm{c}}=\begin{cases}\dfrac{\lambda^2 P_{\mathrm{J}}}{(4\pi)^2 R_{\mathrm{J}}^2(t)L_{\mathrm{J}}L_{\mathrm{r}}}\cdot\dfrac{B_{\mathrm{r}}}{B_{\mathrm{J}}} & B_{\mathrm{r}}\leqslant B_{\mathrm{J}}\\ \dfrac{\lambda^2 P_{\mathrm{J}}}{(4\pi)^2 R_{\mathrm{J}}^2(t)L_{\mathrm{J}}L_{\mathrm{r}}} & B_{\mathrm{r}}>B_{\mathrm{J}}\end{cases} \tag{4.2.2}$$

式中：λ 为工作波长；P_{J} 为干扰机发射平均功率；L_{J} 为干扰发射信号的综合损耗；L_{r} 为雷达接收综合损耗；$R_{\mathrm{J}}(t)$ 为干扰机与雷达的距离；B_{J} 为干扰信号带宽；B_{r} 为雷达接收机带宽。为下面研究方便，可以把式（4.2.1）进一步改写为

$$v_{\mathrm{JR}}(t)=P^{\mathrm{c}}(t)\cdot\boldsymbol{h}_{\mathrm{R}}^{\mathrm{T}}\boldsymbol{h}_{\mathrm{J}}J(t) \tag{4.2.3}$$

其中：$P^{\mathrm{c}}(t)=\sqrt{P_{\mathrm{j}}^{\mathrm{c}}}\,g_{\mathrm{v}}(\theta_{\mathrm{J}})g_{\mathrm{J}}K_{\mathrm{RF}}$。

下面简要从噪声调制方式、作战运用方式和极化调制方式等不同角度对噪声压制式干扰进行分类，并阐述各自具备的特点。

1. 按照噪声信号的调制方式分类[12, 187]

根据噪声信号 $J(t)$ 的不同产生方式，可将噪声压制式干扰分为射频噪声干扰、噪声调幅干扰、噪声调频干扰和噪声调相干扰等几种形式。

1）射频噪声干扰

射频噪声干扰（又称之为直接噪声放大式干扰）是指将处于射频频段的噪声信号经放大器放大以后直接发射出去的干扰，其信号表达形式为

$$J(t)=U_{\mathrm{n}}(t)\exp\left[\mathrm{j}\omega_{\mathrm{j}}t+\mathrm{j}\phi(t)\right] \tag{4.2.4}$$

其中：$J(t)$ 服从正态分布，而其包络函数 $U_{\mathrm{n}}(t)$ 服从瑞利分布；相位函数 $\phi(t)$ 服从 $[0,2\pi]$ 均匀分布，且与 $U_{\mathrm{n}}(t)$ 相互独立；载频 ω_{j} 为常数，且远大于 $J(t)$ 的谱宽。

2）噪声调幅干扰

如果载波振荡的幅度随着调制噪声 $U_{\mathrm{n}}(t)$ 的变化而变化，这种调制过程称为噪声调幅，其信号形式为

$$J(t)=\left[U_0+U_{\mathrm{n}}(t)\right]\exp\left[\mathrm{j}(\omega_{\mathrm{j}}t+\phi)\right] \tag{4.2.5}$$

其中：U_0 为载波电压，调制噪声 $U_{\mathrm{n}}(t)$ 是均值为 0、方差为 σ_{n}^2 的高斯限带白噪声；ϕ 为 $[0,2\pi]$ 均匀分布、且与 $U_{\mathrm{n}}(t)$ 独立的随机变量。

噪声调幅干扰是窄带干扰，适合于实施瞄准式干扰。另外，噪声调幅干扰的边带噪声功率等于调制噪声功率的 1/2，若要提高边带噪声功率，就必须产生高功率的调制噪声，这在技术上有一定的困难。

3）噪声调频干扰

如果载波的瞬时频率随调制电压的变化而变化，而振幅保持不变，则这种调制称为调频。当调制电压为噪声时，则称其为噪声调频，其信号形式为

$$J(t)=U_0\exp\left[\mathrm{j}(\omega_{\mathrm{j}}t+2\pi K_{\mathrm{FM}}\int_0^t U_{\mathrm{n}}(\tau)\mathrm{d}\tau+\phi)\right] \tag{4.2.6}$$

式中：调制噪声 $U_{\mathrm{n}}(\tau)$ 是均值为 0、方差为 σ_{n}^2 的高斯限带白噪声；ϕ 为 $[0,2\pi]$ 均匀分布、且与 $U_{\mathrm{n}}(t)$ 独立的随机变量；K_{FM} 为比例系数，表示单位调制信号强度所引起的频率变化。

噪声调频是产生宽频带干扰的主要方法，噪声调频干扰在雷达对抗中应用十分广泛，已成为一种极其重要的干扰样式。

4）噪声调相干扰

如果载波的瞬时相位随调制电压的变化而变化，而振幅保持不变，则这种调制称为调相。当调制电压为噪声时，则称其为噪声调相，其信号形式为

$$J(t)=U_0\exp\left[\mathrm{j}(\omega_{\mathrm{j}}t+K_{\mathrm{PM}}U_{\mathrm{n}}(t)+\phi)\right] \tag{4.2.7}$$

其中：调制噪声 $U_{\mathrm{n}}(t)$ 是均值为 0、方差为 σ_{n}^2 的高斯限带白噪声；ϕ 为 $[0,2\pi]$ 均匀分布、且与 $U_{\mathrm{n}}(t)$ 独立的随机变量；K_{PM} 为比例系数，表示单位调制信号强度所引起的相位变化。由于信号频率的变化和相位的变化都表现为总的相角的变化，因此调频和调相又可以统称为调角。

客观地讲，简单噪声调幅/调频噪声干扰的中放输出特性均不服从正态分布（以及其功率谱不能做到在整个频带内是均匀的）。但是，由于实际中噪声干扰的干扰带宽总是大于接收机中放带宽，接收机中放可看作一窄带系统，这样，一个随机过程通过接收机这样的窄带系

统，其输出可近似认为是高斯过程。正是由于这一点，使得当干扰带宽大于接收机带宽时，不同样式干扰噪声进入接收机通带内的噪声功率有所不同，亦即不同噪声的干扰带宽及功率谱密度形状有很大差异，使得实际的脉压网络输入端的干信比不同。

为了方便分析，下文将噪声压制式干扰信号假定为高斯白噪声，认为与接收机噪声特性一致，其不相关采样间隔为$1/B_r$。

2. 按照雷达、目标及干扰机的空间位置关系分类[12]

从干扰战术运用模式的角度，可以将有源电子干扰分为自卫干扰、掩护干扰、远距离支援干扰和一次性投放干扰等几种。

自卫干扰（SSJ）：自卫式干扰设备安装在一定的作战平台上，进入战区后采取压制式干扰与欺骗式干扰相结合、有源干扰与无源干扰相结合的手段，以保证自身在复杂电磁环境中作战的安全，是目前使用最多的干扰方式。按照平台的不同，自卫干扰可分为机载（或弹载）、舰载或地面自卫式干扰，其中机载自卫式干扰对防空系统的威胁最大。

掩护干扰（ESJ）：由专职电子干扰飞机或装载能力强的飞机携带电子干扰设备自行掩护或相互掩护干扰，掩护编队中其他飞机执行任务。

远距离支援干扰（SOJ）：由地面大功率干扰设备或专职电子干扰飞机携带大功率噪声干扰机，在作战区域边界作椭圆、跑道型或“8”字形航线盘旋，实施连续的掩护式电子干扰，以掩护轰炸机、歼击机等顺利进入和退出战区。

3. 根据干扰的极化调制方式分类

从干扰的极化调制方式上主要可以分为极化固定干扰、极化调制干扰和随机极化干扰等几类。

1）极化固定干扰

极化固定干扰是指在干扰装置天线不动的情况下，其辐射信号的极化方式不随时间和频率而变化，即$\boldsymbol{h}_{\mathrm{J}}(t)=\boldsymbol{C},\ \ t\in\boldsymbol{T}$，$\boldsymbol{T}$为干扰工作的持续时间。根据极化形式的不同，主要有圆极化干扰源和线极化干扰源等，当然更为一般情况的是椭圆极化干扰源。

对于任意时刻t，噪声压制式干扰源的辐射信号$\boldsymbol{e}_{\mathrm{J}}(t)=\boldsymbol{h}_{\mathrm{J}}J(t)$服

从零均值正态分布，忽略时间，有

$$\boldsymbol{e}_{\mathrm{J}}=\begin{bmatrix} e_{\mathrm{JH}} \\ e_{\mathrm{JV}} \end{bmatrix} \sim N\left(0, \boldsymbol{\Sigma}_{\mathrm{J}}\right) \tag{4.2.8}$$

其中：$\boldsymbol{\Sigma}_{\mathrm{J}}=\left\langle \boldsymbol{e}_{\mathrm{J}} \boldsymbol{e}_{\mathrm{J}}^{\mathrm{H}} \right\rangle=\begin{bmatrix} \left|h_{\mathrm{JH}}\right|^2 & h_{\mathrm{JH}} h_{\mathrm{JV}}^* \\ h_{\mathrm{JV}} h_{\mathrm{JH}}^* & \left|h_{\mathrm{JV}}\right|^2 \end{bmatrix} \sigma_{\mathrm{J}}^2$，$\sigma_{\mathrm{J}}^2=\left\langle J(t) J^*(t)\right\rangle$。需要说明的是，此时协方差矩阵 $\boldsymbol{\Sigma}_{\mathrm{J}}$ 是奇异的，即 $\left|\boldsymbol{\Sigma}_{\mathrm{J}}\right|=0$。

2）极化调制干扰

极化调制干扰是指干扰源辐射干扰信号的极化方式随时间或频率的变化而有规律的变化，即

$$\boldsymbol{e}_{\mathrm{J}}=\begin{bmatrix} \cos[\alpha(t)] \\ \sin[\alpha(t)] \exp[\mathrm{j} \varphi(t)] \end{bmatrix} \tag{4.2.9}$$

其中：$\alpha(t)$ 和 $\varphi(t)$ 是调制函数，也即极化变化函数。在每一时刻，干扰信号仍然服从零均值正态分布，只不过不同时刻其协方差矩阵 $\boldsymbol{\Sigma}_{\mathrm{J}}(t)$ 不同而已，但是均有 $\left|\boldsymbol{\Sigma}_{\mathrm{J}}(t)\right|=0$。

3）随机极化干扰

随机极化干扰是指干扰源辐射信号的极化方式是随机的。一般情况下可由两个噪声信号通道同时产生干扰信号，而后分别通过两副极化正交天线（诸如水平、垂直极化天线）辐射出去，这时噪声压制式干扰源辐射的干扰信号依然为高斯白噪声，可表示为

$$\boldsymbol{e}_{\mathrm{J}}(t)=\begin{bmatrix} h_{\mathrm{JH}} J_{\mathrm{H}}(t) \\ h_{\mathrm{JV}} J_{\mathrm{V}}(t) \end{bmatrix} \sim N\left(0, \boldsymbol{\Sigma}_{\mathrm{J}}\right) \tag{4.2.10}$$

其中：$J_{\mathrm{H}}(t)$ 和 $J_{\mathrm{V}}(t)$ 可视作两个独立信号源产生的噪声调制信号；h_{JH} 和 h_{JV} 为两正交极化天线增益比值的归一化因子，即有 $\left\|\boldsymbol{h}_{\mathrm{J}}\right\|=1$，而随机极化干扰信号的协方差矩阵为

$$\boldsymbol{\Sigma}_{\mathrm{J}}=\left\langle \boldsymbol{e}_{\mathrm{J}} \boldsymbol{e}_{\mathrm{J}}^{\mathrm{H}} \right\rangle=\begin{bmatrix} \left|h_{\mathrm{JH}}\right|^2 \sigma_{\mathrm{HJ}}^2 & 0 \\ 0 & \left|h_{\mathrm{JV}}\right|^2 \sigma_{\mathrm{VJ}}^2 \end{bmatrix} \tag{4.2.11}$$

其中：$\boldsymbol{\Sigma}_J=\left\langle \boldsymbol{e}_J\boldsymbol{e}_J^H\right\rangle=\begin{bmatrix}|h_{JH}|^2\sigma_{HJ}^2 & 0\\ 0 & |h_{JV}|^2\sigma_{VJ}^2\end{bmatrix}$；$\sigma_{HJ}^2=\left\langle J_H(t)J_H^*(t)\right\rangle$；$\sigma_{HJ}^2=\left\langle J_V(t)J_V^*(t)\right\rangle$。

一般情况下，为了达到较好的干扰效果，在设计上要求 $h_{JH}=h_{JV}$ 和 $\sigma_{HJ}^2=\sigma_{VJ}^2$。随机极化干扰源相当于两套天线正交的干扰设备在同一方位同时进行干扰。

4.2.2 单极化干扰的极化损耗

单极化噪声压制干扰源对单极化雷达进行干扰，由于极化不匹配而引起的功率损耗问题实质上是一个信号的极化接收问题。本小节以统计的观点，结合作战应用方式，进一步深入分析由于噪声干扰源和雷达接收天线的极化失配而引起的有效干扰功率损失问题。为了分析方便，不妨设式（4.2.3）中 $P^{\circ}(t)=1$，此时雷达接收天线端口处的干扰信号可表示为

$$\boldsymbol{e}_J(t)=\begin{bmatrix}e_{JH}(t)\\ e_{JV}(t)\end{bmatrix}=\boldsymbol{h}_J(t)J(t)\sim N\left(0,\boldsymbol{\Sigma}_J(t)\right) \tag{4.2.12}$$

其中：$\boldsymbol{h}_J(t)=\begin{bmatrix}h_{JH}(t)\\ h_{JV}(t)\end{bmatrix}$为雷达接收天线端口处干扰信号的极化形式，不考虑电磁传播过程中极化的扰动起伏，其与干扰天线的极化是一致的，那么有

$$\boldsymbol{\Sigma}_J(t)=\left\langle \boldsymbol{e}_J(t)\boldsymbol{e}_J^H(t)\right\rangle=\begin{bmatrix}|h_{JH}(t)|^2 & h_{JH}(t)h_{JV}^*(t)\\ h_{JV}(t)h_{JH}^*(t) & |h_{JV}(t)|^2\end{bmatrix}\sigma_J^2(t)$$

其中：$\sigma_J^2(t)=\left\langle J(t)J^*(t)\right\rangle$，且 $\left|\boldsymbol{\Sigma}_J(t)\right|=0$。

那么根据式（4.2.12）易知，雷达接收机输入端的干扰信号为

$$v_{JR}(t)=\boldsymbol{h}_R^T(t)\boldsymbol{e}_J(t)=\boldsymbol{h}_R^T(t)\boldsymbol{h}_J(t)J(t) \tag{4.2.13}$$

其中：$\|\boldsymbol{h}_R(t)\|=1$。由正态分布的性质，接收机输入端的干扰信号仍服从正态分布，即有

$$v_{JR}(t) \sim N\left(0, \sigma_{RJ}^2(t)\right) \tag{4.2.14}$$

其中：$\sigma_{RJ}^2(t) = \left\langle v_{JR}(t) v_{JR}^*(t) \right\rangle = \left| \boldsymbol{h}_R^T(t) \boldsymbol{h}_J(t) \right|^2 \left\langle J(t) J^*(t) \right\rangle = \left| \boldsymbol{h}_R^T(t) \boldsymbol{h}_J(t) \right|^2 \sigma_J^2(t)$。

为了刻画由于天线间极化形式之间失配而引起信号损失的程度，可采用第 2 章中描述的极化匹配系数这一概念来衡量，这也与 4.4 节中关于噪声压制干扰源极化对抗效果评估指标是一致的，这里直接引用拓展即可，称之为瞬时极化系数，即有

$$\gamma(t) = \frac{P_r(t)}{P_{r\max}(t)} \tag{4.2.15}$$

其中：$P_r(t)$ 为当前时刻 t 实际被接收到的干扰功率；$P_{r\max}(t)$ 为极化完全匹配时被天线接收的干扰功率。

将式（4.2.12）和式（4.2.14）代入式（4.2.15），整理可得

$$\gamma(t) = \left| \boldsymbol{h}_R^T(t) \boldsymbol{h}_J(t) \right|^2 \tag{4.2.16}$$

显然，当天线极化和干扰信号极化完全匹配时，$\gamma(t) = 1$，而极化完全失配时，即干扰信号极化和雷达接收天线极化互相正交时，$\gamma(t) = 0$。因此，瞬时极化系数的数值范围为 $\gamma(t) \in [0,1]$。

为了工程应用方便，常用 dB 来表示，并常称之为极化损耗，即

$$L_{Pol} = 10\lg\frac{1}{\gamma}$$

在实际雷达与干扰系统中，天线的极化形式大多在处理时间内可视为不变的，此时瞬时极化系数即为经典极化理论中的极化匹配系数，$\gamma = \left| \boldsymbol{h}_R^T \boldsymbol{h}_J \right|^2$。根据 Jones 矢量、极化相位描述子、极化椭圆几何描述子、极化比和 Stokes 矢量等五种极化描述子对极化信息表征是彼此等价的这一结论，下面不加证明地给出另外几种工程上常用的关于极化匹配系数的表征方法。

1. 极化椭圆几何描述子

$$\gamma = \frac{(\varepsilon_J + \varepsilon_R)^2 + (1 - \varepsilon_J^2)(1 - \varepsilon_R^2)\cos^2\varphi}{(1 + \varepsilon_J^2)(1 + \varepsilon_R^2)} \tag{4.2.17}$$

其中：ε_R 为雷达接收天线的椭圆率；ε_J 为干扰信号的椭圆率；φ 为

雷达接收天线和干扰天线两极化椭圆长轴之间的夹角，$\varphi \in [0, 2\pi]$。

2. 复极化比

若雷达接收天线的复极化比为 ρ_R，干扰信号的复极化比为 ρ_J，那么干扰源由于和雷达接收天线极化不匹配而引起的功率损耗为

$$\gamma = \frac{|1+\rho_J\rho_R|^2}{\left(1+|\rho_R|^2\right)\left(1+|\rho_J|^2\right)} \tag{4.2.18}$$

3. Stokes 矢量

极化匹配系数采用 Stokes 矢量表征为

$$\gamma = \cos^2\frac{\beta}{2} \tag{4.2.19}$$

其中，β 为雷达接收天线极化在 Poincare 球面上对应点和干扰信号（实际上为干扰信号的共轭）极化在 Poincare 球面上对应点所夹的球心角。

下面给出一些典型极化的干扰信号对不同极化形式雷达干扰的极化损耗值，见表 4.2.1。

表 4.2.1　极化损耗（dB）

极化方式		雷达天线极化方式					
		水平	垂直	左斜	右斜	左旋圆	右旋圆
干扰信号极化方式	水平	0	∞	3	3	3	3
	垂直	∞	0	3	3	3	3
	左斜	3	3	0	∞	3	3
	右斜	3	3	∞	0	3	3
	左旋圆	3	3	3	3	0	∞
	右旋圆	3	3	3	3	∞	0

注：理论无穷大“∞”之值在实际工程应用中一般取 20dB 为宜。这是源于在实际工程中，由于天线存在交叉极化分量，且一般比主极化低 15dB～30dB，即诸如雷达天线的主极化为水平极化，由于交叉极化的存在，其实际极化矢量为 $\boldsymbol{h}_R = [1, \varepsilon]^T$，$\varepsilon = -30\text{dB} \sim -15\text{dB}$。那么对垂直极化的干扰信号接收，极化损耗为 $L_{Pol} = 10\lg\frac{1}{\gamma} \approx 10\lg\frac{1}{\varepsilon} = 15\text{dB} \sim 30\text{dB}$，也即无穷大“∞”之值在实际工程应用中与天线的交叉极化分量相当，一般可取 20dB

4.2.3 随机极化干扰的极化损耗

这里主要考虑两种情况：一是在雷达波瓣内存在多个独立干扰源；二是存在随机极化干扰源。其实这两种情况本质上是一致的，都可视为求取随机极化波接收的极化损失问题。首先讨论第一种情况，设雷达波瓣内存在 M 个单极化噪声压制式干扰源，设 $P_{\mathrm{J}.i}^{\mathrm{c}}$，$i=1,\cdots,M$，至于由于与雷达相对位置关系等因素引起的 $P_{\mathrm{J}.i}^{\mathrm{c}}$ 之间的不一致，可归入噪声的功率谱内 $\sigma_{\mathrm{J}.i}^2$，$i=1,\cdots,M$，那么有

$$\boldsymbol{e}_{\mathrm{J}.i} \sim N\left(0, \Sigma_{\mathrm{J}.i}\right),\quad i=1,\cdots,M \tag{4.2.20}$$

其中：$\Sigma_{\mathrm{J}.i}=\left\langle \boldsymbol{e}_{\mathrm{J}.i}\boldsymbol{e}_{\mathrm{J}.i}^{\mathrm{H}}\right\rangle=\sigma_{\mathrm{J}.i}^2\begin{bmatrix}\left|h_{\mathrm{JH}.i}\right|^2 & h_{\mathrm{JH}.i}h_{\mathrm{JV}.i}^* \\ h_{\mathrm{JV}.i}h_{\mathrm{JH}.i}^* & \left|h_{\mathrm{JV}.i}\right|^2\end{bmatrix}$。此时，雷达天线接收端口处的干扰信号为

$$\boldsymbol{e}_{\mathrm{J}}(t)=\sum_{i=1}^{M}\boldsymbol{e}_{\mathrm{J}.i}(t)$$

根据正态分布的性质，对于任意时刻，$\boldsymbol{e}_{\mathrm{J}}(t)$ 仍服从正态分布，设这 M 个噪声干扰源是相互独立或不相关的，那么有

$$\boldsymbol{e}_{\mathrm{J}} \sim N\left(0, \Sigma_{\mathrm{J}}\right) \tag{4.2.21}$$

其中：$\Sigma_{\mathrm{J}}=\left\langle \boldsymbol{e}_{\mathrm{J}}\boldsymbol{e}_{\mathrm{J}}^{\mathrm{H}}\right\rangle=\sum_{i=1}^{M}\sum_{j=1}^{M}\left\langle \boldsymbol{e}_{\mathrm{J}.i}\boldsymbol{e}_{\mathrm{J}.j}^{\mathrm{H}}\right\rangle=\sum_{i=1}^{M}\Sigma_{\mathrm{J}.i}$。一般情况下，$\left|\Sigma_{\mathrm{J}}\right|\neq 0$。

那么雷达接收输入端干扰信号为

$$v_{\mathrm{J}}(t)=\boldsymbol{h}_{\mathrm{R}}^{\mathrm{T}}\boldsymbol{e}_{\mathrm{J}}(t)\sim N\left(0,\sigma_{\mathrm{RJ}}\right) \tag{4.2.22}$$

其中：$\sigma_{\mathrm{RJ}}=\left\langle v_{\mathrm{J}}v_{\mathrm{J}}^*\right\rangle=\boldsymbol{h}_{\mathrm{R}}^{\mathrm{T}}\,\Sigma_{\mathrm{J}}\,\boldsymbol{h}_{\mathrm{R}}^*=\sum_{i=1}^{M}\boldsymbol{h}_{\mathrm{R}}^{\mathrm{T}}\,\Sigma_{\mathrm{J},i}\,\boldsymbol{h}_{\mathrm{R}}^*$。

因此，瞬时极化系数可表示为

$$\gamma(t)=\frac{P_{\mathrm{r}}(t)}{P_{\mathrm{r\,max}}(t)}=\frac{\sum_{i=1}^{M}\boldsymbol{h}_{\mathrm{R}}^{\mathrm{T}}\,\Sigma_{\mathrm{J},i}\,\boldsymbol{h}_{\mathbf{R}}^*}{\sum_{i=1}^{M}\mathrm{Tr}\left(\Sigma_{\mathrm{J},i}\right)}=\frac{\sum_{i=1}^{M}\left|\boldsymbol{h}_{\mathrm{R}}^{\mathrm{T}}\boldsymbol{h}_{\mathrm{J},i}^*\right|^2\sigma_{\mathrm{J}.i}^2}{\sum_{i=1}^{M}\sigma_{\mathrm{J}.i}^2}=\frac{\sum_{i=1}^{M}r_i(t)\sigma_{\mathrm{J}.i}^2}{\sum_{i=1}^{M}\sigma_{\mathrm{J}.i}^2} \tag{4.2.23}$$

其中：$r_i(t)=\left|\boldsymbol{h}_{\mathrm{R}}^{\mathrm{T}}\boldsymbol{h}_{\mathrm{J},i}^{*}\right|^2$ 为单个干扰源的极化系数。若这 M 个干扰源的功率谱密度相等，即 $\sigma_{\mathrm{J},i}^2=\sigma_{\mathrm{J}}^2$。那么，上式可简化为

$$\gamma(t)=\frac{1}{M}\sum_{i=1}^{M}r_i(t)=\frac{1}{M}\sum_{i=1}^{M}\cos^2\left(\frac{\beta_i}{2}\right) \tag{4.2.24}$$

下面讨论第二种情况，即随机极化干扰的极化损失问题。随机极化干扰是采用两副正交极化天线同时辐射独立白噪声信号，在水平垂直极化基下，有

$$\boldsymbol{e}_{\mathrm{J}}=\begin{bmatrix}e_{\mathrm{HJ}}\\ e_{\mathrm{VJ}}\end{bmatrix}\sim N\left(0,\Sigma_{\mathrm{J}}\right) \tag{4.2.25}$$

其中，$\Sigma_{\mathrm{J}}=\sigma_{\mathrm{J}}^2\begin{bmatrix}1 & 0\\ 0 & \lambda\end{bmatrix}$；$\lambda=\dfrac{\left\langle e_{\mathrm{VJ}}e_{\mathrm{VJ}}^{*}\right\rangle}{\left\langle e_{\mathrm{HJ}}e_{\mathrm{HJ}}^{*}\right\rangle}\geqslant 0$。

一般情况下，设计 $\lambda=1$，干扰效果较佳，这也可从下面的分析中得以证实。

雷达接收输入端的干扰信号为

$$v_{\mathrm{J}}(t)=\boldsymbol{h}_{\mathrm{R}}^{\mathrm{T}}\boldsymbol{e}_{\mathrm{J}}(t)\sim N\left(0,\sigma_{\mathrm{RJ}}\right) \tag{4.2.26}$$

其中：$\sigma_{\mathrm{RJ}}=\sigma_{\mathrm{J}}^2\left(\left|h_{\mathrm{RH}}\right|^2+\lambda\left|h_{\mathrm{RV}}\right|^2\right)$。

因此，随机极化干扰的极化系数为

$$\gamma(t)=\frac{\left|h_{\mathrm{RH}}\right|^2+\lambda\left|h_{\mathrm{RV}}\right|^2}{1+\lambda} \tag{4.2.27}$$

因为随机极化干扰的目的是为了对付未知雷达天线极化的情况下，能够有效干扰雷达。当 $\lambda=1$ 时，$\gamma(t)=0.5$，也即与雷达天线的极化形式无关。无论雷达天线采用何种极化形式，以损失 3dB 的代价，从极化角度而言，总是能够实现有效干扰的。

4.2.4 典型场景极化损耗的建模仿真与结果分析

在 4.2.2 小节分析了干扰天线和雷达天线极化失配而引起的功率损失程度，给出了设计单极化干扰源和雷达天线极化形式的一般原则。事实上，干扰源或雷达天线的极化形式必须综合考虑所对抗对象

的极化特性、作战运用方式和载体运动特性等因素，在诸如最小风险或最大效率等评价准则下而设计的。

下面以弹道导弹突防干扰为例，具体说明采用不同极化形式的干扰天线而引起的功率损失及可能付出的代价问题。

1. 干扰装置天线极化特性的建模

在弹道导弹突防的过程中，突防方按照预先设定或准实时侦察结果进行释放有源干扰装置，有源干扰装置依照弹道规律进行飞行，为了简化问题，这里对干扰装置作如下几点假设。

（1）在干扰装置飞行过程中，干扰天线始终正对雷达阵面，这对于宽波束干扰是合理的。

（2）干扰装置本体只存在自旋运动，且为匀速运动。

（3）干扰天线的极化是固定的，在突防过程中没有采用变极化措施（天线与干扰机本体固连）。

此时，若假定干扰装置在释放时刻，其天线的极化形式为 $\left(\varepsilon_0,\tau_0\right)$，$\varepsilon_0$ 和 τ_0 分别为椭圆率角和椭圆倾角，取值范围可取为 $\varepsilon_0 \in \left[-\dfrac{\pi}{4},\dfrac{\pi}{4}\right]$ 和 $\tau_0 \in \left[0,\pi\right]$。根据前面关于干扰装置天线的几点假设可知，在干扰装置飞行过程中，椭圆率角 $\varepsilon = \varepsilon_0$ 保持不变（即干扰信号极化椭圆的形状不变），而因干扰装置本体的自旋运动引起椭圆倾角 $\tau = f\left(t,\tau_0\right)$ 是随时间而变化的，如图 4.2.1 所示。

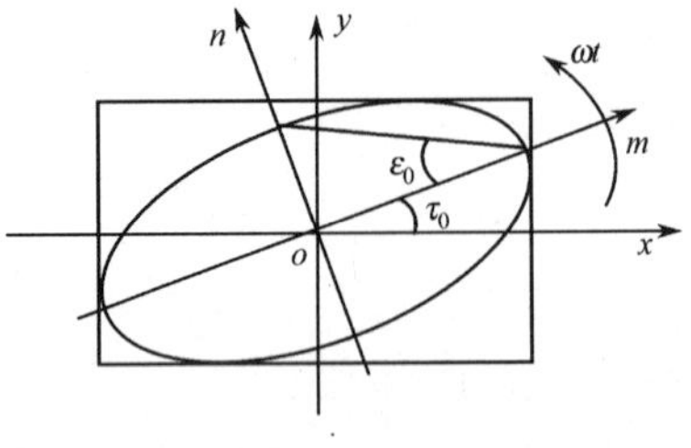

图 4.2.1　干扰装置天线极化变化的示意图

根据上述假设易知椭圆倾角随时间的变化关系为

$$\tau = f\left(t,\tau_0\right) = \mathrm{mod}\left(\omega t + \tau_0,\pi\right) \tag{4.2.28}$$

其中：ω 为干扰机的自旋角速度。

若用极化相位描述因子(α,ϕ)的表述为

$$\begin{cases}\alpha(t)=\dfrac{1}{2}\arccos\left[\cos 2\tau\cdot\cos 2\varepsilon\right]\\ \phi(t)=\begin{cases}\arctan\left[\dfrac{\tan 2\varepsilon}{\sin 2\tau}\right] & \tau\in\left[0,\dfrac{\pi}{2}\right]\\ \pi+\arctan\left[\dfrac{\tan 2\varepsilon}{\sin 2\tau}\right] & \tau\in\left(\dfrac{\pi}{2},\pi\right],\varepsilon\in\left[0,\dfrac{\pi}{4}\right]\\ -\pi+\arctan\left[\dfrac{\tan 2\varepsilon}{\sin 2\tau}\right] & \tau\in\left(\dfrac{\pi}{2},\pi\right],\varepsilon\in\left[-\dfrac{\pi}{4},0\right)\end{cases}\end{cases} \tag{4.2.29}$$

那么干扰信号极化的 Jones 矢量为

$$\boldsymbol{h}_{\mathrm{J}}(t)=\begin{bmatrix}\cos\alpha(t)\\ \sin\alpha(t)\mathrm{e}^{\mathrm{j}\phi(t)}\end{bmatrix} \tag{4.2.30}$$

2. 自卫压制式干扰的极化损耗

下面具体讨论由于干扰极化不匹配而引起的功率损耗问题。设雷达接收天线的极化为$\boldsymbol{h}_{\mathrm{R}}=\begin{bmatrix}\cos\alpha_{\mathrm{R}}\\ \sin\alpha_{\mathrm{R}}\mathrm{e}^{\mathrm{j}\phi_{\mathrm{R}}}\end{bmatrix}$，那么瞬时极化系数为

$$\begin{aligned}\gamma(t)=&\cos^2\alpha_{\mathrm{R}}\cos^2\alpha(t)+\sin^2\alpha_{\mathrm{R}}\sin^2\alpha(t)+\\ &2\cos\alpha(t)\cos\alpha_{\mathrm{R}}\sin\alpha(t)\sin\alpha_{\mathrm{R}}\cos\left[\phi_{\mathrm{R}}+\phi(t)\right]\end{aligned} \tag{4.2.31}$$

若雷达接收天线极化形式是水平极化时，瞬时极化系数可简化为

$$\gamma(t)=\cos^2\frac{\arccos\left\{\cos 2\varepsilon_0\cdot\cos\left[2\bmod(\omega t+\tau_0,\pi)\right]\right\}}{2} \tag{4.2.32}$$

若雷达接收天线极化形式是垂直极化时，瞬时极化系数可简化为

$$\gamma(t)=\sin^2\frac{\arccos\left\{\cos 2\varepsilon_0\cdot\cos\left[2\bmod(\omega t+\tau_0,\pi)\right]\right\}}{2} \tag{4.2.33}$$

若雷达接收天线极化形式是圆极化时，瞬时极化系数可简化为

$$\gamma(t)=\frac{1}{2}+\frac{1}{2}\sin 2\alpha(t)\cos\left[\phi(t)\pm\frac{\pi}{2}\right] \tag{4.2.34}$$

特别地，若干扰天线为圆极化时，对于水平或垂直接收天线而言，$\gamma(t)=\frac{1}{2}$；若干扰天线极化形式是水平或垂直极化时，对于水平接收天线而言，$\gamma(t)=\cos^2 \mathrm{mod}\left(\omega t+\tau_0,\pi\right)$，对于垂直接收天线而言，$\gamma(t)=\sin^2 \mathrm{mod}\left(\omega t+\tau_0,\pi\right)$。

图 4.2.2 给出了水平极化接收天线对不同极化形式的干扰信号由于干扰装置自旋运动而引起的极化损耗变化曲线。图 4.2.3 给出了 45°线极化接收天线对不同极化形式的干扰信号由于干扰装置自旋运动

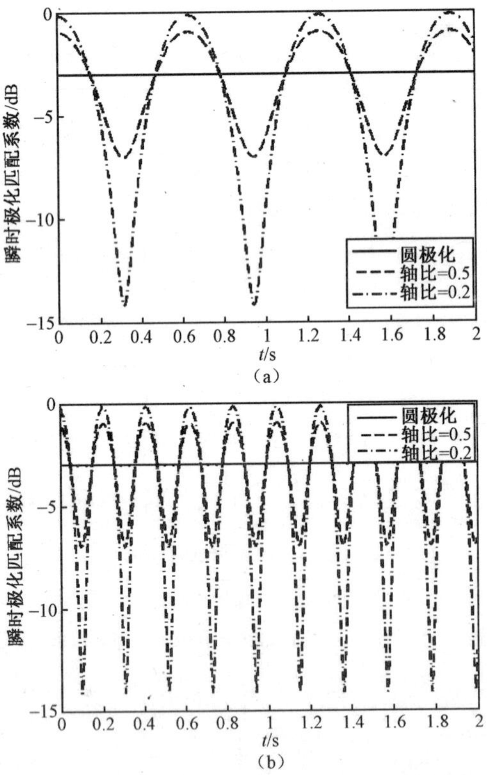

图 4.2.2 水平极化接收天线对不同极化形式干扰信号的极化损耗

（a）$\omega=5\mathrm{rad/s}$；（b）$\omega=15\mathrm{rad/s}$。

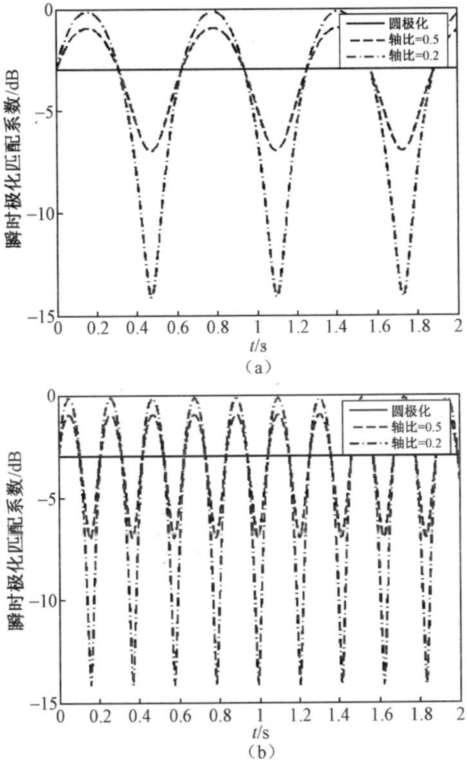

图 4.2.3　45° 线极化接收天线对不同极化形式干扰信号的极化损耗

（a）$\omega=5\text{rad/s}$；（b）$\omega=15\text{rad/s}$。

而引起的极化损耗变化曲线，图 4.2.4 给出了圆极化接收天线对不同极化形式的干扰信号由于干扰装置自旋运动而引起的极化损耗变化曲线。

由式（4.2.31）～式（4.2.34）及图 4.2.2～图 4.2.4 可见，在弹道导弹突防过程中，必须根据突防对象的极化形式、干扰装置自旋频率和作战目的等因素，合理选择干扰天线的极化形式，以期达到有效干扰的目的。

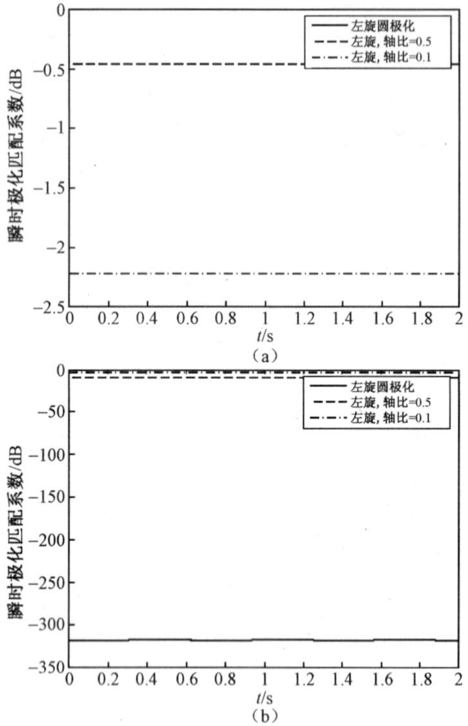

图 4.2.4　圆极化接收天线对不同极化形式干扰信号的极化损耗

（a）$\omega = 5\,\text{rad/s}$，左旋圆极化接收天线；（b）$\omega = 5\,\text{rad/s}$，右旋圆极化接收天线。

4.3　全极化雷达抗噪声压制干扰

近几十年来，极化雷达日益成为现代雷达发展的主要技术方向之一，极化滤波在雷达抗干扰技术领域中占据了重要的地位。

近 30 年来，人们针对不同的用途设计了多种极化滤波器，在特定条件下取得了良好的抗干扰/反杂波效果，已经初步形成了一个体系。目前，极化滤波器大致可以分为两类：一类是线性极化滤波器，诸如单凹口极化滤波器、自适应极化对消器（APC）、对称自适应极化对消器（SAPC）和准最佳自适应极化滤波器等；另一类是非线性极化滤波器，诸如多凹口极化滤波器（MLP）、多凹口自适应极化对消器和多凹口对称自适应极化对消器等。极化滤波本质上归结为对混杂在干扰背景中有用信号的最佳接收，在数学上抽象为线性或非线性最优化问题，优化准则主要有信号功率最大化（SMPF）、干扰功率最小化（ISPF）、信号干扰噪声比（SINR）最大化等，其基础是目标和干扰信号的极化特征有所区别；同时，为了适应复杂多变的电磁环境，实际的极化滤波器常采用自适应极化估计、仅与目标信号相匹配、仅抑制干扰信号等措施，来克服或弥补因缺乏滤波对象的先验知识而导致的滤波增益损失。因而，实际中常用的极化滤波器是对先验知识要求不高的信号匹配极化滤波器（SMPF）和干扰抑制极化滤波器（ISPF），而直接以 SINR 作为优化函数的极化滤波器并不多见。这也就是说，噪声压制式干扰与极化雷达的对抗效果和极化滤波器的类型有着密切关系，即与不同极化滤波器的性能有着密切关系。4.3.1 小节介绍了几种极化状态参数的估计方法；4.3.2 小节介绍了 ISPF、SMPF 和 SINR 等三种典型极化滤波器，以及它们的最优解和 SINR 性能公式，给出了对不同类型噪声压制式干扰的滤波性能；4.3.3 小节介绍了噪声压制干扰的自适应极化迭代滤波方法；4.3.4 小节介绍了干扰背景下的目标极化增强方法；4.3.5 小节介绍了基于辅助天线的自卫压制式干扰的极化对消方法。

4.3.1 极化状态参数的估计

从滤波器实现的角度来看，要利用极化滤波改善雷达对目标回波的接收质量，必须预先获得干扰极化的先验知识，才能使滤波效果最佳。如果接收极化与干扰极化不是严格正交，滤波效果将急剧下降。在这个意义上，对入射信号极化的估计就成为制约极化滤波效果好坏的关键问题。

1. 极化相干矩阵和 Stokes 矢量的估计

对于电子 ESM 侦察系统和雷达系统而言，在高信噪比情况下极化状态的估计可以采用 2.2 节中阐述的方法，即将正交极化双通道测量系统的输出矢量直接作为入射波极化的估计，而噪声压制式干扰极化状态的估计需寻求新的估计方法。

对于噪声压制干扰而言，任意采样 $\boldsymbol{X}=\left[X_{\mathrm{H}}, X_{\mathrm{V}}\right]^{\mathrm{T}}$ 服从零均值的复正态分布，而其接收采样样本集为 $\left\{\boldsymbol{X}_1, \boldsymbol{X}_2, \cdots, \boldsymbol{X}_M\right\}$ 独立同分布，不妨设在 1，…, M 样本单元内没有目标。极化相干矩阵 $\boldsymbol{C}=E\left\{\boldsymbol{X}\boldsymbol{X}^{\mathrm{H}}\right\}$ 的最大似然估计为

$$\hat{\boldsymbol{C}}=\begin{bmatrix} C_{\mathrm{HH}}, C_{\mathrm{HV}} \\ C_{\mathrm{VH}}, C_{\mathrm{VV}} \end{bmatrix}=\frac{1}{M}\sum_{m=1}^{M}\boldsymbol{X}_m\boldsymbol{X}_m^{\mathrm{H}} \tag{4.3.1}$$

即将统计平均转化为集合平均来近似估计。那么，随机复矢量 X 的概率密度为

$$f_X(\boldsymbol{X})=\frac{1}{\pi^2\left|\boldsymbol{C}\right|}\exp\left\{-\boldsymbol{X}^{\mathrm{H}}\boldsymbol{C}^{-1}\boldsymbol{X}\right\} \tag{4.3.2}$$

由式（4.3.1）和式（4.3.2）可知极化相干矩阵的估计 $\hat{C}$ 服从复 Wishart 分布，其概率密度为

$$f_{\hat{C}}\left(\hat{\boldsymbol{C}}\right)=\frac{M^{2M}\cdot\left|\hat{\boldsymbol{C}}\right|^{M-2}}{G(M,2)\left|\boldsymbol{C}\right|^{M}}\exp\left\{-M\cdot\mathrm{tr}\left(\boldsymbol{C}^{-1}\hat{\boldsymbol{C}}\right)\right\}$$

其中：$\hat{\boldsymbol{C}}$ 为正定矩阵；$G(M,q)=\pi^{q(q-1)/2}\cdot\Gamma(M)\cdots\Gamma(M-q+1)$；$\Gamma(\cdot)$ 为 Gamma 函数。

根据极化相干矩阵和 Stokes 矢量之间的相互关系，可以得到干扰极化的 Stokes 矢量估计值为

$$\boldsymbol{J}=\boldsymbol{R}\left[C_{\mathrm{HH}}, C_{\mathrm{HV}}, C_{\mathrm{VH}}, C_{\mathrm{VV}}\right]^{\mathrm{T}}$$

其中：$\boldsymbol{R}=\begin{bmatrix} 1 & 0 & 0 & 1 \\ 1 & 0 & 0 & -1 \\ 0 & 1 & 1 & 0 \\ 0 & \mathrm{j} & -\mathrm{j} & 0 \end{bmatrix}$。显然，极化相干矩阵或 Stokes 矢量的元素估计精度与 M 有关，即正比于 $M^{-\frac{1}{2}}$。因此提高估计的精度，必须增加采样点的数量 M。

2. 极化相干矩阵的递推估计

递推估计算法是为了实时“跟踪”噪声干扰极化特征的变化，所谓“跟踪”，即在已有的极化信息基础上结合新观测的数据更新极化

信息。对于极化时变的情形（或非平稳情形），更新极化相干矩阵方法有两种：指数窗法和滑动窗法。

1）指数窗法

设 n 时刻的极化相干矩阵估计为 $\hat{\boldsymbol{C}}_n$，n+1 时刻接收干扰信号为 $\boldsymbol{X}_{n+1}$，根据干扰信号 $\boldsymbol{X}_{n+1}$ 对极化估计量进行修正得到 n+1 时刻的极化相干矩阵为

$$\begin{aligned}\hat{\boldsymbol{C}}_{n+1} &= (1-\lambda)\ \hat{\boldsymbol{C}}_n + \lambda \boldsymbol{X}_{n+1}\boldsymbol{X}_{n+1}^{\mathrm{H}} \\ &= \hat{\boldsymbol{C}}_n + \lambda\left(\boldsymbol{X}_{n+1}\boldsymbol{X}_{n+1}^{\mathrm{H}} - \hat{\boldsymbol{C}}_n\right)\end{aligned} \tag{4.3.3}$$

其中：$0 \leqslant \lambda \leqslant 1$ 为平滑因子，它等价于序列 $\boldsymbol{X}_n\boldsymbol{X}_n^H$ 的指数时间平均，因子 $\dfrac{1}{\lambda}$ 提供了指数窗有效长度的一个粗略测度，对于足够小的 λ，修正项可以解释为 $\hat{\boldsymbol{C}}_n$ 的微小扰动，这里取 $\lambda = \dfrac{1}{M}$，则式（4.3.3）简化为

$$\hat{\boldsymbol{C}}_{n+1} = \frac{M-1}{M}\hat{\boldsymbol{C}}_n + \frac{1}{M}\boldsymbol{X}_{n+1}\boldsymbol{X}_{n+1}^{\mathrm{H}} \tag{4.3.4}$$

指数窗法估计法中旧的数据影响会持续很长的时间。

2）滑动窗法

使用一个滑动窗，假定窗口内的非平稳信号为平稳的，对数据矩阵加上新的一列，同时删除一列，估计公式即为

$$\hat{\boldsymbol{C}}_{n+1} = \hat{\boldsymbol{C}}_n + \boldsymbol{X}_{n+1}\boldsymbol{X}_{n+1}^{\mathrm{H}} - \boldsymbol{X}_{n-K}\boldsymbol{X}_{n-K}^{\mathrm{H}} \tag{4.3.5}$$

其中：K 为滑动窗的长度。

4.3.2 典型极化滤波器

雷达接收天线的 Stokes 矢量为 $\boldsymbol{J}_{\mathrm{r}}$，满足单位增益—完全极化约束，即 $\boldsymbol{J}_{\mathrm{r}}$ 可写作四维列矢量形式：$\boldsymbol{J}_{\mathrm{r}} = \left[1,\ \ \boldsymbol{g}_{\mathrm{r}}^{\mathrm{T}}\right]^{\mathrm{T}}$，子矢量 $\boldsymbol{g}_{\mathrm{r}}$ 范数为 1，即 $\|\boldsymbol{g}_{\mathrm{r}}\|^2 = \boldsymbol{g}_{\mathrm{r}}^{\mathrm{T}}\boldsymbol{g}_{\mathrm{r}} = 1$。在雷达接收天线波束内存在多个信号源和干扰源，相应的辐射场合成 Stokes 矢量为 $\boldsymbol{J}_{\mathrm{S}}$ 和 $\boldsymbol{J}_{\mathrm{I}}$，记为 $\boldsymbol{J}_{\mathrm{S}} = \left[g_{\mathrm{S0}},\ \ \boldsymbol{g}_{\mathrm{S}}^{\mathrm{T}}\right]^{\mathrm{T}}$，$\boldsymbol{J}_{\mathrm{I}} = \left[g_{\mathrm{I0}},\ \ \boldsymbol{g}_{\mathrm{I}}^{\mathrm{T}}\right]^{\mathrm{T}}$，$\boldsymbol{g}_{\mathrm{I}}$ 与 $\boldsymbol{g}_{\mathrm{S}}$ 矢量夹角为 θ_{SI}，信号

和干扰的极化度分别为 $\rho_S = \|\boldsymbol{g}_S\|/g_{S0}$ 和 $\rho_I = \|\boldsymbol{g}_I\|/g_{I0}$。雷达接收机输入端等效噪声功率为 $\frac{N_0}{2}$，则雷达天线输出端的 SINR 为

$$\text{SINR} = \frac{\frac{1}{2}\boldsymbol{J}_r^T\boldsymbol{J}_S}{\frac{1}{2}\boldsymbol{J}_r^T\boldsymbol{J}_I + \frac{1}{2}N_0} \tag{4.3.6}$$

而雷达接收天线口面处的 SINR 为

$$\text{SINR}_{前} = \frac{g_{S0}}{g_{I0} + \frac{1}{2}N_0}$$

定义干噪比为 $\text{INR} = \frac{g_{I0}}{\frac{1}{2}N_0} = \frac{2g_{I0}}{N_0}$，其实质为接收天线口面处干扰信号的能流密度与接收机等效输入噪声功率电平之比，换言之，INR 表示雷达接收机中可能收到的最大干噪比。下面具体介绍干扰抑制极化滤波器、信号匹配极化滤波器和最佳 SINR 极化滤波器等三种典型极化滤波方法。

1. 干扰抑制极化滤波器（ISPF）

ISPF 的滤波准则是使雷达接收的干扰功率最小，对于单极化窄带干扰而言，ISPF 对应的最佳极化就是干扰极化的正交极化，用 Stokes 矢量表示为

$$\boldsymbol{g}_{\text{ISPFopt}} = -\frac{\boldsymbol{g}_I}{\|\boldsymbol{g}_I\|} \tag{4.3.7}$$

代入式（4.3.6）得到 ISPF 滤波器输出 SINR 为

$$\text{SINR}_{\text{ISPF}} = \frac{g_{S0}}{g_{I0}} \cdot \frac{1-\rho_S\cos\theta_{SI}}{1-\rho_I + \frac{2}{\text{INR}}} \tag{4.3.8}$$

特别地，对于单极化噪声压制式干扰而言，$\rho_I = 1$，雷达双极化接收信号经过 ISPF 极化滤波处理后，信号干扰噪声比为

$$\text{SINR}_{\text{ISPF}} = \frac{g_{S0}}{N_0}\left(1-\rho_S\cos\theta_{SI}\right) = \frac{1}{2}\text{SNR}\left(1-\rho_S\cos\theta_{SI}\right)$$

干扰信号在理论上完全被抑制，由相关外场试验可知，对于单极化噪声压制式干扰至少可抑制 25dB 以上[214]。由后续 4.4 节中式（4.4.10）可知，极化抗干扰性能评估指标 SINR 极化比为

$$\begin{aligned}\gamma_{\mathrm{SINR}} = \frac{SINR_{\mathrm{ISPF}}}{\mathrm{SINR}_{\text{前}}} &= \frac{2g_{\mathrm{I0}}+N_0}{2N_0}\left(1-\rho_{\mathrm{S}}\cos\theta_{\mathrm{SI}}\right)\\ &= \frac{\mathrm{INR}+1}{2}\left(1-\rho_{\mathrm{S}}\cos\theta_{\mathrm{SI}}\right)\end{aligned} \tag{4.3.9}$$

由式（4.3.9）可见，对于单极化噪声压制式干扰而言，SINR 极化比 γ_{SINR} 主要由信号的极化度 ρ_{S} 和信号与干扰极化矢量的夹角 θ_{SI} 所决定。图 4.3.1 给出了当信号极化度 ρ_{S} 为不同值时，雷达接收信号经过 ISPF 极化滤波处理后的 SINR 极化比随着 θ_{SI} 的变化曲线。

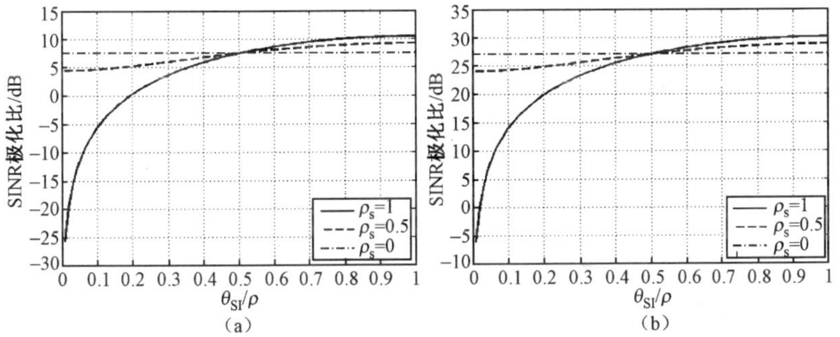

图 4.3.1　雷达接收信号经过 ISPF 极化滤波处理后的 SINR 极化比随着 θ_{SI} 的变化曲线（单极化干扰）

（a）INR = 10dB；（b）INR = 30dB。

若噪声压制式干扰为随机极化干扰时，即 $\rho_{\mathrm{I}}=0$，雷达接收信号经过 ISPF 极化滤波处理后，信号干扰噪声比为

$$\mathrm{SINR}_{\mathrm{ISPF}} = \frac{g_{\mathrm{S0}}}{g_{\mathrm{I0}}+N_0}\left(1-\rho_{\mathrm{S}}\cos\theta_{\mathrm{SI}}\right)$$

此时的 SINR 极化比为

$$\gamma_{\mathrm{SINR}} = \frac{\mathrm{SINR}_{\mathrm{ISPF}}}{\mathrm{SINR}_{\text{前}}} = \frac{\mathrm{INR}+1}{\mathrm{INR}+2}\left(1-\rho_{\mathrm{S}}\cos\theta_{\mathrm{SI}}\right) \tag{4.3.10}$$

由式（4.3.10）可见，对于随机极化噪声压制式干扰而言，SINR 极化比 $\gamma_{\text{SINR}}<2$，极化抗干扰基本没有效果。图 4.3.2 给出了当信号极化度 ρ_{S} 为不同值时，雷达接收信号经过 ISPF 极化滤波处理后的 SINR 极化比随着 θ_{SI} 的变化曲线。

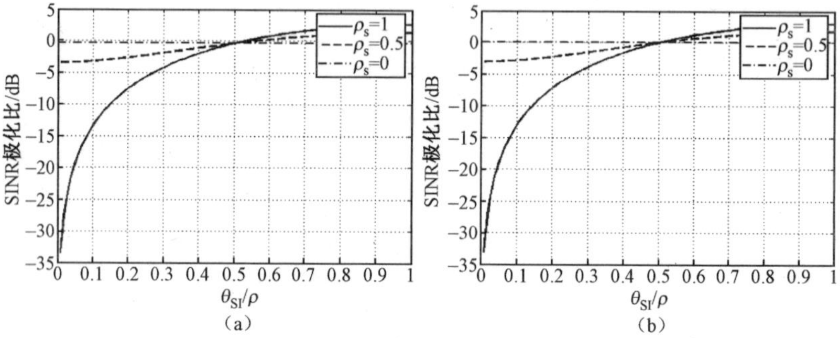

图 4.3.2 雷达接收信号经过 ISPF 极化滤波处理后的 SINR 极化比随着 θ_{SI} 的变化曲线（随机极化干扰）

（a）INR = 10dB；（b）INR = 30dB。

2. 信号匹配极化滤波器（SMPF）

SMPF 的滤波准则是使雷达接收天线极化与有用目标回波信号的极化匹配，用 Stokes 矢量来描述就是使接收天线 Stokes 子矢量与信号极化的 Stokes 子矢量指向一致，即

$$\boldsymbol{g}_{\text{SMPFopt}}=\frac{\boldsymbol{g}_{\text{S}}}{\|\boldsymbol{g}_{\text{S}}\|} \tag{4.3.11}$$

代入式（4.3.6）得到 SMPF 滤波器的输出 SINR 为

$$\text{SINR}_{\text{SMPF}}=\frac{g_{\text{S0}}}{g_{\text{I0}}}\cdot\frac{1+\rho_{\text{S}}}{1+\rho_{\text{I}}\cos\theta_{\text{SI}}+\dfrac{2}{\text{INR}}} \tag{4.3.12}$$

特别地，对于单极化噪声压制式干扰而言，$\rho_{\text{I}}=1$，雷达接收信号经过 SMPF 极化滤波处理后，此时 SINR 极化比为

$$\gamma_{\text{SINR}}=\frac{\text{INR}+1}{\text{INR}}\cdot\frac{1+\rho_{\text{S}}}{1+\cos\theta_{\text{SI}}+\dfrac{2}{\text{INR}}} \tag{4.3.13}$$

若噪声压制式干扰为随机极化干扰时，即 $\rho_{\mathrm{I}}=0$，雷达接收信号经过 SMPF 极化滤波处理后，此时的 SINR 极化比为

$$\gamma_{\mathrm{SINR}}=\frac{\mathrm{INR}+1}{\mathrm{INR}+2}(1+\rho_{\mathrm{S}})$$

图 4.3.3 给出了当信号极化度 ρ_{S} 为不同值时，对于单极化干扰而言，雷达接收信号经过 SMPF 极化滤波处理后的 SINR 极化比随着 θ_{SI} 的变化曲线。图 4.3.4 给出了当信号极化度 ρ_{S} 为不同值时，对于随机极化干扰而言，雷达接收信号经过 SMPF 极化滤波处理后的 SINR 极化比随着 θ_{SI} 的变化曲线。

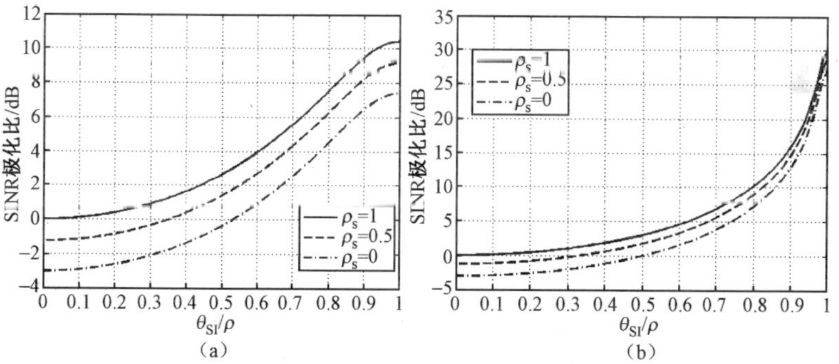

图 4.3.3 雷达接收信号经过 SMPF 极化滤波处理后的 SINR 极化比随着 θ_{SI} 的变化曲线（单极化干扰）

（a）$\mathrm{INR}=10\mathrm{dB}$；（b）$\mathrm{INR}=30\mathrm{dB}$。

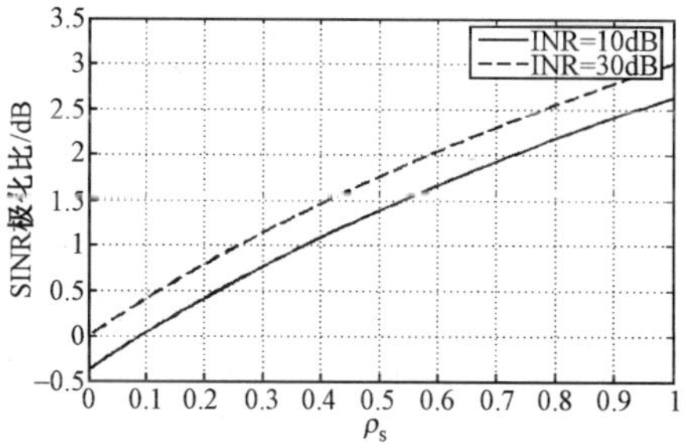

图 4.3.4 雷达接收信号经过 SMPF 极化滤波处理后 SINR 极化比随着 θ_{SI} 的变化曲线（随机极化干扰）

3. 最佳 SINR 极化滤波器

最佳 SINR 极化滤波器是指以雷达天线输出端的 SINR 达到最大作为优化准则，其实质是一个带约束非线性优化问题，直接求解往往会遇到较大的数学困难，文献[9, 76-81]利用集合套的思想，通过研究 SINR 滤波器在 Poincarè极化球上的滤波通带特性，间接得到了 SINR 滤波器的最优解。雷达对信号进行极化滤波后，其接收机输出端输出的最大 SINR 为

$$\mathrm{SINR}_{\max}=\frac{g_{\mathrm{S}0}}{g_{\mathrm{I}0}}\cdot\frac{\mathrm{INR}}{2}\cdot D_{\mathrm{opt}} \tag{4.3.14}$$

其中：$D_{\mathrm{opt}}=\dfrac{1+2K-2K\rho_{\mathrm{S}}\rho_{\mathrm{I}}\cos\theta_{\mathrm{SI}}+\sqrt{\varDelta}}{4K^2\left(1-\rho_{\mathrm{I}}^2\right)+4K+1}$；$\varDelta=\left[\rho_{\mathrm{S}}+2K\left(\rho_{\mathrm{S}}-\rho_{\mathrm{I}}\cos\theta_{\mathrm{SI}}\right)\right]^2+4K^2\left(1-\rho_{\mathrm{S}}^2\right)\rho_{\mathrm{I}}^2\left(1-\cos^2\theta_{\mathrm{SI}}\right)$；$K=\dfrac{g_{\mathrm{I}0}}{2N_0}$。

相应的最佳接收极化为

$$\boldsymbol{g}_{\max}=\frac{\boldsymbol{a}_{\mathrm{S}}-D_{\mathrm{opt}}\boldsymbol{a}_{\mathrm{I}}}{D_{\mathrm{opt}}\left(1+2K\right)-1} \tag{4.3.15}$$

其中：$\boldsymbol{a}_{\mathrm{S}}=\boldsymbol{g}_{\mathrm{S}}/g_{\mathrm{S}0}$，$\boldsymbol{a}_{\mathrm{I}}=\boldsymbol{g}_{\mathrm{I}}/N_0$。

由式（4.3.8）～式（4.3.14）和图 4.3.1～图 4.3.4 易知，当雷达面临的信号与干扰极化特性不同时，不同的极化滤波器性能会出现明显差异，影响极化滤波效果的因素主要包括雷达接收天线处的干噪比 INR、信号与干扰的极化度 ρ_{S} 和 ρ_{I} 以及二者的极化夹角 θ_{SI}。

4.3.3 自适应极化迭代滤波及其性能分析

正如前文所述，早期极化滤波器的研究集中在干扰极化抑制方面，极化对消器是应用最早、最普遍的一种干扰抑制极化滤波器，以之为核心，针对不同用途衍生了多种干扰抑制极化滤波器。1975 年，Nathanson 在研究对抗宽带阻塞式干扰的抑制和雨杂波的对消问题时，提出了自适应极化对消器（APC）的概念，并给出了实现框图[54]。由于 APC 有少量的对消剩余误差，因此 Gherardelli 等人将 APC 称为次最优极化对消器[61]，但由于这种滤波器系统构造简单，并且能够自

动补偿通道间的幅相不均衡，对于极化固定或缓变的杂波、干扰都具有很好的抑制性能，因此在工程中得到了广泛应用。Poelman 于 1984 年提出了多凹口极化滤波器（MLP），用于抑制部分极化的杂波和干扰[57]。1985 年、1990 年意大利学者 Giuli 和 Gherardelli 将 APC 和多凹口极化（MLP）滤波器结合，分别提出了 MLP-APC[59] 和 MLP-SAPC[62]。

随着战场电磁环境的恶化，以及数字信号处理技术在现代雷达中的广泛应用，以相关反馈环电路为核心的传统自适应极化对消器已不再适用。为此，这里讨论了 APC 的迭代滤波算法，该算法具有收敛速度快、稳定性好等特点。

1. 自适应极化对消器

自适应极化对消器（APC）[58]的实质是利用正交极化通道信号的互相关性自动地调整两通道的加权系数，使两通道合成接收极化与干扰（杂波）极化互为交叉极化，从而抑制干扰（杂波）。

APC 最初用于雨杂波的对消[54]，其后被用于噪声干扰、地杂波、箔条干扰的抑制[59, 61, 62]。APC 的核心是以低通滤波器和放大器为主构成的一个相关反馈环，如图 4.3.5 所示，相关反馈环的调整过程，就是权系数 w 逐渐逼近最佳权系数 w_{opt} 的过程。这种滤波器虽然有少量的极化对消损失（因为权系数 w 只是逼近 w_{opt}，而不能完全达到），但系统构造简单，并能够自动补偿两极化接收通道间的幅相不均衡。

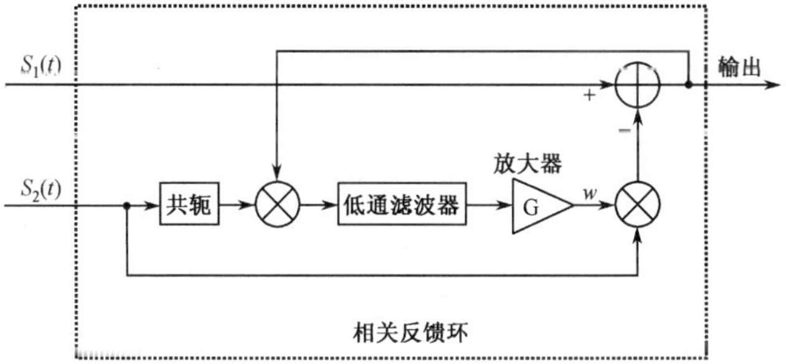

图 4.3.5　自适应极化对消器（用相关反馈环实现）

APC 的性能由相关反馈环的特性决定，主要指的是收敛性能，包括收敛速度和稳定性两个方面。对于由低通滤波器和放大器构成的相关反馈环，其收敛速度和稳定性由低通滤波器的时间常数 τ_0 和环路有效增益 G_e 决定。如果用环路时间常数 τ 来衡量其收敛速度，则

$$\tau = \frac{1}{\alpha} = \frac{\tau_0}{1+G_e}$$

式中：α 表示环路带宽，一般不能超过信号带宽 B 的 $1/N$（N 为 10 左右），所以环路时间常数的最小值为

$$\tau_{\min} = \frac{1}{\alpha_{\max}} = \frac{\tau_0}{1+G_{\mathrm{eMax}}} = \frac{N}{\pi B}$$

上式表明，环路有效增益 G_e 越大，环路时间常数越小、收敛越快，但 G_e 不能大于最大值 G_{eMax}，否则易引起系统的不稳定。G_e 由放大器增益 G、干扰功率 σ_J^2 等相乘得到，由于干扰功率 σ_J^2 未知、且可能缓慢变化，因此放大器的增益 G 只能取较为保守的值，从而影响了 APC 的整体性能。

2. APC 迭代滤波算法

由上节可知，对于干扰功率、干扰极化状态时变等复杂的情况，APC 难以取得较好的性能。此时，如果用数字迭代算法取代使用相关反馈环模拟电路的 APC，则可以对环路中的增益进行更好的控制，从而在系统稳定性和收敛速度之间取到最佳值。

此外，随着雷达信号处理的数字化，以相关反馈环电路为基础的 APC 已不适用于现代军用雷达和复杂战场电磁环境，为此，本节研究 APC 的迭代算法。

1）算法原理

假设干扰极化表示为 $\boldsymbol{h}_J$，雷达接收极化为 $\boldsymbol{h}_r$，则雷达对干扰信号的接收功率系数为 $\boldsymbol{h}_r^T\boldsymbol{h}_J$。当接收极化与干扰极化互为交叉极化时，该系数为零，此时接收极化即为干扰背景下雷达的最佳接收极化 $\boldsymbol{h}_{r,opt}$，有

$$\boldsymbol{h}_{r,opt}^T\boldsymbol{h}_J = 0$$

极化对消的过程分为两步：①只接收干扰信号，进行迭代计算，

获得最佳权系数；②同时接收干扰和目标信号，用最佳权系数对辅助极化通道加权以对消主极化通道中的干扰，具体极化对消过程如图 4.3.6 所示。

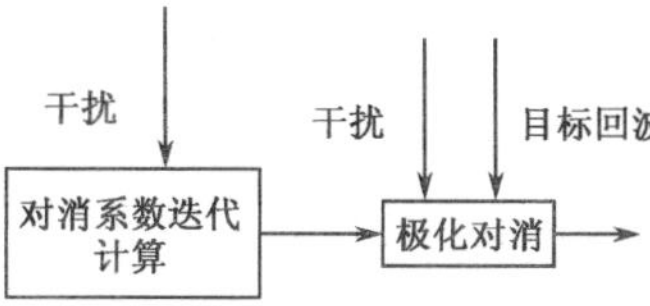

图 4.3.6 极化对消过程

由于迭代过程时间很短，因此“先迭代计算，再对消”的方法是可行的。显然，上述极化迭代算法是以干扰输出功率最小为准则，其迭代过程如图 4.3.7 所示。

下面推导 APC 权系数的迭代公式。

天线 1 和天线 2 的极化状态用 Jones 矢量表示为 $\boldsymbol{h}_1$ 和 $\boldsymbol{h}_2$，干扰信号极化状态 Jones 矢量表示为 $\boldsymbol{h}_\mathrm{J}$，干扰信号表示为 $\boldsymbol{h}_\mathrm{J}\cdot J(n)$，$n$ 指第 n 个采样时刻，平均功率为 P_J。

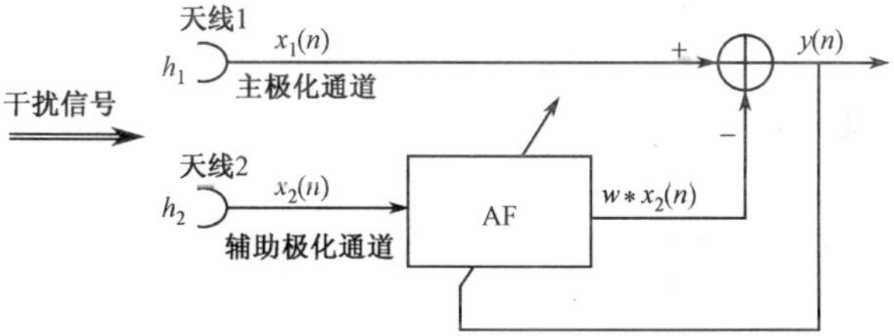

图 4.3.7 APC 权系数迭代过程

主极化通道和辅助极化通道的接收信号分别为

$$\begin{aligned} x_1(n) &= \boldsymbol{h}_1^\mathrm{T}\boldsymbol{h}_\mathrm{J}\cdot J(n)+n_1(n) \\ x_2(n) &= \boldsymbol{h}_2^\mathrm{T}\boldsymbol{h}_\mathrm{J}\cdot J(n)+n_2(n) \end{aligned} \tag{4.3.16}$$

其中：$n_1(n)$ 和 $n_2(n)$ 分别为两极化通道的噪声信号，相互独立，且与干扰信号独立，平均功率均为 P_n。那么，输出信号为

$$y(n)=x_1(n)-w(n)\cdot x_2(n) \tag{4.3.17}$$

其中：$w(n)$是辅助通道权系数。

因为是以干扰输出功率最小为准则，故应使$\xi = E\left[y(t)y^*(t)\right]$最小（$E[\cdot]$表示取数学期望）。$\xi$是权值$w$的函数，目标是寻求$w$的最佳值$w_{\text{opt}}$以使$\xi$达到最小：$\xi(w)\big|_{w=w_{\text{opt}}} = \xi_{\min}$。利用“最陡梯度”的思想：$\xi$对$w$的梯度记为$\nabla_w\xi$，负梯度方向$-\nabla_w\xi$是$\xi$下降最快的方向，故可采用如下的递推公式：

$$w(n+1) = w(n) - \mu \cdot \nabla_w \xi \tag{4.3.18}$$

其中：μ称为迭代因子，其大小决定收敛条件及收敛时间。因$\nabla_w\xi$难以得到，故采用梯度估计值$\hat{\nabla}_w\xi$来代替：$\hat{\nabla}_w\xi = \nabla_w\left[y(n)y^*(n)\right]$。由输出信号表达式（4.3.17）可以得到（复量的导数和梯度定义见附录 1）

$$\nabla_w\left[y(n)y^*(n)\right] = -2y(n)x_2^*(n)$$

带入式（4.3.18），可得最佳权系数w_{opt}的近似迭代计算公式为

$$w(n+1) = w(n) + 2\mu \cdot y(n) \cdot x_2^*(n) \tag{4.3.19}$$

当满足一定条件时，终止迭代计算，获得最佳权系数w_{opt}。

获得权系数w_{opt}后，即可用于极化对消为

$$y(t) = x_1(t) - w_{\text{opt}} \cdot x_2(t) \tag{4.3.20}$$

式中：$x_1(t) = \boldsymbol{h}_1^{\text{T}}\boldsymbol{h}_{\text{s}} \cdot s(t) + \boldsymbol{h}_1^{\text{T}}\boldsymbol{h}_{\text{J}} \cdot J(t) + n_1(t)$，$x_2(t) = \boldsymbol{h}_2^{\text{T}}\boldsymbol{h}_{\text{s}} \cdot s(t) + \boldsymbol{h}_2^{\text{T}}\boldsymbol{h}_{\text{J}} \cdot J(t) + n_2(t)$，其中，$\boldsymbol{h}_{\text{s}} \cdot s(t)$为期望信号的矢量表示式。

2）算法收敛性能分析

由上文可知，本迭代算法是最陡梯度法的近似，即用梯度的实时估计值$\hat{\nabla}_w\xi$代替梯度值$\nabla_w\xi$，因此这里首先分析最陡梯度法的收敛性能，然后根据下面两个假定，进一步分析本节迭代算法的收敛性能。

假定 1　第n时刻采样与第n时刻以前的采样信号互不相关，即

$$E\left[x_1(n)x_1^*(k)\right] = 0,\quad E\left[x_2(n)x_2^*(k)\right] = 0 \quad (k < n)$$

假定 2　第n时刻辅助通道采样信号与第n时刻以前的主通道采样信号互不相关，即

$$E\left[x_2(n)x_1^*(k)\right]=0 \quad (k<n)$$

由式（4.3.17），干扰输出平均功率 ξ 展开为

$$\begin{aligned}\xi &= E\left[y(n)y^*(n)\right]\\ &=|w|^2 E\left[x_2(n)x_2^*(n)\right]+E\left[x_1(n)x_1^*(n)\right]-\\ &\quad w^*E\left[x_1(n)x_2^*(n)\right]-wE\left[x_1^*(n)x_2(n)\right]\end{aligned}$$

其对 w 的梯度为（证明见附录 1）

$$\nabla_w\xi=2E\left[x_2(n)x_2^*(n)\right]w-2E\left[x_1(n)x_2^*(n)\right] \tag{4.3.21}$$

令 $\nabla_w\xi=0$ 可以得到最佳权系数为

$$w_{\text{opt}}=\frac{E\left[x_1(n)x_2^*(n)\right]}{E\left[x_2(n)x_2^*(n)\right]}$$

根据式（4.3.18）及式（4.3.21）得最陡下降法的迭代公式为

$$w(n+1)=\left\{1-2\mu E\left[x_2(n)x_2^*(n)\right]\right\}w(n)+2\mu E\left[x_1(n)x_2^*(n)\right]$$

进一步可写为

$$w(n+1)-w_{\text{opt}}=\left\{1-2\mu E\left[x_2(n)x_2^*(n)\right]\right\}\left(w(n)-w_{\text{opt}}\right)$$

若令 $v(n)=w(n)-w_{\text{opt}}$，称为加权误差，则上面的迭代公式变为

$$v(n)=\left\{1-2\mu E\left[x_2(n)x_2^*(n)\right]\right\}^n v(0) \tag{4.3.22}$$

可见，迭代算法用式（4.3.19）的近似迭代公式代替了式（4.3.18）的理想迭代公式，相应地，加权误差记为 $\hat{v}(n)$，那么可以证明[245]，在满足假定 1 和假定 2 的情况下，$\hat{v}(n)$ 也满足上式，即

$$\hat{v}(n)=\left\{1-2\mu E\left[x_2(n)x_2^*(n)\right]\right\}^n \hat{v}(0)$$

显然，μ 和辅助通道功率 $E\left[x_2(n)x_2^*(n)\right]$ 共同决定了收敛条件和收敛速度。

（1）收敛条件。根据式（4.3.16）有 $E\left[x_2(n)x_2^*(n)\right]=\left|\boldsymbol{h}_2^{\mathrm{T}}\boldsymbol{h}_{\mathrm{J}}\right|^2 P_{\mathrm{J}}+P_{\mathrm{n}}$。由于 $\left|\boldsymbol{h}_2^{\mathrm{T}}\boldsymbol{h}_{\mathrm{J}}\right|^2\leqslant\|\boldsymbol{h}_2\|^2\|\boldsymbol{h}_{\mathrm{J}}\|^2=1$，所以根据式（4.3.22）得到算法的收敛

条件可以取为$0<\mu<\dfrac{1}{P_{\mathrm{J}}+P_{\mathrm{n}}}$。工程实际中，可以通过预估干扰功率，来设定迭代因子μ。由于在 APC 迭代滤波算法中用梯度估计值$\hat{\nabla}_w\xi$代替梯度$\nabla_w\xi$，并且干扰和噪声的非平稳起伏会造成环路的不稳定，因此迭代因子应满足：

$$0<\mu<<\frac{1}{P_{\mathrm{J}}+P_{\mathrm{n}}} \tag{4.3.23}$$

（2）收敛速度。通常$2\mu E\left[x_2(n)x_2^*(n)\right]$取得足够小，因此可以令

$$1-2\mu E\left[x_2(n)x_2^*(n)\right]=\exp(-1/\tau)$$

那么，式（4.3.22）可以表示为

$$v(n)=v(0)\exp(-n/\tau) \tag{4.3.24}$$

表明$v(n)$近似按指数规律变化，其时间常数为

$$\tau=\frac{-1}{\ln\left(1-2\mu E\left[x_2(n)x_2^*(n)\right]\right)}\approx\frac{1}{2\mu E\left[x_2(n)x_2^*(n)\right]}=\frac{1}{2\mu\left(\left|\boldsymbol{h}_2^{\mathrm{T}}\boldsymbol{h}_{\mathrm{J}}\right|^2P_{\mathrm{J}}+P_{\mathrm{n}}\right)} \tag{4.3.25}$$

上式“$\approx$”是在$2\mu E\left[x_2(n)x_2^*(n)\right]$取得足够小的情况下得到的。

时间常数τ反映了在采样数据不相关的情况下（前述假定 1 和假定 2）迭代算法的收敛速度，因此，实际的收敛时间是$\tau\cdot t_{\mathrm{S}}$，其中t_{S}为采样间隔。

（3）提高收敛性能的预处理方法。由式（4.3.25）可以看出，$\boldsymbol{h}_2$与$\boldsymbol{h}_{\mathrm{J}}$越接近匹配，时间常数越小，算法收敛越快。当$\boldsymbol{h}_2$与$\boldsymbol{h}_{\mathrm{J}}$完全匹配时（$\left|\boldsymbol{h}_2^{\mathrm{T}}\boldsymbol{h}_{\mathrm{J}}\right|^2=1$），时间常数取最小值$\tau_{\min}=\dfrac{1}{2\mu(P_{\mathrm{J}}+P_{\mathrm{n}})}$；当$\boldsymbol{h}_2$与$\boldsymbol{h}_{\mathrm{J}}$互为交叉极化时（$\left|\boldsymbol{h}_2^{\mathrm{T}}\boldsymbol{h}_{\mathrm{J}}\right|^2=0$），时间常数达到最大值$\tau_{\max}=\dfrac{1}{2\mu P_{\mathrm{n}}}$。因此，必须避免$\boldsymbol{h}_2$与$\boldsymbol{h}_{\mathrm{J}}$互为交叉极化的情况。

为此，这里给出一种预处理方案。

① 令两天线极化正交（$\left|\boldsymbol{h}_1^{\mathrm{H}}\boldsymbol{h}_2\right|=0$），并分别接收，则两个通道

的功率相加得到 P_J+2P_n 的估值，由于 P_n 可以大致估计，且影响较弱，故可通过式（4.3.23）确定迭代因子。

② 基于干扰功率远大于噪声功率的一般性假设，认为接收功率大的通道与干扰极化更匹配，因此将其作为辅助极化通道（这里两个极化通道在构造上没有本质的差别，只有权系数固定与可调整的差别，故而可以方便地设定主、辅通道）。

容易证明，在最不利的情况下，即两通道接收功率相同（$\left|\boldsymbol{h}_1^T\boldsymbol{h}_J\right|^2=\left|\boldsymbol{h}_2^T\boldsymbol{h}_J\right|^2=\frac{1}{2}$）时，对应最长收敛时间为 $\frac{1}{\mu P_J+2\mu P_n}$，这就避免了时间常数接近 τ_{max} 的情况。

包含预处理过程的 APC 流程如图 4.3.8 所示。

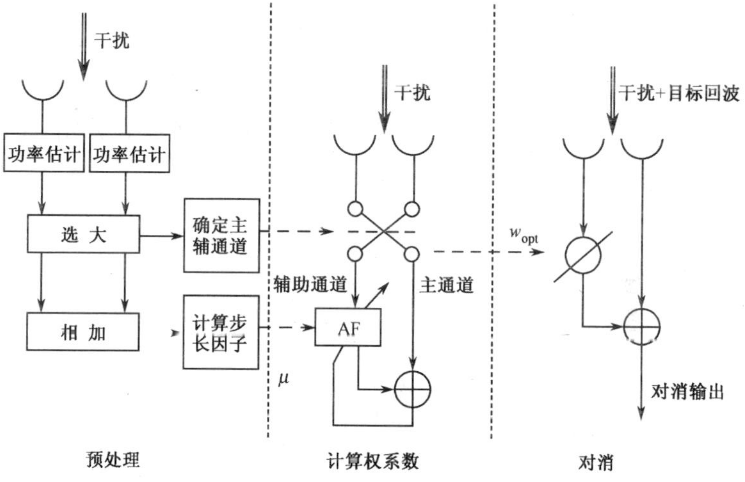

图 4.3.8 包含预处理过程的 APC 工作流程

（4）稳态性能。权系数达到最佳后，干扰输出为零，输出功率达最小值，根据式（4.3.16）和式（4.3.17），容易求得最小平均输出功率为

$$\xi_{min}=\xi\big|_{w=w_{opt}}=\left(1+\left|w_{opt}\right|^2\right)P_n$$

当 $E\left[w(n)\right]$ 收敛到 w_{opt} 后，由于 $w(n)$ 继续按式（4.3.20）迭代，

所以 $w(n)$ 继续随机起伏，其起伏方差为（推导过程见附录 2）

$$\delta_w^{\ 2}=\frac{\mu\xi_{\min}}{1-\mu\left(\left|\boldsymbol{h}_2^{\mathrm{T}}\boldsymbol{h}_{\mathrm{J}}\right|^2 P_{\mathrm{J}}+P_{\mathrm{n}}\right)} \tag{4.3.26}$$

为了描述极化滤波器对入射信号极化的选择性，仿照空域处理中天线方向图的概念，这里给出“极化增益图”的概念。

APC 极化滤波器可以看成是一个由 $\boldsymbol{C}^2\to\boldsymbol{C}$ 的映射，即输入是一个 2 维矢量信号，而输出为该矢量两分量的加权和，为一个标量，用输出、输入信号的平均功率之比（也就是欧氏范数平方之比）来描述极化滤波器对入射信号极化的映射为

$$\frac{E\left[\left\|S_{\mathrm{o}}(n)\right\|_2^{\ 2}\right]}{E\left[\left\|\boldsymbol{S}_{\mathrm{i}}(n)\right\|_2^{\ 2}\right]}=\frac{\left|\boldsymbol{h}_{\Sigma}^{\mathrm{T}}\boldsymbol{h}\right|^2 P_{\mathrm{s}}}{\left|\boldsymbol{h}^{\mathrm{H}}\boldsymbol{h}\right|^2 P_{\mathrm{s}}}=\left|\boldsymbol{h}_{\Sigma}^{\mathrm{T}}\boldsymbol{h}\right|^2 \tag{4.3.27}$$

其中：入射信号为 $\boldsymbol{S}_{\mathrm{i}}(n)=\boldsymbol{h}\cdot s(n)\in^2$，$\boldsymbol{h}$ 为其归一化 Jones 矢量，$s(n)$ 为信号波形；P_{s} 为入射信号的功率；输出信号 $S_{\mathrm{o}}(n)=\boldsymbol{h}_{\Sigma}^{\mathrm{T}}\cdot\boldsymbol{S}_{\mathrm{i}}(n)\in\boldsymbol{C}$；$\boldsymbol{h}_{\Sigma}$ 为极化滤波器输出极化矢量。

APC 主极化通道权系数固定，辅助极化通道自适应加权（称之为“部分自适应极化滤波器”），其输出极化 Jones 矢量为 $\boldsymbol{h}_{\Sigma}^{(\mathrm{p})}=\boldsymbol{h}_1-w\boldsymbol{h}_2$，而全自适应极化滤波器（两个极化通道都可以加权）的输出极化 Jones 矢量为 $\boldsymbol{h}_{\Sigma}^{(\mathrm{a})}=w_1\boldsymbol{h}_1+w_2\boldsymbol{h}_2$。式（4.3.27）表示极化滤波器的效率是入射信号极化 $\boldsymbol{h}(\gamma,\phi)=\left[\cos\gamma,\sin\gamma\mathrm{e}^{\mathrm{j}\phi}\right]^{\mathrm{T}}$ 的函数，将其重记为

$$F_{\mathrm{p}}(\gamma,\phi)=\left|\boldsymbol{h}_{\Sigma}^{\mathrm{T}}\boldsymbol{h}(\gamma,\varphi)\right|^2 \tag{4.3.28}$$

将 $F_{\mathrm{p}}(\gamma,\phi)$ 称作“极化增益图”函数，它是来波极化状态 $\boldsymbol{h}(\gamma,\phi)$ 的函数，反映了极化滤波器对来波极化的选择性。

图 4.3.9（a）为对消前的极化增益图（辅助极化通道），可见对干扰的极化增益较大；图 4.3.9（b）为利用最佳权系数对消后的极化增益图，显见极化增益图的波谷位置已经移至干扰处。其中：期望信号为频率 50kHz 的正弦波信号，信干比为−40dB，信噪比为−10dB；干扰

及接收机噪声带宽为 1MHz，采样率 1MHz，采样点数为 10^4；期望信号极化相位描述子为（72°，72°），干扰为（22.5°，324°），天线 1 为垂直极化接收，天线 2 为水平极化接收，由预处理选择天线 2 作为辅助极化通道，其权系数初值设为 0，迭代因子取为 $\mu = 0.1/\left(P_{\mathrm{J}} + P_{\mathrm{n}}\right)$。

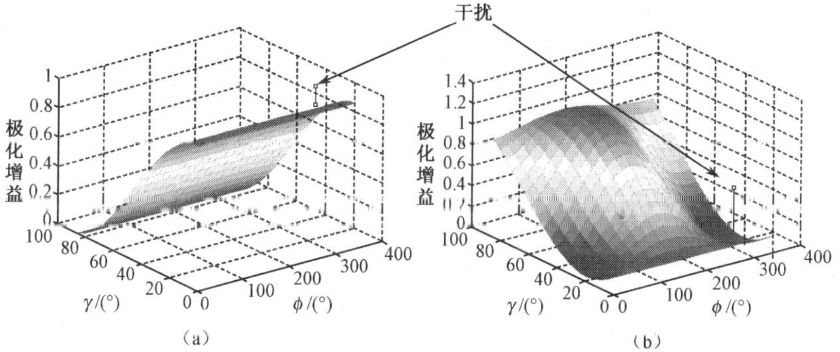

图 4.3.9 APC 对消前后的极化增益图

（a）对消前；（b）对消后。

图 4.3.10 为对消前后信号频谱，由于干扰被对消，目标信号频谱显现出来（输出信号信噪比仍然很小，所以这里在频域表示对消效果）。

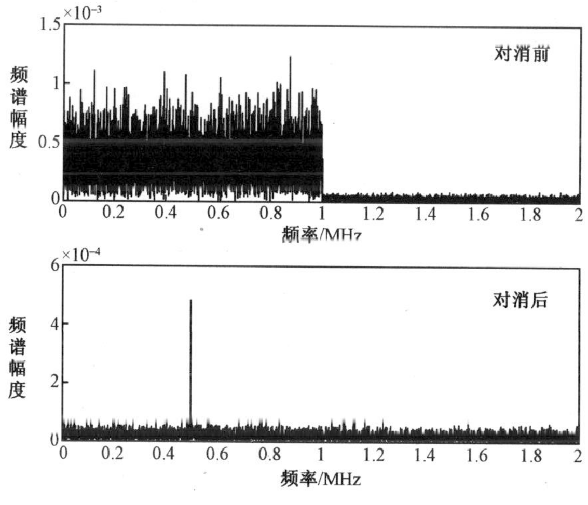

图 4.3.10 APC 对消前后信号频谱

根据式（4.3.26）计算，达到稳态后权系数起伏标准差为 $\delta_w = 0.011$，若以 $|v(n)| < \delta_w$ 为权系数收敛标志，则按照式（4.3.24），需要的迭代次数为 20 次。图 4.3.11 为权系数误差模值 $|v(n)|$ 的收敛曲线，蒙特卡罗仿真次数为 100 次，从图中看出，当采样率取 0.5MHz 时，由于满足了采样数据不相关的要求，达到收敛标志的平均迭代次数也为 20 次，而当采样率取 5MHz 时，由于采样率大于干扰信号带宽，因此采样数据相关，此时平均迭代次数要大于理论值，为 27 次。

（5）多个极化干扰情况下的讨论。极化域构成一个二维复空间 $\boldsymbol{C}^2$，任意多个极化状态的线性组合还是一个二维复矢量，自由度为 1，因此，线性极化滤波器只能对消一个极化方向的干扰，相应地，极化滤波器也只需要两个极化通道。这与空域信号处理中的自适应旁瓣对消是不同的：理论上，M 个辅助天线可以对消 M 个方向的干扰。

下面分析同时存在多个不同极化干扰情况下，APC 和全自适应极化滤波器的性能。

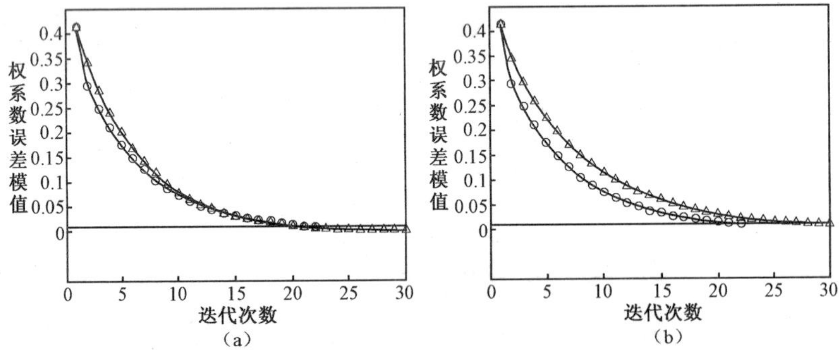

图 4.3.11　APC 权系数误差模值的收敛曲线（○为理论值，△为仿真值）

（a）采样率为 0.5MHz；（b）采样率为 5MHz。

假设入射两个独立、极化状态不同的极化干扰为 $\boldsymbol{h}_{\mathrm{J}1} \cdot J_1(n)$ 和 $\boldsymbol{h}_{\mathrm{J}2} \cdot J_2(n)$，$\boldsymbol{h}_{\mathrm{J}1}$、$\boldsymbol{h}_{\mathrm{J}2}$ 和 $J_1(n)$、$J_2(n)$ 分别为其 Jones 矢量和波形，功率均为 P_{J}。通过极化滤波器后的输出为

$$y(n) = \boldsymbol{h}_\Sigma^{\mathrm{T}} \cdot \boldsymbol{h}_{\mathrm{J}1} J_1(n) + \boldsymbol{h}_\Sigma^{\mathrm{T}} \cdot \boldsymbol{h}_{\mathrm{J}2} J_2(n) + r(n)$$

$r(n)$为通道噪声，功率为P_n，与干扰独立。

如前所述，以输出干扰功率最小为准则，即要求（干扰、噪声独立）：

$$E\left[y(n)y^*(n)\right]=\left|\boldsymbol{h}_\Sigma{}^{\mathrm{T}}\cdot\boldsymbol{h}_{\mathrm{J1}}\right|^2P_{\mathrm{J}}+\left|\boldsymbol{h}_\Sigma{}^{\mathrm{T}}\cdot\boldsymbol{h}_{\mathrm{J2}}\right|^2P_{\mathrm{J}}+P_{\mathrm{n}}\to 0$$

当干扰功率远大于通道噪声功率时（通常情况是这样的），$P_{\mathrm{J}}>>P_{\mathrm{n}}$，可以把上式近似写作：$\begin{cases}\boldsymbol{h}_\Sigma{}^{\mathrm{T}}\cdot\boldsymbol{h}_{\mathrm{J1}}=0\\ \boldsymbol{h}_\Sigma{}^{\mathrm{T}}\cdot\boldsymbol{h}_{\mathrm{J2}}=0\end{cases}$。根据前面的结论，APC和全自适应极化滤波器情况下，该线性方程组分别为

$$\begin{cases}\boldsymbol{h}_1{}^{\mathrm{T}}\boldsymbol{h}_{\mathrm{J1}}-w\boldsymbol{h}_2{}^{\mathrm{T}}\boldsymbol{h}_{\mathrm{J1}}=0\\ \boldsymbol{h}_1{}^{\mathrm{T}}\boldsymbol{h}_{\mathrm{J2}}-w\boldsymbol{h}_2{}^{\mathrm{T}}\boldsymbol{h}_{\mathrm{J2}}=0\end{cases}\tag{4.3.29}$$

和

$$\begin{cases}w_1\boldsymbol{h}_1{}^{\mathrm{T}}\boldsymbol{h}_{\mathrm{J1}}-w_2\boldsymbol{h}_2{}^{\mathrm{T}}\boldsymbol{h}_{\mathrm{J1}}=0\\ w_1\boldsymbol{h}_1{}^{\mathrm{T}}\boldsymbol{h}_{\mathrm{J2}}-w_2\boldsymbol{h}_2{}^{\mathrm{T}}\boldsymbol{h}_{\mathrm{J2}}=0\end{cases}\tag{4.3.30}$$

令$\boldsymbol{A}=\begin{bmatrix}\boldsymbol{h}_1{}^{\mathrm{T}}\boldsymbol{h}_{\mathrm{J1}} & \boldsymbol{h}_2{}^{\mathrm{T}}\boldsymbol{h}_{\mathrm{J1}}\\ \boldsymbol{h}_1{}^{\mathrm{T}}\boldsymbol{h}_{\mathrm{J2}} & \boldsymbol{h}_2{}^{\mathrm{T}}\boldsymbol{h}_{\mathrm{J2}}\end{bmatrix}$为方程组的系数矩阵。

对于APC，由方程组（4.3.29），在$\boldsymbol{h}_{\mathrm{J1}}\neq\boldsymbol{h}_{\mathrm{J2}}$的情况下无解，即没有权系数$w$能满足条件，仿真表明，权系数迭代中，$w$不会收敛于其中任何一个方程的解，而是在两个解之间徘徊。因此，APC不能同时对消两个或两个以上的干扰。

对于全自适应极化滤波器，由方程组（4.3.30），由于系数矩阵$\boldsymbol{A}$是满秩的，故只有零解$\begin{cases}w_{1,\mathrm{opt}}=0\\ w_{2,\mathrm{opt}}=0\end{cases}$，从而迭代结果导致$\boldsymbol{h}_\Sigma{}^{(\mathrm{a})}=0$，因此，由式（4.3.28），在两个（或多个）不同极化的干扰同时存在的情况下，全自适应极化滤波器的极化增益图函数$F_{\mathrm{p}}(\gamma,\phi)$在整个极化平面接近于零，即干扰和目标信号都被抑制，这显然也是不符合要求的（实际上，在空域处理中，很多情况下用于全自适应阵的算法都是基于某种约束的）。

下面通过仿真实例来比较多个极化干扰同时存在的情况下，APC

与全自适应极化滤波器的性能。在前述情况下增加一个干扰，称为干扰 2，与原干扰（干扰 1）独立，极化为（67.5°，144°），其他设置同前。全自适应极化滤波器两极化通道的权系数初值均设为 1。

图 4.3.12（a）为 APC 对消后的极化增益图，从图上可以看出，APC 不能将两个干扰同时对消；图 4.3.12（b）为全自适应极化滤波器对消后的极化增益图，极化增益下降到几乎为零，期望信号和干扰信号同时被大大减弱。

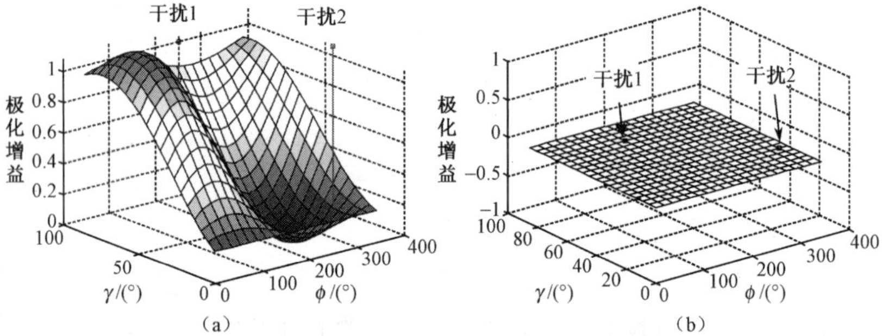

图 4.3.12　极化滤波处理后的极化增益图（两个极化干扰）

（a）APC 对消后的极化增益图；（b）全自适应极化滤波器对消后的极化增益图。

由上述分析可以看出，以干扰输出功率最小为准则的 APC 迭代滤波算法，对单极化干扰具有稳定、良好的对消性能，能快速地实现自适应干扰极化对消。当多个极化干扰同时存在时，由于极化滤波器的固有限制，算法无法同时对消更多的干扰。

4.3.4　干扰背景下的目标极化增强

如上所述，与空域的抗干扰措施——旁瓣对消类似，作为单纯的干扰抑制滤波器，极化对消器也存在着当目标、干扰极化状态接近时，无法提高目标干扰噪声功率比（SINR）的问题。此时，不仅需要对接收极化进行优化（抑制干扰），还要对发射极化进行优化（通过改变发射极化来改变目标回波极化，使之与接收极化匹配），以提高对目标的接收功率，达到优化 SINR 的目的。

由于极化雷达的发展水平，现有雷达极化优化算法中很少对发射极化和接收极化进行联合优化，因而限制了极化优化处理的增益。随着现代雷达全极化、数字化处理水平的提高，为雷达实现收、发快速变极化提供了基础。因此，这里研究了干扰背景下雷达目标极化增强问题，也即雷达收、发极化联合优化问题。

在目标散射矩阵未知的情况下，本小节介绍了一种先估计最佳接收极化（以抑制干扰），然后通过估计目标散射矩阵和最佳接收极化的“乘积矢量”确定最佳发射极化的分步估计方法（图 4.3.13）。通过对接收极化和发射极化的联合优化，不仅将干扰充分抑制，而且由于目标回波极化与接收极化匹配，也提高了对目标回波的接收功率，实现了 SINR 的最大化，相比于已有的极化对比增强算法，不仅先验知识要求少（目标极化散射矩阵、干扰极化状态均未知），而且避免了繁琐的优化计算过程。

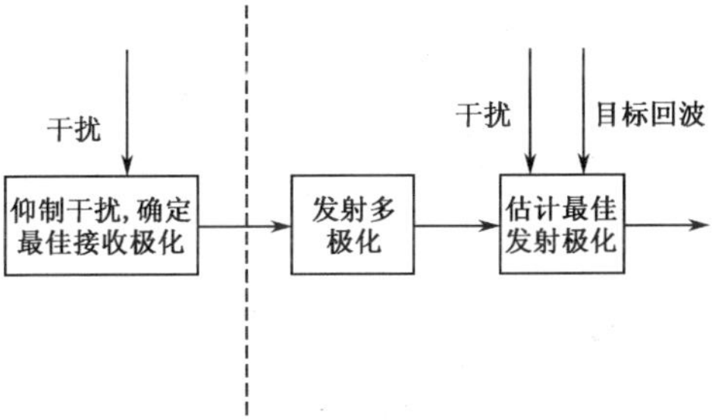

图 4.3.13 干扰背景下雷达收、发极化联合优化过程

由前可知，干扰背景下雷达最佳接收极化 $\boldsymbol{h}_{r,opt}$ 为

$$\boldsymbol{h}_{r,opt}{}^{T}\boldsymbol{h}_{J} = 0$$

而目标回波极化 $\boldsymbol{h}_{s}$ 由发射极化 $\boldsymbol{h}_{t}$ 和目标散射矩阵 $\boldsymbol{S}$ 共同决定，即

$$\boldsymbol{h}_{s} = \boldsymbol{S}\boldsymbol{h}_{t}$$

在雷达接收极化确定为 $\boldsymbol{h}_{r,opt}$ 之后，若要求回波接收功率最大，则回波极化 $\boldsymbol{h}_{s}$ 应与接收极化 $\boldsymbol{h}_{r,opt}$ 匹配，也就是使 $\boldsymbol{h}_{s}{}^{T}\boldsymbol{h}_{r,opt}$（或 $\boldsymbol{h}_{t}{}^{T}\boldsymbol{S}^{T}\boldsymbol{h}_{r,opt}$）取最大值。

若定义目标散射矩阵和最佳接收极化的乘积矢量为 $\boldsymbol{\theta} = \dfrac{\boldsymbol{S}^{T}\boldsymbol{h}_{r,opt}}{\left\|\boldsymbol{S}^{T}\boldsymbol{h}_{r,opt}\right\|}$

（显然$\|\boldsymbol{\theta}\|=1$），则由收、发极化决定的目标接收信号电压系数为

$$v_s = \boldsymbol{h}_{r,opt}{}^{T}\boldsymbol{S}\boldsymbol{h}_t = \boldsymbol{h}_t{}^{T}\boldsymbol{\theta} \tag{4.3.31}$$

由内积空间的性质$|v_s| = \left|\left\langle \boldsymbol{h}_t, \boldsymbol{\theta}^* \right\rangle\right| \leqslant \|\boldsymbol{h}_t\| \cdot \|\boldsymbol{\theta}^*\|$可知，当且仅当$\boldsymbol{h}_t = \alpha\boldsymbol{\theta}^*$时（$\alpha$为复常数），接收到的信号功率最大。若约束$\|\boldsymbol{h}_{t,opt}\|=1$，则最佳发射极化可确定为

$$\boldsymbol{h}_{t,opt} = \boldsymbol{\theta}^*$$

即与$\boldsymbol{\theta}$匹配的$\boldsymbol{h}_t$为最佳发射极化。

下面研究基于发射多极化和最小二乘估计的最佳发射极化估计算法。

1. 算法原理

若M个发射极化分别为$\boldsymbol{h}_{tm}$（$m=1,2,\cdots,M$），目标回波复幅度v_m可写为

$$v_m = \beta \boldsymbol{h}_{tm}{}^{T}\boldsymbol{\theta}$$

式中：$\beta = \sqrt{\dfrac{2P_t G_t G_r \lambda^2}{(4\pi)^3 R^4 L}}$在一个相干处理期间内为常数，与目标极化散射矩阵无关；P_t为雷达发射功率；G_t和G_r分别为在目标方向上的天线发射和接收增益；λ为雷达波长；R为目标距离；L为总损耗。

按上式构造观测方程，系数矩阵为$\boldsymbol{H}_t = \left[\boldsymbol{h}_{t1} \quad \boldsymbol{h}_{t2} \quad \cdots \quad \boldsymbol{h}_{tM}\right]^T$，$\boldsymbol{Z} = \left[z_1 \cdots \quad z_m \quad \cdots \quad z_M\right]^T$为观测矢量（其中$z_m$为脉冲回波幅度），$\boldsymbol{n} = \left[n_1 \quad \cdots n_m \quad \cdots \quad n_M\right]^T$为加性噪声矢量，则

$$\boldsymbol{Z} = \boldsymbol{H}_t \beta \boldsymbol{\theta} + \boldsymbol{n} \tag{4.3.32}$$

噪声可认为是高斯白噪声，噪声矢量$\boldsymbol{n} \sim N(0, \boldsymbol{R})$，其中$\boldsymbol{R} = \sigma^2 \cdot \boldsymbol{I}_{M\times M}$是噪声方差矩阵，$\sigma^2$为观测噪声方差，$\boldsymbol{I}_{M\times M}$为$M\times M$的单位矩阵。

矢量$\boldsymbol{\theta}$的最小二乘估计为

$$\hat{\boldsymbol{\theta}} = \frac{1}{\beta}\left(\boldsymbol{H}_t{}^{H}\boldsymbol{H}_t\right)^{-1}\boldsymbol{H}_t{}^{H}\boldsymbol{Z} \tag{4.3.33}$$

其中：估计误差$\tilde{\boldsymbol{\theta}} = \hat{\boldsymbol{\theta}} - \boldsymbol{\theta}$服从零均值复高斯分布：$\tilde{\boldsymbol{\theta}} \sim \mathrm{N}\left(0, \boldsymbol{R}_{\tilde{\theta}}\right)$，其

协方差阵 $\boldsymbol{R}_{\tilde{\theta}}$ 为

$$\boldsymbol{R}_{\tilde{\theta}}=\frac{1}{\mathrm{SNR}}\left(\boldsymbol{H}_{\mathrm{t}}^{\mathrm{H}}\boldsymbol{H}_{\mathrm{t}}\right)^{-1}$$

而 $\mathrm{SNR}=\dfrac{|\beta|^2}{\sigma^2}$ 称为信噪比，反映了目标回波接收功率，但不包括目标散射强度和极化的影响。

虽然系数 β 无法获知，但由于有 $\left\|\boldsymbol{h}_{\mathrm{t,opt}}\right\|=1$ 的约束，因此依据式（4.3.32），最佳发射极化为

$$\hat{\boldsymbol{h}}_{\mathrm{t,opt}}=\frac{\left[\left(\boldsymbol{H}_{\mathrm{t}}^{\mathrm{H}}\boldsymbol{H}_{\mathrm{t}}\right)^{-1}\boldsymbol{H}_{\mathrm{t}}^{\mathrm{H}}\boldsymbol{Z}\right]^{*}}{\left\|\left(\boldsymbol{H}_{\mathrm{t}}^{\mathrm{H}}\boldsymbol{H}_{\mathrm{t}}\right)^{-1}\boldsymbol{H}_{\mathrm{t}}^{\mathrm{H}}\boldsymbol{Z}\right\|} \tag{4.3.34}$$

1）发射极化的选择

式（4.3.33）中含有矩阵求逆运算，如果矩阵 $\boldsymbol{H}_{\mathrm{t}}^{\mathrm{H}}\boldsymbol{H}_{\mathrm{t}}$ 奇异或条件数很大，则协方差阵 $\boldsymbol{R}_{\tilde{\theta}}$ 也会很大，即 $\hat{\boldsymbol{\theta}}$ 的估计性能是不稳定的。$\boldsymbol{H}_{\mathrm{t}}^{\mathrm{H}}\boldsymbol{H}_{\mathrm{t}}$ 由发射极化矩阵 $\boldsymbol{H}_{\mathrm{t}}$ 唯一决定，因此，必须对发射极化进行优选。

设发射极化为 $\boldsymbol{h}_{\mathrm{t}m}=\left[\cos\gamma_m,\sin\gamma_m\cdot\mathrm{e}^{\mathrm{j}\phi_m}\right]^{\mathrm{T}}$，$\left(\gamma_m,\phi_m\right)$ 为其极化的相位描述子，则

$$\boldsymbol{H}_{\mathrm{t}}^{\mathrm{H}}\boldsymbol{H}_{\mathrm{t}}=\begin{bmatrix}\sum\limits_{m=1}^{M}\left(\cos\gamma_m\right)^2 & \sum\limits_{m=1}^{M}\sin\gamma_m\cos\gamma_m\mathrm{e}^{\mathrm{j}\phi_m}\\ \sum\limits_{m=1}^{M}\sin\gamma_m\cos\gamma_m\mathrm{e}^{-\mathrm{j}\phi_m} & \sum\limits_{m=1}^{M}\left(\sin\gamma_m\right)^2\end{bmatrix}$$

如果 $\boldsymbol{h}_{\mathrm{t}1}$ 与 $\boldsymbol{h}_{\mathrm{t}2}$ 正交，则有 $\begin{cases}\gamma_2=\dfrac{\pi}{2}-\gamma_1\\ \phi_2=\pi+\phi_1\end{cases}$，进而
$\begin{cases}\cos^2\gamma_1+\cos^2\gamma_2=1\\ \sin\gamma_1\cos\gamma_1\mathrm{e}^{\mathrm{j}\phi_1}+\sin\gamma_2\cos\gamma_2\mathrm{e}^{\mathrm{j}\phi_2}=0\end{cases}$。

若 M 个发射极化由 $M/2$ 对正交极化构成，那么易证明：

$$\boldsymbol{H}_{\mathrm{t}}^{\mathrm{H}}\boldsymbol{H}_{\mathrm{t}}=\frac{M}{2}\cdot\boldsymbol{I}_{2\times2} \tag{4.3.35}$$

式中：$\boldsymbol{I}_{2\times2}$ 为 2 阶单位矩阵。

显然，这样的发射极化避免了 $\hat{\boldsymbol{\theta}}$ 估计性能不稳定的问题，并且使算法的性能分析大为简化。

此时，估计误差协方差矩阵 $\boldsymbol{R}_{\tilde{\theta}}$ 为

$$\boldsymbol{R}_{\tilde{\theta}}=\frac{2}{M\cdot\mathrm{SNR}}\cdot\boldsymbol{I}_{2\times2} \tag{4.3.36}$$

综上，发射脉冲数 M 应为偶数，并且发射极化为任意 $M/2$ 对正交极化。

2）极化测量体制的选择

极化测量体制分为分时极化和同时极化体制两种[15]，分时极化测量体制的主要缺点是受目标运动影响很大，各回波脉冲间不相干，而同时极化测量体制受目标运动影响较小，可以保证各回波脉冲间近似相干，这为本算法所需要的多极化处理提供了可行的平台。

此外，由于本算法中发射脉冲数 M 通常大于 2，而传统的同时极化体制在脉冲数大于 2 的情况下，自相关性能、互相关性能难以同时达到理想水平，因此，应选择 3.3 节所介绍的复合编码同时极化体制作为测量算法。

2. 算法性能分析

由极化测量算法可知，噪声和多普勒补偿剩余相位（由多普勒频率估计误差引起）是极化测量的主要误差[15]，下面首先分析多普勒补偿剩余相位对测量性能的影响，而后通过数值计算和仿真实验研究算法的测量性能。

1）算法性能的定义

由于最佳发射极化估计 $\hat{\boldsymbol{h}}_{\mathrm{t,opt}}$ 和矢量 $\boldsymbol{\theta}$ 均是范数为 1 的 2 维复矢量，且 $\boldsymbol{h}_{\mathrm{t,opt}}$ 与 $\boldsymbol{\theta}$ 匹配，因此，定义 $\hat{\boldsymbol{h}}_{\mathrm{t,opt}}$ 和 $\boldsymbol{\theta}$ 的匹配度为

$$m_{\mathrm{p}}=\frac{\left|\hat{\boldsymbol{h}}_{\mathrm{t,opt}}{}^{\mathrm{T}}\cdot\boldsymbol{\theta}\right|^2}{\left\|\hat{\boldsymbol{h}}_{\mathrm{t,opt}}\right\|^2\cdot\left\|\boldsymbol{\theta}\right\|^2} \tag{4.3.37}$$

显然，以 m_p 作为算法性能评价的指标是合理的。

下面研究矢量 $\boldsymbol{\theta}$ 的估计性能与匹配度 m_p 的关系。

设 $\boldsymbol{\theta}=\left[\theta_1,\theta_2\right]^{\mathrm{T}}$，$\hat{\boldsymbol{\theta}}=[\hat{\theta}_1,\ \hat{\theta}_2]^{\mathrm{T}}$ 和 $\tilde{\boldsymbol{\theta}}=[\tilde{\theta}_1,\ \tilde{\theta}_2]^{\mathrm{T}}$ 分别为矢量 $\boldsymbol{\theta}$ 的估计和估计误差，代入式（4.3.37），可得

$$m_p=1-\frac{\left|\theta_2\tilde{\theta}_1-\theta_1\tilde{\theta}_2\right|^2}{\left(\left|\theta_1+\tilde{\theta}_1\right|^2+\left|\theta_2+\tilde{\theta}_2\right|^2\right)} \tag{4.3.38}$$

易证 $0\leqslant m_p\leqslant 1$，上式表明 m_p 不仅与 $\tilde{\boldsymbol{\theta}}$ 有关，还与 $\boldsymbol{\theta}$ 本身有关。

由于式（4.3.38）右半部分的分子、分母相关，难以推出 m_p 的均值、方差的表达式，故这里采用数值方法得到 m_p 的均值和方差。令 $\rho=\theta_2/\theta_1=\tan\gamma\cdot \mathrm{e}^{\mathrm{j}\phi}$，在 (γ,ϕ) 平面上均匀采样，以遍历所有可能的 ρ 值，在每个 ρ 位置进行蒙特卡罗仿真，按式（4.3.38）计算 m_p，并统计均值和方差。通过大量的数值仿真证实，在相同的脉冲数 M 和 SNR 下，m_p 的均值和方差随 (γ,ϕ) 呈现无规则的微弱起伏，可认为与 $\boldsymbol{\theta}$ 无关，只与 $\tilde{\boldsymbol{\theta}}$ 有关。图 4.3.14 给出了不同 M 下，m_p 的均值和方差随 SNR 的变化曲线。

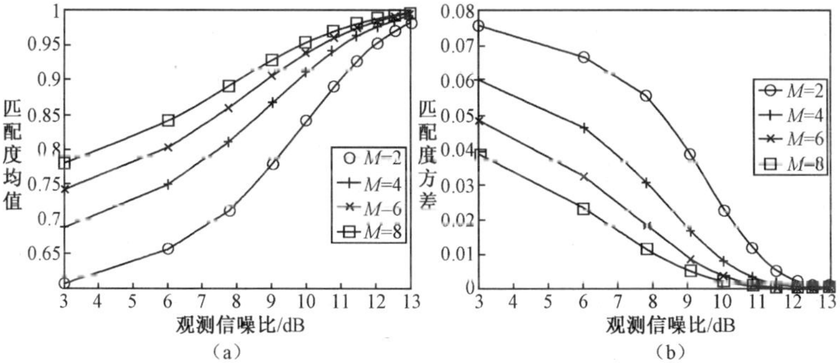

图 4.3.14 匹配度均值和方差随信噪比的变化曲线

（a）均值；（b）方差。

2）多普勒估计误差对算法性能的影响

对于分时极化测量体制和复合编码同时极化测量体制，目标回波

多普勒效应会对测量带来较大影响，经多普勒补偿后仍有剩余误差，即脉间（或地址码码元间）的剩余相位差（见 3.2 节和 3.3 节），下面分析这种剩余相位差对算法性能的影响。

复合编码同时极化测量算法中，经多普勒补偿后的多普勒剩余相位差可记为

$$\psi_m = 2\pi\tilde{f}_{\mathrm{d}} m\Delta T$$

其中：m 表示第 m 个地址码码元；$\tilde{f}_{\mathrm{d}}$ 为多普勒估计误差；ΔT 为码元宽度，其影响表现为一个乘性系数，即

$$\Psi(m) = \mathrm{e}^{\mathrm{j}\psi_m}$$

于是，观测方程式（4.3.32）变为

$$\boldsymbol{Z} = \boldsymbol{H}_{\mathrm{t}\Omega}\beta\boldsymbol{\theta} + \boldsymbol{n} \tag{4.3.39}$$

其中：$\boldsymbol{H}_{\mathrm{t}\Omega} = \begin{bmatrix} \Psi(1)\cdot\boldsymbol{h}_{\mathrm{t1}}^{\mathrm{T}} \\ \vdots \\ \Psi(M)\cdot\boldsymbol{h}_{\mathrm{tM}}^{\mathrm{T}} \end{bmatrix} = \boldsymbol{\Psi}\boldsymbol{H}_{\mathrm{t}}$，$\boldsymbol{\Psi} = \begin{bmatrix} \Psi(1) & \cdots & 0 \\ \vdots & & \vdots \\ 0 & \cdots & \Psi(M) \end{bmatrix}$。因此矢量估计 $\hat{\boldsymbol{\theta}}$ 是有偏的，估计误差 $\tilde{\boldsymbol{\theta}}$ 的数学期望为

$$E\tilde{\boldsymbol{\theta}} = \mathrm{E}\left[\tilde{\boldsymbol{\theta}}\right] = \left(\boldsymbol{H}_{\mathrm{t}}^{\mathrm{H}}\boldsymbol{H}_{\mathrm{t}}\right)^{-1}\boldsymbol{H}_{\mathrm{t}}^{\mathrm{H}}\boldsymbol{\Psi}_{\mathrm{I}}\boldsymbol{H}_{\mathrm{t}}\boldsymbol{\theta} \tag{4.3.40}$$

式中：$\boldsymbol{\Psi}_{\mathrm{I}} = \boldsymbol{\Psi} - \boldsymbol{I}_{M\times M}$，估计误差方差 $\boldsymbol{R}_{\tilde{\theta}}$ 不变，同式（4.3.36）。

估计误差 $\tilde{\boldsymbol{\theta}}$ 服从二元复高斯分布 $\tilde{\boldsymbol{\theta}} \sim N\left(E\tilde{\boldsymbol{\theta}}, \boldsymbol{R}_{\tilde{\theta}}\right)$，其概率密度函数表达式为

$$f\left(\tilde{\boldsymbol{\theta}}\right) = \frac{1}{\pi^2\left|\boldsymbol{R}_{\tilde{\theta}}\right|}\exp\left\{-\left(\tilde{\boldsymbol{\theta}} - E\tilde{\boldsymbol{\theta}}\right)^{\mathrm{H}}\boldsymbol{R}_{\tilde{\theta}}^{-1}\left(\tilde{\boldsymbol{\theta}} - E\tilde{\boldsymbol{\theta}}\right)\right\}$$

概率密度等高线 $\left(\tilde{\boldsymbol{\theta}} - E\tilde{\boldsymbol{\theta}}\right)^{\mathrm{H}}\boldsymbol{R}_{\tilde{\theta}}^{-1}\left(\tilde{\boldsymbol{\theta}} - E\tilde{\boldsymbol{\theta}}\right) = d^2$ 在二维平面上的投影为一个椭圆[236]，由于

$$\boldsymbol{R}_{\tilde{\theta}} = \begin{bmatrix} \sigma_{11}^2 & \sigma_{12} \\ \sigma_{21} & \sigma_{22}^2 \end{bmatrix} = \frac{2}{M\cdot\mathrm{SNR}}\begin{bmatrix} 1 & 0 \\ 0 & 1 \end{bmatrix}$$

主对角线元素相等，次对角线元素为零，该投影椭圆退化为圆，这里称为投影圆，其半径 $R = d\sigma_{11}$。

根据文献[236]，满足

$$\left(\tilde{\theta}-E\tilde{\theta}\right)^{\mathrm{H}} \boldsymbol{R}_{\tilde{\theta}}^{-1}\left(\tilde{\theta}-E\tilde{\theta}\right) \leqslant d^2=\chi_2^2(\alpha) \tag{4.3.41}$$

的圆内的 $\tilde{\theta}$ 的概率为 $1-\alpha$ （其中 $\chi_2^2(\alpha)$ 为自由度为 2 的 χ^2 分布的第 100α 百分位数），即当半径

$$R=\sigma_{11}\sqrt{\chi_2^2(\alpha)}$$

时，$\tilde{\theta}$ 在该圆内的概率为 $1-\alpha$ 。

如图 4.3.15 所示，目标静止情况下，投影圆以坐标中心 O 为圆心，若要求 $\tilde{\theta}$ 在投影圆内概率为 $P_0=1-\alpha_0$ ，则由 χ^2 分布表和式（4.3.41）可算得圆半径 R_0 ，该圆所包含区域称为“容许区域”。在目标运动情况下，投影圆以 $E\tilde{\theta}$ 为中心，若 $E\tilde{\theta}$ 偏离 O 的距离 $E\tilde{\theta}$ 相对于 R_0 很小，则 $\tilde{\theta}$ 在容许区域内的概率 P 仍然非常大，在工程意义上，$\hat{\theta}$ 仍然是可以接受的。

图 4.3.15 中，如果目标运动情况下投影圆的半径为 $R_1=R_0-\left\|E\tilde{\theta}\right\|$ ，其投影圆内切于目标静止时的投影圆，设其所包含区域的概率为 P_1 ，则显然有 $P_1 \leqslant P \leqslant P_0$ 。因此，若要求 $P \geqslant 1-\alpha_1$ ，则当半径 $R_1=\sigma_{11}\sqrt{\chi_2^2(\alpha_1)}$ 时，满足 $P \geqslant P_1=1-\alpha_1$ 。

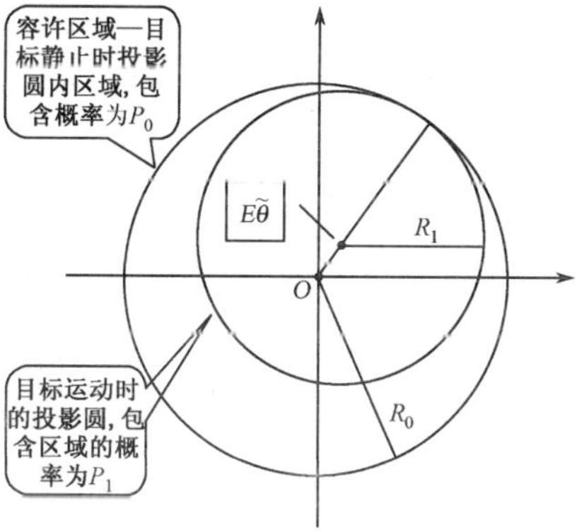

图 4.3.15　矢量估计误差概率分布示意图

综上可知，若要求在目标运动情况下，估计误差 $\tilde{\theta}$ 在容许区域内

的概率 $P \geqslant 1-\alpha_1$，则下面的不等式是一个充分条件：

$$\left\|E\tilde{\boldsymbol{\theta}}\right\| \leqslant \left(\sqrt{\chi_2{}^2(\alpha_0)} - \sqrt{\chi_2^2(\alpha_1)}\right)\sigma_{11} \tag{4.3.42}$$

另一方面，由式（4.3.40）易得

$$\left\|E\tilde{\theta}\right\|^2 = \frac{4}{M^2}(\boldsymbol{H}_\mathrm{t}\boldsymbol{\theta})^\mathrm{H}\left[\boldsymbol{\varPsi}_\mathrm{I}{}^\mathrm{H}\boldsymbol{H}_\mathrm{t}\boldsymbol{H}_\mathrm{t}{}^\mathrm{H}\boldsymbol{\varPsi}_\mathrm{I}\right](\boldsymbol{H}_\mathrm{t}\boldsymbol{\theta}) \tag{4.3.43}$$

由于 $\boldsymbol{H}_\mathrm{t}\boldsymbol{H}_\mathrm{t}{}^\mathrm{H}$ 的对角线元素全为 1，并且 $\boldsymbol{\varPsi}_\mathrm{I}$ 为对角矩阵，易知矩阵 $\boldsymbol{A} = \boldsymbol{\varPsi}_\mathrm{I}{}^\mathrm{H}\boldsymbol{H}_\mathrm{t}\boldsymbol{H}_\mathrm{t}{}^\mathrm{H}\boldsymbol{\varPsi}_\mathrm{I}$ 的对角线元素为 $\left|1-\varPsi(m)\right|^2$。又因为 A 是半正定 Hermite 矩阵，其特征值均为非负实数，因此矩阵最大特征值为

$$\lambda_{\max} \leqslant \mathrm{tr}(\boldsymbol{A}) = \sum_{m=1}^{M}\left|1-\varPsi(m)\right|^2 \tag{4.3.44}$$

于是，由 Hermite 二次型的性质可知[239]，式（4.3.43）有

$$\left\|E\left[\tilde{\theta}\right]\right\|^2 \leqslant \frac{4\lambda_{\max}}{M^2}\left\|\boldsymbol{H}_\mathrm{t}\boldsymbol{\theta}\right\|^2 \leqslant \frac{2\cdot\sum_{m=1}^{M}\left|1-\varPsi(m)\right|^2}{M}$$

将 $\left|1-\varPsi(m)\right|^2 = 4\sin^2\dfrac{\varPsi_m}{2}$ 代入上式，并综合式（4.3.42），可以得到满足误差 $\tilde{\boldsymbol{\theta}}$ 在容许区域内的概率 $P \geqslant 1-\alpha_1$ 的一个充分条件为

$$8\cdot\sin^2\frac{\varPsi_{\max}}{2} \leqslant \left(\sqrt{\chi_2^2(\alpha_0)} - \sqrt{\chi_2^2(\alpha_1)}\right)^2\sigma_{11}^2$$

$\varPsi_{\max}$ 为所有 $\varPsi_m$ 中使 $\sin^2\dfrac{\varPsi_m}{2}$ 最大的一个。进一步有

$$\left|\varPsi_{\max}\right| < 2\arcsin\left[\frac{\sqrt{\chi_2^2(\alpha_0)} - \sqrt{\chi_2^2(\alpha_1)}}{\sqrt{4M\cdot\mathrm{SNR}}}\right] \tag{4.3.45}$$

式（4.3.45）表明，SNR 越大，$\varPsi_{\max}$ 的取值范围越小。

如果容许区域的概率为 $P_0 = 99.5\%$，要求目标运动情况下 $\tilde{\boldsymbol{\theta}}$ 在容许区域内的概率 $P \geqslant 99\%$，假定 SNR=10，由式（4.3.45）要求 $\left|\varPsi_{\max}\right| < 1.9977^\circ$。

雷达参数设置如下：接收机带宽 2MHz，采用正交双通道处理，系统采样率为 4MHz，雷达载频为 5GHz，采用复合编码同时极化体

制，采用 4 组 4 位 Walsh 地址码和 128 位 m 序列，脉冲宽度为 512μs，多普勒估计误差为 $\tilde{f}_d = 10\text{Hz}$。那么，可计算得 Ψ_{max} 仅为 1.3824°，显然是满足要求的。

按照上述参数在不同输入信噪比（原始回波的时域信噪比，并且与极化及目标散射矩阵无关）下进行蒙特卡罗仿真，并统计匹配度的均值和方差，与图 4.3.14 所示匹配度均值和方差的理论曲线对比结果如图 4.3.16 所示。由图可见，仿真实验结果与理论结果非常接近，随着输入信噪比的增大，匹配度的均值逐渐接近于 1，而方差也逐渐趋近于零。综上，如果多普勒估计精度足够高，则矢量估计误差 $\tilde{\theta}$ 是可接受的，不影响算法性能。

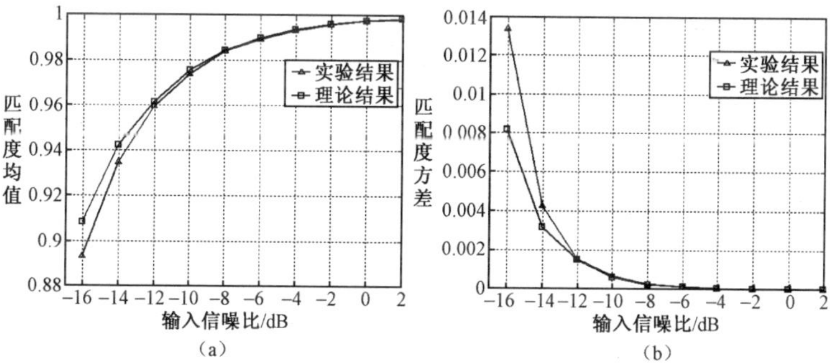

图 4.3.16 匹配度的均值、方差随时域输入信噪比变化曲线

（a）均值；（b）方差。

本节提出了干扰背景下雷达最佳极化的联合估计方法，可以实现在抑制干扰的同时，使目标回波接收功率最大化。

需指出的是，极化优化的目的是为了更好地检测目标、估计目标极化散射特性，以同时极化体制为例，发射 M 种极化，得到了最大发射极化的估计 $\hat{\boldsymbol{h}}_{t,opt}$，可以利用 $\hat{\boldsymbol{h}}_{t,opt}$ 对这 M 个发射极化的回波进行积累以提高雷达检测性能和估计精度。

4.3.5 基于辅助天线的自卫压制干扰的极化对消方法

如前所述，当主、辅天线近似位于同一空间位置时，用于旁瓣对消的辅助天线是难以抑制自卫式干扰的。本小节探讨了利用雷达主天线和辅助天线极化特性的差异来抑制自卫压制式干扰的可行性。本小节首先给出了目标和干扰在主、辅天线接收通道的信号模型；然后建立了自卫压制式干扰的极化对消模型，提出了对消算法性能的评价指标和方法；最后具体分析了主辅天线极化正交和匹配两种情况下对消算法的性能，指出当主辅天线（位于同一空间位置时）极化正交时是可以有效对消自卫压制式干扰的，而主辅天线极化匹配时是难以进行对消的结论。

1. 雷达与干扰的信号模型

对于主天线而言，雷达的发射信号在水平垂直极化基下可表示为

$$\boldsymbol{e}_i\left(t\right)=g_{\mathrm{m}}(\theta,\varphi)\sqrt{\frac{P_{\mathrm{t}}}{4\pi L_{\mathrm{t}}}}\exp(\mathrm{j}2\pi f_{\mathrm{c}}t)\upsilon(t)\boldsymbol{h}_{\mathrm{m}}$$

式中：f_{c} 为雷达发射信号的载频；$\upsilon(t)$ 为发射信号的复调制函数；$\boldsymbol{h}_{\mathrm{m}}=\left[h_{\mathrm{mH}},\ h_{\mathrm{mV}}\right]^{\mathrm{T}}$ 为主天线的极化形式，$\left\|\boldsymbol{h}_{\mathrm{m}}\right\|=1$；$P_{\mathrm{t}}$ 为发射峰值功率；L_{t} 为发射综合损耗；$g_{\mathrm{m}}(\theta,\varphi)$ 为主天线的电压方向图。为了下文叙述方便，可将雷达的发射信号简记为

$$\boldsymbol{e}_{\mathrm{i}}\left(t\right)=g_{\mathrm{m}}A_{\mathrm{m}}(t)\boldsymbol{h}_{\mathrm{m}}$$

其中：$A_{\mathrm{m}}(t)=\sqrt{\frac{P_{\mathrm{t}}}{4\pi L_{\mathrm{t}}}}\exp(\mathrm{j}2\pi f_{\mathrm{c}}t)\upsilon(t)$。

那么，在雷达接收天线端口处，雷达目标的后向散射回波可表示为

$$\boldsymbol{e}_{\mathrm{S}}\left(t\right)=\frac{g_{\mathrm{m}}}{4\pi R^2}A_{\mathrm{m}}(t-\tau)\mathrm{e}^{\mathrm{j}2\pi f_{\mathrm{d}}(t-\tau)}\boldsymbol{S}\boldsymbol{h}_{\mathrm{m}} \tag{4.3.46}$$

其中：R 为目标与雷达之间的距离；f_{d} 为目标的多普勒频率；τ为目标回波时延，$\tau=\frac{2R}{c}$，$c=3\times10^8\,\mathrm{m/s}$；$\boldsymbol{S}=\begin{bmatrix}S_{\mathrm{HH}} & S_{\mathrm{HV}}\\ S_{\mathrm{HV}} & S_{\mathrm{VV}}\end{bmatrix}$为雷达目标在当前姿态、当前频率下的极化散射矩阵，且对于互易性目标而言，$S_{\mathrm{HV}}=S_{\mathrm{HV}}$。

在雷达接收天线端口处，干扰信号可表示为

$$\boldsymbol{e}_{\mathrm{J}}\left(t\right)=\boldsymbol{h}_{\mathrm{J}}J(t) \tag{4.3.47}$$

其中：$J(t)$ 为压制式干扰的调制信号，近似为零均值白噪声，其功率谱密度为 σ_{J}^2；$\boldsymbol{h}_{\mathrm{J}}=\begin{bmatrix} h_{\mathrm{JH}} \\ h_{\mathrm{JV}} \end{bmatrix}$ 为干扰信号的极化形式，$\left\|\boldsymbol{h}_{\mathrm{J}}\right\|=1$。

那么，主天线的实际接收电压为

$$v_{\mathrm{m}}(t)=\frac{k_{\mathrm{RF}} g_{\mathrm{m}}}{L_{\mathrm{R}}} \boldsymbol{h}_{\mathrm{m}}^{\mathrm{T}}\left[\boldsymbol{e}_{\mathrm{S}}(t)+\boldsymbol{e}_{\mathrm{J}}(t)\right]+n_{\mathrm{m}}(t) \tag{4.3.48}$$

其中：k_{RF} 为射频放大系数；L_{R} 为接收损耗；$n_{\mathrm{m}}(t)$ 主天线接收通道的接收机噪声，服从正态分布，即有 $n_{\mathrm{m}} \sim N\left(0, \sigma_{\mathrm{m}}^2\right)$。

将式（4.3.46）、式（4.3.47）代入式（4.3.48），整理可得

$$v_{\mathrm{m}}(t)=g_{\mathrm{m}}^2 \boldsymbol{h}_{\mathrm{m}}^{\mathrm{T}} \boldsymbol{S} \boldsymbol{h}_{\mathrm{m}} \chi(t)+g_{\mathrm{m}} \boldsymbol{h}_{\mathrm{m}}^{\mathrm{T}} \boldsymbol{h}_{\mathrm{J}} J_1(t)+n_{\mathrm{m}}(t) \tag{4.3.49}$$

其中：$\chi(t)=\dfrac{k_{\mathrm{RF}}}{4\pi R^2 L_{\mathrm{R}}} A_{\mathrm{m}}(t-\tau) \mathrm{e}^{\mathrm{j} 2\pi f_{\mathrm{d}}(t-\tau)}$；$J_1(t)=\dfrac{k_{\mathrm{RF}}}{L_{\mathrm{R}}} J(t)$。

同理，若主辅天线的接收通道除了天线的极化形式和增益不一样外，其他诸如接收带宽、中心频率等参数是一致的，那么辅天线的接收电压在理想情况下（主辅天线接收通道的干扰信号时间差为零，即互相关性等于 1）可表示为

$$v_{\mathrm{c}}(t)=g_{\mathrm{m}} g_{\mathrm{c}} \boldsymbol{h}_{\mathrm{c}}^{\mathrm{T}} \boldsymbol{S} \boldsymbol{h}_{\mathrm{m}} \chi(t)+g_{\mathrm{c}} \boldsymbol{h}_{\mathrm{c}}^{\mathrm{T}} \boldsymbol{h}_{\mathrm{J}} J_1(t)+n_{\mathrm{c}}(t) \tag{4.3.50}$$

其中：g_{c} 为辅天线在当前方位 (θ, φ) 上的增益；$\boldsymbol{h}_{\mathrm{c}}=\left[h_{\mathrm{cH}}, h_{\mathrm{cV}}\right]^{\mathrm{T}}$ 为辅天线的极化形式，且 $\left\|\boldsymbol{h}_{\mathrm{c}}\right\|=1$；$n_{\mathrm{c}}(t)$ 为辅助天线接收通道接收机噪声，$n_{\mathrm{c}} \sim N\left(0, \sigma_{\mathrm{c}}^2\right)$，$\sigma_{\mathrm{c}}^2=\sigma_{\mathrm{m}}^2$。

由式（4.3.49）和式（4.3.50）可知，主辅天线接收的信号是相关的，利用主辅天线的极化形式之间的差异是有可能滤除压制式干扰信号的。

2. 自卫干扰的极化对消模型

由式（4.3.49）和式（4.3.50）直观可以建立自卫压制式干扰信号的极化对消模型为

$$z(t)=v_{\mathrm{m}}(t)-w^* v_{\mathrm{c}}(t)$$

其中：w^* 为加权系数。

将式（4.3.49）和式（4.3.50）代入上式，整理可得

$$z(t)=\left(g_{\mathrm{m}}^{2}\boldsymbol{h}_{\mathrm{m}}^{\mathrm{T}}\boldsymbol{S}\boldsymbol{h}_{\mathrm{m}}-w^{*}g_{\mathrm{c}}g_{\mathrm{m}}\boldsymbol{h}_{\mathrm{c}}^{\mathrm{T}}\boldsymbol{S}\boldsymbol{h}_{\mathrm{m}}\right)\chi(t)+\left(g_{\mathrm{m}}\boldsymbol{h}_{\mathrm{m}}^{\mathrm{T}}\boldsymbol{h}_{\mathrm{J}}-w^{*}g_{\mathrm{c}}\boldsymbol{h}_{\mathrm{c}}^{\mathrm{T}}\boldsymbol{h}_{\mathrm{J}}\right)J_{1}(t)+n_{\mathrm{m}}(t)-w^{*}n_{\mathrm{c}}(t) \tag{4.3.51}$$

若将干扰信号完全滤除，显然，加权系数 w^* 应为

$$w^{*}=\frac{g_{\mathrm{m}}\boldsymbol{h}_{\mathrm{m}}^{\mathrm{T}}\boldsymbol{h}_{\mathrm{J}}}{g_{\mathrm{c}}\boldsymbol{h}_{\mathrm{c}}^{\mathrm{T}}\boldsymbol{h}_{\mathrm{J}}}=\alpha\frac{\boldsymbol{h}_{\mathrm{m}}^{\mathrm{T}}\boldsymbol{h}_{\mathrm{J}}}{\boldsymbol{h}_{\mathrm{c}}^{\mathrm{T}}\boldsymbol{h}_{\mathrm{J}}} \tag{4.3.52}$$

其中：$\alpha=\dfrac{g_{\mathrm{m}}}{g_{\mathrm{c}}}$ 为主辅天线的增益之比。

将上式代入式（4.3.51），对消后的信号为

$$z(t)=g_{\mathrm{m}}^{2}\boldsymbol{h}_{\mathrm{m}}^{\mathrm{T}}\boldsymbol{M}\boldsymbol{S}\boldsymbol{h}_{\mathrm{m}}\chi(t)+n_{\mathrm{m}}(t)-\alpha\frac{\boldsymbol{h}_{\mathrm{m}}^{\mathrm{T}}\boldsymbol{h}_{\mathrm{J}}}{\boldsymbol{h}_{\mathrm{c}}^{\mathrm{T}}\boldsymbol{h}_{\mathrm{J}}}n_{\mathrm{c}}(t) \tag{4.3.53}$$

其中：$\boldsymbol{M}=\boldsymbol{I}_{2\times2}-\dfrac{\boldsymbol{h}_{\mathrm{J}}\boldsymbol{h}_{\mathrm{c}}^{\mathrm{T}}}{\boldsymbol{h}_{\mathrm{c}}^{\mathrm{T}}\boldsymbol{h}_{\mathrm{J}}}$，$\boldsymbol{I}_{2\times2}$ 为二阶单位矩阵。

由式（4.3.53）可见，对消后的信号由两个部分组成：一是由目标极化散射特性、主辅天线和干扰的极化形式决定的部分；二是为噪声分量，记为 $n(t)=n_{\mathrm{m}}(t)-\alpha\dfrac{\boldsymbol{h}_{\mathrm{m}}^{\mathrm{T}}\boldsymbol{h}_{\mathrm{J}}}{\boldsymbol{h}_{\mathrm{c}}^{\mathrm{T}}\boldsymbol{h}_{\mathrm{J}}}n_{\mathrm{c}}(t)$，此时噪声的功率谱密度为

$$\sigma_{\mathrm{n}}^{2}=\left\langle n(t)n^{*}(t)\right\rangle=\sigma_{\mathrm{m}}^{2}+\alpha^{2}\left|\frac{\boldsymbol{h}_{\mathrm{m}}^{\mathrm{T}}\boldsymbol{h}_{\mathrm{J}}}{\boldsymbol{h}_{\mathrm{c}}^{\mathrm{T}}\boldsymbol{h}_{\mathrm{J}}}\right|^{2}\sigma_{\mathrm{c}}^{2}$$

设主天线和辅助天线的极化与干扰的极化在 Poincare 球面上的夹角分别为 β_{mJ} 和 β_{cJ}，因有 $\cos^{2}\dfrac{\beta_{\mathrm{cJ}}}{2}=\dfrac{\left|\boldsymbol{h}_{\mathrm{c}}^{\mathrm{T}}\boldsymbol{h}_{\mathrm{J}}\right|^{2}}{\left\|\boldsymbol{h}_{\mathrm{c}}\right\|^{2}\left\|\boldsymbol{h}_{\mathrm{J}}\right\|^{2}}=\left|\boldsymbol{h}_{\mathrm{c}}^{\mathrm{T}}\boldsymbol{h}_{\mathrm{J}}\right|^{2}$ 和 $\cos^{2}\dfrac{\beta_{\mathrm{mJ}}}{2}=\left|\boldsymbol{h}_{\mathrm{m}}^{\mathrm{T}}\boldsymbol{h}_{\mathrm{J}}\right|^{2}$[7]，那么噪声的功率谱密度可简化为

$$\sigma_{\mathrm{n}}^{2}=\sigma_{\mathrm{m}}^{2}+\alpha^{2}\frac{\cos^{2}\dfrac{\beta_{\mathrm{mJ}}}{2}}{\cos^{2}\dfrac{\beta_{\mathrm{cJ}}}{2}}\sigma_{\mathrm{c}}^{2}$$

为了分析、评估利用辅天线对自卫压制式干扰信号的对消效果，下面给出利用对消前后主天线接收通道的信号干扰噪声比（SINR）

的变化来刻画本算法的性能，即定义自卫干扰对消系数为

$$\gamma=\frac{\mathrm{SINR}_{后}}{\mathrm{SINR}_{前}} \tag{4.3.54}$$

其中：$\mathrm{SINR}_{前}$和$\mathrm{SINR}_{后}$分别表示对消前后主通道的信号干扰噪声比。由式（4.3.49）可知，$\mathrm{SINR}_{前}$为

$$\mathrm{SINR}_{前}=\frac{\frac{1}{T}\int_T\left|g_{\mathrm{m}}^2\boldsymbol{h}_{\mathrm{m}}^{\mathrm{T}}\boldsymbol{S}\boldsymbol{h}_{\mathrm{m}}\chi(t)\right|^2\mathrm{d}t}{\left|g_{\mathrm{m}}\boldsymbol{h}_{\mathrm{m}}^{\mathrm{T}}\boldsymbol{h}_{\mathrm{J}}\right|^2\sigma_{\mathrm{J}}+\sigma_{\mathrm{m}}}=\frac{g_{\mathrm{m}}^4\left|\boldsymbol{h}_{\mathrm{m}}^{\mathrm{T}}\boldsymbol{S}\boldsymbol{h}_{\mathrm{m}}\right|^2}{g_{\mathrm{m}}^2\sigma_{\mathrm{J}}\cos^2\frac{\beta_{\mathrm{mJ}}}{2}+\sigma_{\mathrm{m}}}\cdot\frac{\int_T|\chi(t)|^2\mathrm{d}t}{T}$$

其中：T为目标散射信号的持续时间。

同理，由式（4.3.53）可以求得$\mathrm{SINR}_{后}$为

$$\mathrm{SINR}_{后}=\frac{g_{\mathrm{m}}^4\,|\,\boldsymbol{h}_{\mathrm{m}}^{\mathrm{T}}\boldsymbol{M}\boldsymbol{S}\boldsymbol{h}_{\mathrm{m}}\,|^2\cos^2\frac{\beta_{\mathrm{cJ}}}{2}}{\sigma_{\mathrm{m}}^2\cos^2\frac{\beta_{\mathrm{cJ}}}{2}+\alpha^2\sigma_{\mathrm{c}}^2\cos^2\frac{\beta_{\mathrm{mJ}}}{2}}\cdot\frac{\int_T|\chi(t)|^2\mathrm{d}t}{T}$$

将上面两式代入式（4.3.54），那么自卫干扰对消系数为

$$\gamma=\frac{\left|\boldsymbol{h}_{\mathrm{m}}^{\mathrm{T}}\boldsymbol{M}\boldsymbol{S}\boldsymbol{h}_{\mathrm{m}}\right|^2}{\left|\boldsymbol{h}_{\mathrm{m}}^{\mathrm{T}}\boldsymbol{S}\boldsymbol{h}_{\mathrm{m}}\right|^2}\cdot\frac{\left(g_{\mathrm{m}}^2\sigma_{\mathrm{J}}\cos^2\frac{\beta_{\mathrm{mJ}}}{2}+\sigma_{\mathrm{m}}\right)\cos^2\frac{\beta_{\mathrm{cJ}}}{2}}{\sigma_{\mathrm{m}}^2\cos^2\frac{\beta_{\mathrm{cJ}}}{2}+\alpha^2\sigma_{\mathrm{c}}^2\cos^2\frac{\beta_{\mathrm{mJ}}}{2}}=\gamma_A\gamma_B \tag{4.3.55}$$

其中：$\gamma_A=\frac{\left|\boldsymbol{h}_{\mathrm{m}}^{\mathrm{T}}\boldsymbol{M}\boldsymbol{S}\boldsymbol{h}_{\mathrm{m}}\right|^2}{\left|\boldsymbol{h}_{\mathrm{m}}^{\mathrm{T}}\boldsymbol{S}\boldsymbol{h}_{\mathrm{m}}\right|^2}$，$\gamma_B=\frac{\left(g_{\mathrm{m}}^2\sigma_J\cos^2\frac{\beta_{\mathrm{mJ}}}{2}+\sigma_{\mathrm{m}}\right)\cos^2\frac{\beta_{\mathrm{cJ}}}{2}}{\sigma_{\mathrm{m}}^2\cos^2\frac{\beta_{\mathrm{cJ}}}{2}+\alpha^2\sigma_c^2\cos^2\frac{\beta_{\mathrm{mJ}}}{2}}$。

显然，自卫干扰对消系数γ越大，说明采用本算法的对消效果越好。由式（4.3.55）可知，自卫干扰对消系数不仅与干扰的极化形式有关，同时与主辅天线的极化形式、增益以及目标的极化散射特性等因素有关。在实际应用中，主辅天线的极化形式和增益是可以预先设计的，而干扰和目标的极化散射特性是在一定程度上可以预知的。因此，可以根据干扰和目标的极化特性来合理设计主辅天线的极化形式和增益等参数，以期获得良好的对消效果。下面以几种典型情况为例来具体分析本对消算法的性能。

3. 典型情况下自卫压制式干扰对消的性能分析

下面以主辅天线的极化形式正交和匹配的两种极端情况为例，说明自卫干扰极化对消算法的性能。由式（4.3.55）可以预知，若主辅天线的极化形式为其他关系时，那么对于同一目标和干扰而言，其对消性能介于上述两种极端情况之间。

1）主辅天线的极化形式为正交的情况

以雷达主天线的极化形式为水平极化，而辅助天线的极化形式为垂直极化为例进行分析，即有

$$\boldsymbol{h}_{\mathrm{m}}=[1,0]^{\mathrm{T}}，\ \boldsymbol{h}_{\mathrm{c}}=[0,\ 1]^{\mathrm{T}} \tag{4.3.56}$$

将上式代入式（4.3.52），加权系数为

$$w^{*}=\alpha\rho_{\mathrm{J}}^{-1} \tag{4.3.57}$$

其中：$\rho_{\mathrm{J}}=\dfrac{h_{\mathrm{JV}}}{h_{\mathrm{JH}}}$ 为干扰信号的复极化比。

此时，对消后的信号可简化为

$$z(t)=g_{\mathrm{m}}^{2}\left(S_{\mathrm{HH}}-\rho_{\mathrm{J}}^{-1}S_{\mathrm{HV}}\right)\chi(t)+n_{\mathrm{m}}(t)-\frac{\alpha}{\rho_{\mathrm{J}}}n_{\mathrm{c}}(t) \tag{4.3.58}$$

由于主辅天线的极化形式是正交的，可知 $\beta_{\mathrm{mJ}}=\pi-\beta_{\mathrm{cJ}}$ 。因而，将式（4.3.56）代入式（4.3.55），整理可得此时自卫干扰对消系数为

$$\gamma_{\perp}=\gamma_{A\perp}\gamma_{B\perp} \tag{4.3.59}$$

其中：$\gamma_{A\perp}=\dfrac{\left|S_{\mathrm{HH}}-\rho_{\mathrm{J}}^{-1}S_{\mathrm{HV}}\right|^{2}}{\left|S_{\mathrm{HH}}\right|^{2}}$；$\gamma_{B\perp}=\dfrac{g_{\mathrm{m}}^{2}\sigma_{\mathrm{J}}\cos^{2}\dfrac{\beta_{\mathrm{mJ}}}{2}+\sigma_{\mathrm{m}}^{2}}{\sigma_{\mathrm{m}}^{2}+\alpha^{2}\sigma_{\mathrm{c}}^{2}\arctan^{2}\dfrac{\beta_{\mathrm{mJ}}}{2}}$。

一般情况下，目标的交叉极化分量较其共极化分量小 10dB 左右[2]，故在下面的分析中，自卫干扰对消系数中 $\gamma_{A\perp}$ 分量可以不予考虑。此时自卫干扰对消系数可进一步简化为

$$\gamma_{\perp}\approx\gamma_{B\perp}=\frac{1+\mathrm{JNR}g_{\mathrm{m}}^{2}\cos^{2}\dfrac{\beta_{\mathrm{mJ}}}{2}}{1+\alpha^{2}\arctan^{2}\dfrac{\beta_{\mathrm{mJ}}}{2}} \tag{4.3.60}$$

其中：$\sigma_{\mathrm{c}}^{2}=\sigma_{\mathrm{m}}^{2}=\sigma_{0}^{2}$；JNR=$\dfrac{\sigma_{\mathrm{J}}^{2}}{\sigma_{0}^{2}}$ 为干扰噪声比（简称为干噪比）。

在实际系统中，由于大多战术、战役雷达天线采用水平或垂直极化方式[176]，作为干扰方，为了避免由于极化失配而带来极端损耗，一般将其天线的极化设计为圆极化，即 $\rho_{\mathrm{J}}=\pm\mathrm{j}$。显而易见，$\gamma_{A\perp}=\dfrac{\left|S_{\mathrm{HH}}\pm\mathrm{j}S_{\mathrm{HV}}\right|^2}{\left|S_{\mathrm{HH}}\right|^2}\approx 1$，此时 $\beta_{\mathrm{mJ}}=\beta_{\mathrm{cJ}}=\dfrac{\pi}{2}$，且一般情况下 $\alpha^2=\dfrac{g_{\mathrm{m}}^2}{g_{\mathrm{c}}^2}\gg 1$，则自卫干扰对消系数简化为

$$\gamma_{\perp}\approx\frac{1+\dfrac{1}{2}\mathrm{JNR}g_{\mathrm{m}}^2}{1+\alpha^2}\approx\frac{g_{\mathrm{c}}^2}{2}\mathrm{JNR}\tag{4.3.61}$$

由式（4.3.61）可见，当主辅天线的极化正交时，抑制圆极化干扰可以达到非常好的效果。

图 4.3.17 给出了干扰对消系数在主辅天线增益不同的情况下与干扰极化之间的变化关系曲线，其中，横坐标为干扰极化与主天线的极化在 Poincare 球面上的夹角 β_{mJ}，纵坐标为自卫干扰极化对消系数。由图 4.3.17 可见，除了逼近主辅天线的极化外，有很大的一个角度区间可抑制自卫压制式干扰，基本上可取得与干噪比（JNR）相当的水平。事实上，当 $\beta_{\mathrm{mJ}}=0$，即干扰的极化是水平极化，这时辅天线接收不到干扰信号，因而事实上也无从对消；当 $\beta_{\mathrm{cJ}}=\pi$，即干扰的极化是垂直极化，此时主天线接收不到干扰信号，也不用进行对消。

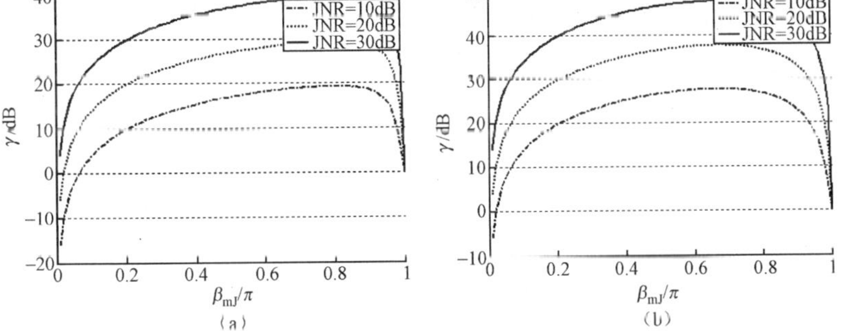

图 4.3.17 自卫干扰对消系数与干扰极化之间的变化关系

（a）g_{c}=10dB, g_{m}=30dB;（b）g_{c}=20dB, g_{m}=30dB。

正如前文分析，由于现役干扰设备多数采用圆极化或斜线极化，其与主天线的夹角 $\beta_{\mathrm{mJ}} \in \left[\frac{\pi}{4}, \frac{3\pi}{4}\right]$，从图中可见，可以取得较好的对消效果。同时，自卫压制式干扰的对消效果与主辅天线的增益差也有关系，两者越逼近，对消效果越好。事实上，当二者相等时，可以采用常规极化滤波来抑制，理论上可以完全对消。

2）主辅天线的极化形式为匹配的情况

以主辅天线的极化形式都为水平极化为例进行分析，即有

$$\boldsymbol{h}_{\mathrm{m}} = \boldsymbol{h}_{\mathrm{c}} = [1,\ 0]^{\mathrm{T}} \tag{4.3.62}$$

将式（4.3.62）代入式（4.3.52），可得加权系数为

$$w^{*} = \alpha$$

那么，此时自卫干扰极化对消系数为

$$\gamma_{\parallel} = 0$$

由上式可见，若主辅天线（位于同一空间位置的情况）的极化形式一致、其他参数（除天线增益外）相同时，是不能进行对消的，这显然与物理概念是相吻合的。

3）干扰极化状态的估计及其对算法性能的影响

由式（4.3.52）可见，自卫干扰对消的加权系数不仅与雷达主辅天线的参数有关，还与干扰的极化状态密切相关，而主辅天线的参数可以事先测量得到，干扰信号的极化状态可以通过其他侦察系统或者雷达本身利用主辅天线的接收信号进行估计。下面给出一种简单的干扰极化状态的估计方法，由式（4.3.49）和式（4.3.50）可知，在无目标回波的单元处，主天线和辅助天线的接收电压分别为

$$v_{\mathrm{m}}(t) = g_{\mathrm{m}} \boldsymbol{h}_{\mathrm{m}}^{\mathrm{T}} \boldsymbol{h}_{\mathrm{J}} J_1(t) + n_{\mathrm{m}}(t) \tag{4.3.63}$$

和

$$v_{\mathrm{c}}(t) = g_{\mathrm{c}} \boldsymbol{h}_{\mathrm{c}}^{\mathrm{T}} \boldsymbol{h}_{\mathrm{J}} J_1(t) + n_{\mathrm{c}}(t) \tag{4.3.64}$$

若干扰很强，也就是说，干噪比 $\mathrm{JNR}=\frac{\sigma_{\mathrm{J}}^2}{\sigma_0^2} \gg 1$，那么在无目标单元处主辅天线的接收信号之比近似为

$$\left\langle \frac{v_{\mathrm{m}}(t)}{v_{\mathrm{c}}(t)} \right\rangle \approx \alpha \frac{\boldsymbol{h}_{\mathrm{m}}^{\mathrm{T}} \boldsymbol{h}_{\mathrm{J}}}{\boldsymbol{h}_{\mathrm{c}}^{\mathrm{T}} \boldsymbol{h}_{\mathrm{J}}} \tag{4.3.65}$$

显然，由式（4.3.65）和约束条件$\|\boldsymbol{h}_{\mathrm{J}}\|=1$可以估计出干扰信号的极化状态。仍以上述情况为例，雷达主天线的极化形式是水平极化，而辅助天线的极化形式为垂直极化。那么，干扰信号的复极化比为

$$\rho_{\mathrm{J}} = \alpha \left\langle \frac{v_{\mathrm{c}}(t)}{v_{\mathrm{m}}(t)} \right\rangle$$

图 4.3.18 给出了雷达利用主辅天线极化的差异来抑制自卫压制式干扰的仿真波形，设主天线为水平极化，而辅天线为垂直极化，干扰天线为左旋圆极化，目标是金属球形目标，即其极化散射矩阵为单位矩阵，主辅天线的增益分别为 $g_{\mathrm{m}}=30\mathrm{dB}$ 和 $g_{\mathrm{c}}=20\mathrm{dB}$，信噪比为 $\mathrm{SNR}=10\mathrm{dB}$，干扰和接收机噪声均为零均值的白噪声。其中，图 4.3.18（a）为主辅天线的接收电压波形图，左边为主天线的接收电压波形，右边为辅天线的接收电压波形；图 4.3.18（b）为自卫压制式干扰的极化对消结果，左边是干扰极化已知情况下的对消结果，右边的是利用主辅天线的接收信号估计干扰极化状态，进而实施对消的结果。

由图 4.3.18 和大量的仿真结果可见，当主辅天线极化正交时，对于自卫压制式干扰而言，即使干扰极化未知的情况下也可以取得非常好的抑制效果。也就是说，诸如 AN/MPQ-53 相控阵雷达、AN/SPY-1D 相控阵雷达或 C-300 相控阵雷达等是完全有可能利用主辅天线极化特性的差异达到抑制自卫压制式干扰的目的。这对于我导弹突防电子干扰的战术设计、雷达系统的优化等应用领域尤疑具有一定参考意义。

基于辅阵的自卫压制式干扰极化对消性能不仅与主辅天线的极化特性和目标的极化散射特性等因素有关，还与干扰极化形式及其极化状态的估计精度有关。当然，由于主辅天线接收通道的干扰信号存在时差，或者在处理过程中干扰极化状态的变化及多干扰源等情况对本对消算法的影响在工程应用中也需要考虑。

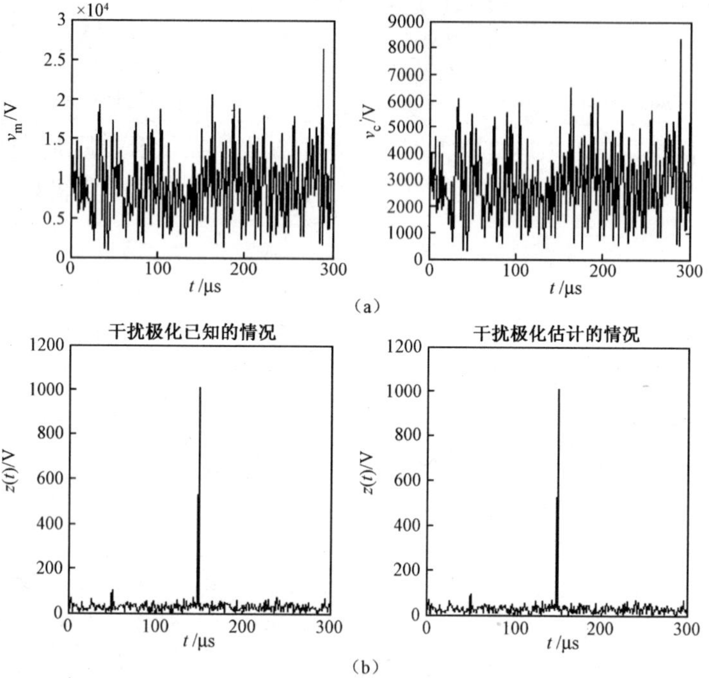

图 4.3.18　自卫压制式干扰极化对消的仿真波形图（JNR = 30dB）

（a）主辅天线的接收电压波形；（b）干扰极化已知和未知情况下的对消结果。

4.4　极化对抗性能的评估指标和评估方法

干扰效果不仅涉及电子战系统，包括干扰信号品质、干扰样式和干扰时机，还与雷达系统有着密切的关系。干扰效果评估就是衡量电子战系统所采用的干扰样式对被干扰对象的有效影响程度，它是评价雷达抗干扰性能的一个重要过程，其重要性随电子战发展而日益加强。相关领域专家经过多年探索，研究出一系列雷达电子战效果评估指标和评估方法，诸如有探测距离、雷达暴露区、干扰效率、预警时间、压制系数、可见度因子、自卫距离、抗干扰改善因子、检测概率—距离曲线、发现时间的分布等，其中部分已经在实际中得到了广泛应用。

这里首先归纳总结了现有噪声压制式干扰效果的评估指标和方法，在此基础上给出了噪声压制干扰的极化对抗效果评估指标和方法，至于有源假目标等欺骗干扰的评估指标和方法在后续章节中给出。

4.4.1 压制干扰的典型评估指标

下面给出一些压制干扰的典型评估指标[180-182]。

1. 压制系数

压制性干扰效果的表现为雷达对目标检测概率的降低或信息流通量的减少。评估干扰效果，必须确定检测概率下降到何种程度表明干扰有效。通常，取检测概率 P_d=0.1 作为有效干扰的衡量标准，即当检测概率下降到低于 0.1 时，认为对雷达的干扰有效。压制系数表示使雷达检测概率下降到 0.1 时，接收机中放输入端通带内的最小干扰信号功率比，定义为

$$K_a = \left(\frac{J}{S}\right)_{\min,\, P_d=0.1} \tag{4.4.1}$$

其中：J 表示雷达输入端的干扰信号功率；S 表示目标回波信号功率。

压制系数可以用来比较各种干扰信号的优劣，压制系数越小，表明对雷达干扰有效时所需的干扰信号功率越小，说明干扰效果越好。

2. 自卫距离

在自卫式干扰情况下，雷达接收到的干扰信号与目标回波信号的比值为

$$J/S = \frac{4\pi P_J G_J R^2}{P_t G_t \sigma}$$

其中：P_t 为雷达发射功率；P_J 为干扰机的功率；G_t 为雷达主瓣增益；G_J 为干扰机的增益；σ 为雷达目标的散射截面积。若其他条件不变，随着目标与雷达间的距离减小，干信比逐渐减小。当干信比等于雷达在干扰中的可见度（SCV）时，雷达能以一定的检测概率发现目标。此时，二者之间的距离称为“最小隐蔽距离”或“烧穿距离”（对干扰机而言），又称“自卫距离”（对雷达而言）。定性地说，自卫距离越小，干扰效果越好。

设雷达检测单个信号所需信干比为 K_J，可以根据上式导出自卫式干扰情况下自卫距离 R_J 的表达式为

$$R_J = \sqrt{\frac{P_t G_t B_J F^2(\alpha) F_A L_t \sigma K_J}{4\pi P_J G_J B_S F'(\alpha) r_J}} \tag{4.4.2}$$

其中：F_A 为雷达抗干扰改善因子；L_t 为雷达发射损耗因子，$F(\alpha)$ 为雷达信号传播损耗因子；$F'(\alpha)$ 为干扰信号传播损耗因子；r_J 为干扰信号的极化损耗。

根据自卫距离，还可以定义相对自卫距离，即

$$R'_J = \frac{R_J}{R_m}$$

其中：R_m 表示无干扰时雷达的最大作用距离。

相对自卫距离侧重刻画了雷达干扰前后工作情况的变化。

3. 抗干扰改善因子和干扰因子

针对雷达采取的抗干扰措施，S.L.Johnston 于 1974 年引入了抗干扰改善因子 EIF 的概念，定义为雷达未采取抗干扰措施时输出端的信干比与雷达采用某种抗干扰措施后雷达输出端干信比的比值，即

$$\text{EIF} = \frac{(J/S)_0}{(J/S)_K} \tag{4.4.3}$$

抗干扰改善因子的概念已经被电气与电子工程师协会（IEEE）采纳，它适用于有源和无源压制式干扰的评估。

由压制系数 $K_a = (J/S)_{\min}$ 和可见度因子 $V = (S/N_0)_{\min}$ 的定义，可将 K_a 记为

$$K_a = \frac{C}{V\eta} \tag{4.4.4}$$

其中：C 是常数；η 是噪声质量因子。

在压制系数的定义中，考虑到抗干扰改善因子，令 $K'_a = \dfrac{C \cdot \text{EIF}}{V\eta}$，那么干扰因子 F 可定义为

$$F = \frac{N_0 + J}{S} \Big/ K'_a = \frac{(N_0 + J)V\eta}{SC \cdot \text{EIF}} \approx \frac{JV\eta}{SC \cdot \text{EIF}} = \frac{J}{S \cdot \text{EIF}} \Big/ K_a \tag{4.4.5}$$

实际上，输入到雷达的干信比为 $(N_0 + J)/S$，那么它与 K_a 的倍

数关系就是干扰因子，干扰因子越大，干扰效果越好。

4.4.2 极化对抗性能的评估指标

由噪声压制式干扰原理和干扰效果的评估指标可知，噪声压制式干扰效果集中体现在干扰功率、目标信号功率和接收机噪声功率的相对变化关系上，核心是计算干扰前后的干扰、信号和接收机噪声的功率。那么，噪声压制式干扰的极化对抗效果评估作为整个压制式干扰效果评估的一个侧面，亦体现在极化对抗前后干扰功率、目标信号功率和接收机噪声功率的相对变化，如图 4.4.1 所示。

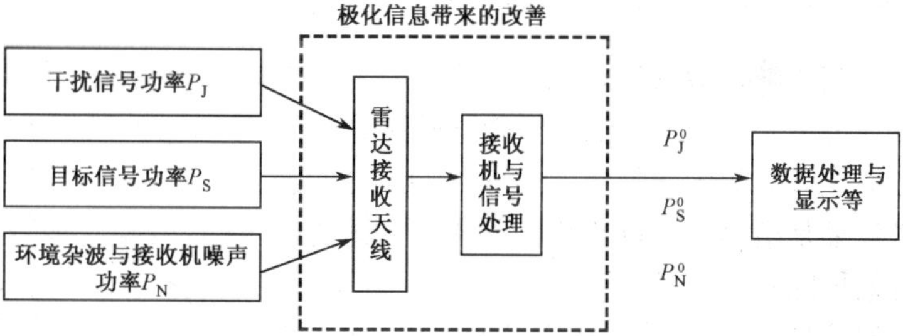

图 4.4.1 极化对抗前后干扰功率、目标信号功率和接收机噪声功率的相对变化

由图 4.4.1 可以定义极化系数、信号干扰噪声功率比（SINR）和信号干扰功率差（PDSI）等几个表征噪声压制式干扰的极化对抗效果的评估指标，具体如下：

（1）极化系数为

$$\gamma = \frac{P_J^0}{P_J} \tag{4.4.6}$$

（2）SINR 为

$$\text{SINR} = \frac{P_S^0}{P_J^0 + P_N^0} \tag{4.4.7}$$

（3）PDSI 为

$$\gamma = P_S^0 - P_J^0 \tag{4.4.8}$$

（4）SINR 极化比为

$$\gamma_{\mathrm{SINR}}=\frac{\mathrm{SINR}_{后}}{\mathrm{SINR}_{前}}=\frac{P_{\mathrm{S}}^{0}}{P_{\mathrm{J}}^{0}+P_{\mathrm{N}}^{0}}\cdot\frac{P_{\mathrm{J}}+P_{\mathrm{N}}}{P_{\mathrm{S}}} \tag{4.4.9}$$

（5）PDSI 极化比为

$$\gamma_{\mathrm{PDSI}}=\mathrm{PDSI}_{后}-\mathrm{PDSI}_{前}=P_{\mathrm{S}}^{0}-P_{\mathrm{S}}+P_{\mathrm{J}}-P_{\mathrm{J}}^{0} \tag{4.4.10}$$

这些评价指标与干扰源的数目、极化、相对位置等因素密切相关，核心是站在雷达极化这一角度考核信号、干扰噪声功率的变化，进而评估噪声压制式干扰源的极化对抗性能。

4.4.3 压制式干扰效果的评估方法

压制式干扰效果评估的方法很多，诸如实战检验法、实物仿真法、模拟分析法、信息融合法、经验分析法等。在实际对抗过程中，影响雷达干扰效果的因素很多，而这些因素之间的相互关系又错综复杂，干扰效果是诸因素共同作用的结果，也就是说，干扰效果与这些因素有着某种隐式函数关系[181]。

但这些函数关系往往十分复杂，通常难以用数学表达式明确地描述。另外，如果考虑所有的因素，评估问题将变得十分繁杂，而且目前有些因素的影响本身就难以把握。所以评估过程中只能尽可能相对完备地选取因素集，近似地估计它们与最终干扰效果的关系，得出相对准确、全面的结果。图 4.4.2 给出了干扰效果的评估实施步骤。

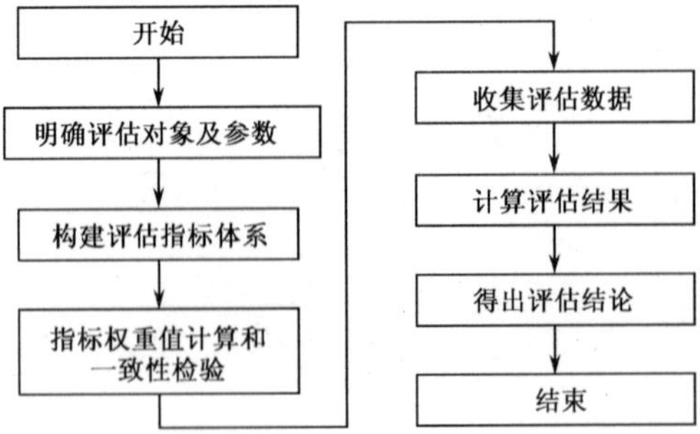

图 4.4.2　干扰效果的评估步骤

在实际雷达对抗效果评估中，大多采用定性评判和定量评判相结合，阶段评判和最终评判相结合，技术能力评判和作战效果评判相结合的手段。根据各个指标之间的相互关系，采用层次分析法、模糊决策、灰色决策理论、神经网络等方法给出综合评判结果。

4.5 小 结

随着技术的发展，压制式干扰呈现全频域覆盖、全空域覆盖的发展趋势，只依赖于频域措施或空域措施的抗干扰方法，往往不能有效地应对。近年来，极化技术受到了国内外学术界的高度重视，它的应用对解决当前雷达面临电子对抗中的一些问题具有十分重要的意义，成为雷达、电子战诸多技术中的一个研究热点，将极化滤波与频域滤波、空域滤波综合使用，是未来对抗压制式干扰的发展趋势。

本章主要讨论了有源压制干扰的极化抑制技术以及极化对抗的性能评估等问题，重点介绍了自适应极化迭代滤波算法、干扰背景下的目标极化增强算法和基于辅助天线的自卫压制干扰对消方法等。这些结论对于现代雷达系统/干扰系统的优化设计、雷达对抗装备的战术应用、雷达对抗系统的仿真以及电子装备的试验鉴定均有一定参考意义。

第 5 章　欺骗式假目标干扰的极化鉴别

5.1　引　言

欺骗性电子干扰是雷达有源干扰的重要形式，它是将经过特定调制的雷达信号发送给目标雷达，用来掩蔽真目标回波信号，或使雷达参数测量出现错误。此外，大量的假目标干扰可以严重消耗雷达资源，使雷达产生混批、饱和等现象，给雷达的数据处理和资源调度带来极大负担，甚至导致系统崩溃。针对雷达恒虚警检测的幅度衰减型假目标干扰[144]、基于 DRFM 的移频干扰[143]等新型假目标干扰样式还具有压制干扰的作用，使雷达不能检测真实目标的存在，而干扰自身也不会暴露。

面对高逼真度欺骗干扰给雷达带来的严峻挑战，目前还没有很有效的对抗方法，距离选通、航迹关联、“重频捷变＋频率捷变”等滤除假目标的方法[185-194]，既消耗了大量的雷达资源，又不具有稳定的对抗效果。极化是继时域、频域和空域信息以外的又一极其重要信息，为雷达系统削弱恶劣电磁环境的影响、对抗有源干扰和鉴别目标等方面，提供了颇具潜力的技术途径。

本章正是面向上述背景，介绍了几种通过提取信号极化域特征差异来鉴别真、假目标的方法。5.2 节简要阐述了欺骗性电子干扰的基本概念与分类特点，给出了利用真假目标回波特性的极化差异来鉴别有源多假目标的方法；5.3 节讨论了利用雷达回波信号极化矢量线性变换特征鉴别转发式极化假目标的方法；5.4 节从拖引干扰的基本原理出发，给出了一种利用极化信息抗拖引干扰的方法；5.5 节讨论了利用主天线和辅助天线的极化特性差异来识别有源假目标的方法；5.6 节阐述了假目标欺骗干扰对抗效果的评估指标和方法；最后进行了简要小结。

5.2 有源多假目标的极化鉴别

本节首先从真假目标参数信息的差别和真假目标在雷达空间分辨单元的不同等角度对欺骗式干扰进行了分类，并阐述了各自具备的特点，然后给出了极化雷达对目标和有源假目标干扰的接收信号模型；再次，根据有源真假目标回波特性的差异提出了两个局部识别判决检验量，并给出了有源假目标的极化识别方案；最后分析了两个局部判决检验量的统计分布，导出了目标和有源假目标的正确判决概率和误判率与信噪比（干噪比）和目标（有源假目标）的极化特性之间的关系，从理论上分析、评估了极化识别算法的性能。

5.2.1 有源欺骗式干扰的分类与特点

设 V 为雷达对各类目标的检测空间，对于具有四维（距离、方位、仰角和速度）检测能力的雷达，V 为

$$V=\left\{[R_{\min},R_{\max}],[\alpha_{\min},\alpha_{\max}],[\beta_{\min},\beta_{\max}],[f_{\mathrm{d}\min},f_{\mathrm{d}\max}],[S_{\min},S_{\max}]\right\} \tag{5.2.1}$$

式中：$R_{\min}$、$R_{\max}$、$\alpha_{\min}$、$\alpha_{\max}$、$\beta_{\min}$、$\beta_{\max}$、$f_{\mathrm{d}\min}$、$f_{\mathrm{d}\max}$、$S_{\min}$、$S_{\max}$ 分别是雷达的最小和最大检测距离、最小和最大检测方位、最小和最大检测仰角、最小和最大检测的多普勒频率、最小检测信号功率（灵敏度）和饱和输入信号功率。

理想目标 T 仅为 V 中的某一个确定点，即

$$T=\left\{R,\alpha,\beta,f_{\mathrm{d}},S\right\}\in V \tag{5.2.2}$$

式中：R、α、β、f_{d}、S 分别为目标的距离、方位、仰角、多普勒频率和回波功率。

雷达能够区分 V 中两个不同点目标 T_1、T_2 的最小空间距离 ΔV 称为雷达的空间分辨力，即

$$\Delta V=\left\{\Delta R,\Delta\alpha,\Delta\beta,\Delta f_{\mathrm{d}},[S_{\min},S_{\max}]\right\} \tag{5.2.3}$$

式中：ΔR、$\Delta\alpha$、$\Delta\beta$、Δf 分别称为雷达的距离分辨力、方位分辨力、仰角分辨力和速度分辨力。

一般雷达在能量上没有分辨力，因此其能量的分辨力与检测范围相同。

在一般条件下，欺骗性干扰所形成的假目标 T_f 也是 V 中的某一个或某一群不同于真目标的确定点集合，即

$$\{T_{\mathrm{f}i}\}_{i=1}^{n},\quad T_{\mathrm{f}i}\in V, T_{\mathrm{f}i}\neq T,\quad \forall i=1,\cdots,n \tag{5.2.4}$$

需要特别说明的是，许多压制式干扰信号也可形成 V 中的假目标，但其假目标往往具有空间和时间的不确定性（空间位置和出现的时间是随机的），与真目标相去甚远，这也是欺骗性干扰技术实现的关键点。

欺骗式干扰的主要干扰方式有多假目标、角度欺骗和波门拖引等，具体的战术运用方式有自卫式、随队式、掩护式、投掷式和拖曳式等，下面给出几种具体的分类方法。

1. 根据真假目标参数信息的差别分类

一般雷达可以提供的信息包括目标的距离 R、方位角 α、俯仰角 β 和速度 v（或多普勒频移 f_{d}）等参数，当存在有源假目标干扰时，设其相应参数分别为 R_{f}、α_{f}、β_{f} 和 f_{df}，并考虑到雷达接收到的真实目标回波功率 S 和虚假目标回波功率 S_{f}，可以将欺骗性干扰分为以下 5 类[12]：

（1）距离欺骗干扰：

$$R_{\mathrm{f}}\neq R, \alpha_{\mathrm{f}}\approx\alpha, \beta_{\mathrm{f}}\approx\beta, f_{\mathrm{df}}\approx f_{\mathrm{d}}, S_{\mathrm{f}}>S \tag{5.2.5}$$

其中：R_{f}、α_{f}、β_{f}、f_{df} 和 S_{f} 分别为假目标 T_{f} 在 V 中的距离、方位、仰角、多普勒频率和功率。

其距离不同于真目标，能量一般强于真目标，而其余参数则近似等于真目标。

（2）角度欺骗干扰：

$$\alpha_{\mathrm{f}}\neq\alpha, \text{或}\ \beta_{\mathrm{f}}\neq\beta, R_{\mathrm{f}}\approx R, f_{\mathrm{df}}\approx f_{\mathrm{d}}, S_{\mathrm{f}}>S \tag{5.2.6}$$

角度欺骗干扰是指假目标的方位或仰角不同于真目标，能量强于真目标，而其余参数近似等于真目标。

（3）速度欺骗干扰：

$$f_{\mathrm{df}}\neq f_{\mathrm{d}}, R_{\mathrm{f}}\approx R, \alpha_{\mathrm{f}}\approx\alpha, \beta_{\mathrm{f}}\approx\beta, S_{\mathrm{f}}>S \tag{5.2.7}$$

速度欺骗干扰是指假目标的多普勒频率不同于真目标，能量强于

真目标，而其余参数近似等于真目标。

（4）AGC 欺骗干扰：

$$S_{\mathrm{f}} \neq S \tag{5.2.8}$$

AGC 欺骗干扰是指假目标的能量不同于真目标，其余参数覆盖或近似等于真目标。

（5）多参数欺骗干扰：

多参数欺骗干扰是指假目标在 V 中有两维或两维以上参数不同于真目标，以便进一步改善欺骗干扰的效果，诸如距离—速度同步欺骗干扰等。

2. 根据真假目标在雷达空间分辨单元的不同分类

根据真假目标在雷达空间分辨单元的不同，可以将有源假目标干扰分为以下三类。

（1）质心干扰：

$$\|T_{\mathrm{f}} - T\| \leqslant \Delta V \tag{5.2.9}$$

真、假目标的参数差别小于雷达空间分辨力，雷达不能区分 T_{f} 与 T 为两个不同目标，而将真、假目标作为同一个目标 T_{f}' 来检测和跟踪。由于在许多情况下，雷达对此的最终检测、跟踪结果往往是真假的能量加权中心（质心），故称为质心干扰。

$$T_{\mathrm{f}}' = \frac{S_{\mathrm{f}} T_{\mathrm{f}}}{S_{\mathrm{f}} + S} \tag{5.2.10}$$

（2）假目标干扰：

$$\|T_{\mathrm{f}} - T\| > \Delta V \tag{5.2.11}$$

真、假目标的参数差别大于雷达空间分辨力，雷达能够区分 T_{f} 与 T 为两个不同目标，但可能对假目标作为真目标检测和跟踪，从而造成虚警，也可能没有发现真目标而造成漏报。

（3）拖引干扰：

拖引干扰是一种周期性的从质心干扰到假目标干扰的连续变化过程，典型的拖引干扰过程表示为

$$\|T_{\mathrm{f}} - T\| = \begin{cases} 0 & 0 \leqslant t < t_1,\ \text{停拖} \\ 0 \to \delta V_{\max} & t_1 \leqslant t < t_2,\ \text{拖引} \\ T_{\mathrm{f}} = 0 & t_2 \leqslant t < T_j,\text{关闭} \end{cases} \tag{5.2.12}$$

即在停拖时间段内，假目标与真目标出现的时间和空间近似重合，雷达很容易检测和捕获，由于假目标的能量高于真目标，捕获后 AGC 电路将按照假目标的能量调整增益，以便对其进行连续测量和跟踪，停拖时间长度对应于雷达检测和捕获目标所需的时间，也包括雷达接收机 AGC 电路的调整时间；在拖引段内，假目标与真目标在预定的欺骗干扰参数（距离、角度或速度）上逐渐分离（拖引），且分离的速度在雷达跟踪正常运动目标的范围内直到真假目标的参数达到预定程度 $\delta V_{\max}$：

$$\|T_{\mathrm{f}}-T\|=\delta V_{\max} \qquad \delta V_{\max}>>\Delta V \tag{5.2.13}$$

由于在拖引前已经被假目标控制了接收机增益，而且假目标的能量高于真目标，所以雷达的跟踪系统很容易被假目标拖引开，而抛弃真目标。拖引段的时间长度主要取决于最大误差 $\delta V_{\max}$ 和拖引速度；在关闭时间段内，欺骗式干扰关闭发射，使假目标突然消失，造成雷达跟踪信号突然中断。

当然，亦可从极化的角度进行分为单极化有源欺骗干扰和极化调制有源欺骗干扰等，这里不再赘述。

5.2.2 极化雷达的接收信号模型

不失一般性，不妨设极化雷达两正交天线是水平和垂直极化天线，这也是目前极化雷达常采用的极化组态。由于有源假目标和雷达目标独立占据不同的分辨单元，下面针对分时极化测量体制雷达，分别讨论目标和假目标干扰的接收信号模型。

1. 雷达目标的接收信号模型

若在当前脉冲重复周期（PRT）内水平天线发射信号，那么结合相干信号仿真[187]和雷达极化理论[7]易得，目标在雷达接收天线端口处的后向散射波为

$$\boldsymbol{e}_{\mathrm{S}}(t)=\frac{g_{\mathrm{m}}}{4\pi R^2}A_{\mathrm{m}}(t-\tau)\mathrm{e}^{\mathrm{j}2\pi f_{\mathrm{d}}(t-\tau)}\boldsymbol{S}_{I}\boldsymbol{h}_{\mathrm{m}} \tag{5.2.14}$$

其中：g_{m} 是水平天线的电压增益；R 为目标与雷达之间的距离；$A_{\mathrm{m}}(t)=\sqrt{\dfrac{P_{\mathrm{t}}}{4\pi L_{\mathrm{t}}}}\exp(\mathrm{j}2\pi f_{\mathrm{c}}t)\upsilon(t)$，$f_{\mathrm{c}}$ 为发射信号载频，$\upsilon(t)$ 为发射信号的

复调制函数，P_t 为发射峰值功率，L_t 为发射综合损耗等；τ 为目标的回波时延，$\tau = \dfrac{2R}{c}$，$c = 3\times10^8\,\mathrm{m/s}$；$f_d$ 为目标的多普勒频率；$\boldsymbol{S}_1 = \begin{bmatrix} S_{HH1} & S_{HV1} \\ S_{VH1} & S_{VV1} \end{bmatrix}$ 为雷达目标在当前姿态、当前频率下的极化散射矩阵，且对于互易性目标而言，$\boldsymbol{S}_1^T = \boldsymbol{S}_1$；$\boldsymbol{h}_m = [1,\ 0]^T$ 表示天线的极化形式。

因而，对于增益和频率等特性相同的水平天线和垂直天线而言，二者的接收电压为

$$v_{m1}(t) = g_m^2 S_{HH1}\chi(t) + n_{m1}(t) \tag{5.2.15}$$

和

$$v_{c1}(t) = g_m^2 S_{HV1}\chi(t) + n_{c1}(t) \tag{5.2.16}$$

其中：$\chi(t) = \dfrac{k_{RF}}{4\pi R^2 L_R} A_m(t-\tau)\mathrm{e}^{\mathrm{j}2\pi f_d(t-\tau)}$，$k_{RF}$ 为射频放大系数，L_R 为接收损耗；$n_{m1}(t)$ 和 $n_{c1}(t)$ 分别为两正交天线接收通道的接收机噪声，服从正态分布，即有 $n_{m1} \sim N(0, \sigma_m^2)$，$n_{c1} \sim N(0, \sigma_c^2)$，$\sigma_c^2 = \sigma_m^2 = \sigma_0^2$。

同理，在下一个脉冲重复周期内，垂直天线发射信号，两正交天线的接收电压为

$$v_{m2}(t) = g_m^2 S_{HV2}\chi(t-T_r) + n_{m2}(t) \tag{5.2.17}$$

和

$$v_{c2}(t) = g_m^2 S_{VV2}\chi(t-T_r) + n_{c2}(t) \tag{5.2.18}$$

其中：$\boldsymbol{S}_2 = \begin{bmatrix} S_{HH2} & S_{HV2} \\ S_{VH2} & S_{VV2} \end{bmatrix}$ 为雷达目标在当前姿态下的极化散射矩阵。由于雷达的脉冲重复周期一般在毫秒量级甚至更小，在此期间目标的姿态变化很小，或者讲雷达目标的极化散射特性变化微乎其微，即 $\boldsymbol{S}_1 \approx \boldsymbol{S}_2 = \boldsymbol{S}$，这对于大多数飞行目标是满足的；$T_r$ 为雷达脉冲重复周期，倘若目标的多普勒可以精确估计，由 $\chi(t)$ 的表达式直观可见，$\chi(t-T_r) = \chi(t)\mathrm{e}^{-\mathrm{j}2\pi(f_d+f_c)T_r}$。

2. 有源假目标干扰的接收信号模型

在水平垂直极化基下，任一有源假目标干扰信号在雷达接收天线端口处可表示为

$$\boldsymbol{e}_{\mathrm{J}}\left(t\right)=\boldsymbol{h}_{\mathrm{J}1}J_{1}(t) \tag{5.2.19}$$

其中：$J_1(t)$ 为假目标干扰的调制信号，可为任意波形，一般为了避免被雷达从时域和频域识别，其特性应与目标散射波的调制特性相近；$\boldsymbol{h}_{\mathrm{J}1}=\left[h_{\mathrm{JH}1},h_{\mathrm{JV}1}\right]^{\mathrm{T}}$ 为当前干扰信号的极化形式，$\left\|\boldsymbol{h}_{\mathrm{J}1}\right\|=1$。

那么，水平天线和垂直天线的接收电压分别为

$$v_{\mathrm{m}1}\left(t\right)=k_{\mathrm{a}}g_{\mathrm{m}}h_{\mathrm{HJ}1}J_{1}(t)+n_{\mathrm{m}1}(t) \tag{5.2.20}$$

和

$$v_{\mathrm{c}1}\left(t\right)=k_{\mathrm{a}}g_{\mathrm{m}}h_{\mathrm{VJ}1}J_{1}(t)+n_{\mathrm{c}1}(t) \tag{5.2.21}$$

其中：$k_{\mathrm{a}}=\dfrac{k_{\mathrm{RF}}}{L_{\mathrm{R}}}B_{\mathrm{f}}$；$B_{\mathrm{f}}$ 为干扰信号带宽与接收带宽不匹配引起的损耗等。

同理，在下一个脉冲重复周期内，水平天线和垂直天线的接收电压为

$$v_{\mathrm{m}2}\left(t\right)=k_{\mathrm{a}}g_{\mathrm{m}}h_{\mathrm{HJ}2}J_{2}(t)+n_{\mathrm{m}2}(t) \tag{5.2.22}$$

和

$$v_{\mathrm{c}2}\left(t\right)=k_{\mathrm{a}}g_{\mathrm{m}}h_{\mathrm{VJ}2}J_{2}(t)+n_{\mathrm{c}2}(t) \tag{5.2.23}$$

其中：$J_2(t)$ 为假目标干扰在此 PRT 内的调制信号，与 $J_1(t)$ 的主要区别是为了模拟目标运动而带来的相位和幅度变化；$\boldsymbol{h}_{\mathrm{J}2}=\left[h_{\mathrm{JH}2},h_{\mathrm{JV}2}\right]^{\mathrm{T}}$ 为当前 PRT 内干扰信号的极化形式，由于干扰姿态在两个脉冲期间变化很小，对于单极化干扰源而言，其极化形式可近似认为不变，即 $\boldsymbol{h}_{\mathrm{J}2}\approx\boldsymbol{h}_{\mathrm{J}1}=\boldsymbol{h}$。

5.2.3 有源假目标极化识别方案的设计

下面从目标和有源假目标两个角度来具体分析二者具有的特性和区别，为真假目标的鉴别提供基础。从目标的角度来看，由式（5.2.16）和式（5.2.17）直观可见，对于在两个 PRT 内被动接收的天线而言，

在不考虑接收机噪声的情况下，其接收电压相减，根据目标极化散射矩阵的互易性可得

$$\Delta_1 = v_{m2}(t) - v_{c1}(t)e^{j2\pi(f_d+f_c)T_r} \approx 0 \quad (5.2.24)$$

而对于假目标干扰而言，由式（5.2.21）和式（5.2.22）可得

$$\begin{aligned}\Delta_1 &= v_{m2J}(t) - v_{c1J}(t)e^{j2\pi(f_d+f_c)T_r} \\ &= k_a g_m\left[h_{JH}J_2(t) - h_{JV}J_1(t)e^{j2\pi(f_d+f_c)T_r}\right] \neq 0\end{aligned} \quad (5.2.25)$$

从干扰的角度分析，由式（5.2.20）～式（5.2.23）直观可见，对于有源假目标干扰而言，在不考虑接收机噪声的情况下，雷达接收信号具有如下关系：

$$\begin{aligned}\Delta_2 &= v_{m1J}(t)v_{c2J}^*(t) - v_{m2J}(t)v_{c1J}^*(t) \\ &= k_a^2 g_m^2 J_1(t)J_2^*(t)\left(h_{VJ}h_{HJ}^* - h_{VJ}h_{HJ}^*\right) = 0\end{aligned} \quad (5.2.26)$$

而对于目标而言，显然有

$$\Delta_2 = g_m^4\left(S_{VV}S_{HH}^* - S_{HV}S_{HV}^*\right)\left|\chi(t)\right|^2 e^{j2\pi(f_d+f_c)T_r} \neq 0 \quad (5.2.27)$$

这也就是说，对于目标而言，Δ_1 等于零，而 Δ_2 一般情况下不等于零；对于干扰而言，Δ_1 一般情况下不等于零，而 Δ_2 等于零。这为真假目标的识别提供两条重要依据，并可以给出真假目标识别的判决检验量 η_1 和 η_2 定义为

$$\eta_1 = \left|\Delta_1\right|^2, \quad \eta_2 = \left|\Delta_2\right|^2 \quad (5.2.28)$$

由前分析可知，η_1 和 η_2 从不同侧面反映了真假目标之间的差异，这里采用首先根据 η_1 和 η_2 分别判断检测点迹的真假，并给出局部判决结果，而后采用融合的方法给出最终识别结果。为了保证雷达目标的误判率保持在恒定水平内，本节从目标的角度来分析有源假目标的正确识别率和误判率，即有

$$\mu_1 = \begin{cases}1, & \eta_1 \geqslant \beta_1 \\ 0, & \eta_1 < \beta_1\end{cases}, \quad \mu_2 = \begin{cases}1, & \eta_2 \leqslant \beta_2 \\ 0, & \eta_2 > \beta_2\end{cases} \quad (5.2.29)$$

其中：β_1 和 β_2 为局部判决门限。融合的方法采用“或”逻辑，即

$$u = \begin{cases}0 & (u_1 - u_2 = 0) \\ 1 & (\text{其他})\end{cases} \quad (5.2.30)$$

当 $\mu=1$ 时，判断该检测点迹为真目标，反之为有源假目标。图 5.2.1 给出了有源假目标的极化识别方案。

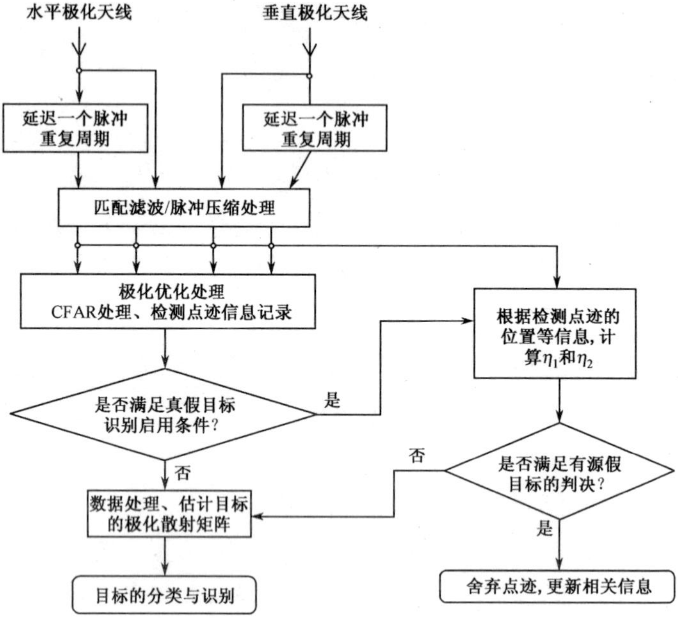

图 5.2.1　有源真假目标的极化识别方案

极化优化处理主要是指采用最优极化检测（OPD）、极化白化滤器（PWF）、张量合成（SPAN）处理等技术来提高雷达的检测性能；启用条件的判断主要是根据当前雷达任务、雷达资源和当前波位探测到点迹的数目 M 的相对关系决定。一般情况下，若雷达工作于搜索姿态，可设 $M>3$ 时，启用本识别通道；若在稳定跟踪或制导的过程中，$M\geqslant 2$ 时，就可以启动本识别通道来判断是否存在假目标或有源诱饵，以便后续的拦截能够正确攻击目标。

5.2.4　真假目标极化识别的性能分析

1. 局部判决检验量 η_1 和 η_2 的统计特性

这里为了分析、评估本识别算法的性能，首先给出两个局部判决检验量 η_1 和 η_2 的统计分布。

1） η_1 的统计分布

由 $\Delta_1 = v_{m2}(t) - v_{c1}(t)e^{j2\pi(f_d+f_c)T_r}$ 的定义可知，Δ_1 服从正态分布，设 $\Delta_1 \sim N(m_1, \sigma_1^2)$。那么，在雷达接收信号为目标和干扰情况下 Δ_1 的均值和方差分别为

$$m_1/S = 0, \quad \sigma_1^2/S = 2\sigma_0^2 \tag{5.2.31}$$

和

$$m_1/J = k_a g_m m_J, \quad \sigma_1^2/J = 2\sigma_0^2 \tag{5.2.32}$$

其中：$m_J = h_{JH}J_2(t) - h_{JV}J_1(t)e^{j2\pi(f_d+f_c)T_r}$。

进而，由 $\eta_1 = |\Delta_1|^2$ 可知，η_1 在雷达接收信号为目标和干扰情况下的概率密度函数分别为

$$f\left(\eta_1/S\right) = \frac{1}{2\sigma_0^2}\exp\left(-\frac{\eta_1}{2\sigma_0^2}\right) \tag{5.2.33}$$

和

$$f\left(\eta_1/J\right) = \frac{1}{2\sigma_0^2}\exp\left(-\frac{\eta_1 + k_a^2 g_m^2 |m_J|^2}{2\sigma_0^2}\right) I_0\left(\frac{2k_a g_m |m_J|\sqrt{\eta_1}}{2\sigma_0^2}\right) \tag{5.2.34}$$

其中：I_0 为零阶修正贝塞尔函数。

2） η_2 的统计分布

由前面可知，雷达接收信号无论是目标散射波还是假目标干扰，Δ_2 的概率密度难以给出解析表达式，因而 η_2 的统计分布也难以解析求解，而由 Δ_2 的定义可近似认为 Δ_2 亦服从正态分布，设 $\Delta_2 \sim N(m_2, \sigma_2^2)$。

因此，在雷达接收信号为目标和干扰情况下 Δ_2 的均值和方差分别为

$$\begin{aligned} m_2/S &= g_m^4 |\chi(t)|^2 m_S e^{j2\pi(f_d+f_c)T_r}, \\ \sigma_2^2/S &= 2\sigma_0^4 + \sigma_0^2 g_m^4 |\chi(t)|^2 E_S \end{aligned} \tag{5.2.35}$$

和

$$m_2/J = 0, \quad \sigma_2^2/J = 2\sigma_0^4 + \sigma_0^2 k_a^2 g_m^2 \left(|J_1(t)|^2 + |J_2(t)|^2\right) \tag{5.2.36}$$

其中：$m_S = S_{HH}S_{VV}^* - S_{HV}S_{HV}^*$；$E_S = |S_{HH}|^2 + |S_{HV}|^2 + |S_{VV}|^2 + |S_{HV}|^2$。

进而由 $\eta_2 = |\varDelta_2|^2$ 可知，η_2 在雷达接收信号为目标和干扰情况下的概率密度函数分别为

$$f\left(\eta_2/S\right) = \frac{1}{2\sigma_0^4 + \sigma_0^2 g_{\mathrm{m}}^4 |\chi(t)|^2 E_{\mathrm{S}}} \exp\left(-\frac{\eta_2 + g_{\mathrm{m}}^8 |\chi(t)|^4 |m_{\mathrm{S}}|^2}{2\sigma_0^4 + \sigma_0^2 g_{\mathrm{m}}^4 |\chi(t)|^2 E_{\mathrm{S}}}\right) I_0\left[\frac{2g_{\mathrm{m}}^4 |\chi(t)|^2 |m_{\mathrm{S}}| \sqrt{\eta_2}}{2\sigma_0^4 + \sigma_0^2 g_{\mathrm{m}}^4 |\chi(t)|^2 E_{\mathrm{S}}}\right] \tag{5.2.37}$$

和

$$f\left(\eta_2/J\right) = \frac{1}{2\sigma_0^4 + \sigma_0^2 k_{\mathrm{a}}^2 g_{\mathrm{m}}^2 \left(|J_1(t)|^2 + |J_2(t)|^2\right)} \exp\left(-\frac{\eta_2}{2\sigma_0^4 + \sigma_0^2 k_{\mathrm{a}}^2 g_{\mathrm{m}}^2 \left(|J_1(t)|^2 + |J_2(t)|^2\right)}\right) \tag{5.2.38}$$

由大量计算机仿真结果可知，η_2 的近似概率密度函数曲线和其统计直方图是一致的，经概率分布密度拟合优度的 χ^2 检验（检验水平为 0.01）验证了这一结论，这进一步表明 $\varDelta_2$ 的正态分布假设是可行的。

2. 算法性能的理论分析与评估

为了刻画有源真假目标的识别概率随信噪比（SNR）或干噪比（JNR）的变化关系，首先给出 SNR 和 JNR 的定义为

$$\begin{aligned}\mathrm{SNR} &= \frac{g_{\mathrm{m}}^4 |\chi(t)|^2 \left(|S_{\mathrm{HH}}|^2 + |S_{\mathrm{HV}}|^2 + |S_{\mathrm{VV}}|^2 + |S_{\mathrm{HV}}|^2\right)}{4\sigma_0^2} \\ &= \frac{g_{\mathrm{m}}^4 |\chi(t)|^2 E_{\mathrm{S}}}{4\sigma_0^2}\end{aligned} \tag{5.2.39}$$

和

$$\mathrm{JNR} = \frac{k_{\mathrm{a}}^2 g_{\mathrm{m}}^2 \left(|J_1(t)|^2 + |J_2(t)|^2\right)}{4\sigma_0^2} \tag{5.2.40}$$

同时，为了便于分析目标和干扰的极化特性对识别算法的影响，定义了目标形状因子γ和干扰极化因子λ分别为

$$\gamma = \frac{\left|S_{\mathrm{VV}}S_{\mathrm{HH}}^{*} - S_{\mathrm{HV}}S_{\mathrm{HV}}^{*}\right|}{\left|S_{\mathrm{HH}}\right|^{2} + \left|S_{\mathrm{HV}}\right|^{2} + \left|S_{\mathrm{VV}}\right|^{2} + \left|S_{\mathrm{HV}}\right|^{2}} = \frac{m_{\mathrm{S}}}{E_{\mathrm{S}}} \tag{5.2.41}$$

和

$$\lambda = \frac{\left|h_{\mathrm{JH}}J_{2}(t) - h_{\mathrm{JV}}J_{1}(t)\right|^{2}}{\left|J_{1}(t)\right|^{2} + \left|J_{2}(t)\right|^{2}} = \frac{\left|m_{\mathrm{J}}\right|^{2}}{\left|J_{1}(t)\right|^{2} + \left|J_{2}(t)\right|^{2}} \tag{5.2.42}$$

显然，根据简单形体目标的极化散射矩阵可知，对于金属球、平板、三面角反射器、垂直偶极子、水平偶极子等目标而言，目标形状因子$\gamma = \frac{1}{2}$，而对于二面角，$\gamma = \frac{1}{4}$；不同目标的形状因子γ不同，从一个侧面定性的描述了目标的极化特性。而对于干扰极化因子λ也侧重描述了干扰的极化特性，诸如对于圆极化干扰，$\lambda = 1$；而对于水平或垂直线极化干扰，$\lambda = \frac{1}{2}$。

下面结合两个局部判决检验量η_1和η_2的统计分布，具体分析、评估有源真假目标极化识别的性能。设P_{d1}和P_{d2}分别为两个局部判决中目标的正确判决概率，α_1和α_2为目标的误判率；P_{dJ1}和P_{dJ2}分别为两个局部判决中有源假目标正确识别概率，P_{f1}和P_{f2}为有源假目标误判为目标的概率。根据“或”融合规则可知，目标的正确判决概率P_{D}和有源假目标正确识别概率P_{J}与上述概率参量具有如下关系：

$$P_{\mathrm{D}} = 1 - \left(1 - P_{\mathrm{d1}}\right)\left(1 - P_{\mathrm{d2}}\right) \tag{5.2.43}$$

和

$$P_{\mathrm{J}} = P_{\mathrm{dJ1}}P_{\mathrm{dJ2}} \tag{5.2.44}$$

相应地，目标的误判率α为

$$\alpha = 1 - P_{\mathrm{D}} = \alpha_1\alpha_2 \tag{5.2.45}$$

由式（5.2.45）可见，欲使目标的误判概率控制内某一恒定水平α下，只要使任一个局部判决中目标的误判概率不超过该水平即可得以保证。

对于第一个局部判决表达式，为了保证目标的误判率在一个恒定

水平 α 下，要求

$$\int_{\beta_1}^{\infty} f\left(\eta_1/S\right)\mathrm{d}\eta_1 \leqslant \alpha \tag{5.2.46}$$

由此，可得局部判决门限 $\beta_1 = -2\sigma_0^2 \ln\alpha$。相应地，目标的正确识别率为 $P_{\mathrm{d1}} = 1-\alpha$。此时有源假目标的正确判决率为

$$P_{\mathrm{dJ1}} = \frac{1}{2\sigma_0^2}\mathrm{e}^{-2\lambda\mathrm{JNR}}\int_{\beta_1}^{\infty}\mathrm{e}^{-\frac{\eta_1}{2\sigma_0^2}} I_0\left(\frac{2\sqrt{\lambda\mathrm{JNR}\,\eta_1}}{\sigma_0}\right)\mathrm{d}\eta_1 \tag{5.2.47}$$

而假目标误判为雷达目标的概率为 $P_{\mathrm{f1}}=1-P_{\mathrm{dJ1}}$。

对于第二个判决表达式，为了使有源假目标的误判概率保持在一个相对低的水平，设 $P_{\mathrm{f2}} \leqslant P_{\mathrm{f\alpha}}$ 下，即有

$$\int_{0}^{\beta_2} f\left(\eta_2/J\right)\mathrm{d}\eta_2 \leqslant P_{\mathrm{f\alpha}} \tag{5.2.48}$$

由此可得局部判决门限 $\beta_2 = -2\sigma_0^4\left(1+2\mathrm{JNR}\right)\ln P_{\mathrm{f\alpha}}$。相应地，有源假目标的正确判决率为 $P_{\mathrm{dJ2}} = 1-P_{\mathrm{f\alpha}}$。

此时目标的正确判决率为

$$P_{\mathrm{d2}} = \frac{1}{2\sigma_0^4\left(1+2\mathrm{SNR}\right)}\mathrm{e}^{-\frac{8\gamma^2\mathrm{SNR}^2}{1+2\mathrm{SNR}}}\int_{\beta_2}^{\infty}\mathrm{e}^{-\frac{\eta_2}{2(1+2\mathrm{SNR})\sigma_0^4}} I_0\left(\frac{4\gamma\mathrm{SNR}}{\sigma_0^2\left(1+2\mathrm{SNR}\right)}\sqrt{\eta_2}\right)\mathrm{d}\eta_2 \tag{5.2.49}$$

而目标的误判概率为 $\alpha_2=1-P_{\mathrm{d2}}$。

那么，雷达目标的正确判决概率 P_{D} 可简化表示为

$$P_{\mathrm{D}} = 1-\alpha\left(1-P_{\mathrm{d2}}\right) \tag{5.2.50}$$

而有源假目标的正确判决概率可简化为

$$P_{\mathrm{J}} = P_{\mathrm{dJ1}}\left(1-P_{\mathrm{f\alpha}}\right) \tag{5.2.51}$$

图 5.2.2 给出了雷达目标和有源假目标干扰的正确判决概率随着信噪比（干噪比）的变化曲线，其中，雷达目标的误判概率不超过 $\alpha = 10^{-4}$，有源假目标的局部误判概率 $P_{\mathrm{f\alpha}} = 10^{-2}$；图 5.2.2（a）中目标形状因子 $\gamma = 1$,干扰极化因子 $\lambda = 1$，图 5.2.2（b）中目标形状因子 $\gamma = \frac{1}{2}$,干扰极化因子 $\lambda = \frac{1}{2}$。

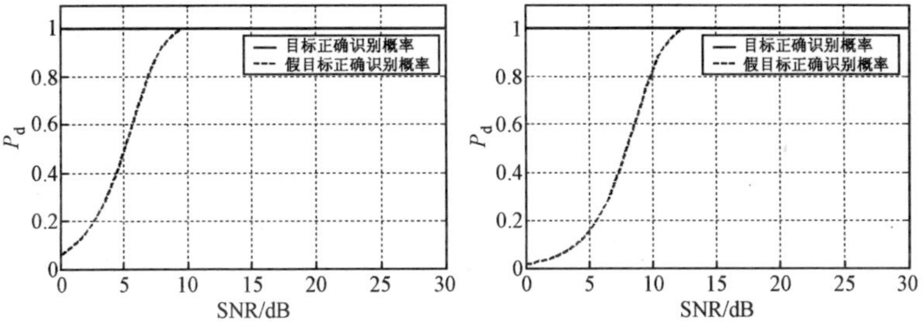

(a)　　　　　　　　　　　　(b)

图 5.2.2　雷达目标和有源假目标干扰的正确判决概率随着信噪比（干噪比）的变化曲线

（a）$\gamma=1$，$\lambda=1$；（b）$\gamma=\frac{1}{2}$，$\lambda=\frac{1}{2}$。

由图 5.2.2 和式（5.2.50）可见，从目标识别的角度来看，已检测的目标的正确判决概率基本不随信噪比的变化而变化，且与目标的形状因子参数γ关系不大，主要取决于预先设定的误判率水平α值；而有源假目标干扰的正确判决概率随着干噪比和干扰极化因子的变化而变化，对于圆极化干扰基本上在干噪比低于 10dB 的情况下就能够完全识别，这与文献[11]中结合实测数据仿真得到的结论是一致的。

图 5.2.3 给出了雷达目标和有源假目标干扰的正确判决概率随着干扰极化因子λ的变化曲线，其中，信噪比（干噪比）SNR=13dB，其他参数与图 5.2.2 一致。由图 5.2.3 可见，有源假目标干扰的正确判决概率与干扰极化因子密切相关，随着干扰极化因子λ的减小，在同一干噪比条件下，正确识别的概率亦在减小。特别地，当干扰极化因子等于零时，即

$$h_{JH}J_2(t)=h_{JV}J_1(t)e^{j2\pi(f_d+f_c)T_r} \tag{5.2.52}$$

有源假目标干扰就难以利用极化信息被有效识别，这对于有源干扰系统的优化设计具有重要参考意义。

从本节的分析结果来看，有源真假目标极化特性的差异可以从一个角度增强或者达到完全识别有源假目标干扰的目的。这说明，干扰

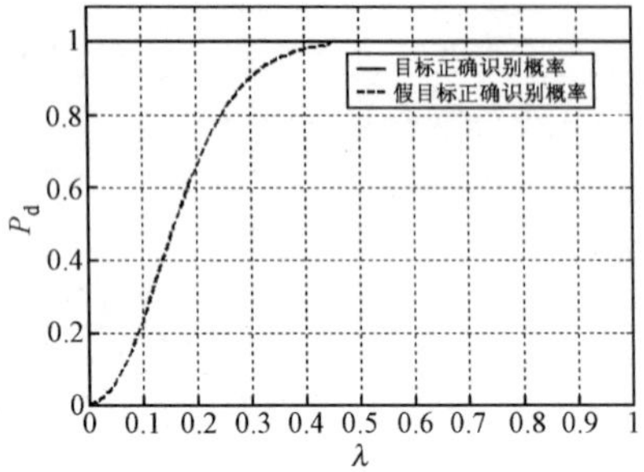

图 5.2.3 雷达目标和有源假目标干扰的正确判决概率随着干扰极化因子的变化曲线

的极化设计不仅仅考虑接收功率的损失问题，还需要考虑极化的可识别性问题，也就是说为了取得对抗优势，有源电子干扰必须采用合理的极化调制或全极化体制。

至于在宽带高分辨条件下，由于雷达距离分辨单元远小于目标径向尺寸，因而目标连续占据了多个分辨单元，而每个分辨单元是由不同散射机理的散射元构成，因而其散射回波的极化特性也可能是各不相同的，且与发射信号的极化形式密切相关；而对于有源假目标而言，其极化特性可能是一致的，且与发射信号的极化形式无关。因而高分辨信息与极化信息的充分挖掘可为解决有源假目标等欺骗性电子干扰的抑制与鉴别提供更为有效的途径，文献[11]中已有详细论述，这里不再赘述。

5.3 转发式假目标干扰的极化鉴别

本节立足于通过对雷达接收信号矢量进行线性变换，将真、假目标的极化本质差异映射到某一线性空间，在该空间提取特征进行鉴别。

将转发式假目标分为两大类：固定极化假目标和极化调制假目标干扰。前者即脉内极化方式固定的假目标干扰，后者指的是脉内极化方式被随机调制的假目标干扰。

对于固定极化假目标，目标回波极化与雷达发射极化呈线性关系，而固定极化假目标干扰的极化状态与雷达发射极化无关（即极化比固定）；对于极化调制假目标，对极化矢量进行张量积接收后，目标回波极化特征矢量汇聚于多维复空间中一点，而极化调制假目标极化特征矢量在多维复空间中散布。利用上述差别，本节通过设计发射极化和极化处理方式，将真目标与固定极化、极化调制假目标分别进行区分。

本节给出了鉴别门限与鉴别性能的解析关系，因此可以预先设置鉴别门限，此外，在实际应用中，尤其是密集、多假目标的情况下，“目标”间互扰（真目标、假目标）、目标多普勒效应的影响是必须要考虑的重要方面，本节方法对这些情况进行了验证。

5.3.1 固定极化假目标的鉴别

1. 鉴别算法原理

雷达采用一对正交极化天线，不失一般性地，令其为水平（H）和垂直（V）极化天线。

1）目标回波极化矢量

雷达发射波形可以表示为（为分析方便，这里暂不考虑幅度）

$$\boldsymbol{E}_{\mathrm{t}}\left(t\right)-\sum_{m=1}^{M}\boldsymbol{h}_{\mathrm{t}m}s_m\left(t\right) \tag{5.3.1}$$

其中：M 为发射极化数目；$\boldsymbol{h}_{\mathrm{t}m}$ 为发射极化的 Jones 矢量表示，且 $\left\|\boldsymbol{h}_{\mathrm{t}m}\right\|=1$； $s_m\left(t\right)$ 是极化测量波形[15]。

目标回波矢量信号经极化测量后，可得到 M 个发射极化对应的 M 个回波极化矢量，即有

$$\boldsymbol{E}_{\mathrm{S}m}=A\boldsymbol{S}\boldsymbol{h}_{\mathrm{t}m},\quad m=1,\cdots,M \tag{5.3.2}$$

其中：$\boldsymbol{S}$ 为目标散射矩阵；A 表示信号幅度，是由雷达接收机处理增益以及雷达方程中各元素（除目标散射截面积外）共同决定的值，但与雷达极化以及目标散射矩阵无关。

2）假目标干扰极化矢量

设干扰发射、接收极化分别为 $\boldsymbol{h}_{\mathrm{Jt}}$ 和 $\boldsymbol{h}_{\mathrm{Jr}}$（$\left\|\boldsymbol{h}_{\mathrm{Jt}}\right\|=1$，$\left\|\boldsymbol{h}_{\mathrm{Jr}}\right\|=1$），假

目标干扰信号可表示为

$$J(t)=B\boldsymbol{h}_{\mathrm{Jr}}{}^{\mathrm{T}}\boldsymbol{E}_{\mathrm{t}}(t)\boldsymbol{h}_{\mathrm{Jt}}=B\left(\sum_{m=1}^{M}\left(\boldsymbol{h}_{\mathrm{Jr}}{}^{\mathrm{T}}\boldsymbol{h}_{\mathrm{t}m}\right)s_m(t)\right)\cdot\boldsymbol{h}_{\mathrm{Jt}} \tag{5.3.3}$$

其中：B 为干扰信号的幅度系数，与雷达和干扰的极化无关，经测量得到的干扰极化矢量表示为

$$\boldsymbol{E}_{\mathrm{J}m}=B\left(\boldsymbol{h}_{\mathrm{Jr}}{}^{\mathrm{T}}\boldsymbol{h}_{\mathrm{t}m}\right)\boldsymbol{h}_{\mathrm{Jt}} \tag{5.3.4}$$

由式（5.3.3）可知，随着发射极化 $\boldsymbol{h}_{\mathrm{t}m}$ 的变化，干扰信号的幅度是变化的，而极化形式不变，若将干扰看作一个散射体，其极化矢量由式（5.3.4）改写为

$$\boldsymbol{E}_{\mathrm{J}m}=B\left(\boldsymbol{h}_{\mathrm{Jt}}\boldsymbol{h}_{\mathrm{Jr}}{}^{\mathrm{T}}\right)\boldsymbol{h}_{\mathrm{t}m} \tag{5.3.5}$$

定义

$$\boldsymbol{S}_{\mathrm{J}}\triangleq D\left(\boldsymbol{h}_{\mathrm{Jt}}\boldsymbol{h}_{\mathrm{Jr}}{}^{\mathrm{T}}\right) \tag{5.3.6}$$

为干扰机的等效散射矩阵，其中 D 是干扰转发增益与干扰机天线增益（在雷达方向上）的乘积，且令 $AD=B$，则干扰极化矢量最终可表示为

$$\boldsymbol{E}_{\mathrm{J}m}=A\boldsymbol{S}_{\mathrm{J}}\boldsymbol{h}_{\mathrm{t}m} \tag{5.3.7}$$

上式中干扰“散射矩阵” $\boldsymbol{S}_{\mathrm{J}}$ 是奇异矩阵，而一般情况下，目标散射矩阵 $\boldsymbol{S}$ 是非奇异矩阵。由式（5.3.4）可以看出，干扰极化矢量 $\boldsymbol{E}_{\mathrm{J}m}$ 的形式不随发射极化 $\boldsymbol{h}_{\mathrm{t}m}$ 而改变，即其极化比 $\rho_{\mathrm{J}m}=\dfrac{\boldsymbol{E}_{\mathrm{J}m}(2)}{\boldsymbol{E}_{\mathrm{J}m}(1)}=\dfrac{\boldsymbol{h}_{\mathrm{Jt}}(2)}{\boldsymbol{h}_{\mathrm{Jt}}(1)}$ 不变（记为 ρ_{J}）；而对于非奇异矩阵 $\boldsymbol{S}$，目标回波极化矢量 $\boldsymbol{E}_{\mathrm{S}m}$ 的极化比 $\rho_{\mathrm{S}m}=\dfrac{\boldsymbol{E}_{\mathrm{S}m}(2)}{\boldsymbol{E}_{\mathrm{S}m}(1)}$ 随发射极化 $\boldsymbol{h}_{\mathrm{t}m}$ 而改变。

建立一个描述来波极化矢量 $\boldsymbol{E}$ 的二维复空间坐标系，示意图如图 5.3.1 所示，$\boldsymbol{E}(1)$和 $\boldsymbol{E}(2)$分别是 $\boldsymbol{E}$ 的两个元素（均为复数，图中仅以实数直观地表示）。雷达发射多个不同极化$\{\boldsymbol{h}_{\mathrm{t}m}\}$，则干扰和目标回波极化矢量是该空间上的多个点。由于干扰极化比 ρ_{J} 固定，干扰极化矢量$\{\boldsymbol{E}_{\mathrm{J}m}\}$分布在该空间中一条过坐标原点的直线上，且直线斜率为 ρ_{J}；对于目标，由于极化比 ρ_{S} 随发射极化 $\boldsymbol{h}_{\mathrm{t}}$ 改变，因此，回波极化矢量$\{\boldsymbol{E}_{\mathrm{S}m}\}$在该空间散布，不会分布在同一条直线上。

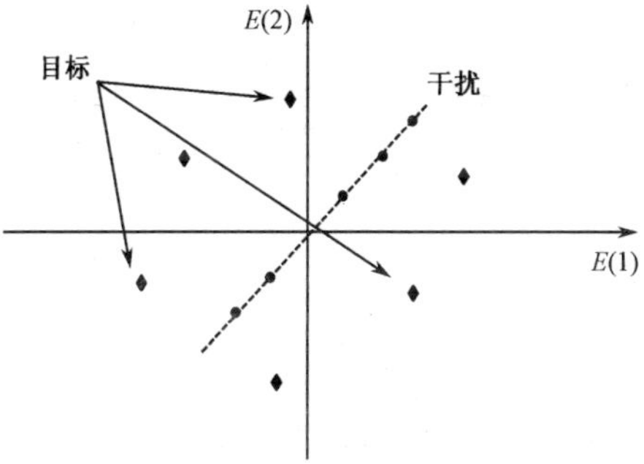

图 5.3.1 来波极化矢量空间分布示意图

（“●”表示干扰极化矢量，“◆”表示目标回波极化矢量）

因此，可利用这一差异对目标和固定极化假目标干扰进行鉴别：根据来波极化矢量的观测值$\left\{\hat{\boldsymbol{E}}_m\right\}$（$m=1,\cdots,M$，共 M 次观测），判断其是否来自于极化矢量空间中同一条过原点直线，以此作为鉴别依据。

2. 鉴别算法

1）鉴别流程

来波信号的极化测量值为$\left\{\hat{\boldsymbol{E}}_m\right\}$，目标和干扰情况下分别记为$\left\{\hat{\boldsymbol{E}}_{\mathrm{S}m}\right\}$和$\left\{\hat{\boldsymbol{E}}_{\mathrm{J}m}\right\}$：

$$\hat{\boldsymbol{E}}_{\mathrm{S}m}=A\boldsymbol{S}\boldsymbol{h}_{\mathrm{t}m}+\begin{bmatrix}n_{\mathrm{H}m}\\n_{\mathrm{V}m}\end{bmatrix},\quad \hat{\boldsymbol{E}}_{\mathrm{J}m}=A\boldsymbol{S}_{\mathrm{J}}\boldsymbol{h}_{\mathrm{t}m}+\begin{bmatrix}n_{\mathrm{H}m}\\n_{\mathrm{V}m}\end{bmatrix} \tag{5.3.8}$$

式中：A 表示幅度；$\begin{bmatrix}n_{\mathrm{H}m}\\n_{\mathrm{V}m}\end{bmatrix}$为观测噪声矢量，矢量间相互独立，且均服从$N\left(0,\ \sigma^2\begin{bmatrix}1&0\\0&1\end{bmatrix}\right)$的二维复高斯分布。

这里对观测矢量$\left\{\hat{\boldsymbol{E}}_m\right\}$进行线性回归分析，以判断$\left\{\hat{\boldsymbol{E}}_m\right\}$是否聚集在一条过原点直线上，即由回归参数计算鉴别统计量。鉴别流程的示意图如图 5.3.2 所示。

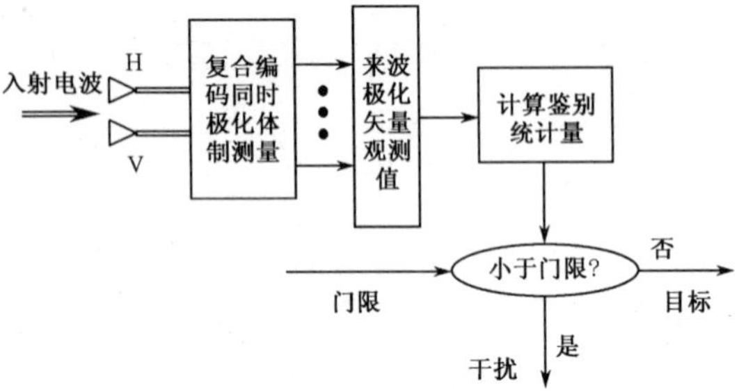

图 5.3.2　脉内固定极化转发式假目标干扰鉴别流程

2）干扰鉴别统计量的分布性质及鉴别门限

为了对来波极化观测矢量$\left\{\hat{\boldsymbol{E}}_m\right\}$进行线性回归分析，暂将$\hat{\boldsymbol{E}}_m$的第一个元素$\hat{\boldsymbol{E}}_m(1)$看作自变量，第二个元素$\hat{\boldsymbol{E}}_m(2)$看作因变量。

干扰极化矢量$\boldsymbol{E}_{\mathrm{J}m}$的极化比$\rho_{\mathrm{J}}$不随发射极化改变，$\boldsymbol{E}_{\mathrm{J}m}$中两元素有如下的线性关系：

$$\boldsymbol{E}_{\mathrm{J}m}(2)=\rho_{\mathrm{J}}\boldsymbol{E}_{\mathrm{J}m}(1) \tag{5.3.9}$$

其观测值$\hat{\boldsymbol{E}}_{\mathrm{J}m}$则包含了 H 和 V 极化通道的观测噪声$n_{\mathrm{H}m}$和$n_{\mathrm{V}m}$，即

$$\hat{\boldsymbol{E}}_{\mathrm{J}m}(1)=\boldsymbol{E}_{\mathrm{J}m}(1)+n_{\mathrm{H}m},\quad \hat{\boldsymbol{E}}_{\mathrm{J}m}(2)=\boldsymbol{E}_{\mathrm{J}m}(2)+n_{\mathrm{V}m} \tag{5.3.10}$$

显然，因为自变量也存在观测误差，干扰极化观测矢量集$\{\hat{\boldsymbol{E}}_{\mathrm{J}m}(1),\hat{\boldsymbol{E}}_{\mathrm{J}m}(2)\}$并不符合一般的一元线性回归模型[196]。但若把自变量的观测误差归到因变量的观测误差，则由式（5.3.9）和式（5.3.10）可得$\{\hat{\boldsymbol{E}}_{\mathrm{J}m}(1),\hat{\boldsymbol{E}}_{\mathrm{J}m}(2)\}$的等价线性回归模型为

$$\hat{\boldsymbol{E}}_{\mathrm{J}m}(2)=\rho_{\mathrm{J}}\hat{\boldsymbol{E}}_{\mathrm{J}m}(1)+n_{\mathrm{V}m}-\rho_{\mathrm{J}}n_{\mathrm{H}m} \tag{5.3.11}$$

此时，因变量$\hat{\boldsymbol{E}}_{\mathrm{J}m}(2)$的观测误差变为

$$\varepsilon_{\mathrm{J}m}=n_{\mathrm{V}m}-\rho_{\mathrm{J}}n_{\mathrm{H}m} \tag{5.3.12}$$

由于$n_{\mathrm{H}m}$和$n_{\mathrm{V}m}$的独立性，$\varepsilon_{\mathrm{J}m}$服从复高斯分布，且$\varepsilon_{\mathrm{J}m}\sim \mathrm{N}\left(0,\left(1+\left|\rho_{\mathrm{J}}\right|^2\right)\sigma^2\right)$。

对来波极化观测矢量$\left\{\hat{\boldsymbol{E}}_m\right\}$进行线性回归分析。回归参数估计公式为

$$\hat{\rho}=\frac{L_{xy}}{L_{xx}},\quad \hat{b}=\bar{\boldsymbol{E}}(2)-\hat{\rho}\bar{\boldsymbol{E}}(1) \tag{5.3.13}$$

其中：$\bar{\boldsymbol{E}}(1)=\frac{1}{M}\sum_{m=1}^{M}\hat{\boldsymbol{E}}_m(1)$ 和 $\bar{\boldsymbol{E}}(2)=\frac{1}{M}\sum_{m=1}^{M}\hat{\boldsymbol{E}}_m(2)$ 分别为自变量和因变量的均值，而

$$L_{xx}=\sum_{m=1}^{M}\left|\hat{\boldsymbol{E}}_m(1)-\bar{\boldsymbol{E}}(1)\right|^2,\quad L_{xy}=\sum_{m=1}^{M}\left(\hat{\boldsymbol{E}}_m(1)-\bar{\boldsymbol{E}}(1)\right)^*\left(\hat{\boldsymbol{E}}_m(2)-\bar{\boldsymbol{E}}(2)\right) \tag{5.3.14}$$

则回归误差平方和 Q 记为

$$Q(\hat{b},\hat{\rho})=\sum_{m-1}^{M}|\,\hat{\boldsymbol{E}}_m(2)-\hat{b}-\hat{\rho}\cdot\hat{\boldsymbol{E}}_m(1)\,|^2 \tag{5.3.15}$$

由文献[196]，因干扰满足式（5.3.11）的线性回归模型，因此 Q_J 满足 Chi-Squared 分布：

$$\frac{Q_J\left(\hat{b},\hat{\rho}\right)}{\left(1+|\rho_J|^2\right)\sigma^2/2}\sim\chi^2(2M-4) \tag{5.3.16}$$

式中：干扰极化比 ρ_J 的模 $|\rho_J|$ 取值范围很大——$|\rho_J|\in[0,+\infty)$，由后面式（5.3.17）可知，鉴别统计量中用观测噪声方差的估值代替 σ^2，必然存在一定误差，因此 $|\rho_J|$ 越大越不利于正确鉴别。为此，在进行回归估计之前，首先应找到 $\{\hat{\boldsymbol{E}}_m\}$ 中模值最大的点 $\hat{\boldsymbol{E}}^{(\max)}$，判断其矢量斜率 $\left|\rho^{(\max)}\right|=\left|\frac{\hat{\boldsymbol{E}}^{(\max)}(2)}{\hat{\boldsymbol{E}}^{(\max)}(1)}\right|$ 是否大于 1。若 $\left|\rho^{(\max)}\right|$ 大于 1，则将 $\hat{\boldsymbol{E}}_m$ 中的元素 $\left\{\hat{\boldsymbol{E}}_m(1),\,\hat{\boldsymbol{E}}_m(2)\right\}$ 进行自变量和因变量的位置互换后再进行回归估计，这样可以将回归直线斜率的模基本限制在[0, 1]的范围内，从而保证了估计精度。因此，在下面的分析中，回归估计值 $\hat{\rho}$ 表示对干扰极化比 ρ_J 或其倒数 $\frac{1}{\rho_J}$ 的估计。

鉴于 Q_J 满足式（5.3.16）的分布，将鉴别统计量 $R\left(\hat{b},\hat{\rho}\right)$ 设计为如下形式：

$$R\left(\hat{b},\hat{\rho}\right)=\frac{2Q\left(\hat{b},\hat{\rho}\right)}{\hat{\sigma}^2\left(1+\left|\hat{\rho}\right|^2\right)} \tag{5.3.17}$$

其中：观测噪声方差的估值 $\hat{\sigma}^2$ 由噪声数据估计得到，只要数据量足够大，估计误差基本可忽略不计。

上式用回归估计值 $\hat{\rho}$ 代替了未知的极化比 ρ_{J}，因此，由式（5.3.16），干扰鉴别统计量 R_{J} 近似服从分布：

$$R_{\mathrm{J}}\left(\hat{b},\hat{\rho}\right)\sim\chi^2\left(2M-4\right) \tag{5.3.18}$$

若规定干扰误判为目标的概率不大于 α，则鉴别门限应确定为

$$\eta=\chi_{1-\alpha}{}^2\left(2M-4\right) \tag{5.3.19}$$

超过此门限判定为目标，否则判定为干扰。此外，式（5.3.17）～式（5.3.19）表明，在噪声方差估计精度和极化比估计精度足够高的情况下，干扰鉴别率与脉冲数目、干扰噪声功率比等因素无关。

3）目标鉴别统计量的分布性质

目标鉴别统计量 $R_{\mathrm{S}}\left(\hat{b},\hat{\rho}\right)$ 与目标散射矩阵紧密相关，为此，下面首先提出目标散射矩阵的分解模型，以利于 $R_{\mathrm{S}}\left(\hat{b},\hat{\rho}\right)$ 的分布特性的分析。

（1）目标散射矩阵分解模型。目标的散射矩阵是一个 2 维复对称矩阵，记为 $\boldsymbol{S}=\begin{bmatrix}s_{\mathrm{HH}} & s_{\mathrm{HV}}\\ s_{\mathrm{HV}} & s_{\mathrm{VV}}\end{bmatrix}$。为便于分析，将目标散射矩阵 $\boldsymbol{S}$ 进行分解：

$$\boldsymbol{S}=\boldsymbol{S}_{\mathrm{A}}+\boldsymbol{S}_{\mathrm{B}}\text{ 或 }\boldsymbol{S}=\boldsymbol{S}_{\mathrm{a}}+\boldsymbol{S}_{\mathrm{b}} \tag{5.3.20}$$

对于第一种分解：

$$\boldsymbol{S}_{\mathrm{A}}=\begin{bmatrix}s_{\mathrm{HH}} & s_{\mathrm{HV}}\\ s_{\mathrm{HV}} & \dfrac{s_{\mathrm{HV}}{}^2}{s_{\mathrm{HH}}}\end{bmatrix}\quad \boldsymbol{S}_{\mathrm{B}}=\begin{bmatrix}0 & 0\\ 0 & s_{\mathrm{VV}}-\dfrac{s_{\mathrm{HV}}{}^2}{s_{\mathrm{HH}}}\end{bmatrix} \tag{5.3.21}$$

则式（5.3.2）中的回波极化矢量分解为

$$\boldsymbol{E}_{\mathrm{S}}=A\boldsymbol{S}_{\mathrm{A}}\boldsymbol{h}_{\mathrm{t}}+A\boldsymbol{S}_{\mathrm{B}}\boldsymbol{h}_{\mathrm{t}}=\boldsymbol{E}_{\mathrm{A}}+\boldsymbol{E}_{\mathrm{B}} \tag{5.3.22}$$

对于第二种分解：

$$\boldsymbol{S}_{\mathrm{a}}=\begin{bmatrix}\dfrac{s_{\mathrm{HV}}{}^{2}}{s_{\mathrm{VV}}} & s_{\mathrm{HV}}\\ s_{\mathrm{HV}} & s_{\mathrm{VV}}\end{bmatrix}\quad \boldsymbol{S}_{\mathrm{b}}=\begin{bmatrix}s_{\mathrm{HH}}-\dfrac{s_{\mathrm{HV}}{}^{2}}{s_{\mathrm{VV}}} & 0\\ 0 & 0\end{bmatrix} \tag{5.3.23}$$

回波极化矢量分解为

$$\boldsymbol{E}_{\mathrm{S}}=A\boldsymbol{S}_{\mathrm{a}}\boldsymbol{h}_{\mathrm{t}}+A\boldsymbol{S}_{\mathrm{b}}\boldsymbol{h}_{\mathrm{t}}=\boldsymbol{E}_{\mathrm{a}}+\boldsymbol{E}_{\mathrm{b}} \tag{5.3.24}$$

上述两种分解模型中，矩阵 $\boldsymbol{S}_{\mathrm{A}}$、$\boldsymbol{S}_{\mathrm{a}}$ 都可以看成是由一个 2 维矢量外积得到的奇异矩阵：

$$\boldsymbol{S}_{\mathrm{A}}=\begin{bmatrix}\sqrt{s_{\mathrm{HH}}}\\ \dfrac{s_{\mathrm{HV}}}{\sqrt{s_{\mathrm{HH}}}}\end{bmatrix}\begin{bmatrix}\sqrt{s_{\mathrm{HH}}} & \dfrac{s_{\mathrm{HV}}}{\sqrt{s_{\mathrm{HH}}}}\end{bmatrix},\ \boldsymbol{S}_{\mathrm{a}}=\begin{bmatrix}\dfrac{s_{\mathrm{HV}}}{\sqrt{s_{\mathrm{VV}}}}\\ \sqrt{s_{\mathrm{VV}}}\end{bmatrix}\begin{bmatrix}\dfrac{s_{\mathrm{HV}}}{\sqrt{s_{\mathrm{VV}}}} & \sqrt{s_{\mathrm{VV}}}\end{bmatrix} \tag{5.3.25}$$

对比式（5.3.6）发现，$\boldsymbol{S}_{\mathrm{A}}$、$\boldsymbol{S}_{\mathrm{a}}$ 的形式同干扰散射矩阵类似（并且是干扰机收发共用一副天线的特例情况，即发射极化和接收极化相同），故回波极化矢量中 $\boldsymbol{S}_{\mathrm{A}}$（或 $\boldsymbol{S}_{\mathrm{a}}$）的散射分量 $\boldsymbol{E}_{\mathrm{A}}$（或 $\boldsymbol{E}_{\mathrm{a}}$）也分布在同一条过原点的直线上，而经 $\boldsymbol{S}_{\mathrm{B}}$（或 $\boldsymbol{S}_{\mathrm{b}}$）的散射分量则有如下形式：

$$\boldsymbol{E}_{\mathrm{B}}=A\left(s_{\mathrm{VV}}-\frac{s_{\mathrm{HV}}{}^{2}}{s_{\mathrm{HV}}}\right)\begin{bmatrix}0\\ \boldsymbol{h}_{\mathrm{t}}(2)\end{bmatrix}\text{或}\ \boldsymbol{E}_{\mathrm{b}}=A\left(s_{\mathrm{HH}}-\frac{s_{\mathrm{HV}}{}^{2}}{s_{\mathrm{VV}}}\right)\begin{bmatrix}\boldsymbol{h}_{\mathrm{t}}(1)\\ 0\end{bmatrix} \tag{5.3.26}$$

$\boldsymbol{E}_{\mathrm{B}}$ 中第一个元素为零，$\boldsymbol{E}_{\mathrm{b}}$ 中第二个元素为零。

图 5.3.3 为目标鉴别统计量的构成示意图，过原点直线上的点为散射分量 $\boldsymbol{E}_{\mathrm{A}}$（或 $\boldsymbol{E}_{\mathrm{a}}$），加上散射分量 $\boldsymbol{E}_{\mathrm{B}}$（或 $\boldsymbol{E}_{\mathrm{b}}$）后，得到的极化矢量如图中“•”点所示。

若目标散射矩阵是奇异矩阵，则式（5.3.26）中 $\boldsymbol{E}_{\mathrm{B}}$ 和 $\boldsymbol{E}_{\mathrm{b}}$ 的元素全等于零，此时无论发射极化怎样，图 5.3.3 中的圆点都将分布在同一条过原点直线上，无法与假目标干扰分辨。而当目标散射矩阵与奇异矩阵差别较大时，则较容易鉴别。为此，下文只着重分析目标散射矩阵接近于奇异矩阵的情况下（即 $\left\{\boldsymbol{E}_{\mathrm{B}m}\right\}$ 和 $\left\{\boldsymbol{E}_{\mathrm{b}m}\right\}$ 都接近于零，而回波极化矢量 $\left\{\boldsymbol{E}_{\mathrm{S}m}\right\}$ 接近于同一条过原点直线），目标鉴别统计量的分布性质。

（2）目标鉴别统计量的分布特性。若观测值 $\left\{\hat{\boldsymbol{E}}_{m}\right\}$ 中模值最大点的斜率 $\left|\rho^{(\max)}\right|$ 小于 1，则选择 $\boldsymbol{S}=\boldsymbol{S}_{\mathrm{A}}+\boldsymbol{S}_{\mathrm{B}}$ 分解模型来进行分析。此时，可以把矩阵 $\boldsymbol{S}_{\mathrm{A}}$ 看作目标散射矩阵 $\boldsymbol{S}$ 中的“假目标”部分，其散射分

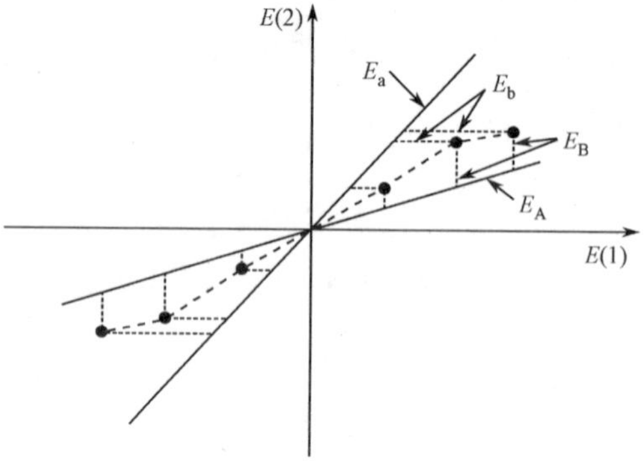

图 5.3.3　目标鉴别统计量构成示意图

量$\{\boldsymbol{E}_{\mathrm{A}m}\}$分布在同一条直线上，模型形式同式（5.3.9），直线斜率为ρ_{A}，当加上$\boldsymbol{S}_{\mathrm{B}}$的散射分量$\{\boldsymbol{E}_{\mathrm{B}m}\}$后，得到目标回波极化观测矢量$\hat{\boldsymbol{E}}_{\mathrm{S}m}$服从下面的线性模型：

$$\hat{\boldsymbol{E}}_{\mathrm{S}m}(2)=\rho_{\mathrm{A}}\hat{\boldsymbol{E}}_{\mathrm{S}m}(1)+\Delta y_m+n_{\mathrm{V}m}-\rho_{\mathrm{A}}n_{\mathrm{H}m} \tag{5.3.27}$$

其中：$\Delta y_m=\boldsymbol{E}_{\mathrm{B}m}(2)=A\left(s_{\mathrm{VV}}-\frac{{s_{\mathrm{HV}}}^2}{s_{\mathrm{HH}}}\right)\boldsymbol{h}_{\mathrm{t}m}(2)$。

当Δy_m足够小，与观测噪声相当时，可将Δy_m归入观测误差，此时观测误差为

$$\varepsilon_{\mathrm{S}m}=\Delta y_m+n_{\mathrm{V}m}-\rho_{\mathrm{A}}n_{\mathrm{H}m} \tag{5.3.28}$$

根据式（5.3.13）对观测值$\{\hat{\boldsymbol{E}}_{\mathrm{S}m}(1),\hat{\boldsymbol{E}}_{\mathrm{S}m}(2)\}$进行回归估计。其中，分量$\{\boldsymbol{E}_{\mathrm{A}m}\}$分布在一条直线上，故下面重点研究另一分量$\{\Delta y_m\}$对线性回归结果的影响。

由于$\boldsymbol{E}_{\mathrm{B}m}$的第一个元素为零，故自变量$\hat{\boldsymbol{E}}_{\mathrm{S}m}(1)=\hat{\boldsymbol{E}}_{\mathrm{A}m}(1)$，即$\boldsymbol{E}_{\mathrm{B}}$没有影响统计量$L_{\mathrm{xx}}$，$\boldsymbol{S}$和$\boldsymbol{S}_{\mathrm{A}}$情况下该值相同：$L_{\mathrm{xxS}}=L_{\mathrm{xxA}}$。对于因变量，存在关系：$\hat{\boldsymbol{E}}_{\mathrm{S}m}(2)=\hat{\boldsymbol{E}}_{\mathrm{A}m}(2)+\Delta y_m$，若满足

$$\sum_{m=1}^{M}\Delta y_m=0 \tag{5.3.29}$$

则$\{\hat{\boldsymbol{E}}_{\mathrm{S}m}(1)\}$和$\{\hat{\boldsymbol{E}}_{\mathrm{S}m}(2)\}$的均值$\bar{\boldsymbol{E}}_{\mathrm{S}}(1)$、$\bar{\boldsymbol{E}}_{\mathrm{S}}(2)$，与$\{\hat{\boldsymbol{E}}_{\mathrm{Am}}(1)\}$和

$\left\{\hat{\boldsymbol{E}}_{\mathrm{Am}}(2)\right\}$ 的均值 $\overline{\boldsymbol{E}}_{\mathrm{A}}(1)$、$\overline{\boldsymbol{E}}_{\mathrm{A}}(2)$ 分别相等，因此对于统计量 L_{xy} 有

$$\begin{aligned} L_{\mathrm{xyS}} &= \sum_{m=1}^{M}\left(\hat{\boldsymbol{E}}_{\mathrm{S}m}(1)-\overline{\boldsymbol{E}}_{\mathrm{S}}(1)\right)^{*}\left(\hat{\boldsymbol{E}}_{\mathrm{S}m}(2)-\overline{\boldsymbol{E}}_{\mathrm{S}}(2)\right) \\ &= L_{\mathrm{xyA}}+\sum_{m=1}^{M}\left(\hat{\boldsymbol{E}}_{\mathrm{S}m}(1)-\overline{\boldsymbol{E}}_{\mathrm{S}}(1)\right)^{*}\Delta y_m \end{aligned} \qquad (5.3.30)$$

因 $\mathrm{E}\left[\sum_{m=1}^{M}\left(\hat{\boldsymbol{E}}_{\mathrm{S}m}(1)-\overline{\boldsymbol{E}}_{\mathrm{S}}(1)\right)^{*}\Delta y_m\right]=0$，所以 $E\left[L_{\mathrm{xyS}}\right]=E\left[L_{\mathrm{xyA}}\right]$。这表明，由 L_{xyS}、L_{xxS} 得到的回归参数 $\left(\hat{b},\hat{\rho}\right)$ 是 $\boldsymbol{S}_{\mathrm{A}}$ 散射分量所在直线参数 $\left(0,\rho_{\mathrm{A}}\right)$ 的无偏估计。

如前所述，当 Δy_m 足够小时，可将 Δy_m 归结为观测误差，若将 $\left\{\Delta y_m\right\}$ 看作 M 个来自于同一零均值高斯分布的观测样本，则其样本方差为 $\dfrac{\sum_{m=1}^{M}\left|\Delta y_m\right|^2}{M-1}$。那么由式（5.3.28），目标情况下的观测误差 $\left\{\varepsilon_{\mathrm{S}m}\right\}$ 的方差应为

$$\sigma_{\mathrm{S}}{}^{2}=\left(1+\left|\rho_{\mathrm{A}}\right|^{2}\right)\sigma^{2}+\frac{\sum_{m=1}^{M}\left|\Delta y_m\right|^2}{M-1} \qquad (5.3.31)$$

至此，在 Δy_m 满足 $\sum_{m=1}^{M}\Delta y_m=0$、足够小两个条件的情况下，类似于式（5.3.16），回归误差平方和 $Q_{\mathrm{S}}\left(\hat{b},\hat{\rho}\right)$ 满足分布：$\dfrac{Q_{\mathrm{S}}\left(\hat{b},\hat{\rho}\right)}{\left(1+\left|\rho_{\mathrm{A}}\right|^{2}\right)\sigma_{\mathrm{S}}{}^{2}/2}\sim\chi^{2}(2M-4)$，从而，得到了目标鉴别统计量 $R_{\mathrm{S}}\left(\hat{b},\hat{\rho}\right)$ 的近似分布表达式为

$$\frac{R_{\mathrm{S}}\left(\hat{b},\hat{\rho}\right)}{1+\dfrac{\sum_{m=1}^{M}\left|\Delta y_m\right|^2}{(M-1)\sigma^{2}\left(1+\left|\rho_{\mathrm{A}}\right|^{2}\right)}}\sim\chi^{2}(2M-4) \qquad (5.3.32)$$

若观测值$\left\{\hat{\boldsymbol{E}}_m\right\}$中模值最大点的斜率$\left|\rho^{(\max)}\right|$大于1，则算法要将$\hat{\boldsymbol{E}}_m$中的元素$\hat{\boldsymbol{E}}_m(1)$和$\hat{\boldsymbol{E}}_m(2)$进行位置互换后再进行回归估计，此时选择$\boldsymbol{S}=\boldsymbol{S}_{\mathrm{a}}+\boldsymbol{S}_{\mathrm{b}}$分解模型来进行分析。同理，令$\Delta x_m = A\left(s_{\mathrm{HH}}-\frac{s_{\mathrm{HV}}{}^2}{s_{\mathrm{VV}}}\right)\boldsymbol{h}_{\mathrm{t}m}(1)$，若$\Delta x_m$满足足够小、$\sum_{m=1}^{M}\Delta x_m=0$这两个条件，则可得到目标鉴别统计量$R_{\mathrm{S}}$的近似分布表达式为

$$\frac{R_{\mathrm{S}}\left(\hat{b},\hat{\rho}\right)}{1+\dfrac{\sum_{m=1}^{M}\left|\Delta x_m\right|^2}{(M-1)\sigma^2\left(1+1/\left|\rho_{\mathrm{a}}\right|^2\right)}}\sim\chi^2(2M-4) \tag{5.3.33}$$

式中：ρ_{a}是矩阵$\boldsymbol{S}_{\mathrm{a}}$散射分量$\left\{\boldsymbol{E}_{\mathrm{a}m}\right\}$所在直线的斜率。

（3）目标鉴别判别量。在算法实际使用中，无法确定采用（2）中的哪种分解模型来分析目标鉴别量的分布特性。

为此，这里定义了一个变量——判别量（简写为 PBL），作为目标鉴别统计量 R_{S} 的分布参数（见式（5.3.62）、式（5.3.63）所示的 Chi-Squared 分布）为

$$\mathrm{PBL}\left(A,M,\left\{\boldsymbol{h}_{\mathrm{t}m}\right\},\boldsymbol{S}\right)=$$
$$\min\left\{\frac{\sum_{m=1}^{M}\left|\Delta y_m\right|^2}{(M-1)\sigma^2\left(1+\left|\rho_{\mathrm{A}}\right|^2\right)},\frac{\sum_{m=1}^{M}\left|\Delta x_m\right|^2}{(M-1)\sigma^2\left(1+1/\left|\rho_{\mathrm{a}}\right|^2\right)}\right\} \tag{5.3.34}$$

式中：由于判别量 PBL 取较小值，因此，在统计意义上 R_{S} 的值要比$\frac{R'_{\mathrm{S}}}{1+\mathrm{PBL}}\sim\chi^2(2M-4)$所描述的$R'_{\mathrm{S}}$的值大，因而，实际目标鉴别率要比按判别量 PBL 预估的目标鉴别率大。

（4）发射极化设计。为了使干扰鉴别统计量 R_{J} 的实际分布与式（5.3.18）足够接近，参数$\hat{\rho}$的估计精度必须足够高。

干扰情况下，$\hat{b}$和$\hat{\rho}$均为无偏估计，且都服从高斯分布[196]：

$$\hat{b} \in N\left(0,\left(\frac{1}{n}+\frac{\overline{x}^2}{L_{\text{xxJ}}}\right)\right), \quad \hat{\rho} \in N\left(\rho_{\text{J}},\frac{\sigma^2}{L_{\text{xxJ}}}\right) \tag{5.3.35}$$

式中：$\overline{x}$ 是回归估计自变量的均值，是干扰极化矢量均值 $\overline{\boldsymbol{E}}_{\text{J}}$ 的第一个或第二个元素（因为算法要根据 $\left|\rho^{(\max)}\right|$ 是否大于 1 来确定自变量和因变量）。

由式（5.3.35），要提高估计精度，要求：$\overline{x}^2$ 应小，而 L_{xxJ} 应大。

由式（5.3.4）可知

$$\overline{\boldsymbol{E}}_{\text{J}} = B\left(\boldsymbol{h}_{\text{J}}{}^{\text{T}}\overline{\boldsymbol{h}}_{\text{t}}\right)\boldsymbol{h}_{\text{J}} + \begin{bmatrix} \overline{n}_{\text{H}} \\ \overline{n}_{\text{V}} \end{bmatrix} \tag{5.3.36}$$

其中：$\overline{\boldsymbol{h}}_{\text{t}}$ 为雷达发射极化矢量的均值；$\overline{n}_{\text{H}}$ 和 $\overline{n}_{\text{V}}$ 分别为 H 和 V 极化通道观测噪声的均值。以 PBL 小于 1 的情况为例，式（5.3.65）中统计量 L_{xxJ} 可展开为

$$L_{\text{xxJ}} = \sum_{m=1}^{M}\left|B\boldsymbol{h}_{\text{J}}(1)\cdot\boldsymbol{h}_{\text{J}}{}^{\text{T}}\left(\boldsymbol{h}_{\text{t}m}-\overline{\boldsymbol{h}}_{\text{t}}\right)-\overline{n}_{\text{H}}\right|^2 \tag{5.3.37}$$

当 $\overline{x}$ 为零时，$\hat{b}$ 的估计误差方差最小。因为 $\overline{n}_{\text{H}}$ 和 $\overline{n}_{\text{V}}$ 相对很小，由式（5.3.66）可知，令 $\overline{\boldsymbol{h}}_{\text{t}}=\begin{bmatrix}0 & 0\end{bmatrix}^{\text{T}}$ 时 $\overline{x}$ 必定接近于零，即发射极化矢量 $\{\boldsymbol{h}_{\text{t}m}\}$ 应满足：

$$\sum_{m=1}^{M}\boldsymbol{h}_{\text{t}m} = [0,0]^{\text{T}} \tag{5.3.38}$$

另一方面，为了使 $\hat{\rho}$ 的估计误差方差最小，统计量 L_{xxJ} 应尽量大。由于 $\overline{\boldsymbol{h}}_{\text{t}}$ 为零矢量，式（5.3.67）中 L_{xxJ} 重写为

$$L_{\text{xxJ}} = \sum_{m=1}^{M}\left|B\boldsymbol{h}_{\text{J}}(1)\cdot\boldsymbol{h}_{\text{J}}{}^{\text{T}}\boldsymbol{h}_{\text{t}m}-\overline{n}_{\text{H}}\right|^2 \tag{5.3.39}$$

显然，极化数目 M 越大，干扰功率（由 B 等决定）越大，统计量 L_{xxJ} 就越大。因此，若定义干扰噪声功率比为 $JNR=\dfrac{B^2}{\sigma^2}$，则极化数目 M 和 JNR 越大，$\hat{\rho}$ 的估计精度越高，干扰鉴别统计量 R_{J} 的实际分布也越接近式（5.3.20）所描述的分布，从而干扰实际鉴别率也越接近理论值。

发射极化矢量$\{\boldsymbol{h}_{tm}\}$除应满足式（5.3.38）条件外，还应有助于鉴别目标和干扰，因此，$\{\boldsymbol{h}_{tm}\}$不应过于集中，否则目标回波极化矢量很可能集中于空间中的一个点或两个点，造成线性回归结果统计特性与干扰类似。

为避免这种情况，本节设计了一种发射极化的组合，令

$$\boldsymbol{h}_{tm}=\left[\cos\theta_m \quad \sin\theta_m\cdot e^{j\varphi}\right]^{\mathrm{T}}$$

其中

$$\begin{cases}\theta_m=\theta_0+\dfrac{2\pi}{M}(m-1)\\ \varphi_m=\varphi\end{cases} \tag{5.3.40}$$

即$\{\theta_m\}$（$m=1,\cdots,M$）在$[0,2\pi]$间均匀取值，θ_0、φ均为$[0,2\pi]$区间任意值。这种发射极化组合不仅符合式（5.3.38）的要求，而且由于$\sum\limits_{m=1}^{M}\cos^2\theta_m=\sum\limits_{m=1}^{M}\sin^2\theta_m=\dfrac{M}{2}$，使得目标判别量 PBL 与发射极化的具体样式无关（与θ_0、φ无关），重写为

$$\mathrm{PBL}(\mathrm{SNR},M,\boldsymbol{S})=$$

$$\min\left\{\frac{M\left|s_{\mathrm{VV}}-\dfrac{s_{\mathrm{HV}}{}^2}{s_{\mathrm{HH}}}\right|^2\cdot\mathrm{SNR}}{2(M-1)\left(1+\left|\rho_{\mathrm{A}}\right|^2\right)},\frac{M\left|s_{\mathrm{HH}}-\dfrac{s_{\mathrm{HV}}{}^2}{s_{\mathrm{VV}}}\right|^2\cdot\mathrm{SNR}}{2(M-1)\left(1+1/\left|\rho_{\mathrm{a}}\right|^2\right)}\right\} \tag{5.3.41}$$

式中

$$\mathrm{SNR}=\frac{A^2}{\sigma^2} \tag{5.3.42}$$

定义为目标信噪比，与雷达极化、目标散射矩阵均无关。

式（5.3.41）表明，采用上述发射极化组合后，判别量 PBL 只与信噪比、极化数目以及目标散射矩阵有关，也就是说，在 PBL 较小的情况下，目标鉴别统计量R_{S}的分布只与这三个因素有关。

（5）目标鉴别率与判别量的关系。前面给出了判别量 PBL 较小情况下目标鉴别统计量R_{S}的分布表达式，此时R_{S}近似服从 Chi-Squared 分布。

下面推算目标鉴别率与判别量的关系。令 $\alpha = 0.5\%$，鉴别门限 η 根据式(5.3.19)得到，以此门限，根据理论分布模型 $\frac{R_S}{1+\text{PBL}} \sim \chi^2(2M-4)$，通过查表的方式，推算得到了目标鉴别率与判别量的关系，如图 5.3.4 所示。由图 5.3.4 可以看出，目标鉴别率随着判别量单调增大，且发射极化数目越大，鉴别率越高。

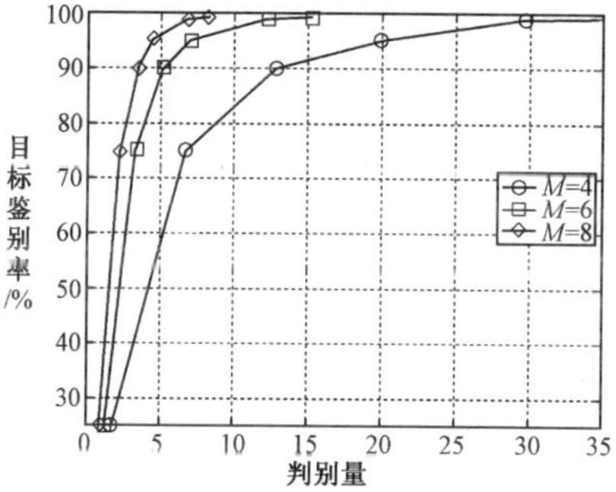

图 5.3.4　目标鉴别率与判别量的理论关系曲线

为了更直观地表现鉴别算法对目标的鉴别性能，以五种飞机目标为例（包括某战斗机 T1、某隐身飞机 T2、某无人机 T3、某中型轰炸机 T4 和某中型运输机 T5)，通过对它们的暗室全极化测量数据进行等效换算可以得到它们在固定姿态、固定频率下的散射矩阵，假定俯仰角和方位角均为 15°，则在光学区某频率下，发射极化数目为 4 时，按式（5.3.41）可得判别量随信噪比变化曲线，如图 5.3.5 所示。

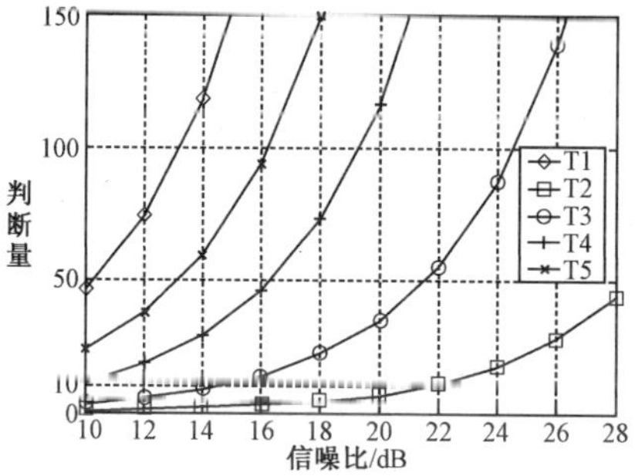

图 5.3.5　几种典型目标的判别量与信噪比的关系

由图 5.3.5 可见，除了某隐身飞机 T2 在信噪比较低时 PBL 值较小外，其余目标的 PBL 值都很大，参照图 5.3.4 可知目标的理论鉴别率是相当高的。

3. 鉴别性能

1）单“目标”情况下的鉴别率

单“目标”情况即假定目标、假目标之间无互扰的情况，该情况用于检验鉴别算法对单个目标或单个假目标的鉴别率。

首先验证算法对固定极化假目标干扰的鉴别率。仿真实验在复合编码同时极化体制下进行，其外层地址码采用四组 walsh 码，分别为 $\{1\ \ 1\ \ 1\ \ 1\}$、$\{1\ \ -1\ \ 1\ \ -1\}$、$\{1\ \ 1\ \ -1\ \ -1\}$、$\{1\ \ -1\ \ -1\ \ 1\}$，内层码采用伪随机码（也可以采用线性调频脉冲），为一个 255 位 m 序列，其码元宽度为 0.2μs，发射极化数目为 4 个，为 2 对正交极化，多普勒估计误差 $\tilde{f}_{\mathrm{d}}=30\mathrm{Hz}$，干扰极化随机设定，观测噪声随机产生，蒙特卡罗仿真次数为 10^3 次。

规定干扰误判为目标的概率不大于 0.5%，即 $\alpha=0.005$，根据式（5.3.19）可以得到鉴别门限，通过蒙特卡罗仿真实验统计算法对干扰的鉴别率，如图 5.3.6 所示。图中横坐标为输出干噪比，其定义类似于式（5.3.42）中信噪比的定义，也是经匹配接收、地址相关接收后的输出干扰噪声功率比，与雷达极化、干扰极化均无关。由图 5.3.6 可见，干扰鉴别率与理论值（99.5%）较为接近，且多普勒估计误差对干扰鉴别率几乎没有影响，因为多普勒调制并不会影响干扰极化矢量的极化比，只会略微影响干扰波形的匹配接收。

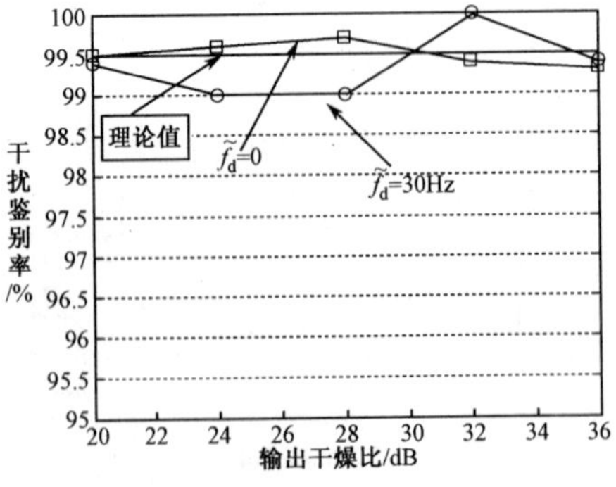

图 5.3.6 固定极化假目标鉴别率

其次，验证目标情况下，鉴别统计量的分布特性和鉴别率。

仿真参数设置同上，目标散射矩阵随机产生，仍然令$\alpha = 0.5\%$。图5.3.7为目标鉴别统计量的统计特性随判别量的变化曲线，由图可见：

（1）只有当判别量很小时，鉴别统计量的均值才会小于鉴别门限。

（2）当判别量较小时，鉴别统计量的均值、方差与理论曲线较为接近，而当判别量逐渐增大后，与理论曲线逐渐偏离，且均值比理论值要大，方差比理论值要小，这意味着随着判别量的逐渐增大，实际的正确鉴别率要比理论鉴别率高。

实际上，当判别量较大时，这里提出的目标分解模型已经不再适用，而此时，实际的鉴别统计量值较大，鉴别率也早已高过一般工程中的要求，这不是本书分析的重点。

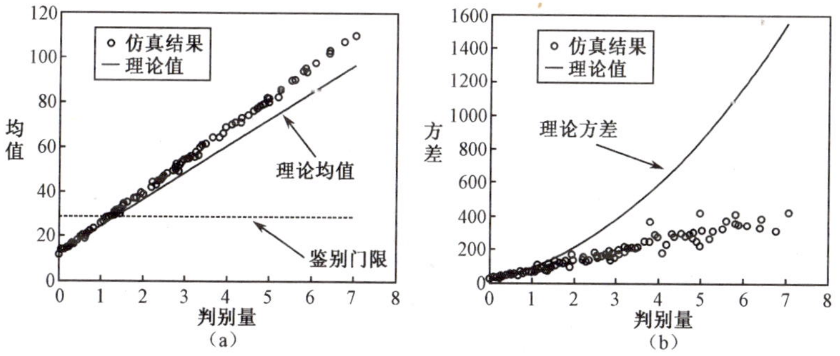

图 5.3.7　目标鉴别统计量统计特性与判别量的关系曲线

(a) 均值；(b) 方差。

统计该蒙特卡罗仿真实验中的目标鉴别率，图5.3.8为仿真统计的目标鉴别率与按判别量推算出的理论鉴别率曲线的比较。由图可见，在判别量较小时，两者较为接近，鉴别率也较低；当判别量逐渐增大后，实际的目标鉴别率比理论值要大，鉴别效果要好。当判别量达到3时，鉴别率已经在95%以上，比照图5.3.5五种飞机目标判别量与信噪比的关系曲线可知，鉴别算法对这五种飞机目标的鉴别率是相当高的。

2）多“目标”情况下的鉴别率

以上研究了单“目标”情况下，算法对目标、假目标干扰的鉴别率。在实际应用中，无论是拖引干扰，还是多假目标干扰，都存在着“目标”间（包括真目标和假目标）相互影响的问题，即目标、假目标信号经匹配接收后的旁瓣对其他“目标”鉴别的影响。拖引干扰由于假目标数目非常少（一般只有一个），真、假目标互扰有限，基本上可以归为单“目标”的情况，上面仿真实验表明本算法对其具有较好的鉴别性能，因此，这里的多“目标”情况主要指假目标数量较大的多假目标干扰。

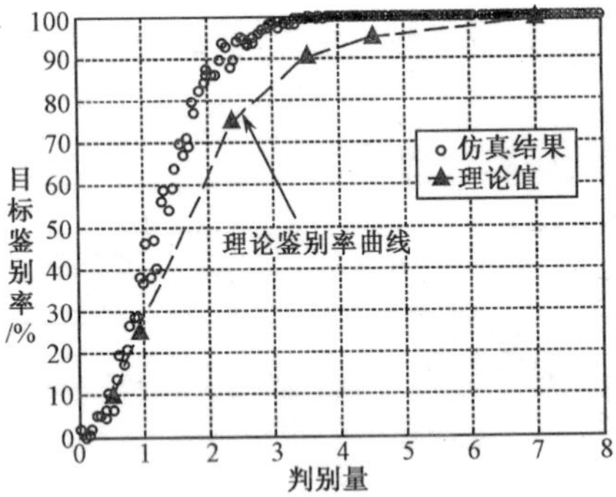

图 5.3.8　目标鉴别率仿真结果与理论值的比较

设假目标在目标前、后对称分布，相邻“目标”间距都是 3000m，地址码采用四组 walsh 码，分别为$\{1\ \ 1\ \ 1\ \ 1\}$、$\{1\ \ -1\ \ 1\ \ -1\}$、$\{1\ \ 1\ \ -1\ \ -1\}$、$\{1\ \ -1\ \ -1\ \ 1\}$；内层为线性调频脉冲，带宽为 2MHz，线性调频脉冲宽度为 125μs，接收时采用切比雪夫窗进行加权，并设定输出峰值旁瓣比为 PSL=40dB；发射极化数目为 4 个，为 2 对正交极化，按式（5.3.40）构造；多普勒估计误差$\tilde{f}_{\mathrm{d}}=30\mathrm{Hz}$；仍然取$\alpha=0.005$，蒙特卡罗仿真次数为$10^3$次。

仿真中，入射干扰信号的功率与目标回波功率相同，目标散射矩阵随机产生，假目标干扰极化样式随机产生，且各假目标互不相同，并对目标、假目标干扰的散射矩阵都进行归一化（即矩阵范数为 1）。

图 5.3.9（a）、（b）分别为 1 个真目标、2 个假目标和 1 个真目标、

16 个假目标情况下匹配接收后的输出波形（图为两个地址码单元的局部放大，未加入噪声）。图 5.3.9（a）中，假目标和真目标均不处在其他“目标”的旁瓣位置上，因此，相互影响很小。而在图 5.3.9（b）中，由于假目标数目较大，假目标和真目标几乎都处在其他“目标”的旁瓣位置上，因而相互之间的影响很大。

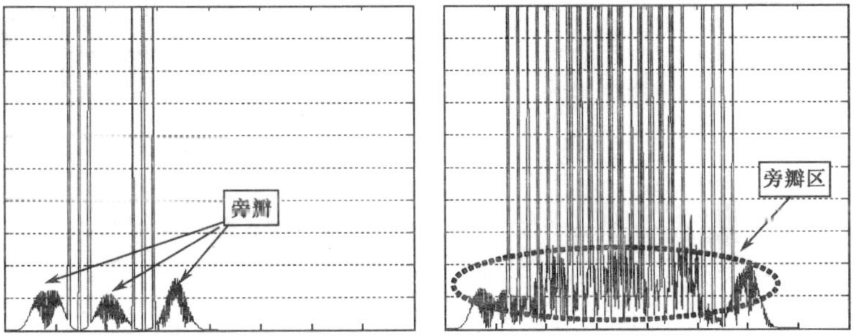

（a）　　（b）

图 5.3.9　匹配接收后的输出波形局部放大图

（a）2 个假目标情况；（b）16 个假目标情况。

图 5.3.10 为算法对目标、假目标的联合鉴别率。其中，横坐标为信噪比（定义见式（5.3.42）），纵轴为鉴别率，图 5.3.10（a）、（b）、（c）、（d）分别是 2 个、4 个、8 个、16 个假目标的情况，假目标对称地分布在真目标两侧。

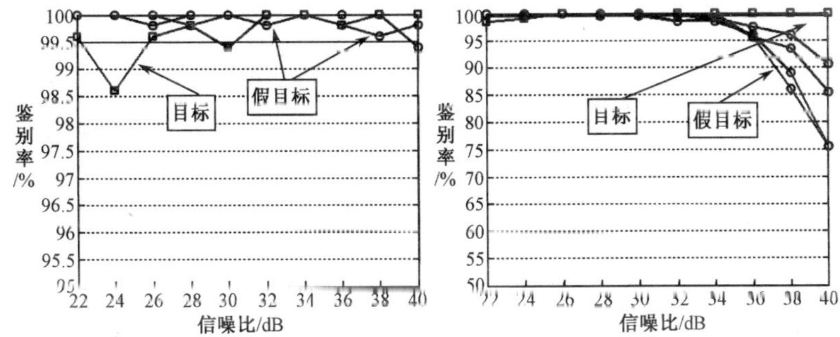

（a）　　（b）

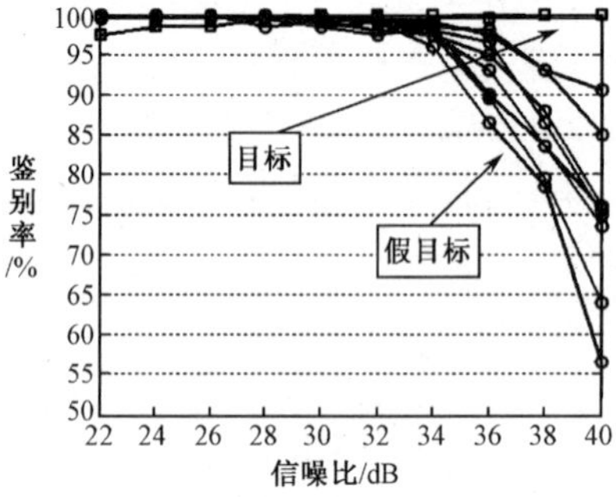

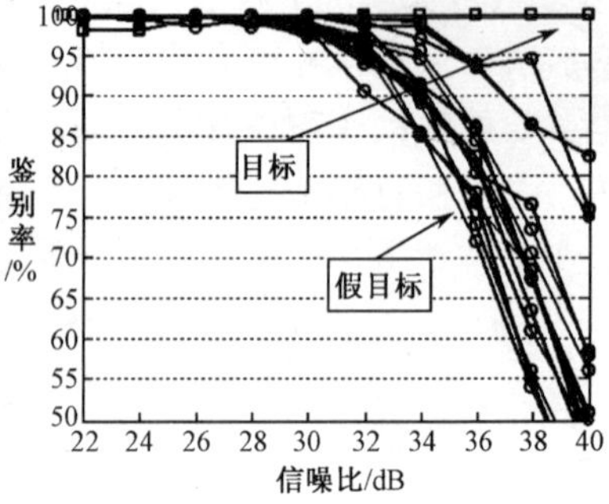

图 5.3.10　目标、固定极化假目标的联合鉴别率（“□”表示目标鉴别率，“○”表示干扰鉴别率，注意（a）中纵坐标标度与其他三图不同）

（a）2 个假目标情况；（b）4 个假目标情况；（c）8 个假目标情况；（d）16 个假目标情况。

由图可见，假目标干扰在数目较少的情况下（如图 5.3.10（a）2 个假目标的情况）鉴别率较高，随着假目标数目的增加和信噪比的增加，假目标鉴别率急剧下降，这是由于这两个因素都会导致“目标”间互扰加剧，从而导致假目标鉴别率下降。

另一方面，随着假目标数目的增大，目标鉴别率不降反升，接近于 100%，这是由于目标鉴别统计量被其他“目标”的旁瓣抬高，而由鉴别判决式（5.3.19）可知，目标鉴别统计量大过鉴别门限则判别为目标。

如上所述，由于“目标”间互扰的影响，假目标鉴别统计量已偏离了式（5.3.18）所示的分布，因此，在工程应用中，应适当提高鉴别门限才能保证干扰的鉴别率。下面进行调整门限后的实验，实验中，假目标数目为 16 个，假目标功率与目标回波功率完全相同。

图 5.3.11 为鉴别门限调整后的鉴别率，图 5.3.11（a）、（b）、（c）、（d）分别为原门限、2 倍门限、3 倍门限、4 倍门限的情况。由图 5.3.11 可见：门限提高后，假目标干扰的鉴别率得到了明显改善，而目标鉴别率并没有明显下降，这是因为目标鉴别统计量本身已远超过原门限，适当提高门限不会明显降低其鉴别率。

因此，在工程应用中，如果根据所采用的波形，以及假目标数目、位置和幅度，适当地调整鉴别门限，则对于假目标数目较大的情况，也能有较高的鉴别率。

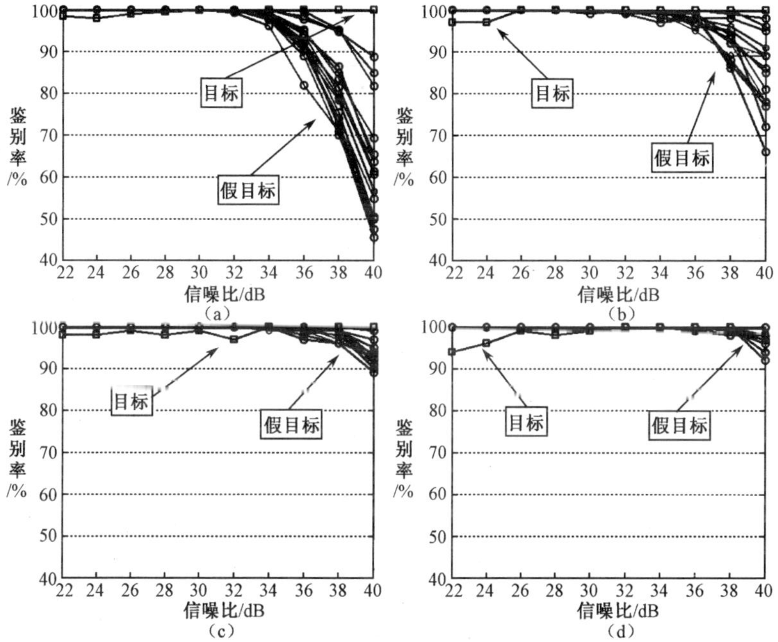

图 5.3.11　不同门限的鉴别性能（16 个假目标）
（“□”表示目标鉴别率，“○”表示干扰鉴别率）
（a）原门限；（b）2 倍门限；（c）3 倍门限；（d）4 倍门限。

由仿真实验结果可以看出，本节提出的鉴别方法，对于单个固定极化假目标干扰或单个目标均具有与理论值接近的鉴别率，而当假目标数目较大时，受“目标”间互扰的影响，假目标鉴别率有所下降，此时，适当地提高鉴别门限，可有效地予以改善。

5.3.2　极化调制假目标的鉴别

固定极化假目标干扰鉴别方法的采用，可能会使干扰方相应地采取对抗措施，如对采集到的雷达信号进行适当调制后（包括幅度、相位以及极化方式的调制，本节统称为极化调制假目标干扰）再转发出去。

本小节在复合编码同时极化测量体制下研究极化调制假目标的鉴别方法。雷达发射波形表示（为表述方便，设信号幅度为 1）

$$\boldsymbol{E}_{\mathrm{t}}(t)=\sum_{m=1}^{M}\boldsymbol{h}_{\mathrm{t}m}s_m(t) \tag{5.3.43}$$

其中：$\boldsymbol{h}_{\mathrm{t}m}=\left[\cos\theta_m,\sin\theta_m\cdot\mathrm{e}^{\mathrm{j}\varphi_m}\right]^{\mathrm{T}}$ 为发射极化，$s_m(t)$（$m=1,\cdots,M$）为复合编码波形。发射波形可进一步展开为

$$\boldsymbol{E}_{\mathrm{t}}(t)=\begin{bmatrix}\displaystyle\sum_{m=1}^{M}\cos\theta_m s_m(t)\\ \displaystyle\sum_{m=1}^{M}\sin\theta_m\mathrm{e}^{\mathrm{j}\varphi_m}s_m(t)\end{bmatrix} \tag{5.3.44}$$

干扰机利用 DRFM 等器件将雷达信号采集后，对两正交极化通道信号进行波形调制后再转发，称之为极化调制假目标干扰。

设极化调制假目标干扰的接收极化调制函数为 $\boldsymbol{h}_{\mathrm{Jr}}(t)=\begin{bmatrix}H_{\mathrm{Jr}}(t)\\V_{\mathrm{Jr}}(t)\end{bmatrix}$，发射极化调制函数为 $\boldsymbol{h}_{\mathrm{Jt}}(t)=\begin{bmatrix}H_{\mathrm{Jt}}(t)\\V_{\mathrm{Jt}}(t)\end{bmatrix}$，那么，$\boldsymbol{h}_{\mathrm{Jr}}(t)$ 和 $\boldsymbol{h}_{\mathrm{Jt}}(t)$ 中至少有一个是时变随机函数。于是，极化调制假目标干扰的转发信号可表示为

$$\boldsymbol{J}(t)=\boldsymbol{h}_{\mathrm{Jr}}(t)^{\mathrm{T}}\boldsymbol{E}_{\mathrm{t}}(t)\cdot\boldsymbol{h}_{\mathrm{Jt}}(t)$$

可将上式表示为

$$\boldsymbol{J}(t)=\boldsymbol{S}_{\mathrm{J}}(t)\boldsymbol{E}_{\mathrm{t}}(t) \tag{5.3.45}$$

其中：$\boldsymbol{S}_{\mathrm{J}}(t)=\boldsymbol{h}_{\mathrm{Jt}}(t)\boldsymbol{h}_{\mathrm{Jr}}(t)^{\mathrm{T}}$ 可看作是干扰的时变极化散射矩阵。

复合编码同时极化体制在接收时，首先要对 H 通道、V 通道的来波信号进行匹配滤波，提取峰值后测量回波极化。对极化调制干扰信号的匹配接收过程可表示为

$$\int_{-\infty}^{\infty}\boldsymbol{S}_{\mathrm{J}}(\lambda)\boldsymbol{E}_{\mathrm{t}}(\lambda)\cdot s^*\left(\tau_{\mathrm{p}}-t+\lambda\right)\mathrm{d}\lambda \tag{5.3.46}$$

其中：$s(t)$ 是匹配滤波的参考信号，积分中 $\boldsymbol{E}_{\mathrm{t}}(t)$ 与 $s(t)$ 匹配，但由

于干扰散射矩阵 $\boldsymbol{S}_{\mathrm{J}}(t)$ 是时变的，因此，极化调制干扰信号不能被充分地匹配接收，影响了对干扰极化的测量（上述信号经地址码相关后不能够分离出各发射极化对应的回波矢量，即通道之间是高度耦合的[15, 140]），但却成为鉴别的基础。

各通道测量得到的干扰极化矢量是随机的，其对鉴别的影响可以分为两种情况。

情况一 假设干扰机天线极化状态变化非常快，即调制程度较大，则由于干扰信号波形与匹配滤波参考信号 $s(t)$ 匹配度较差，故匹配接收后能量比较分散，不能形成假目标，因此不存在鉴别的问题。

情况二 假设干扰机天线极化状态变化较慢，即调制程度较小，则干扰信号经匹配接收后，能量比较集中，仍然能够形成假目标。但由于被随机调制，经极化测量后，干扰极化矢量 $\{\boldsymbol{J}_m\}$ 将无规律地散布在二维复空间中。

本节针对**情况二**，研究其鉴别算法。

1. 极化矢量的张量积接收方式

首先提出极化矢量的“张量积”接收方式（图 5.3.12）。对于单极化天线，其极化接收过程在数学上表示为一种内积处理，即 $\langle \boldsymbol{h}_{\mathrm{r}}^{*}, \boldsymbol{h}_{\mathrm{s}} \rangle = \boldsymbol{h}_{\mathrm{r}}^{\mathrm{T}} \boldsymbol{h}_{\mathrm{s}}$，$\boldsymbol{h}_{\mathrm{r}}$ 和 $\boldsymbol{h}_{\mathrm{s}}$ 分别是接收极化和回波极化，极化接收后得到的是一维回波信号。对于全极化接收，H 通道和 V 通道同时进行接收，其过程实质上是分别取出回波极化的两个分量，即 $\begin{bmatrix} [1,0]\boldsymbol{h}_{\mathrm{s}} \\ [0,1]\boldsymbol{h}_{\mathrm{s}} \end{bmatrix}$。

这里提出一种对来波极化矢量进行“张量积”接收的方式：首先采用全极化接收，并经同时极化体制测量后，得到各发射极化对应的回波极化 $\boldsymbol{h}_{\mathrm{s}}$，将 $\boldsymbol{h}_{\mathrm{s}}$ 与对应的接收极化 $\boldsymbol{h}_{\mathrm{r}}$ 进行张量积（也称克罗内克尔积，或向量的外积）处理，数学过程表述为

$$\boldsymbol{R} = \boldsymbol{h}_{\mathrm{s}} \otimes \boldsymbol{h}_{\mathrm{r}}^{\mathrm{T}} = \boldsymbol{h}_{\mathrm{s}} \boldsymbol{h}_{\mathrm{r}}^{\mathrm{T}} \tag{5.3.47}$$

其中：“$\otimes$”表示张量积（克罗内克尔积），2×2 维矩阵 $\boldsymbol{R}$ 称为极化矢量张量积矩阵。

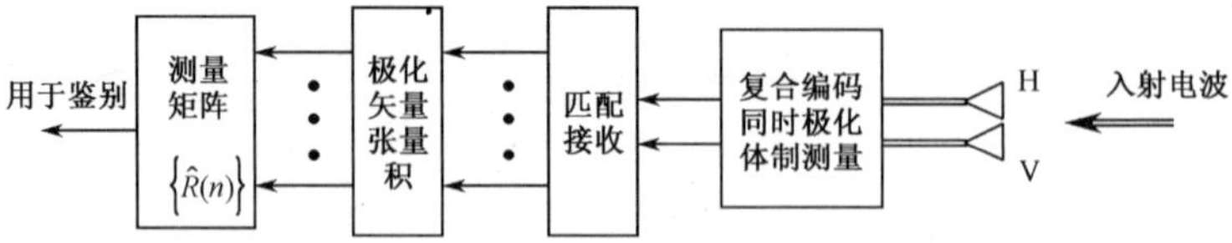

图 5.3.12 极化矢量张量积接收的流程示意图

2. 鉴别原理

设目标散射矩阵为 $\boldsymbol{S}$，雷达共发射 $2M$ 个不同极化 $\boldsymbol{h}_{\mathrm{t}m}=\left[\cos\theta_m,\sin\theta_m\cdot \mathrm{e}^{\mathrm{j}\varphi_m}\right]^{\mathrm{T}}$（$m=1,2,\cdots,2M$），其对应的接收极化矢量为 $\boldsymbol{h}_{\mathrm{r}m}=\left[\cos\gamma_m,\sin\gamma_m \mathrm{e}^{\mathrm{j}\phi_m}\right]^{\mathrm{T}}$。对目标回波极化矢量采用张量积接收方式，则按照式（5.3.47），每个发射极化回波经测量得到的张量积矩阵为

$$\hat{\boldsymbol{R}}_m=\left(\boldsymbol{E}_{\mathrm{S}m}+\begin{bmatrix} nH_m \\ nV_m \end{bmatrix}\right)\cdot \boldsymbol{h}_{\mathrm{r}m}{}^{\mathrm{T}}=\left(A\boldsymbol{S}\boldsymbol{h}_{\mathrm{t}m}+\begin{bmatrix} nH_m \\ nV_m \end{bmatrix}\right)\cdot \boldsymbol{h}_{\mathrm{r}m}{}^{\mathrm{T}}$$
$$=A\boldsymbol{S}\begin{bmatrix} \cos\theta_m\cos\gamma_m & \cos\theta_m\sin\gamma_m \mathrm{e}^{\mathrm{j}\phi_m} \\ \mathrm{e}^{\mathrm{j}\varphi_m}\sin\theta_m\cos\gamma_m & \sin\theta_m\sin\gamma_m \mathrm{e}^{\mathrm{j}\phi_m}\mathrm{e}^{\mathrm{j}\varphi_m} \end{bmatrix}+\begin{bmatrix} nH_m \\ nV_m \end{bmatrix}\boldsymbol{h}_{\mathrm{r}m}{}^{\mathrm{T}} \tag{5.3.48}$$

式中：$\boldsymbol{E}_{\mathrm{S}m}=A\boldsymbol{S}\boldsymbol{h}_{\mathrm{t}m}$ 为目标回波矢量，A 为信号幅度；$\begin{bmatrix} nH_m \\ nV_m \end{bmatrix}$ 为各极化矢量对应的观测噪声矢量，矢量之间相互独立，且均服从 $N\left(0,\ \sigma^2\begin{bmatrix} 1 & 0 \\ 0 & 1 \end{bmatrix}\right)$ 的二维复高斯分布，σ^2 为噪声方差。

若接收极化矢量 $\boldsymbol{h}_{\mathrm{r}m}$ 与发射极化矢量 $\boldsymbol{h}_{\mathrm{t}m}$ 匹配：$\boldsymbol{h}_{\mathrm{r}m}=\boldsymbol{h}_{\mathrm{t}m}^{*}$，即 $\begin{cases} \gamma_m=\theta_m \\ \phi_m=-\varphi_m \end{cases}$，则上式可变为

$$\hat{\boldsymbol{R}}_m=A\boldsymbol{S}\boldsymbol{h}_{\mathrm{t}m}\boldsymbol{h}_{\mathrm{t}m}{}^{\mathrm{H}}+\begin{bmatrix} nH_m \\ nV_m \end{bmatrix}\boldsymbol{h}_{\mathrm{t}m}^{\mathrm{H}}$$
$$=A\boldsymbol{S}\cdot\begin{bmatrix} \cos^2\theta_m & \cos\theta_m\sin\theta_m e^{-\mathrm{j}\varphi_m} \\ \sin\theta_m\cos\theta_m e^{\mathrm{j}\varphi_m} & \sin^2\theta_m \end{bmatrix}+\begin{bmatrix} nH_m \\ nV_m \end{bmatrix}\boldsymbol{h}_{\mathrm{t}m}^{\mathrm{H}} \tag{5.3.49}$$

进一步地，令 $2M$ 个发射极化 $\boldsymbol{h}_{tm}$（$m=1,2,\cdots,2M$）由 M 对正交极化 $\boldsymbol{h}_{tA}^{(n)}$ 和 $\boldsymbol{h}_{tB}^{(n)}$（$n$=1,2,⋯,$M$）组成，脚标“A”和“B”表示一对正交极化关系，即 $\left(\boldsymbol{h}_{tA}^{(n)}\right)^{H}\boldsymbol{h}_{tB}^{(n)}=0$，则显然有[7]

$$\begin{cases}\theta_{B}{}^{(n)}=\dfrac{\pi}{2}-\theta_{A}{}^{(n)}\\ \varphi_{B}{}^{(n)}=\pi+\varphi_{A}{}^{(n)}\end{cases}\tag{5.3.50}$$

因此，$\begin{cases}\cos^{2}\theta_{A}{}^{(n)}+\cos^{2}\theta_{B}{}^{(n)}=1\\ \sin\theta_{A}{}^{(n)}\cos\theta_{A}{}^{(n)}e^{j\varphi_{A}{}^{(n)}}+\sin\theta_{B}{}^{(n)}\cos\theta_{B}{}^{(n)}e^{j\varphi_{B}{}^{(n)}}=0\end{cases}$，即

$$\boldsymbol{h}_{tA}{}^{(n)}\left(\boldsymbol{h}_{tA}{}^{(n)}\right)^{H}+\boldsymbol{h}_{tB}{}^{(n)}\left(\boldsymbol{h}_{tB}{}^{(n)}\right)^{H}=\boldsymbol{I}_{2\times 2}\tag{5.3.51}$$

式中：$\boldsymbol{I}_{2\times 2}$ 为二阶单位矩阵。

那么根据式（5.3.49），将正交发射极化回波提取的张量积矩阵相加后可得

$$\hat{\boldsymbol{R}}_{S}{}^{(n)}=\hat{\boldsymbol{R}}_{n}+\hat{\boldsymbol{R}}_{n+M}=\boldsymbol{AS}+\begin{bmatrix}nH_{An}\\ nV_{An}\end{bmatrix}\left(\boldsymbol{h}_{tA}^{(n)}\right)^{H}+\begin{bmatrix}nH_{Bn}\\ nV_{Bn}\end{bmatrix}\left(\boldsymbol{h}_{tB}^{(n)}\right)\tag{5.3.52}$$

$\begin{bmatrix}nH_{An}\\ nV_{An}\end{bmatrix}$ 和 $\begin{bmatrix}nH_{Bn}\\ nV_{Bn}\end{bmatrix}$ 相互独立，且均为服从 $N\left(0,\ \sigma^{2}\begin{bmatrix}1&0\\0&1\end{bmatrix}\right)$ 的二维复高斯分布。式（5.3.52）表明，目标测量矩阵 $\left\{\hat{\boldsymbol{R}}_{S}^{(n)}\right\}$（下标“$s$”表示目标）都是对目标散射矩阵 AS 的无偏测量。

下面分析干扰情况下的测量矩阵。将干扰极化矢量 $\{\boldsymbol{J}_{m}\}$ 替换式（5.3.48）中的 $\boldsymbol{E}_{Sm}$，可得：

$$\hat{\boldsymbol{R}}_{m}=\boldsymbol{J}_{m}\cdot\boldsymbol{h}_{tm}^{T}+\begin{bmatrix}nH_{m}\\ nV_{m}\end{bmatrix}\cdot\boldsymbol{h}_{rm}^{T}\tag{5.3.53}$$

同前，将正交发射极化对应的张量积矩阵两两相加后得

$$\hat{\boldsymbol{R}}_{J}{}^{(n)}=\boldsymbol{J}_{n}\cdot\left(\boldsymbol{h}_{tA}^{(n)}\right)^{H}+\boldsymbol{J}_{n+M}\cdot\left(\boldsymbol{h}_{tB}^{(n)}\right)^{H}+\begin{bmatrix}nH_{An}\\ nV_{An}\end{bmatrix}\left(\boldsymbol{h}_{tA}^{(n)}\right)^{H}+\begin{bmatrix}nH_{Bn}\\ nV_{Bn}\end{bmatrix}\left(\boldsymbol{h}_{tB}^{(n)}\right)\tag{5.3.54}$$

下标“J”表示干扰。

由前可知，对于**情况二**，由于干扰极化矢量 $\{\boldsymbol{J}_{m}\}$ 无规律地散布在

二维复空间中，则由上式，显然，干扰测量矩阵$\left\{\hat{\boldsymbol{R}}_{\mathrm{J}}^{(n)}\right\}$也将随之无规律地散布在四维复空间中。

如图 5.3.13 所示，针对$\left\{\hat{\boldsymbol{R}}^{(n)}\right\}$构造一个四维复空间，由前分析可知，经过极化矢量张量积接收后，目标测量矩阵$\left\{\hat{\boldsymbol{R}}_{\mathrm{S}}^{(n)}\right\}$集中于空间中的一点——$\boldsymbol{AS}$，而干扰测量矩阵$\left\{\hat{\boldsymbol{R}}_{\mathrm{J}}^{(n)}\right\}$则散布在该四维复空间中（图中为显示直观，用三维空间代表了四维复空间）。

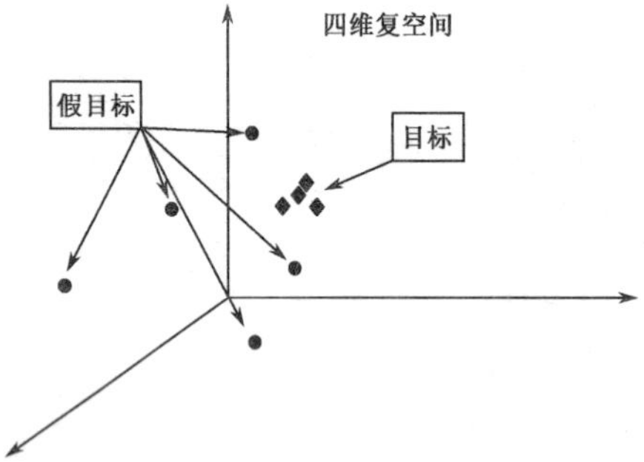

图 5.3.13　测量矩阵空间分布示意图

针对这种差别，本节采用如下鉴别方法：设计反映测量矩阵$\left\{\hat{\boldsymbol{R}}^{(n)}\right\}$分散程度的统计量，该统计量小于预定门限判定为目标，大于该门限判定为假目标。

3. 鉴别门限

根据前述干扰和目标测量矩阵分布特点的差异，设计反映测量矩阵$\left\{\hat{\boldsymbol{R}}^{(n)}\right\}$分散程度的统计量，即

$$\Sigma=\sum_{n=1}^{M}\left\|\hat{\boldsymbol{R}}^{(n)}-\overline{\boldsymbol{R}}\right\|_{\mathrm{F}}^{2} \tag{5.3.55}$$

其中：$\overline{\boldsymbol{R}}$为测量矩阵的平均，$\overline{\boldsymbol{R}}=\dfrac{1}{M}\sum\limits_{n=1}^{M}\hat{\boldsymbol{R}}^{(n)}$。

研究目标情况下的鉴别统计量。由式（5.3.52）可知，目标测量矩阵$\left\{\hat{\boldsymbol{R}}_{\mathrm{S}}^{(n)}\right\}$中每个矩阵都是对目标散射矩阵的无偏测量，因此，若将

式（5.3.52）中的噪声部分记为观测噪声矩阵 $\tilde{R}^{(n)}$，即

$$\tilde{\boldsymbol{R}}^{(n)}=\begin{bmatrix} nH_{\mathrm{A}n} \\ nV_{\mathrm{A}n} \end{bmatrix}\left(\boldsymbol{h}_{\mathrm{tA}}{}^{(n)}\right)^{\mathrm{H}}+\begin{bmatrix} nH_{\mathrm{B}n} \\ nV_{\mathrm{B}n} \end{bmatrix}\left(\boldsymbol{h}_{\mathrm{tB}}{}^{(n)}\right) \tag{5.3.56}$$

则目标鉴别量为

$$\Sigma_{\mathrm{S}}=\sum_{n=1}^{M}\left\|\tilde{\boldsymbol{R}}^{(n)}-\bar{\tilde{\boldsymbol{R}}}\right\|_{\mathrm{F}}^{2} \tag{5.3.57}$$

其中：$\bar{\tilde{\boldsymbol{R}}}=\dfrac{1}{M}\sum\limits_{n=1}^{M}\tilde{\boldsymbol{R}}^{(n)}$ 为观测噪声矩阵的平均，上式表明，目标鉴别量与目标散射矩阵 $\boldsymbol{AS}$ 无关。

下面首先分析观测噪声矩阵 $\tilde{\boldsymbol{R}}^{(n)}$ 的分布特性，将其按行拉伸为四维复矢量 $\mathrm{vec}\tilde{\boldsymbol{R}}^{(n)}$，由式（5.3.56）可证明，$\mathrm{vec}\tilde{\boldsymbol{R}}^{(n)}$ 的协方差矩阵 V 恰为

$$\boldsymbol{V}=\mathrm{cov}\left[\mathrm{vec}\tilde{\boldsymbol{R}}^{(n)}\right]=\frac{\sigma^2}{M}\boldsymbol{I}_4 \tag{5.3.58}$$

其中：$\boldsymbol{I}_4$ 为 4 阶单位矩阵。

因此，观测噪声矩阵 $\tilde{\boldsymbol{R}}^{(n)}$ 中 4 个元素互不相关，且都服从 $N\left(0,\dfrac{\sigma^2}{M}\right)$ 的复高斯分布。

因此，由式（5.3.57）可知，目标鉴别量满足[196]

$$\Sigma_{\mathrm{S}}\sim\frac{\sigma^2}{M}\cdot\chi^2\left(8M-8\right) \tag{5.3.59}$$

若规定目标误判为干扰的概率不大于α，则门限应确定为

$$\eta=\frac{\sigma^2}{M}\cdot\chi_{1-\alpha}{}^{2}\left(8M-8\right) \tag{5.3.60}$$

低于此门限判定为目标，否则判定为干扰。式（5.3.60）中，方差 σ^2 由噪声数据估计得到，只要估计数据的数目足够大，其估计误差可忽略不计。

4. 发射极化的选择

如前所言，干扰极化调制有两种情况：一种是调制程度太高，则干扰信号经匹配接收后干噪比太低，不能形成假目标，这种情况无需

考虑鉴别的问题；另一种是干扰调制程度较低，虽能形成假目标，但可用本节方法进行鉴别。

因此，以输入干噪比（JNR_{in}）以及调制波形相对带宽（RB）来共同作为决定干扰鉴别性能的影响因素。JNR_{in}为匹配接收前的干扰噪声功率比，之所以不像目标那样采用匹配接收后的信噪比，是因为干扰情况下匹配接收后的输出干噪比与干扰波形调制程度密切相关。RB 指调制波形带宽同雷达信号带宽的比值$RB = \dfrac{\Delta B}{B_{radar}}$（$\Delta B$表示调制带宽，$B_{radar}$为雷达信号带宽），本节中假设干扰调制波形是一个乘性的平稳随机过程，因此，RB 基本可以反映调制程度的高低，RB 越大表示调制程度越高，RB 越小表示调制程度越低。

下面讨论发射极化的选择问题。由式（5.3.59）可知，只要雷达发射极化满足式（5.3.50），即两两正交的条件，则目标的鉴别统计量与雷达发射极化的具体取值无关。因此，发射极化的选择应以干扰鉴别统计量最大为准则。

若 M 对正交发射极化$\left(\boldsymbol{h}_{tA}^{(n)},\boldsymbol{h}_{tB}^{(n)}\right)$（$n$=1,2,⋯,$M$）非常接近，则由式（5.3.44）、式（5.3.46）可知，干扰极化矢量$\left\{\boldsymbol{J}_m\right\}$也将非常接近，特别是调制程度较低时，干扰鉴别统计量也将与目标情况类似，干扰鉴别错误率将大大提高。为此，应使 M 对正交极化$\boldsymbol{h}_{tA}^{(n)}$和$\boldsymbol{h}_{tB}^{(n)}$（$n$=1,2,⋯,$M$）之间区别足够大，本节以下式和式（5.3.50）共同作为雷达发射极化的形式：

$$\begin{cases}\theta_A{}^{(n)} = \theta_A{}^{(1)} + \dfrac{2\pi}{M}(n-1) \\ \varphi_A{}^{(n)} = \varphi_A{}^{(1)} + \dfrac{2\pi}{M}(n-1)\end{cases} \tag{5.3.61}$$

即$\left\{\theta_A^{(n)}\right\}$、$\left\{\varphi_A^{(n)}\right\}$（$n$=1,⋯,$M$）均在$[0,2\pi]$间均匀取值，$\theta_A^{(1)}$、$\theta_A^{(1)}$均为$[0,2\pi]$区间任意值。

5. 鉴别性能

1）单“目标”情况下的鉴别性能

验证目标、假目标之间无互扰的情况下，目标、假目标的鉴别量统计特性和鉴别率，称为单“目标”情况下的鉴别性能。

（1）目标的情况。设目标散射矩阵为 $\boldsymbol{S}=\begin{bmatrix}1 & 0\\0 & 1\end{bmatrix}$，采用复合编码同时极化测量体制[15]，地址码采用四组 walsh 码，分别为$\{1\quad 1\quad 1\quad 1\}$、$\{1\quad -1\quad 1\quad -1\}$、$\{1\quad 1\quad -1\quad -1\}$、$\{1\quad -1\quad -1\quad 1\}$，内层为线性调频脉冲，带宽为 2MHz，线性调频脉冲宽度为 125μs，接收时采用切比雪夫窗进行加权，并设定输出峰值旁瓣比为 PSL=40dB。发射极化数目为 4 个，为 2 对正交极化，采用前文中所述张量积处理方式，鉴别统计量构造见式（5.3.55）。多普勒估计误差 $\tilde{f}_{\mathrm{d}}=30\mathrm{Hz}$。规定目标误判为干扰的概率不大于 0.5%，即 $\alpha=0.005$。蒙特卡罗仿真次数为 10^3 次。

图 5.3.14 为目标鉴别量的统计特性。由式（5.3.59），目标鉴别量经功率归一化后，应服从 $\chi^2(8)$，图中所示的理论分布曲线即为 $\chi^2(8)$ 分布，对比结果表明，目标鉴别统计量的分布特性服从式（5.3.59）所列的 Chi-squared 分布。

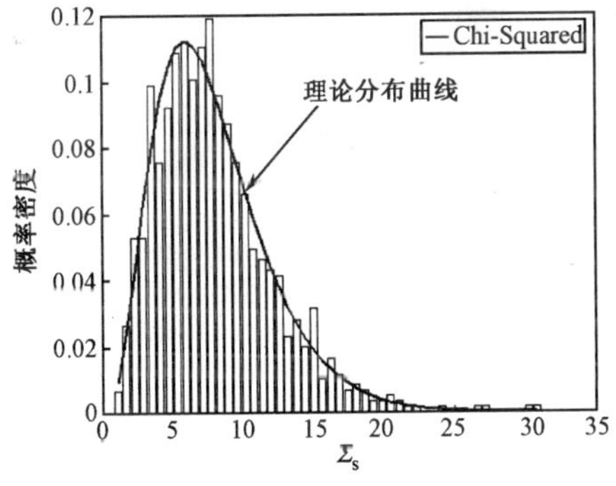

图 5.3.14　目标鉴别量的统计特性

图 5.3.15 为在不同信噪比下的目标鉴别率，由图可见，在无多普勒估计误差的情况下，鉴别率与理论值很接近，而当多普勒估计误差 $\tilde{f}_{\mathrm{d}}=30\mathrm{Hz}$ 时，目标鉴别率随着信噪比增大而逐渐下降，但仍然较高。这里的信噪比定义见式（5.3.42）。

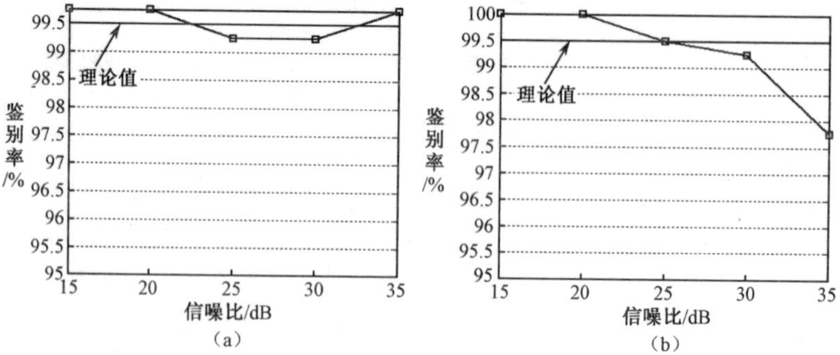

图 5.3.15 理想情况下目标鉴别率

(a) 无多普勒估计误差的情况；(b) 多普勒估计误差为 30Hz 的情况。

(2) 假目标干扰的情况。雷达参数设置同上，多普勒估计误差依然为 $\tilde{f}_{\mathrm{d}}=30\mathrm{Hz}$，干扰机的接收极化固定（每个蒙特卡罗实验随机产生得到），只对发射极化进行调制。

图 5.3.16 为单“目标”情况下假目标鉴别率，干扰机的水平、垂直极化通道采用相同的调制波形（相当于只对发射极化的绝对幅度进行调制，而极化样式并未改变，这实际上针对的是单极化干扰机的情况）。图中横坐标为调制波形相对带宽 RB，图 5.3.16（a）是未考虑检测的情况，即无论匹配接收后干噪比多大，都认为干扰可以被检测出来并进行鉴别，而图 5.3.16（b）是考虑了检测的情况，只有匹配接收后的干噪比大于最低可检测门限（仿真中设为 15dB），才认为干扰可检测并进行鉴别（需指出的是，这里的检测以无“污染”的噪声数据为恒虚警检测的参考数据）。因此，只有图 5.3.16（b）才反映了实际情况，下面即以图 5.3.16（b）来分析干扰的鉴别性能。

由图 5.3.16（b）可看出，在 RB ≥ 0.002 时，干扰鉴别率已相当高，且干扰调制程度（RB）越大，干扰鉴别率越高；而在 RB<0.002 时，鉴别率迅速降低，当干扰波形接近于目标回波波形（即 RB 接近于 0）时，鉴别率已接近于零，此时只有与 5.2 节针对固定极化假目标的鉴别方法配合使用，才能够正确鉴别。

另外，由图 5.3.16（b）还可看出，输入干噪比 $\mathrm{JNR_{in}}$ 较小或较大时（如实验中 $\mathrm{JNR_{in}}$ 等于−20dB、10dB 的情况）的鉴别率要高于“中间”情况的鉴别率（如实验中 JNR_{in} 等于 0dB 的情况），其原因是：如果输入干噪比 JNR_{in} 足够大，则干扰的鉴别统计量也会足够大，鉴别率肯定高；而如果输入干噪比足够小，则干扰将不会被检测到，因此鉴别率也高；“中间”情况不满足这两个条件，因而鉴别率较低。

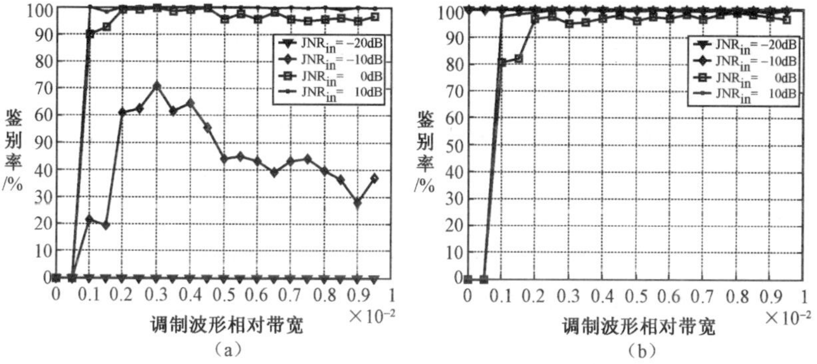

图 5.3.16 理想情况下假目标的鉴别率（水平、垂直通道相同调制）

（a）未考虑检测的情况；（b）考虑了检测的情况。

图 5.3.17 为干扰机的水平、垂直极化通道采用相互独立调制波形的情况下假目标干扰的鉴别率，即干扰信号的极化样式也被调制（适用于全极化干扰机的情况）。与图 5.3.16（b）相比，图 5.3.17（b）的鉴别率要略高一些，尤其是在“中间”情况下（如 $JNR_{in} = 0dB$ ）。

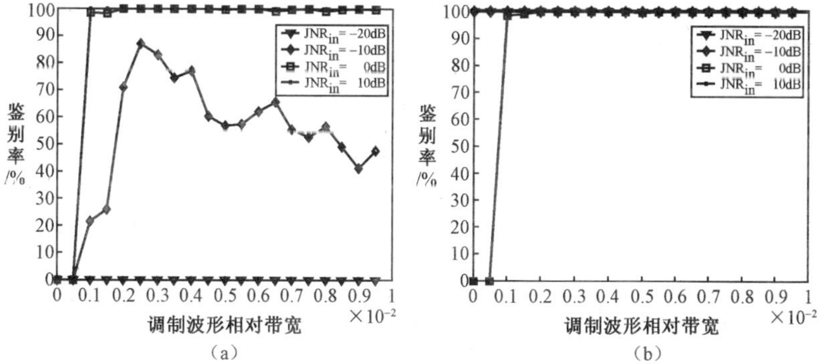

图 5.3.17 理想情况下假目标的鉴别率（水平、垂直通道分别调制）

（a）未考虑检测的情况；（b）考虑了检测的情况。

对假目标的鉴别率除了与输入干噪比、调制波形相对带宽有关之外，也与发射极化数目有关，图 5.3.18 为发射极化数目分别为 4 个和 8 个的情况下，算法对假目标干扰的鉴别率。由图 5.3.18 可见，发射极化数目增加可明显地改善鉴别率，尤其是在 RB 较小的情况下（即调制程度较低时），改善程度更为明显。由式（5.3.55）可知，干扰鉴别统计量 Σ_J 的数值随着发射极化数目($2M$)的增大而增加，而图 5.3.18 的仿真结果说明，Σ_J 超过了鉴别门限（由式（5.3.60）确定）的增长程度，从而随着发射极化数目的增加，干扰鉴别率得到了提高。

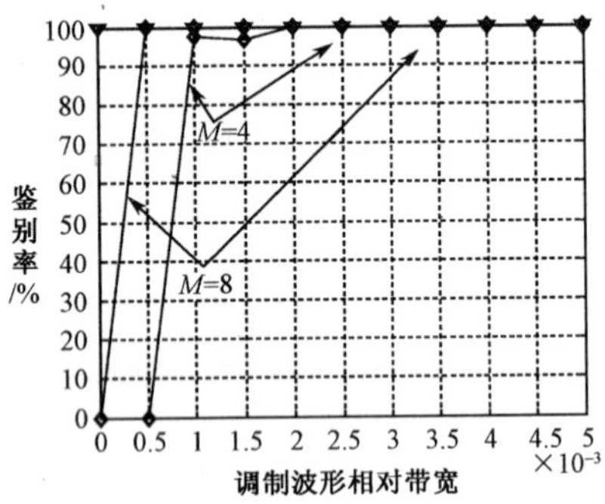

图 5.3.18 假目标鉴别率与发射极化数目的关系

（∇为 $JNR_{in}=-10dB$ 的情况；◇为 $JNR_{in}=0dB$ 的情况）

由上可以看出，在单“目标”情况下，算法对目标、假目标干扰的鉴别性能比较稳定，鉴别率较高。

2）多“目标”情况下的鉴别性能

以上研究了单“目标”情况下算法的鉴别性能。对于多假目标干扰，存在“目标”间互扰的问题，特别地，对于进行极化调制的假目标而言，由于其匹配接收后的能量更广泛地散布在时间轴上，因此，“目标”间的互扰更严重，对鉴别性能影响更大。

设假目标在目标前、后对称分布，相邻“目标”间距都是 3000m，地址码采用四组 walsh 码，分别为{ 1 1 1 1 }、{ 1 −1 1 −1 }、{ 1 1 −1 −1 }、{ 1 −1 −1 1 }，内层为线性调频脉冲，带宽为 2MHz，线性调频脉冲宽度为 125μs，接收时采用切比雪夫窗进行加权，并设定输出峰值旁瓣比为 PSL=40dB；发射极化数目为 4 个，为 2 对正交极化，按式（5.3.61）构造；多普勒估计误差 $\tilde{f}_{\mathrm{d}} = 30\mathrm{Hz}$；仍然取 $\alpha = 0.005$，蒙特卡罗仿真次数为 10^3 次。

目标散射矩阵取 $\boldsymbol{S} = \begin{bmatrix} 1 & 0 \\ 0 & 1 \end{bmatrix}$，干扰机接收极化样式随机产生，各假目标调制波形相互独立。

（1）鉴别率与输入干噪比的关系。

实验中，目标信噪比固定为 30dB，输入干噪比 $\mathrm{JNR_{in}}$ 定义如前，为匹配接收前的干扰噪声功率比。图 5.3.19、图 5.3.20、图 5.3.21、图 5.3.22 分别为 2 个假目标、4 个假目标、8 个假目标和 16 个假目标的情况下，目标和假目标的鉴别率。其中，图（a）是调制相对带宽 RB=0.001 时的情况，图（b）是调制相对带宽 RB=0.002 时的情况。

图 5.3.19、图 5.3.20、图 5.3.21、图 5.3.22 对比可发现：随着假目标数量增大，目标鉴别统计量所受影响愈加严重，目标鉴别率下降比较快。

图 5.3.19、图 5.3.20、图 5.3.21、图 5.3.22 中，图（a）与图（b）比较发现：①与单“目标”情况下类似，干扰调制程度越高，干扰鉴别率越高（原因分析见单“目标”情况的实验分析）；②干扰调制程度越高，则其匹配接收后能量在时间轴上更为分散，导致目标所受影响更大，因而目标鉴别率下降。

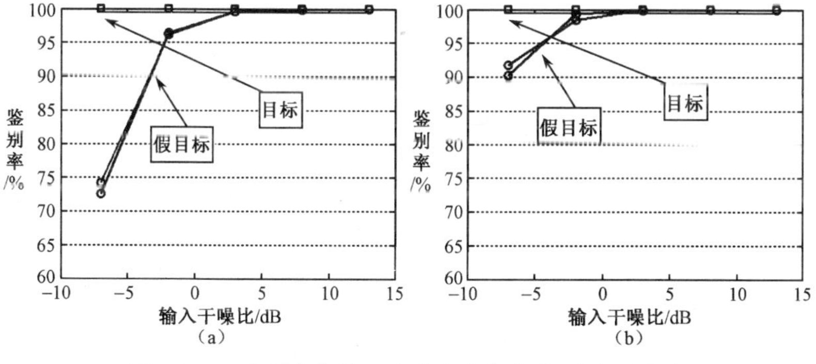

图 5.3.19　鉴别率与输入干噪比的关系（2 个假目标）

（“□”表示目标鉴别率，“○”表示干扰鉴别率）

（a）调制相对带宽 *RB*=0.001 的情况；（b）调制相对带宽 *RB*=0.002 的情况。

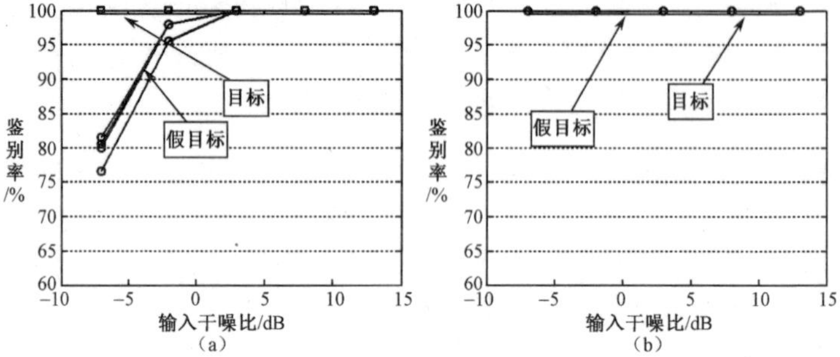

图 5.3.20　鉴别率与输入干噪比的关系（4 个假目标）

（“□”表示目标鉴别率，“○”表示干扰鉴别率）

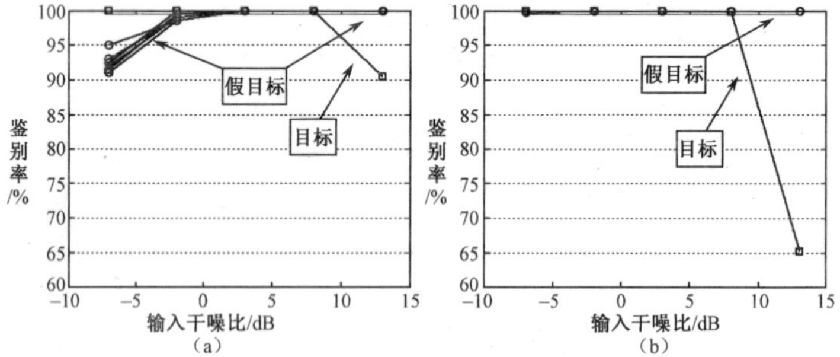

图 5.3.21　鉴别率与输入干噪比的关系（8 个假目标）

（“□”表示目标鉴别率，“○”表示干扰鉴别率）

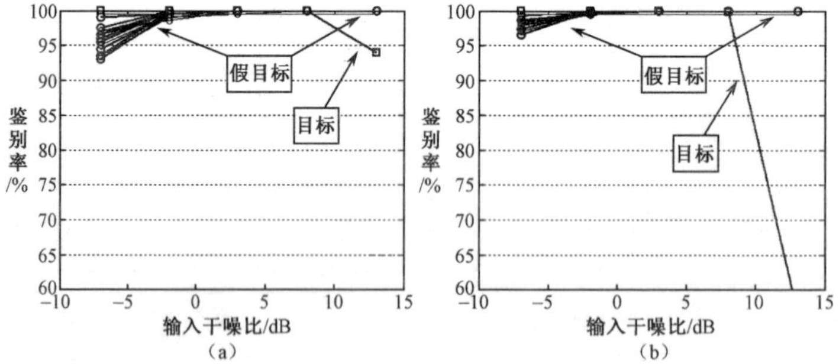

图 5.3.22 鉴别率与输入干噪比的关系（16 个假目标）

（“□”表示目标鉴别率，“○”表示干扰鉴别率）

（2）门限调整后的鉴别率。

如上所述，由于目标鉴别统计量受到假目标旁瓣的严重影响，在假目标数目较大的情况下，已经偏离了 Chi-squared 分布（如式（5.3.59）），为此，在工程应用中，必须要适当提高鉴别门限才能保证目标的鉴别率。

实验中，假目标干扰匹配接收前的功率与输出信噪比为 40dB 情况下的目标匹配接收前功率相同。假目标数目为 16 个，调制相对带宽为 RB=0.002。

图 5.3.23 为鉴别门限调整后的鉴别率，图 5.3.23（a）、（b）、（c）、（d）分别为原门限、2 倍门限、3 倍门限、4 倍门限的情况，可见：门限提高后，目标鉴别率得到了明显的改善；另一方面，由于干扰的鉴别统计量本身较大，门限虽然提高了，干扰鉴别率并没有明显下降。

由此可见，在工程应用中，如果根据所采用的波形，以及假目标数目、位置和幅度，适当地调整鉴别门限，则对于假目标数目较大的情况，也有较好的鉴别性能。

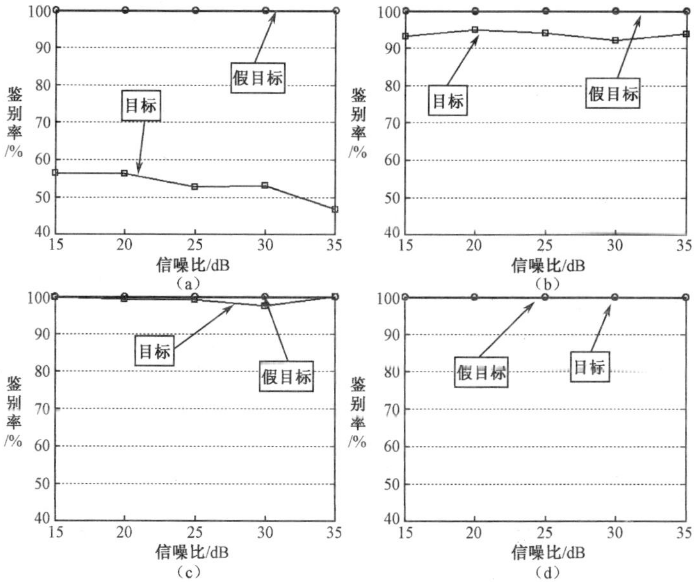

图 5.3.23　不同门限的鉴别性能（16 个假目标，调制相对带宽 RB=0.002）

（“□”表示目标鉴别率，“○”表示干扰鉴别率）

（a）原门限；（b）2 倍门限；（c）3 倍门限；（d）4 倍门限。

5.3.1 小节、5.3.2 小节分别研究了针对固定极化假目标干扰和极化调制假目标干扰的鉴别方法，5.3.1 小节利用固定极化干扰极化状态不随雷达发射极化改变、而目标回波极化与雷达发射极化成线性关系的差别，采用线性回归分析方法得到鉴别统计量进行鉴别；5.3.2 小节通过极化矢量的张量积接收，利用目标测量矩阵汇聚于多维空间中同一点、而极化调制假目标测量矩阵在多维空间中散布的差别，以矩阵间的散度作为统计鉴别率进行鉴别。

理论分析和仿真实验表明，本节提出的两个鉴别算法，在单“目标”情况下（即目标、假目标间没有互扰）性能非常优异，因此，对于拖引式干扰或数量较少的多假目标干扰具有很好的鉴别能力。在假目标数量较大、且较为密集的情况下，受匹配接收后的旁瓣的影响，目标、假目标的鉴别性能不能同时达到较高的水平，随着雷达信号理论的发展，具有更好自相关特性的信号形式的出现将改善这种状况。此外，在工程中，必须根据需要适当调整鉴别门限，并结合其他信息（如目标跟踪的历史信息）和其他措施（如重频捷变和频率捷变），才能够有效地对付多假目标干扰。

5.4 拖引欺骗干扰的极化鉴别

距离拖引干扰（RGPO）是对付跟踪雷达的最有效手段之一。目前，国内外学者提出了较多的抗距离拖引欺骗干扰的方法，诸如记忆波门法、变发射脉冲周期法、前沿跟踪法、边沿跟踪法、卡尔曼滤波法和基于小波分析的抗距离欺骗干扰法等[191-194]，这些方法是从时域或频域的不同角度出发，寻求距离欺骗干扰和目标信号特性的差异，并根据干扰和目标特性之间的差异进行识别及抑制，在特定背景下取得了较好的对抗效果。随着数字射频存储器和电子战技术的发展，新型距离拖引干扰技术将使得这些传统的识别与抑制方法难以奏效，对跟踪雷达造成较大的威胁。

由于造价、体积等因素的限制，现役拖引干扰装备一般采用单极化天馈系统，而随着极化测量技术和雷达极化信息处理理论的发展，极化测量体制雷达逐渐成为未来雷达技术发展的主流技术之一。在干扰实施拖引的过程中，由于干扰和目标极化特性的差异，将使得跟踪波门内接收信号的极化特性呈现出“干扰”、“干扰＋目标信号”和“目标信号”的起伏变化现象，这也就是说，极化信息的充分利用可望为解决拖引干扰的识别与抑制这一难题提供一有效途径。

本节正是基于上述背景，从距离拖引干扰的基本原理出发，提出了一种利用极化信息抗拖引干扰的新方法，并阐明了这种方法的基本原理和实现思路，最后计算机仿真验证了这种抗干扰方法的有效性和可行性。

5.4.1 雷达距离拖引欺骗干扰的原理

自动距离跟踪系统是各类跟踪雷达必须具备的系统，它用一对以发射脉冲为参考时间的距离波门在时间鉴别器上与来自接收机的目标回波脉冲进行比较，当距离波门与回波脉冲对准时，时间鉴别器没有误差信号输出；当距离波门与回波重合但没有对准时，有误差信号输出，再通过控制元件产生一个调整电压，使距离波门朝着减少误差的方向移动，从而实现了对目标回波的自动跟踪。

为了简化分析，不妨以单频单基地雷达系统为例，目标散射信号在雷达接收机输入端可记为

$$x_S(t) = A_R \exp\left[j(\omega_c + \omega_d)\left(t - \frac{2R}{c}\right)\right] R_{ect}\left[t - \frac{2R}{c} / T_p\right] \qquad (5.4.1)$$

其中：$A_R = \sqrt{\dfrac{P_t \sigma}{(4\pi)^3 L_s}} \dfrac{g^2 \lambda K_{RF}}{R^2}$（$L_s$为雷达发射接收综合损耗；$g$为雷达天线的电压方向图；$K_{RF}$为射频滤波放大系数）；$\omega_c$为雷达工作频率；$\omega_d$为目标的多普勒频率；$T_p$为脉冲宽度；$R_{ect}(t) = \begin{cases} 1, t \in (0,1) \\ 0, 其他 \end{cases}$；$\sigma$为雷达散射截面积。

那么，在实施距离拖引干扰时，要求此处的干扰信号为

$$x_J(t) = A_J \cdot \exp\left[j(\omega_c + \omega_d)\left(t - \frac{2R}{c} - \Delta t\right)\right] R_{ect}\left[t - \frac{2R}{c} - \Delta t / T_p\right] \qquad (5.4.2)$$

其中：A_J 为干扰信号的幅度；Δt 为距离拖引信号相对于目标的正常回波信号的延迟时间。

对自动距离跟踪系统所实施的距离拖引的步骤如下：

（1）干扰脉冲捕获距离波门。干扰机收到雷达发射脉冲后，以最小的延迟时间转发一个干扰脉冲，干扰脉冲幅度略大于回波信号幅度便可以有效地捕获距离波门，然后保持这一状态一段时间（$\Delta t=0$），这段时间称为停拖，其目的是使干扰信号与目标回波信号同时作用在距离波门上。

（2）拖引距离波门。当距离波门可靠地跟踪到干扰脉冲以后，干扰机每收到一个雷达照射脉冲，便可逐渐增加转发脉冲的延迟时间（即令 Δt 在每一个脉冲重复周期按照预设的规律进行变化），使距离波门随干扰脉冲移动而离开回波脉冲，直到距离波门偏离目标回波若干个波门的宽度。

（3）干扰机关机。当距离波门被干扰脉冲从目标上拖开足够大的距离以后，干扰机关闭，这时距离波门转入搜索状态。经过一段时间之后，距离波门搜索到目标回波并再次转入自动跟踪状态。待距离波门跟踪上目标以后，再重复以上三个步骤的距离波门拖引程序。

5.4.2 距离拖引干扰的极化识别与抑制

针对分时极化测量雷达体制，本小节首先给出目标和干扰信号的极化回波模型，而后根据二者极化特性的差异，提出一种距离拖引干扰的识别与抑制方法。

1. 雷达目标和拖引干扰的极化回波模型

分时极化测量体制雷达是通过交替发射两种正交极化信号，在发射的间隙，极化状态正交的两副天线同时接收雷达目标散射的共极化分量和交叉极化分量。不妨认为当前时刻雷达发射水平极化信号，目标的回波信号可表示为

$$e_{SH}(t)=\begin{bmatrix}E_{SHH}(t)\\E_{SVH}(t)\end{bmatrix}=B_R\begin{bmatrix}S_{HH}\\S_{VH}\end{bmatrix}\exp\left[\mathrm{j}(\omega_c+\omega_d)\left(t-\frac{2R}{c}\right)\right]R_{ect}\left[t-\frac{2R}{c}/T_p\right] \tag{5.4.3}$$

其中：$B_R=\sqrt{\dfrac{P_t}{(4\pi)^3L_s}\dfrac{g_{vt}g_{vr}\lambda K_{RF}}{R_2}}$，$\boldsymbol{S}=\begin{bmatrix}S_{HH} & S_{HV}\\ S_{VH} & S_{VV}\end{bmatrix}$为雷达目标在当前姿态、当前频率下的极化散射矩阵，且对于互易性目标而言，$S_{HV}=S_{VH}$。而拖引干扰的接收信号可表示为

$$
\begin{aligned}
e_{JH}(t)=\begin{bmatrix}E_{JHH}(t)\\ E_{JVH}(t)\end{bmatrix}&=B_J\begin{bmatrix}S_{JH}\\ S_{JV}\end{bmatrix}\\
&\exp\left[j(\omega_c+\omega_d)\left(t-\frac{2R}{c}-\Delta t\right)\right]\\
&R_{ect}\left[t-\frac{2R}{c}-\Delta t/T_p\right]
\end{aligned}
\tag{5.4.4}
$$

其中：$B_J=\sqrt{\dfrac{P_J}{L_J}\dfrac{g_J g_{vr}\lambda K_{RF}}{4\pi R}}$；$P_J$ 为干扰机发射功率；g_J 为干扰机发射天线增益；L_J 为干扰损耗；$h_J=\begin{bmatrix}h_{JH}\\ h_{JV}\end{bmatrix}$为干扰信号的极化形式，且$\|h_J\|=1$。

在下一脉冲，雷达发射垂直极化信号，由于雷达脉冲重复周期 T_r 一般在毫秒量级甚至更小，在此期间目标和干扰的姿态变化很小，且 R 可近似认为不变，此时目标的回波信号可表示为

$$
\begin{aligned}
e_{SV}(t)=\begin{bmatrix}E_{SHV}(t)\\ E_{SVV}(t)\end{bmatrix}=B_R\begin{bmatrix}S_{HV}\\ S_{VV}\end{bmatrix}&\exp\left[j(\omega_c+\omega_d)\left(t-\frac{2R}{c}-T_r\right)\right]\\
&R_{ect}\left[t-\frac{2R}{c}-T_r/T_p\right]
\end{aligned}
\tag{5.4.5}
$$

而拖引干扰的接收信号可表示为

$$
\begin{aligned}
e_{JV}(t)=\begin{bmatrix}E_{JHV}(t)\\ E_{JVV}(t)\end{bmatrix}=B_J\begin{bmatrix}h_{JH}\\ h_{JV}\end{bmatrix}&\exp\left[j(\omega_c+\omega_d)\left(t-\frac{2R}{c}-T_r\right)\right]\\
&R_{ect}\left[t-\frac{2R}{c}-\Delta t-T_r/T_p\right]
\end{aligned}
\tag{5.4.6}
$$

2. 距离拖引干扰的极化识别

当雷达发射水平极化信号时，在不考虑接收机噪声的情况下，水平和垂直极化通道的视频信号为

$$x_{\mathrm{HH}}(t)=|E_{\mathrm{SHH}}(t)+E_{\mathrm{JHH}}(t)|=\left|B_{\mathrm{R}}S_{\mathrm{HH}}R_{\mathrm{ect}}\left[t-\frac{2R}{c}\Big/T_{\mathrm{p}}\right]\right|+$$
$$B_{\mathrm{J}}h_{\mathrm{JH}}\mathrm{e}^{-\mathrm{j}\omega_{\mathrm{d}}\Delta t}R_{\mathrm{ect}}\left[t-\frac{2R}{c}-\Delta t/T_{\mathrm{p}}\right]\bigg| \tag{5.4.7}$$

和

$$x_{\mathrm{VH}}(t)=|E_{\mathrm{SVH}}(t)+E_{\mathrm{JVH}}(t)|=\left|B_{\mathrm{R}}S_{\mathrm{VH}}R_{\mathrm{ect}}\left[t-\frac{2R}{c}\Big/T_{\mathrm{p}}\right]\right|+$$
$$B_{\mathrm{J}}h_{\mathrm{JV}}\mathrm{e}^{-\mathrm{j}\omega_{\mathrm{d}}\Delta t}R_{\mathrm{ect}}\left[t-\frac{2R}{c}-\Delta t/T_{\mathrm{p}}\right]\bigg| \tag{5.4.8}$$

根据自动距离跟踪的原理可知，雷达是采用分裂波门方式判断距离波门是否套住目标，并对当前的距离波门中心进行校正，以产生下一周期的距离波门中心的延迟时间，图 5.4.1 给出了自动距离跟踪和拖引干扰（向后拖引）的示意图。

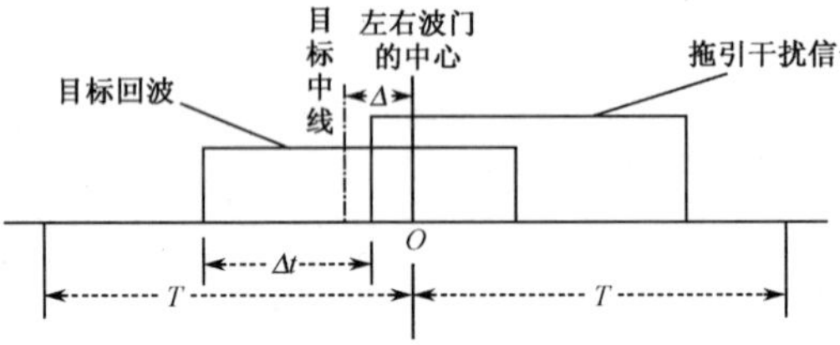

图 5.4.1　自动距离跟踪及拖引干扰的示意图

由图 5.4.1 可知，左右波门函数为

$$G_{\mathrm{L}}(t)=\mathrm{rect}\left(t-\frac{2R}{c}-\varDelta-T/T\right),\ G_{\mathrm{R}}(t)=\mathrm{rect}\left(t-\frac{2R}{c}-\varDelta/T\right)$$

其中：$\varDelta$为波门中心与目标回波中线的相对时差。

以左、右波门中心为参考原点，那么水平极化通道视频信号的左波门积分为

$$P_{\mathrm{HH}}=\int_{-T}^{0}x_{\mathrm{HH}}(t)G_{\mathrm{L}}(t)\mathrm{d}t=\int_{-\frac{T_p}{2}-\varDelta}^{-\frac{T_p}{2}\varDelta+\Delta t}x_{\mathrm{HH}}(t)\mathrm{d}t+\int_{-\frac{T_p}{2}-\varDelta+\Delta t}^{0}x_{\mathrm{HH}}(t)\mathrm{d}t$$
$$=|B_{\mathrm{R}}S_{\mathrm{HH}}|\Delta t+|B_{\mathrm{R}}S_{\mathrm{HH}}+B_{\mathrm{J}}h_{\mathrm{JH}}\mathrm{e}^{-\mathrm{j}\omega_{\mathrm{d}}\Delta t}|\left(\frac{T_p}{2}+\varDelta-\Delta t\right) \tag{5.4.9}$$

水平极化通道视频信号的右波门积分为

$$Q_{\mathrm{HH}}=|B_{\mathrm{R}}S_{\mathrm{HH}}+B_{\mathrm{J}}h_{\mathrm{JH}}\mathrm{e}^{-\mathrm{j}\omega_{\mathrm{d}}\Delta t}|\left(\frac{T_{\mathrm{p}}}{2}-\varDelta\right)+|B_{\mathrm{J}}h_{\mathrm{JH}}|\Delta t \tag{5.4.10}$$

垂直极化通道视频信号的左、右波门积分分别为

$$P_{\mathrm{VH}}=|B_{\mathrm{R}}S_{\mathrm{VH}}|\Delta t+|B_{\mathrm{R}}S_{\mathrm{VH}}+B_{\mathrm{J}}h_{\mathrm{JV}}\mathrm{e}^{-\mathrm{j}\omega_{\mathrm{d}}\Delta t}|\left(\frac{T_{\mathrm{p}}}{2}+\varDelta-\Delta t\right) \tag{5.4.11}$$

和

$$Q_{\mathrm{VH}}=|B_{\mathrm{R}}S_{\mathrm{VH}}+B_{\mathrm{J}}h_{\mathrm{JV}}\mathrm{e}^{-\mathrm{j}\omega_{\mathrm{d}}\Delta t}|\left(\frac{T_{\mathrm{p}}}{2}-\varDelta\right)+|B_{\mathrm{J}}h_{\mathrm{JV}}|\Delta t \tag{5.4.12}$$

在没有拖引干扰或干扰处于停拖期，即 $\Delta t=0$ 时，由左右两个波门积分面积的相对关系可以给出距离误差信息，即

$$\hat{\Delta}=\frac{P_{\mathrm{HH}}-Q_{\mathrm{HH}}}{P_{\mathrm{HH}}+Q_{\mathrm{HH}}}\frac{T_{\mathrm{p}}}{2}=\frac{P_{\mathrm{VH}}-Q_{\mathrm{VH}}}{P_{\mathrm{VH}}+Q_{\mathrm{VH}}}\frac{T_{\mathrm{p}}}{2} \tag{5.4.13}$$

而存在干扰且处于拖引阶段时，即 $\Delta t>0$ 时，由于目标极化散射特性和干扰极化特性存在差异，左右波门内雷达接收信号的极化特性是不一致的，因此拖引干扰的极化识别检验量可定义为

$$\eta_{\mathrm{H}}=\frac{P_{\mathrm{HH}}Q_{\mathrm{VH}}-P_{\mathrm{VH}}Q_{\mathrm{HH}}}{B_{\mathrm{R}}^{2}T_{\mathrm{p}}^{2}} \tag{5.4.14}$$

将式（5.4.9）～式（5.4.13）代入式（5.4.14），整理可得

$$\eta_{\mathrm{H}}=\frac{(T_{p}/2-\Delta)(m_{\mathrm{B}}|S_{\mathrm{HH}}|-m_{\mathrm{A}}|S_{\mathrm{VH}}|)+\alpha\Delta t(|S_{\mathrm{HH}}h_{\mathrm{JV}}|-|S_{\mathrm{VH}}h_{\mathrm{JH}}|)+\alpha(T_{\mathrm{p}}/2+\varDelta-\Delta t)(m_{\mathrm{A}}|h_{\mathrm{JV}}|-m_{\mathrm{B}}|h_{\mathrm{JH}}|)}{T_{\mathrm{p}}}\frac{\Delta t}{T_{\mathrm{p}}} \tag{5.4.15}$$

其中：$\alpha=\dfrac{B_{\mathrm{J}}}{B_{\mathrm{R}}}$；$m_{\mathrm{A}}=|S_{\mathrm{HH}}+\alpha h_{\mathrm{JH}}e^{-\mathrm{j}\omega_{\mathrm{d}}\Delta t}|$；$m_{\mathrm{B}}=|S_{\mathrm{VH}}+\alpha h_{\mathrm{JV}}e^{-\mathrm{j}\omega_{\mathrm{d}}\Delta t}|$。

此时，是否存在拖引干扰信号等效于如下二元假设检验问题。

$$\begin{aligned}&H_0: \eta_{\mathrm{H}}\leqslant T_{\mathrm{H}}, \text{没有拖引干扰}\\&H_1: \eta_{\mathrm{H}}>T_{\mathrm{H}}, \text{存在拖引干扰}\end{aligned} \tag{5.4.16}$$

其中：T_{H} 是由目标和干扰的极化特性、信噪比和干噪比等因素共同决定的局部判决门限。

类似地，当雷达发射垂直极化信号时，水平极化通道视频信号的左右波门积分分别为

$$P_{\mathrm{HV}}=|B_{\mathrm{R}}S_{\mathrm{HV}}|\Delta t+|B_{\mathrm{R}}S_{\mathrm{HV}}+B_{\mathrm{J}}h_{\mathrm{JH}}\mathrm{e}^{\mathrm{j}\omega_{\mathrm{d}}\Delta t}|\left(\frac{T_{\mathrm{p}}}{2}+\varDelta-\Delta t\right) \tag{5.4.17}$$

和

$$Q_{\mathrm{HV}}=|B_{\mathrm{R}}S_{\mathrm{HV}}+B_{\mathrm{J}}S_{\mathrm{JH}}\mathrm{e}^{-\mathrm{j}\omega_{\mathrm{d}}\Delta t}|\left(\frac{T_{\mathrm{p}}}{2}-\varDelta\right)+|B_{\mathrm{J}}h_{\mathrm{JH}}|\Delta t \tag{5.4.18}$$

垂直极化通道视频信号的左、右波门积分分别为

$$P_{\mathrm{VV}}=|B_{\mathrm{R}}S_{\mathrm{VV}}|\Delta t+|B_{\mathrm{R}}S_{\mathrm{VV}}+B_{\mathrm{J}}h_{\mathrm{JV}}\mathrm{e}^{-\mathrm{j}\omega_{\mathrm{d}}\Delta t}|\left(\frac{T_{\mathrm{p}}}{2}\varDelta-\Delta t\right) \tag{5.4.19}$$

和

$$Q_{\mathrm{VV}}=|B_{\mathrm{R}}S_{\mathrm{VV}}+B_{\mathrm{J}}h_{\mathrm{JV}}\mathrm{e}^{-\mathrm{j}\omega_{\mathrm{d}}\Delta t}|\left(\frac{T_{\mathrm{p}}}{2}-\varDelta\right)+|B_{\mathrm{J}}h_{\mathrm{JV}}|\Delta t \tag{5.4.20}$$

那么存在干扰的情况下，由于目标极化散射特性和干扰极化特性存在差异，此时亦可给出拖引干扰的另一极化识别检验量为

$$\eta_{\mathrm{V}}=\frac{|P_{\mathrm{HV}}Q_{\mathrm{VV}}-P_{\mathrm{VV}}Q_{\mathrm{HV}}|}{B_{\mathrm{R}}^{2}T_{\mathrm{p}}^{2}} \tag{5.4.21}$$

此时亦可采用η_{V}判断是否存在拖引干扰信号，即

$$\begin{aligned}&H_0: \eta_{\mathrm{V}}\leqslant T_{\mathrm{V}} \quad \text{没有拖引干扰}\\&H_1: \eta_{\mathrm{V}}>T_{\mathrm{V}} \quad \text{存在拖引干扰}\end{aligned} \tag{5.4.22}$$

其中：T_{V}是由目标和干扰的极化特性、信噪比和干噪比等因素共同决定的局部判决门限。

在实际处理过程中，可以采用“或”融合规则进行综合判决是否存在拖引干扰，即只要η_{H}或η_{V}判决为真，那么认为当前时刻存在拖引干扰。

3. 距离拖引干扰的极化抑制

在存在拖引干扰的情况下，下面具体讨论利用极化信息进行抑制干扰或获取目标位置的方法。由图 5.4.1 可知，雷达接收信号事实上可以分为三段：一是干扰信号；二是干扰信号和目标散射信号的叠加；

三是目标散射信号。由于干扰信号的极化形式不受雷达发射信号的影响，其在雷达发射水平和垂直极化信号时瞬态极化投影矢量（IPPV）保持不变；而目标散射信号极化特性与入射波极化有关，故含有目标信息的接收信号 IPPV 在雷达发射水平和垂直极化信号时存在较大差异。那么，利用雷达发射水平和垂直极化信号时接收信号 IPPV 时变特性就可获取目标的位置。

当雷达接收信号为干扰信号时，雷达发射水平极化和垂直极化时雷达接收信号（视频）的 IPPV 分别为

$$\tilde{g}_{\mathrm{H}}(t)=\begin{bmatrix}\tilde{g}_{\mathrm{H1}}(t)\\ \tilde{g}_{\mathrm{H2}}(t)\\ \tilde{g}_{\mathrm{H3}}(t)\end{bmatrix}=\frac{R_{\mathrm{L}}x_{\mathrm{H}}(t)\otimes x_{\mathrm{H}}^{*}(t)}{\|x_{\mathrm{H}}\|^{2}}=\begin{bmatrix}|h_{\mathrm{JH}}|^{2}-|h_{\mathrm{JV}}|^{2}\\ 2|h_{\mathrm{JH}}||h_{\mathrm{JV}}|\\ 0\end{bmatrix},\ t\in T_{\mathrm{J}} \quad (5.4.23)$$

和

$$\tilde{g}_{\mathrm{V}}(t)=[\tilde{g}_{\mathrm{V1}}(t),\tilde{g}_{\mathrm{V2}}(t),\tilde{g}_{\mathrm{V3}}(t)]^{\mathrm{T}}=\tilde{g}_{\mathrm{H}}(t),t\in T_{\mathrm{I}} \quad (5.4.24)$$

其中：$x_{\mathrm{H}}(t)[x_{\mathrm{HH}}(t),x_{\mathrm{VH}}(t)]^{\mathrm{T}}$；$T_{\mathrm{J}}$ 为干扰信号的时域支撑集；

$R_{\mathrm{J}}=\begin{bmatrix}1&0&0&-1\\0&1&1&0\\0&\mathrm{j}&-\mathrm{j}&0\end{bmatrix}$；“$\otimes$”和“$*$”分别表示克罗风克尔积和共轭。

当雷达接收信号为目标信号时，雷达发射水平极化和垂直极化时雷达接收信号的 IPPV 分别为

$$\tilde{g}_{\mathrm{H}}(t)=\left[\frac{|S_{\mathrm{HH}}|^{2}-|S_{\mathrm{VH}}|^{2}}{|S_{\mathrm{HH}}|^{2}+|S_{\mathrm{VH}}|^{2}},\ \frac{2|S_{\mathrm{HH}}||S_{\mathrm{VH}}|}{|S_{\mathrm{HH}}|^{2}+|S_{\mathrm{VH}}|^{2}},\ 0\right],\ t\in T_{\mathrm{S}} \quad (5.4.25)$$

和

$$\tilde{g}_{\mathrm{V}}(t)=\left[\frac{|S_{\mathrm{HV}}|^{2}-|S_{\mathrm{VV}}|^{2}}{|S_{\mathrm{HV}}|^{2}+|S_{\mathrm{VV}}|^{2}},\ \frac{2|S_{\mathrm{HV}}||S_{\mathrm{VV}}|}{|S_{\mathrm{HV}}|^{2}+|S_{\mathrm{VV}}|^{2}},\ 0\right]\neq g_{\mathrm{H}}(t),\ t\in T_{\mathrm{S}} \quad (5.4.26)$$

其中：T_{S} 为目标散射信号的时域支撑集。

当雷达接收信号为目标和干扰的混合信号时，雷达发射水平极化和垂直极化时雷达接收信号的 IPPV 分别为

$$\tilde{g}_{\mathrm{H}}(t)=\begin{bmatrix} \dfrac{\left|S_{\mathrm{HH}}+\alpha h_{\mathrm{JH}}\mathrm{e}^{-\mathrm{j}\omega_{\mathrm{d}}\Delta t}\right|^2-\left|S_{\mathrm{VH}}+\alpha h_{\mathrm{JV}}\mathrm{e}^{-\mathrm{j}\omega_{\mathrm{d}}\Delta t}\right|^2}{\left|S_{\mathrm{HH}}+\alpha h_{\mathrm{JH}}\mathrm{e}^{-\mathrm{j}\omega_{\mathrm{d}}\Delta t}\right|^2+\left|S_{\mathrm{VH}}+\alpha h_{\mathrm{JV}}\mathrm{e}^{-\mathrm{j}\omega_{\mathrm{d}}\Delta t}\right|^2} \\ \dfrac{2\left|S_{\mathrm{HH}}+\alpha h_{\mathrm{HH}}\mathrm{e}^{-\mathrm{j}\omega_{\mathrm{d}}\Delta t}\right|\times\left|S_{\mathrm{VH}}+\alpha h_{\mathrm{JV}}\mathrm{e}^{-\mathrm{j}\omega_{\mathrm{d}}\Delta t}\right|}{\left|S_{\mathrm{HH}}+\alpha h_{\mathrm{JH}}\mathrm{e}^{-\mathrm{j}\omega_{\mathrm{d}}\Delta t}\right|^2+\left|S_{\mathrm{VH}}+\alpha h_{\mathrm{JV}}\mathrm{e}^{-\mathrm{j}\omega_{\mathrm{d}}\Delta t}\right|^2} \\ 0 \end{bmatrix},\ t\in T_{\mathrm{J+S}} \qquad (5.4.27)$$

和

$$\tilde{g}_{\mathrm{V}}(t)=\begin{bmatrix} \dfrac{\left|S_{\mathrm{HV}}+\alpha h_{\mathrm{JV}}\mathrm{e}^{-\mathrm{j}\omega_{\mathrm{d}}\Delta t}\right|^2-\left|S_{\mathrm{VV}}+\alpha h_{\mathrm{JH}}\mathrm{e}^{-\mathrm{j}\omega_{\mathrm{d}}\Delta t}\right|^2}{\left|S_{\mathrm{HV}}+\alpha h_{\mathrm{JV}}\mathrm{e}^{-\mathrm{j}\omega_{\mathrm{d}}\Delta t}\right|^2+\left|S_{\mathrm{VV}}+\alpha h_{\mathrm{JH}}\mathrm{e}^{-\mathrm{j}\omega_{\mathrm{d}}\Delta t}\right|^2} \\ \dfrac{2\left|S_{\mathrm{HV}}+\alpha h_{\mathrm{JV}}\mathrm{e}^{-\mathrm{j}\omega_{\mathrm{d}}\Delta t}\right|\times\left|S_{\mathrm{VV}}+\alpha h_{\mathrm{JH}}\mathrm{e}^{-\mathrm{j}\omega_{\mathrm{d}}\Delta t}\right|}{\left|S_{\mathrm{HV}}+\alpha h_{\mathrm{JV}}\mathrm{e}^{-\mathrm{j}\omega_{\mathrm{d}}\Delta t}\right|^2+\left|S_{\mathrm{VV}}+\alpha h_{\mathrm{JH}}\mathrm{e}^{-\mathrm{j}\omega_{\mathrm{d}}\Delta t}\right|^2} \\ 0 \end{bmatrix}\neq\tilde{g}_{\mathrm{V}}(t),\ t\in T_{\mathrm{J+S}}$$

(5.4.28)

其中：$\alpha=\dfrac{B_{\mathrm{J}}}{B_{\mathrm{R}}}$；$T_{\mathrm{J+S}}$ 为干扰与目标散射的混合信号的时域支撑集。

为了更好地度量这种特性，定义极化相似度为

$$l(t)=\left\|\tilde{g}_{\mathrm{H}}(t)-\tilde{g}_{\mathrm{v}}(t)\right\| \qquad (5.4.29)$$

当雷达接收信号为干扰信号时，其极化相似度等于 0，而目标散射信号以及目标与干扰的混合信号的极化相似度一般情况下均大于 0，且二者亦不相等；同时不论干扰是向前拖引还是向后拖引，目标与干扰的混合信号始终位于目标散射信号和干扰信号之间。那么由 $l(t)$ 的时变特性即可判断出干扰与目标信号，进而易求得目标和干扰的准确位置，这里不再赘述。拖引干扰的具体识别与抑制流程如图 5.4.2 所示。

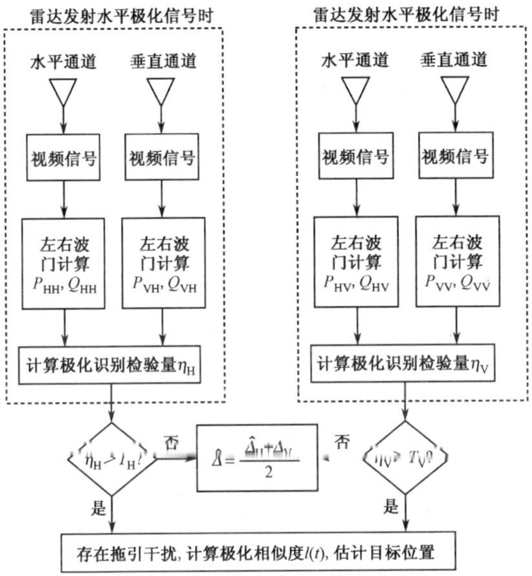

图 5.4.2　拖引干扰的具体识别与抑制流程

5.4.3　计算机仿真与结果分析

在忽略测量噪声影响的情况下，前面探讨了距离拖引干扰的极化识别与抑制方法，下面采用蒙特卡罗仿真的手段分析存在测量噪声情况下本书所提算法的性能。对于单基地极化雷达而言，测量噪声的等效极化散射矩阵的列矢量记为 $X_N = [n_{HH}(t),\ n_{HV}(t),\ n_{VH}(t),\ n_{VV}(t)]^T$，对于任一时刻 t 而言，不妨设 $\boldsymbol{X}_N$ 服从零均值正态分布，其协方差矩阵为

$$\Sigma_N = \sigma_H \begin{bmatrix} 1 & 0 & 0 & \rho\sqrt{\gamma} \\ 0 & \varepsilon & 0 & 0 \\ 0 & 0 & \varepsilon & 0 \\ \rho^*\sqrt{\gamma} & 0 & 0 & \gamma \end{bmatrix}$$

其中：$\sigma_H = E\{|n_{HH}(t)|^2\}$；$\varepsilon = \dfrac{E\{|n_{HV}(t)|^2\}}{\sigma_H} = \dfrac{E\{|n_{VH}(t)|^2\}}{\sigma_H}$；

$\gamma = \dfrac{E\{|n_{VV}(t)|^2\}}{\sigma_H}$；$\rho = \dfrac{E\{n_{HH}(t)\cdot n_{VV}^*(t)\}}{\sigma_H\sqrt{\gamma}}$。

为了分析问题方便起见，首先给出目标信号噪声比（SNR）的定义为

$$\mathrm{SNR}=\frac{B_{\mathrm{R}}^{2}\left(\left|S_{\mathrm{HH}}\right|^{2}+\left|S_{\mathrm{HV}}\right|^{2}+\left|S_{\mathrm{VH}}\right|^{2}+\left|S_{\mathrm{VV}}\right|^{2}\right)}{\sigma_{\mathrm{H}}(1+2\varepsilon+\gamma)} \tag{5.4.30}$$

根据金属球/平板、二面角和三面角等典型简单形体目标的极化散射矩阵[204]，可以得到当雷达发射水平极化信号和垂直极化信号时极化识别检验量η_{H}和η_{V}随着拖引时间Δt的变化曲线，如图 5.4.3 所示，其中，$T_{\mathrm{p}}=10\mu\mathrm{s}$，$\omega_{\mathrm{d}}=200\mathrm{m/s}$，$\alpha=1.2$，$\varDelta=2\mu\mathrm{s}$，拖引干扰的极化形式为左旋圆极化，即为$\boldsymbol{h}_{\mathrm{J}}=\frac{1}{\sqrt{2}}[1,\mathrm{j}]^{\mathrm{T}}$，其他参数设置不影响仿真结果，这里不再列出。表 5.4.1 给出了距离拖引干扰在不同信噪比条件下正确识别的概率及目标距离估计的精度，其中，

$$T_{\mathrm{H}}=T_{\mathrm{V}}=\begin{cases}0.15, & \gamma_{\mathrm{SNR}}<15\mathrm{dB}\\ 0.30-\gamma_{\mathrm{SNR}}/100, & 15\mathrm{dB}\leqslant\gamma_{\mathrm{SNR}}\leqslant 25\mathrm{dB}\\ 0.15, & \gamma_{\mathrm{SNR}}<15\mathrm{dB}\end{cases},\quad \varDelta=(0.9x+0.1)\mu\mathrm{s},$$

x为服从[0,1]均匀分布的随机变量，其他参数与图 5.4.2 一致。

由图 5.4.3 可见，只要根据雷达目标的部分先验知识，选择合适的判决门限，就可有效地判断是否存在拖引干扰信号。同时，由表 5.4.1 及大量计算机仿真可知，拖引干扰和目标散射极化特性的差异可以从一个角度增强或者达到完全识别拖引欺骗干扰的目的。

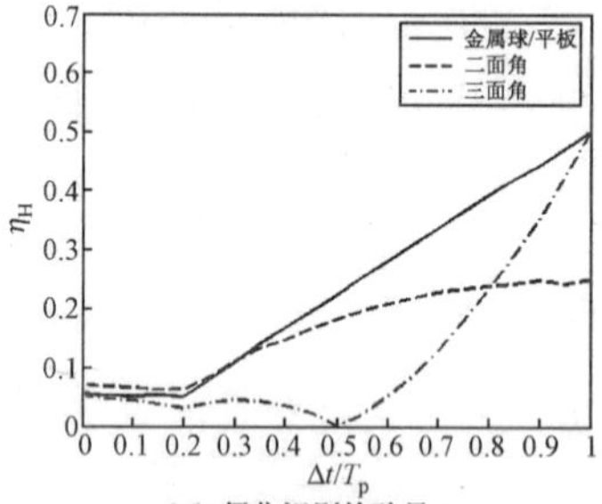

（a）极化识别检验量η_{H}

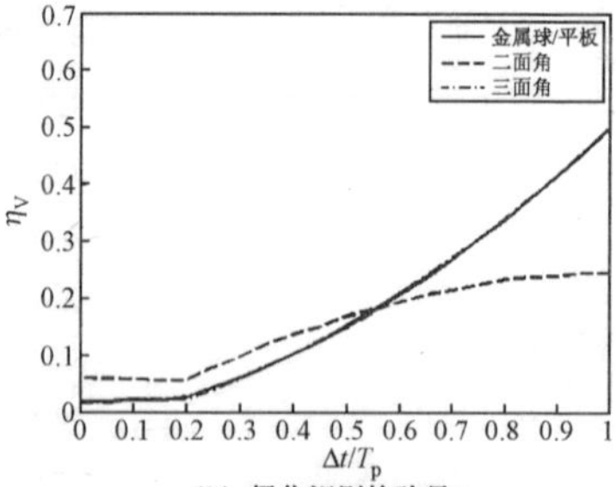

（b）极化识别检验量η_{V}

图 5.4.3 简单形体目标的极化识别检验量η_{H}和η_{H}随着拖引时间Δt的变化曲线（$\gamma_{\mathrm{SNR}}=25\mathrm{dB}$，入射角均为$\psi=60^{\circ}$，噪声参数为：$\varepsilon=0.8$，$\gamma=0.7, \rho=0$）

（a）极化识别检验量η_{H}；（b）极化识别检验量η_{V}。

表 5.4.1 拖引干扰正确识别的概率及目标距离估计的精度

目标 \ 信噪比/dB		15	20	25	30	∞
球/平板	干扰正确识别概率	0.828	0.852	0.872	0.997	1
	目标距离估计精度/%	20.164	6.7365	13.633	0.5	0.132
二面角	干扰正确识别概率	0.824	0.846	0.858	0.973	0.99
	目标距离估计精度/%	20.905	14.013	8.0615	0.52	0.23
三面角	干扰正确识别概率	0.686	0.716	0.773	0.766	0.822
	目标距离估计精度/%	32.768	17.06	6.884	0.5	0.187

本节研究了距离拖引欺骗干扰的识别与抑制问题，提出的基于极化信息进行距离拖引干扰识别方法不仅能可靠地检测到拖引干扰的存在，而且可以对干扰时刻和目标位置进行定位。同时，本节所提方法可与其他方法兼容，可进一步充分利用干扰和目标回波的时域、频域和极化域等多维特征差异来提高抗干扰性能。

需要指出的是本节这种抗干扰方法不但能够抗距离拖引干扰，而且也适应于速度拖引以及联合拖引干扰的对抗。

5.5 基于辅助天线的有源假目标的极化鉴别

有源假目标欺骗干扰是雷达电子战中广泛使用，可以起到抑制、扰乱雷达的正常工作，多次战争表明它具有出奇制胜的作战效果。有源假目标欺骗干扰的对抗效果与干扰参数设置和雷达系统响应及其具有的抗干扰措施等因素有着密切关系。常规处理中，旁瓣对消天线是难以识别或抑制有源假目标欺骗干扰，尤其是能够形成暂态或稳定航迹的那些在时频域逼真度很高的有源假目标。

本节探讨了利用辅助天线结合主天线的极化特性来识别时频域逼真度很高的有源假目标欺骗干扰的可行性。5.5.1 小节建立了主辅天线对雷达目标和有源假目标欺骗干扰的接收信号模型；5.5.2 小节根据有源真假目标回波特性的差异提出了识别判决检验量，设计了有源真假目标的识别算法，并导出了判决检验量的统计分布以及真假目标的正确识别概率；5.5.3 小节结合雷达目标和有源假目标干扰的极化特性，具体分析、评估了利用辅天线进行有源假目标欺骗干扰识别的性能。本节需要指出的是利用主辅天线的极化特性是可以从一个角度增强或者达到完全识别有源假目标欺骗干扰的目的。

5.5.1 主辅天线的接收信号模型

不失一般性，不妨设雷达主天线可在水平、垂直极化之间脉间切换，用于旁瓣对消的辅助天线为垂直极化天线，这也是变极化雷达常用的极化组态。由于有源假目标欺骗干扰和雷达目标独立占据不同的分辨单元，下面分别讨论主辅天线对目标和假目标干扰的接收信号模型。

1. 主天线的接收信号模型

这里首先给出目标的接收信号模型。在当前脉冲重复周期（PRT）内，若主天线发射水平极化信号，目标的后向散射波为

$$\boldsymbol{e}_S\left(t\right)=\frac{g_{\mathrm{m}}}{4\pi R^2}A_{\mathrm{m}}(t-\tau)\mathrm{e}^{\mathrm{j}2\pi f_{\mathrm{d}}(t-\tau)}\boldsymbol{S}\boldsymbol{h}_m \tag{5.5.1}$$

式中：$A_m(t)=\sqrt{\dfrac{P_t}{4\pi L_t}}\mathrm{e}^{\mathrm{j}2\pi f_{\mathrm{c}}^{t}}\upsilon(t)$；$\boldsymbol{h}_m=\left[1,\ \varepsilon\right]^{\mathrm{T}}$ 为主天线的当前极化形式。

那么由雷达极化理论可推得主天线对目标的接收电压为

$$v_{\mathrm{mS1}}\left(t\right)=g_{\mathrm{m}}^2\left(S_{\mathrm{HH}}+2\varepsilon S_{\mathrm{HV}}+\varepsilon^2 S_{\mathrm{VV}}\right)\chi(t)+n_{m1}(t) \tag{5.5.2}$$

其中：$\chi(t)=\dfrac{k_{\mathrm{RF}}}{4\pi R^2 L_{\mathrm{R}}}A_m(t-\tau)\mathrm{e}^{\mathrm{j}2\pi f_{\mathrm{d}}(t-\tau)}$；$n_{m1}(t)$ 为主天线接收通道的接收机噪声，服从正态分布，即有 $n_{m1}\sim N\left(0,\sigma_{\mathrm{m}}^2\right)$。

由于雷达的脉冲重复周期一般在毫秒量级甚至更小，在此期间目标的姿态变化非常小，也即雷达目标的极化散射矩阵可视为不变。那么，在下一个脉冲重复周期内，主天线发射垂直极化信号，而采用水平极化来接收，此时主天线对目标的接收电压为

$$v_{\mathrm{mS2}}\left(t\right)=g_{\mathrm{m}}^2\left[\left(1+\varepsilon^2\right)S_{\mathrm{HV}}+\varepsilon\left(S_{\mathrm{HH}}+S_{\mathrm{VV}}\right)\right]\chi(t-T_{\mathrm{r}})+n_{m2}(t) \tag{5.5.3}$$

其中：$n_{m2}\sim N\left(0,\sigma_{\mathrm{m}}^2\right)$；$T_{\mathrm{r}}$ 为雷达脉冲重复周期，倘若目标的多普勒可

以精确估计，由 $\chi(t)$ 的表达式直观可见，$\chi(t-T_{\mathrm{r}})=\chi(t)\mathrm{e}^{-\mathrm{j}2\pi(f_{\mathrm{d}}+f_{\mathrm{c}})T_{\mathrm{r}}}$ 。

下面给出有源假目标干扰的接收信号模型。在水平垂直极化基下，任一有源假目标干扰信号在雷达接收天线端口处可表示为

$$\boldsymbol{e}_{\mathrm{J}}(t)=\boldsymbol{h}_{\mathrm{J}}J_1(t) \tag{5.5.4}$$

其中：$J_1(t)$ 为假目标干扰的调制信号，可为任意波形，一般为了避免被雷达从时域和频域识别，其特性应与目标散射波的调制特性相近；$\boldsymbol{h}_{\mathrm{J}}=\left[h_{\mathrm{JH}},h_{\mathrm{JV}}\right]^{\mathrm{T}}$ 为当前干扰信号的极化形式，$\left\|\boldsymbol{h}_{\mathrm{J}}\right\|=1$。

当主天线以水平极化接收信号时，其实际接收干扰信号为

$$v_{\mathrm{mJ1}}(t)=k_{\mathrm{a}}g_{\mathrm{m}}\left(h_{\mathrm{JH}}+\varepsilon h_{\mathrm{JV}}\right)J_1(t)+n_{m1}(t) \tag{5.5.5}$$

其中：$k_{\mathrm{a}}=\dfrac{k_{\mathrm{RF}}}{L_{\mathrm{R}}}B_{\mathrm{f}}$，$B_{\mathrm{f}}$ 为干扰信号带宽与接收带宽不匹配引起的损耗等。

由于干扰姿态在两个脉冲期间变化很小，对于单极化干扰源而言，其极化形式可近似认为不变。那么，在下一个脉冲重复周期内，主天线仍以水平极化接收信号，其接收电压为

$$v_{\mathrm{mJ2}}(t)=k_{\mathrm{a}}g_{\mathrm{m}}\left(h_{\mathrm{JH}}+\varepsilon h_{\mathrm{JV}}\right)J_2(t)+n_{m2}(t) \tag{5.5.6}$$

其中：$J_2(t)$ 为假目标干扰在此 PRT 内的调制信号，与 $J_1(t)$ 的主要区别是为了模拟目标运动而带来的相位和幅度变化。

2. 辅天线的接收信号模型

一般情况下，主辅天线相距远小于目标和雷达的距离，由于目标散射波抵达主辅天线的距离差而引起回波功率的变化可以忽略不计；时间差引起目标回波的时延差异，可以根据主辅天线间距和照射方位来补偿。为了简化分析，近似认为目标散射波同时抵达主辅天线。同时，假设主辅天线接收通道除了天线的极化形式和增益不一样外，其他诸如接收带宽和中心频率等参数是一致的。那么当雷达发射水平极化信号时，辅天线对目标和假目标干扰的接收电压分别为

$$v_{\mathrm{cS1}}(t)=g_{\mathrm{m}}g_{\mathrm{c}}\left[S_{\mathrm{HV}}\left(1+\varepsilon^2\right)+\varepsilon\left(S_{\mathrm{HH}}+S_{\mathrm{VV}}\right)\right]\chi(t)+n_{\mathrm{c1}}(t) \tag{5.5.7}$$

和

$$v_{\mathrm{cJ1}}(t)=k_{\mathrm{a}}g_{\mathrm{c}}\left(h_{\mathrm{VJ}}+\varepsilon h_{\mathrm{HJ}}\right)J_1(t)+n_{\mathrm{c1}}(t) \tag{5.5.8}$$

其中：g_{c} 为辅天线的电压增益；$n_{\mathrm{c1}}(t)$ 为辅助天线接收通道接收机噪声，$n_{\mathrm{c1}} \sim N\left(0,\sigma_{\mathrm{c}}^2\right)$，$\sigma_{\mathrm{c}}^2=\sigma_{\mathrm{m}}^2$。

同理，在下一个脉冲重复周期（PRT）内，雷达发射垂直极化信号时，辅天线对目标和假目标干扰的接收电压分别为

$$v_{\mathrm{cS2}}(t)=g_{\mathrm{m}}g_{\mathrm{c}}\left[S_{\mathrm{VV}}+2\varepsilon S_{\mathrm{HV}}+\varepsilon^2 S_{\mathrm{HH}}\right]\chi(t-T_{\mathrm{r}})+n_{\mathrm{c2}}(t) \tag{5.5.9}$$

和

$$v_{\mathrm{cJ2}}(t)=k_{\mathrm{a}}g_{\mathrm{c}}\left(h_{\mathrm{VJ}}+\varepsilon h_{\mathrm{HJ}}\right)J_2(t)+n_{\mathrm{c2}}(t) \tag{5.5.10}$$

其中：$n_{\mathrm{c2}} \sim N\left(0,\sigma_{\mathrm{c}}^2\right)$。

5.5.2 有源假目标欺骗干扰的极化鉴别

由式（5.5.3）和式（5.5.7）直观可见，对于目标而言，在不考虑接收机噪声的情况下，主天线在第二个 PRT 内接收信号与辅天线在第一 PRT 内接收信号存在如下关系：

$$\varDelta=v_{\mathrm{mS2}}(t)-\alpha\,\mathrm{e}^{\mathrm{j}2\pi(f_{\mathrm{d}}+f_{\mathrm{c}})T_{\mathrm{r}}}\,v_{\mathrm{cS1}}(t)=0 \tag{5.5.11}$$

其中：$\alpha=\dfrac{g_{\mathrm{m}}}{g_{\mathrm{c}}}$。

而对于有源假目标干扰而言，由式（5.5.6）和式（5.5.8）可得$\varDelta$为

$$\begin{aligned}\varDelta&=v_{\mathrm{mJ2}}(t)-\alpha v_{\mathrm{cJ1}}(t)\mathrm{e}^{\mathrm{j}2\pi(f_{\mathrm{d}}+f_{\mathrm{c}})T_{\mathrm{r}}}\\&=k_{\mathrm{a}}g_{\mathrm{m}}\left[h_{\mathrm{HJ}}\left(J_2(t)-\varepsilon\,\mathrm{e}^{\mathrm{j}2\pi(f_{\mathrm{d}}+f_{\mathrm{c}})T_{\mathrm{r}}}J_1(t)\right)+h_{\mathrm{VJ}}\left(\varepsilon J_2(t)-\mathrm{e}^{\mathrm{j}2\pi(f_{\mathrm{d}}+f_{\mathrm{c}})T_{\mathrm{r}}}J_1(t)\right)\right]\\&\approx k_{\mathrm{a}}g_{\mathrm{m}}\left[h_{\mathrm{HJ}}J_2(t)-h_{\mathrm{VJ}}\,\mathrm{e}^{\mathrm{j}2\pi(f_{\mathrm{d}}+f_{\mathrm{c}})T_{\mathrm{r}}}J_1(t)\right]\end{aligned} \tag{5.5.12}$$

式（5.5.12）表明，当主辅天线接收信号为目标散射时，$\varDelta$近似等于零，而为有源假目标干扰时一般情况下不等于零。这为真假目标的识别提供了重要依据，并据此可以给出真假目标识别的判决检验量 η 定义为

$$\eta=|\varDelta|^2 \tag{5.5.13}$$

为了保证雷达目标的误判率保持在恒定水平内，本书从目标的角度来分析有源假目标的正确识别率和误判率，此时有源真假目标的识

别转化为一个二元检测问题，即有

$$
\begin{aligned}
&H_1:\ \eta < T_a,\ \text{为真目标}\\
&\mathrm{H}_0:\ \eta \geqslant T_a,\ \text{为假目标}
\end{aligned} \tag{5.5.14}
$$

其中：T_{a} 为识别判决门限。

假定判决检验量 η 的条件概率密度为 $f(\eta/H_0)$ 和 $f(\eta/H_1)$，要求目标的误判概率控制内某一恒定水平 β 下，即相当于要求漏警率小于 β，有

$$\int_{T_{\mathrm{a}}}^{\infty} f(\eta/H_1)\,\mathrm{d}\eta \leqslant \beta \tag{5.5.15}$$

相应地，目标的正确判决概率 $P_{\mathrm{D}} - 1 - \beta$，此时有源假目标干扰的正确识别概率为

$$P_{\mathrm{JD}} = \int_{T_{\mathrm{a}}}^{\infty} f(\eta/H_0)\,\mathrm{d}\eta \tag{5.5.16}$$

为了便于分析、评估有源真假目标识别的性能，下面首先给出判决检验量 η 的条件概率密度分布。由 $\varDelta$ 的定义可知，其服从正态分布，设 $\varDelta \sim N\left(m,\sigma^2\right)$。那么，在雷达接收信号为目标和干扰情况下 $\varDelta$ 的均值和方差分别为

$$m/S = 0,\quad \sigma^2/S = \left(1+\alpha^2\right)\sigma_0^2 \tag{5.5.17}$$

和

$$m/J = k_{\mathrm{a}}\, g_{\mathrm{m}} m_{\mathrm{J}}\,,\quad \sigma^2/J = \left(1+\alpha^2\right)\sigma_0^2 \tag{5.5.18}$$

其中：$m_{\mathrm{J}} = h_{\mathrm{HJ}} J_2(t) - h_{\mathrm{VJ}}\,\mathrm{e}^{\mathrm{j}2\pi(f_{\mathrm{d}}+f_{\mathrm{c}})T_{\mathrm{r}}}\, J_1(t)$。

进而，由 $\eta = |\varDelta|^2$ 可知，η 在雷达接收信号为目标和干扰情况下的概率密度函数分别为

$$f\left(\eta/H_1\right) = \frac{1}{\left(1+\alpha^2\right)\sigma_0^2}\exp\left(-\frac{\eta}{\left(1+\alpha^2\right)\sigma_0^2}\right) \tag{5.5.19}$$

和

$$f\left(\eta/H_0\right) = \frac{1}{\left(1+\alpha^2\right)\sigma_0^2}\exp\left(-\frac{\eta + k_{\mathrm{a}}^2 g_{\mathrm{m}}^2 |m_{\mathrm{J}}|^2}{\left(1+\alpha^2\right)\sigma_0^2}\right) I_0\left(\frac{2k_{\mathrm{a}}\, g_{\mathrm{m}} |m_{\mathrm{J}}|\sqrt{\eta}}{\left(1+\alpha^2\right)\sigma_0^2}\right) \tag{5.5.20}$$

其中：I_0 为零阶修正贝塞尔函数。

由式（5.5.19）和式（5.5.20）可得有源真假目标的正确识别概率和误判率，下面结合目标和干扰的极化特性具体评估本算法的性能。

5.5.3 极化鉴别的性能分析

为了刻画有源真假目标的识别概率随信噪比（SNR）或干噪比（JNR）的变化关系，首先给出 SNR 和 JNR 的定义为

$$r_{\mathrm{SNR}}=\frac{g_{\mathrm{m}}^{4}\left|\chi(t)\right|^{2}\left(\left|S_{\mathrm{HH}}\right|^{2}+\left|S_{\mathrm{HV}}\right|^{2}+\left|S_{\mathrm{VV}}\right|^{2}+\left|S_{\mathrm{HV}}\right|^{2}\right)}{4\sigma_{0}^{2}} \tag{5.5.21}$$

和

$$r_{\mathrm{JNR}}=\frac{k_{\mathrm{a}}^{2}g_{\mathrm{m}}^{2}\left(\left|J_{1}(t)\right|^{2}+\left|J_{2}(t)\right|^{2}\right)}{4\sigma_{0}^{2}} \tag{5.5.22}$$

同时，为了便于分析干扰的极化特性对识别算法的影响，定义干扰极化因子 λ 为

$$\lambda=\frac{\left|h_{\mathrm{HJ}}J_{2}(t)-h_{\mathrm{VJ}}J_{1}(t)\mathrm{e}^{\mathrm{j}2\pi(f_{\mathrm{d}}+f_{\mathrm{c}})T_{\mathrm{r}}}\right|^{2}}{\left|J_{1}(t)\right|^{2}+\left|J_{2}(t)\right|^{2}}=\frac{\left|m_{\mathrm{J}}\right|^{2}}{\left|J_{1}(t)\right|^{2}+\left|J_{2}(t)\right|^{2}} \tag{5.5.23}$$

显然，对于干扰极化因子 λ 也侧重描述了干扰的极化特性，诸如对于水平或垂直线极化干扰，$\lambda=\dfrac{1}{2}$，对于圆极化干扰，$\lambda=1$。

下面结合判决检验量 η 的条件概率密度分布，具体分析、评估有源真假目标极化识别的性能。当要求目标的误判概率控制内某一恒定水平 β 时，由式（5.5.15）和式（5.5.19）可得，识别判决门限为

$$T_{\mathrm{a}}=-\left(1+\alpha^{2}\right)\sigma_{0}^{2}\ln\beta \tag{5.5.24}$$

这时从目标识别的角度来看，已检测的目标的正确判决概率不随信噪比的变化而变化，主要取决于预先设定的误判率水平 β 值。此时有源假目标的正确判决率为

$$P_{\mathrm{JD}}=\frac{1}{\left(1+\alpha^{2}\right)\sigma_{0}^{2}}\exp\left(\frac{-4\lambda r_{\mathrm{JNR}}}{1+\alpha^{2}}\right)\int_{T_{\mathrm{a}}}^{\infty}\mathrm{e}^{-\frac{\eta}{\left(1+\alpha^{2}\right)\sigma_{0}^{2}}}I_{0}\left(\frac{4\sqrt{\lambda r_{\mathrm{JNR}}\eta}}{\left(1+\alpha^{2}\right)\sigma_{0}}\right)\mathrm{d}\eta \tag{5.5.25}$$

而假目标误判为雷达目标的概率为 $P_{\mathrm{Jf}}=1-P_{\mathrm{JD}}$。

由式（5.5.25）可见，有源假目标的正确判决率与接收机噪声功率谱密度 σ_0^2、主辅天线增益的比值、干噪比 r_{JNR}、干扰极化因子 λ 和识别判决门限 T_{a} 等因素有关。图 5.5.1 给出了雷达目标和有源假目标欺骗干扰的正确判决概率随着信噪比（干噪比）的变化曲线，其中，雷达目标的误判概率水平 $\beta=10^{-2}$，主辅天线增益的比值为 $\alpha=10\mathrm{dB}$，接收机噪声功率密度 $\sigma_0=10^{-7}$，干扰极化因子 $\lambda=1$。图 5.5.2 给出了雷达目标和有源假目标干扰的正确判决概率随着干扰极化因子 λ 的变化曲线，其中，信噪比（干噪比）为 25dB，其他参数与图 5.5.1 一致。

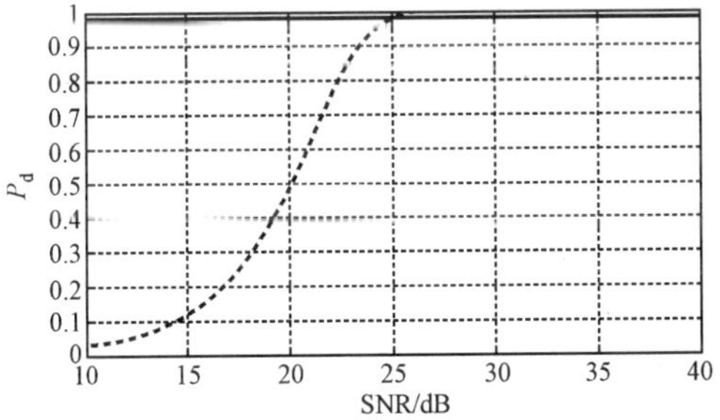

图 5.5.1 雷达目标和有源假目标干扰的正确判决概率随着信噪比（干噪比）的变化曲线

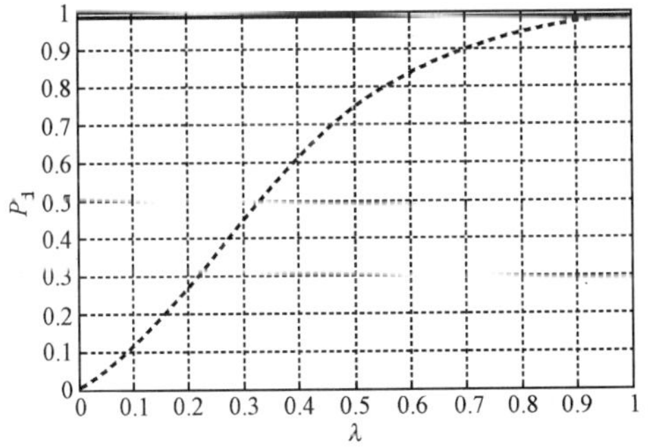

图 5.5.2 有源假目标干扰的正确判决概率随着干扰极化因子的变化曲线

由图 5.5.1 和图 5.5.2 可见，有源假目标干扰的正确判决概率随着干噪比和干扰极化因子的变化而变化，对于圆极化干扰基本上在干噪比大于 20dB 的情况下就能够有效识别；同时，随着干扰极化因子 λ 的减小，在同一干噪比条件下，正确识别的概率亦在减小。特别地，当干扰极化因子等于零时，即有

$$h_{\mathrm{JH}}J_2(t)=\mathrm{e}^{\mathrm{j}2\pi(f_\mathrm{d}+f_\mathrm{c})T_\mathrm{r}}\,h_{\mathrm{JV}}J_1(t) \tag{5.5.26}$$

有源假目标干扰就难以利用主辅天线的极化信息进行有效识别。这对于有源干扰系统的优化设计具有一定参考意义。

图 5.5.3 给出了不同干噪比（JNR）情况下雷达目标和有源假目标干扰的正确判决概率随着主辅天线增益比的变化曲线，其他参数与图 5.5.1 一致。

由图 5.5.3 可见，在同一信噪比（干噪比）条件下，有源假目标干扰的正确判决概率随着主辅天线增益比的增大而递减。实际应用中，为了能够有效对消副瓣压制式干扰，辅助天线的增益介于主天线的主、副瓣增益之间，一般比主瓣增益低 10dB～15dB，而高于副瓣增益；从这个角度说明，本节的工作无论是自卫欺骗干扰还是远距离支援式欺骗干扰均有一定效果。这一结论也初步由某型号雷达的外场试验数据得以验证。

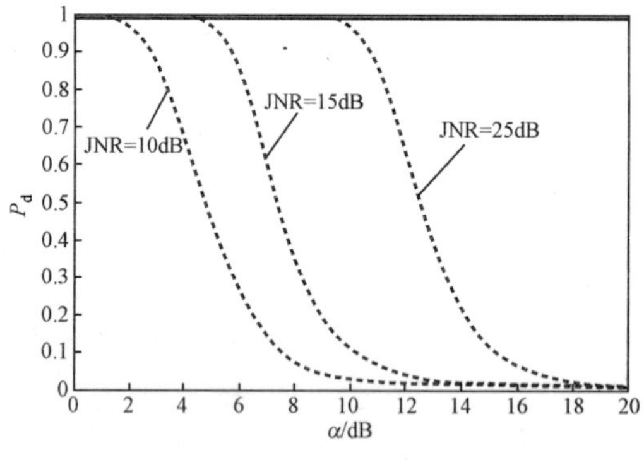

图 5.5.3 雷达目标和有源假目标干扰的正确判决概率随着主辅天线增益比的变化曲线

事实上，本节的识别算法仅仅利用了单基地雷达目标互易的性质，取得了较好的识别效果。从干扰的角度分析，由式（5.5.5）～式

（5.5.10）可见，对于有源假目标干扰而言，在不考虑接收机噪声的情况下，雷达接收信号具有如下关系：

$$v_{\mathrm{mJ1}}(t)v_{\mathrm{cJ2}}^{*}(t)-v_{\mathrm{mJ2}}(t)v_{\mathrm{cJ1}}^{*}(t)=0 \tag{5.5.27}$$

而对于目标而言，显然上式一般情况下不等于零，这也为真假目标的识别提供了一条重要依据，可以进一步提高有源假目标干扰的识别率，这里不再赘述。本节的目的旨在说明利用主辅天线的极化差异可以在一定程度上削弱、甚至完全使有源多假目标欺骗干扰失效。同时，主辅天线的交叉极化特性对本识别算法基本没有影响，这为工程的实现降低了难度。

本节的研究结果初步表明利用主辅天线的极化特性是可以从一个角度增强或者达到完全识别有源假目标欺骗干扰的目的；同时说明无论是对于自卫欺骗干扰还是远距离支援式欺骗干扰均有一定识别效果，而对于支援式欺骗干扰的识别会更为有效。

在现代雷达系统中，通常设有多个旁瓣对消天线，用于对付远距离支援式干扰。对于弹道导弹突防而言，由于其飞行高度和距离等因素使得远距离支援式干扰难以奏效，通常使用自卫式干扰，此时辅助天线多数闲置。在这种情况下，能否可以利用辅天线与主天线极化特性的差异来识别和抑制有源干扰？本书的研究结果初步给出了答案，是完全有可能的。

5.6 有源假目标干扰效果的评估指标和方法

有源假目标干扰是给敌方雷达提供许多与真实目标在距离、角度以及速度上相差无几的假目标，使得雷达难以区分真假目标，从而不能或延缓识别真目标，导致目标分配系统的计算机饱和，或者使跟踪雷达错误地截获假目标，以达到压制和/或欺骗的目的，这表明对有源假目标干扰效果的评估具有更大的不确定性和复杂性，至今仍没有一个全面统一的实用评估准则和方法。

目前，国内学术界虽对有源假目标干扰效果的评估进行了大量的研究，但仍难以满足不同工程领域技术人员的要求。本小节首先从雷达和干扰系统两个角度分析了影响有源假目标干扰效果的因素，回顾并建立了有源假目标干扰效果的评估指标集合，而后给出了干扰有效距离（扇面）、干扰模糊距离（扇面）和干扰无效距离（扇面）的评估指标及相应的计算方法，这与压制式干扰效果的评估指标相对应，为建立统一的实用评估准则提供了一种思路和方法。

5.6.1　有源假目标干扰效果的影响因素

有源假目标干扰效果取决于雷达、干扰系统以及目标和环境等诸多方面，它们之间虽存在着一定的关系，但难以用清晰的函数表达式来描述这种关系。下面简要从雷达和干扰两个角度阐述影响有源假目标干扰效果的因素。

1. 雷达系统的角度

图 5.6.1 给出了现代雷达系统工作的原理框图，可见有源假目标干扰效果的好坏不仅仅取决于干扰和雷达之间的能量关系，而且还与以下几个因素有着必然联系。

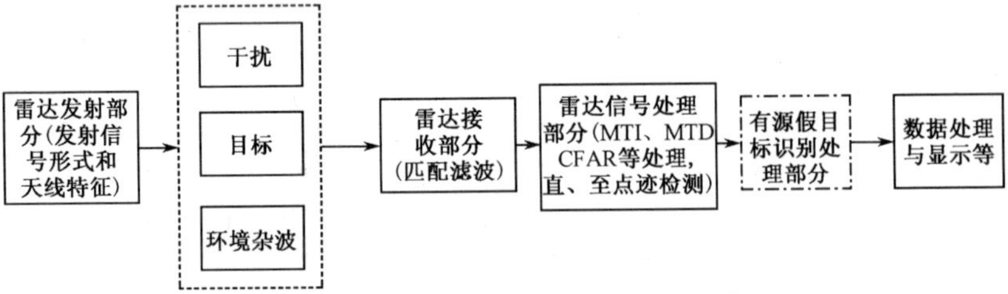

图 5.6.1　雷达系统工作的原理框图

1）雷达的发射信号形式

雷达发射信号的复杂程度，诸如采用单频调制、线性频率调制、非线性频率调制还是相位编码等，直接决定了假目标干扰系统复制信号的精度，对干扰信号的品质有着直接的影响。

2）雷达的抗干扰措施

雷达系统是否采用频率捷变（脉内捷变、脉间捷变或脉组捷变）、重频变化（重频抖动、重频参差或重频捷变）、旁瓣对消/旁瓣匿影、恒虚警处理等抗干扰措施，这在很大程度上决定了进入雷达系统的干扰能量的大小。

3）雷达系统的计算机处理能力

观测区域内有源假目标的数量与雷达计算机处理能力（数据处理能力以及相控阵雷达资源调度能力等）失效之间的关系，这在很大程度上决定了已检测出假目标的可识别性。

4）雷达操作员因素

在干扰条件下，若操作员人为坚持抄报目标数据，每分钟若有1次～2次数据即有可能完成其作战使命。

2. 干扰系统的角度

从干扰系统的角度而言，影响有源假目标干扰效果的因素除了干扰发射功率、工作频率范围、天线半功率波束宽度、天线极化方式、天线轴向增益、接收机灵敏度、模拟信号脉冲宽度与接收雷达脉冲宽度的误差、储频精度和反应时间等外，还与假目标的个数、相邻假目标的时间间隔和相位同步数等因素有着密切关系。下面分析假目标的个数、相邻假目标的时间间隔和相位同步数等参数对干扰效果的影响。

1）波束驻留周期内产生假目标的数量

若在波束驻留周期内形成的假目标数量太少，难以达到扰乱雷达正常工作的目的；若有源假目标的数量太多、太密，这时对于大多数雷达而言，由于CFAR的作用，将使CFAR检测电平抬高，此时假目标干扰起到了压制效果，对抗的是能量关系，难以达到最优干扰的目的。

2）相邻假目标之间距离（时间间隔）

时间间隔与产生假目标的数量和被干扰雷达CFAR参考单元密切相关，合理选择这个参数是比较关键的。在时间间隔一定的条件下，对不同雷达的干扰效果是不一样的，甚至对某些雷达不起任何作用。

3）相位同步数

对于搜索雷达，由于波束宽度和天线转速是固定的，因而在雷达一个驻留周期内，可以积累的脉冲数是确定的。产生的假目标须考虑这个因素的影响，使得相位保持同步数目与相参积累数相一致。

5.6.2 有源假目标干扰效果的评估指标体系

评估指标体系是评估系统的一个重要组成部分，它是指一套能够全面反映所评估对象的总体目标和特征，并且具有内在联系、起互补作用的指标的集合。相关领域专家经过多年探索，研究出一系列雷达电子战效果评估指标和评估方法，其中部分已经在实际中得到了广泛应用。下面根据有源假目标与雷达的对抗模型（图 5.6.2），给出有源假目标干扰的评估指标集合。

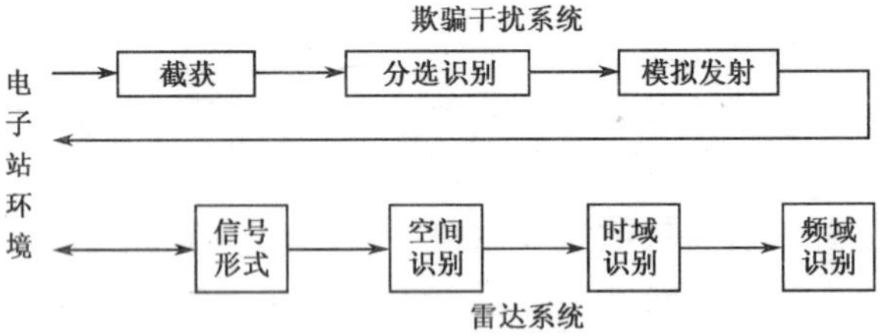

图 5.6.2 有源假目标干扰的对抗模型

1. 有源假目标干扰效果评估指标集合

从有源假目标干扰系统的角度出发，可以采用雷达受欺骗的概率——干扰有效概率 P_j 来评估有源假目标的干扰效果。由有源假目标欺骗干扰的对抗模型可知，干扰有效概率 P_j 可表示为

$$P_j = P_{j1}P_{j2}P_{j3}(1-P_{r1})(1-P_{r2})(1-P_{r3}) \tag{5.6.1}$$

其中：P_{j1} 为干扰机截获雷达信号的概率；P_{j2} 是指干扰机对所接收的雷达信号各个参量在规定时间内进行识别的概率；P_{j3} 是指干扰机复制的假目标信号与目标回波的相似程度的概率；P_{r1} 是指雷达空域处理系统识别假目标的概率；P_{r2} 是指雷达时域处理系统识别假目标的概率；P_{r3} 是指雷达由于采用抗欺骗式干扰的措施而对假目标的识别概率。

雷达干扰和抗干扰是一对矛盾的两个不同方面，从雷达系统的角度出发，根据有源假目标干扰对于雷达系统的作用机理，可以建立相应的有源假目标干扰效果评估指标，主要有[181, 187]：

（1）搜索帧周期——搜索完整一帧的时间，不但包括执行搜索任务的时间，也包括在此过程中其他类型雷达任务的执行时间。

（2）最大假目标数目——释放多假目标干扰后，雷达所跟踪的假目标最大数目；

（3）假目标干扰形成的暂态航迹平均数目。

（4）假目标干扰形成的跟踪航迹平均数目。

（5）假目标干扰有效比——雷达跟踪的假目标数目与施放的假目标总数目之比。

（6）时间资源裕度——搜索任务所消耗时间占所有系统时间资源的比例来反映系统当前任务的饱和程度。

综合上述提出的评估指标，可以建立一套比较完整的有源假目标干扰效果评估指标集合，如图 5.6.3 所示。

2. 干扰有效距离、干扰模糊距离和干扰无效距离

在实际战术使用中，更为关心的是有源假目标干扰装备对于特定体制雷达是否能够有效掩护我方目标突防、可以掩护多大的作战半径等一些战术问题。在 5.6.1 小节给出的评估指标集合，多数没有和雷达的战术指标相联系，无法直接用其评估有源假目标的作战效能，评估结果也无法直接为我突防敌雷达/雷达网提供参考意见。本小节在上述指标集合的基础上，借鉴压制式干扰效果的评估思路，提出了一种可与作战效能相对应的评估指标——干扰有效距离、干扰模糊距离和干扰无效距离的概念和相应的计算方法。

由图 5.6.1 和图 5.6.2 可知，有源假目标系统对雷达造成有效的欺骗作用，须要经过三个步骤：①假目标干扰信号能够进入雷达接收机，且被雷达目标检测器所检测；②检测出的假目标在当前处理时间内不被识别；③在雷达搜索一帧时间内的未被识别假目标的数目足够多。因此，有源假目标干扰效果的评估可简化为

$$D = D_1 D_2 D_3 \tag{5.6.2}$$

其中：D_1 为假目标的检测概率；D_2 为假目标的未识别概率；D_3 为关于假目标数目的一个系数。

显然，D_1 由干扰噪声比（r_{JNR}）和虚警率 P_{fa} 决定，即有

$$D_1 = 1 - \exp\left(-r_{\mathrm{JNR}}\right) \int_0^{-\ln P_{\mathrm{fa}}} \mathrm{e}^{-\mu} I_0\left(\sqrt{4\mu r_{\mathrm{JNR}}}\right) \mathrm{d}\mu \tag{5.6.3}$$

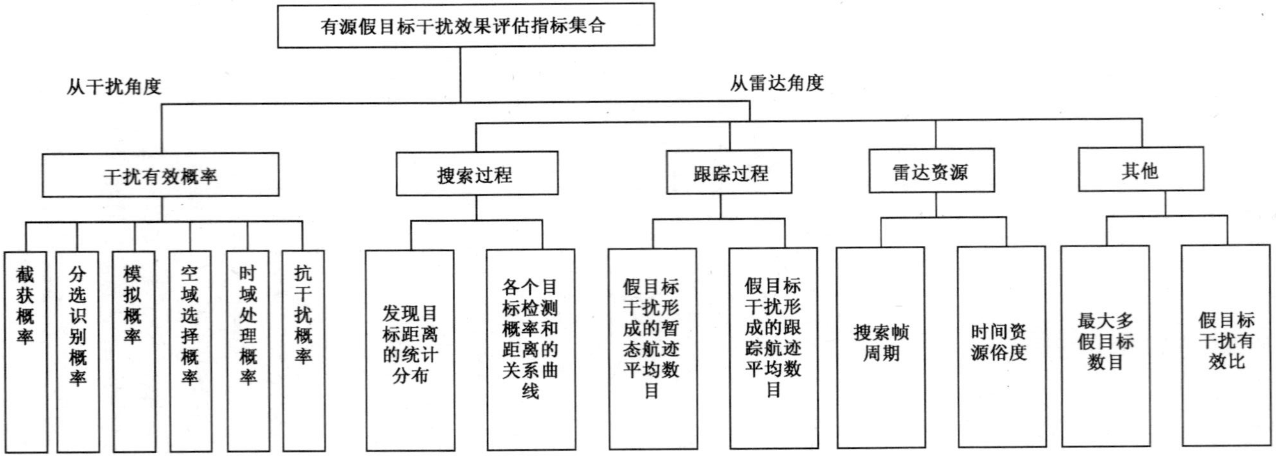

图 5.6.3　有源假目标干扰效果评估的指标集合

其中：$r_{\mathrm{JNR}}=\dfrac{P_{\mathrm{JR}}}{N}=\dfrac{P_{\mathrm{J}}G_{\mathrm{J}}G_{\mathrm{RJ}}\lambda^2}{(4\pi)^2R_{\mathrm{J}}^2L_{\mathrm{J}}kT_0B_{\mathrm{W}}F_{\mathrm{n}}}$。

也就是说，D_1 主要由干扰和雷达的距离所决定，即 $D_1=D_1(R_{\mathrm{J}})$。D_2 主要取决于假目标干扰信号和雷达目标信号的相似程度以及雷达真假目标的识别算法性能（时域、频域和极化域识别算法）等因素，这最终可表示为干扰信号噪声比（ISNR）的函数，也即由干扰和雷达的距离、目标和雷达的距离所决定，即有 $D_2=D_2(R_{\mathrm{J}},R_{\mathrm{T}})$。$D_3$ 主要取决于在雷达搜索一帧时间内的未被识别假目标的数目（N_{L}）和雷达能够同时跟踪目标数目（N_{R}）之间的相对关系，可简单表示为

$$D_3=\begin{cases}\dfrac{N_{\mathrm{L}}}{N_{\mathrm{R}}}, & N_{\mathrm{L}}\leqslant N_{\mathrm{R}}\\ 1, & N_{\mathrm{L}}>N_{\mathrm{R}}\end{cases} \tag{5.6.4}$$

也与 R_{J} 和 R_{T} 有密切关系。

由式（5.6.2）～式（5.6.4）可知，多假目标干扰效果的评估与雷达系统参数、干扰系统参数以及相对几何关系等因素密切相关，即 $D=D(R_{\mathrm{J}},R_{\mathrm{T}},\cdots)$。下面根据 D 的大小给出多假目标干扰效果的评估结果：

$$\begin{cases}D\geqslant 0.8, \text{干扰有效}\\ 0.8>D>0.1, \text{干扰效果不确定}\\ D\leqslant 0.1, \text{干扰无效}\end{cases} \tag{5.6.5}$$

那么，在一定的虚警率下，使得 $D=D(R_{\mathrm{J}},R_{\mathrm{T}},\cdots)\geqslant 0.8$ 的距离，即 $R\leqslant R_{\mathrm{T1}}$ 称之为干扰有效距离，其中，R_{T1} 为 $D=0.8$ 时目标与雷达的距离；使得 $0.1<D=D(R_{\mathrm{J}},R_{\mathrm{T}},\cdots)<0.8$ 的距离，即 $R_{\mathrm{T1}}<R<R_{\mathrm{T2}}$ 称之为干扰模糊距离，R_{T2} 为 $D=0.1$ 时目标与雷达的距离；使得 $D=D(R_J,R_T,\cdots)\leqslant 0.1$ 的距离，即 $R\geqslant R_{\mathrm{T2}}$ 称之为干扰无效距离。

至于由于有源假目标的密度太高，致使 CFAR 的参考单元电平抬高，影响了目标和假目标本身的检测，多假目标干扰起到纯压制作用，干扰效果主要取决于干扰信号能量比（JSR），此时可以采用诸如压制系数、压制距离等压制式干扰的评估指标，这里不再赘述。

3. 干扰有效扇面、干扰模糊扇面和干扰无效扇面

由前可知，进入雷达系统的有源假目标干扰不仅与雷达信号处理、数据处理、操作员等因素有关，而且与进入雷达系统的多假目标的干扰信号噪声比（ISNR）直接相关，也就是说，还与雷达和干扰的天线方向图有着密切关系。

由相关理论分析可知，当干扰机与雷达距离一定的情况下，有源假目标干扰一般会在一个角度范围内有效，在 PPI 显示器上形成一个扇面，即处于此扇面内的雷达目标会失跟，而处于扇面外的目标基本不受影响，能够继续稳定跟踪，此扇面简称为假目标的有效干扰扇面，类似可以借鉴压制式干扰压制扇面的计算思路给出多假目标的有效干扰扇面，这里不再赘述。

5.6.3 有源假目标干扰效果的评估方法

在实际对抗过程中，影响有源假目标干扰效果的因素很多，而这些因素之间的相互关系又错综复杂，干扰效果是诸因素共同作用的结果，也就是说，干扰效果与这些因素有着某种隐式函数关系。但这些函数关系往往十分复杂，通常难以用数学表达式明确地描述。另外，如果考虑所有的因素，评估问题将变得十分繁杂，而且目前有些因素的影响本身就难以把握。所以评估过程中只能尽可能相对完备地选取因素集，近似地估计它们与最终干扰效果的关系，得出相对准确、全面的结果。

由于有源假目标欺骗干扰与雷达的对抗过程是一个不完全信息动态博弈过程，其中既有复杂的技术因素，同时也含有大量不确定因素、模糊因素或者人为因素。在实际有源假目标干扰与雷达的对抗效果评估中，与压制式干扰效果评估方法类同，大多可采用定性评判和定量评判相结合，阶段评判和最终评判相结合，技术能力评判和作战效果评判相结合的手段，并根据各个指标之间的相互关系，采用层次分析法、模糊决策、灰色决策理论或神经网络等方法给出综合评判结果。

5.7 小 结

高逼真度假目标干扰是雷达面临的一大威胁，通过提取和利用极化域特征差异来鉴别真、假目标是对抗多假目标的一条重要途径。同时，我国研制中的多部新型雷达具有极化测量能力，如何充分挖掘、利用极化信息日益成为一个亟需解决的问题。本章分析了有源欺骗干扰和雷达目标电磁散射的极化特性，侧重给出了真假目标极化鉴别和识别算法的设计思路和方法，对充分挖掘、开发雷达系统的潜力、提高雷达的抗干扰和目标识别能力具有重要参考意义。

第 6 章　角度欺骗干扰的极化抑制

6.1 引　　言

在现代电子战条件下，如何有效抑制敌方干扰，提高己方武器系统的生存能力，已成为现代电子战领域的重要研究内容。鉴于角度测量在目标跟踪、定位和制导中的重要性，角度欺骗干扰与抗干扰技术一直是雷达对抗研究的热点问题。

早期雷达角度测量主要采用圆锥扫描（针状波束）或线性扫描（扇形波束）的方式，利用目标回波信号幅度包络进行角度测量和跟踪。对此，倒相干扰、同步挖空干扰以及随机挖空干扰分别针对圆锥扫描、线性扫描和隐蔽扫描（发射不扫描，只有接收进行扫描），通过叠加干扰信号扰乱回波幅度包络，从而干扰雷达的角度测量。现代雷达较多地采用了单脉冲测角方式，在一个脉冲内即可完成测角，天线无需扫描，对于这种测角方式，上述几种干扰方法是无效的。针对单脉冲测角的角度欺骗干扰目前主要有三类[178，197]：①两点源相干干扰；②两点源非相干干扰；③交叉极化干扰。前两种方法都要求具有在空间上分离的多个干扰源，在应用上受到较大限制；而交叉极化干扰则无此限制，这一优点使得交叉极化干扰对于重要目标防护（诸如飞机自卫防护、雷达抗反辐射导弹等）和导弹突防等方面具有较大的应用潜力，被认为是对付单脉冲测角雷达的有效技术手段。此外，低空突防飞机还经常采用一种地面反射干扰，诱偏敌方雷达的角跟踪。本质上，对单脉冲测角的干扰主要是通过使雷达天线口径面处目标回波相位波前发生畸变，而使雷达角度测量出现错误，诱使雷达往偏离目标的方向跟踪，或使雷达角度测量出现角闪烁效应。

在此背景下，本章着重研究了角度欺骗干扰的极化抑制方法。6.2 节介绍了一种利用极化信息进行识别和抑制交叉极化角度欺骗干扰的方法；6.3 节介绍了一种两点源角闪烁的极化抑制方法，该方法可以用于抑制低空目标镜像干扰形成的角闪烁以及地面反射干扰等其他角度欺骗干扰。

6.2 交叉极化角度欺骗干扰的极化识别与抑制

正如前文所述，交叉极化干扰对于重要目标防护或导弹突防方面具有较大的应用潜力，被普遍认为是对付单脉冲测角雷达的有效技术手段。由美国阿果公司（ARGO）生产的 APECS-II（先进可编程电子干扰系统）系统干扰样式丰富，被认为最具特色是其交叉极化干扰方式，具有极化分集能力[179]。目前，现有文献主要集中讨论了交叉极化干扰的基本原理，雷达系统天线的极化特性以及交叉极化干扰角度欺骗效果的定量评估等方面[198-201]，而对交叉极化角度欺骗干扰的识别与抑制方面研究较少见诸报道。

随着矢量信号处理、极化测量技术的发展以及未来战场电磁环境的日趋复杂恶劣，具有极化测量能力的雷达逐渐成为雷达技术的主要方向之一。正是在此背景下，本节研究了利用极化信息进行识别和抑制交叉极化角度欺骗干扰的方法：首先，分析了单脉冲雷达测角和交叉极化角度欺骗干扰的基本原理；而后讨论了单脉冲极化雷达的角度测量算法，分析了交叉极化干扰在雷达测角系统中的响应；最后，利用极化信息，提出了具有自动识别与抑制交叉极化干扰的实用角度测量算法。

6.2.1 交叉极化角度欺骗干扰的建模

1. 单脉冲雷达的测角原理

由 2.3 节可知，天线除辐射期望极化的电磁波以外还辐射与之正交的非期望极化电磁波。由雷达信号接收理论[7]可知，电磁波在接收天线上感应的开路电压可表示为

$$\boldsymbol{V} = \boldsymbol{h}^{\mathrm{T}} \boldsymbol{e}_{\mathrm{i}} \tag{6.2.1}$$

其中：$\boldsymbol{e}_{\mathrm{i}}$ 为回波的电场矢量；$\boldsymbol{h}$ 为天线的有效接收矢量。

有效接收矢量 $\boldsymbol{h}$ 可分解为主极化和交叉极化两个相互正交的分

量，记为

$$\boldsymbol{h}=\left[m(\theta,\phi)\quad c(\theta,\phi)\mathrm{e}^{j\psi}\right]^{\mathrm{T}} \tag{6.2.2}$$

其中：$m(\theta,\phi)$、$c(\theta,\phi)$ 分别为天线主极化和交叉极化的电压方向图；ψ 为交叉极化分量主与主极化分量之间的相位差；（θ、ϕ）为方位角和俯仰角。为方便讨论，以下只考虑方位角情况。

设单脉冲雷达天线波束1和波束2的主极化电压方向图为 $m_1(\theta)$、$m_2(\theta)$，交叉极化电压方向图为 $c_1(\theta)$ 和 $c_2(\theta)$，θ 为目标（干扰机）偏离雷达视线的真实角度。那么，天线波束 1 和波束 2 的接收电压分别为

$$V_1(t)=\left[m_1(\theta)\quad c_1(\theta)\mathrm{e}^{j\psi}\right]\begin{bmatrix}s_{\mathrm{m}}(t)\\ s_{\mathrm{c}}(t)\end{bmatrix}=m_1(\theta)s_{\mathrm{m}}(t)+c_1(\theta)s_{\mathrm{c}}(t)\mathrm{e}^{j\psi} \tag{6.2.3-1}$$

和

$$V_2(t)=\left[m_2(\theta)\quad c_2(\theta)\mathrm{e}^{j\psi}\right]\begin{bmatrix}s_{\mathrm{m}}(t)\\ s_{\mathrm{c}}(t)\end{bmatrix}=m_2(\theta)s_{\mathrm{m}}(t)+c_2(\theta)s_{\mathrm{c}}(t)\mathrm{e}^{j\psi} \tag{6.2.3-2}$$

其中，$s_{\mathrm{m}}(t)$、$s_{\mathrm{c}}(t)$ 分别为回波信号的共极化分量和交叉极化分量，为了下文分析方便，记 $s_{\mathrm{c}}(t)=k\mathrm{e}^{j\alpha}s_{\mathrm{m}}(t)$，$k$ 为交叉极化分量与共极化分量的幅度之比，α 为交叉极化分量与共极化分量之间的相位差。

对于幅度和差单脉冲测角体制雷达而言，根据角度鉴别公式，可得雷达角度的测量值 $\hat{\theta}$ 为

$$\hat{\theta}=k_{\mathrm{m}}\frac{\mathrm{Re}\left\{\varDelta\varSigma^*\right\}}{\varSigma\varSigma^*}=k_{\mathrm{m}}\frac{A+Bk\cos(\alpha+\psi)+k^2C}{D+kE\cos(\alpha+\psi)+k^2F} \tag{6.2.4}$$

其中：$\varSigma=V_1(t)+V_2(t)$，$\varDelta=V_2(t)-V_1(t)$；k_{m} 为雷达角度鉴别曲线斜率；

$$\begin{cases}A=m_1^2(\theta)-m_2^2(\theta)\\ B=2\left[m_1(\theta)c_1(\theta)-m_2(\theta)c_2(\theta)\right]\\ C=c_1^2(\theta)-c_2^2(\theta)\end{cases}$$

$$\begin{cases} D=\left[m_1(\theta)+m_2(\theta)\right]^2 \\ E=2\left[m_1(\theta)+m_2(\theta)\right]\left[c_1(\theta)+c_2(\theta)\right] \\ F=\left[c_1(\theta)+c_2(\theta)\right]^2 \end{cases}$$

一般情况下，天线接收矢量的交叉极化分量较主极化分量小15dB～30dB，而目标回波信号的交叉极化分量也要较共极化分量小[2]，因此雷达角度测量值$\hat{\theta}$可简化为

$$\hat{\theta} \approx k_{\mathrm{m}} \frac{m_1(\theta) - m_2(\theta)}{m_1(\theta) + m_2(\theta)} = \theta \tag{6.2.5}$$

由式（6.2.5）可见，在无干扰条件下，目标角度的测量主要由天线的主极化接收分量决定。

2. 交叉极化角度欺骗干扰的原理分析

交叉极化干扰就是利用雷达天线主极化和交叉极化接收矢量之间的不一致性，发射与雷达工作频率相同、极化与雷达天线主极化正交的电磁波去照射雷达，从而达到角度欺骗目的。由于交叉极化干扰只需在一个点就可实施，在以下分析均假定干扰机和被保护目标处于同一空间位置。

当存在交叉极化干扰时，$s_{\mathrm{c}}(t)$往往比$s_{\mathrm{m}}(t)$大很多，这样交叉极化接收分量不可忽略。这也就是说，交叉极化干扰的实质是由于交叉极化接收分量使得雷达实际工作的角度鉴别曲线畸变，畸变越厉害，欺骗效果也就越好。一般要求交叉极化干扰功率与目标功率之比至少为20dB。若$k \to +\infty$时，式（6.2.4）将退化为完全由交叉极化接收分量决定，不妨记为

$$\theta_1 = k_{\mathrm{m}} \frac{c_1(\theta) - c_2(\theta)}{c_1(\theta) + c_2(\theta)} \tag{6.2.6}$$

根据文献[178,199-201]给出的旋转抛物面天线的交叉极化特性，本节采用近似辛格函数描述了波束 1 和波束 2 的电压方向图，如图6.2.1 所示，其中，实线代表主极化方向图，虚线代表交叉极化方向图，交叉极化峰值比主极化峰值低 20dB，雷达测角的线性区间为$[-2°, 2°]$。

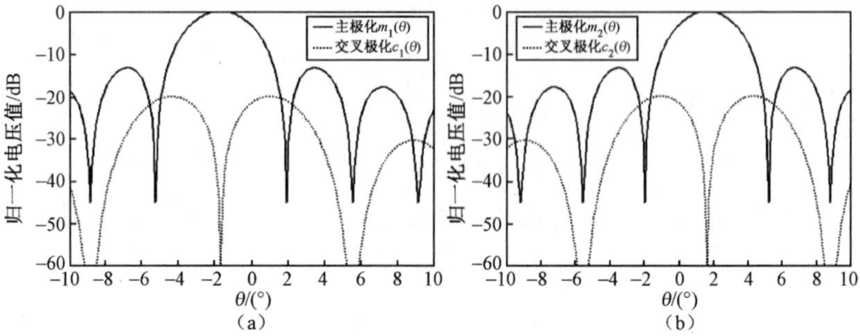

图 6.2.1　单脉冲雷达天线的电压方向图

（a）波束 1；（b）波束 2。

图 6.2.2 给出了上述极限情况与无干扰情况下的角度鉴别曲线对比示意图。由图 6.2.2 可见，在 $k \to +\infty$ 的极限情况下，角度鉴别曲线已出现了翻转，最大的欺骗角度比半个波束宽度略大；而在无干扰情况下目标所在角度的雷达测量值与真实值吻合很好。

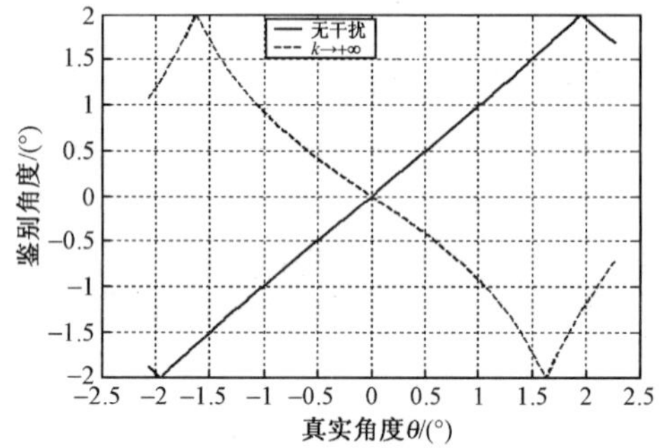

图 6.2.2　$k \to +\infty$ 情况下和无干扰情况下的雷达角度鉴别曲线对比示意图

因此，交叉极化角度欺骗干扰是现代战争中一种不可忽视的干扰样式，已成为单脉冲测角雷达或导引头的重要威胁，对其抗干扰技术的研究也是势在必行的。立足于极化测量雷达，下面给出利用极化信息进行提高角度测量精度、识别与抑制交叉极化干扰的方法。

6.2.2 极化雷达的角度测量算法

极化雷达是利用极化状态正交的两副天线同时接收雷达目标散射的共极化分量和交叉极化分量。不妨设水平极化天线的主极化和交叉极化的电压方向图为 $m_{\mathrm{H}}(\theta)$ 和 $c_{\mathrm{H}}(\theta)$，而垂直极化天线的主极化和交叉极化的电压方向图为 $m_{\mathrm{V}}(\theta)$ 和 $c_{\mathrm{V}}(\theta)$。

仍以幅度和差单脉冲测角体制雷达为例，由 6.2.1 小节易知，水平极化通道测量的角度为

$$\hat{\theta}_{\mathrm{H}} = k_{\mathrm{mH}} \frac{A_{\mathrm{H}} + B_{\mathrm{H}} k_{\mathrm{H}} \cos(\alpha_{\mathrm{H}} + \psi_{\mathrm{H}}) + k_{\mathrm{H}}^2 C_{\mathrm{H}}}{D_{\mathrm{H}} + E_{\mathrm{H}} k_{\mathrm{H}} \cos(\alpha_{\mathrm{H}} + \psi_{\mathrm{H}}) + k_{\mathrm{H}}^2 F_{\mathrm{H}}} \tag{6.2.7}$$

其中：

$$\begin{cases} A_{\mathrm{H}} = m_{\mathrm{H1}}^2(\theta) - m_{\mathrm{H2}}^2(\theta) \\ B_{\mathrm{H}} = 2\left[m_{\mathrm{H1}}(\theta) c_{\mathrm{H1}}(\theta) - m_{\mathrm{H2}}(\theta) c_{\mathrm{H2}}(\theta)\right] \\ C_{\mathrm{H}} = c_{\mathrm{H1}}^2(\theta) - c_{\mathrm{H2}}^2(\theta) \end{cases}$$

$$\begin{cases} D_{\mathrm{H}} = \left[m_{\mathrm{H1}}(\theta) + m_{\mathrm{H2}}(\theta)\right]^2 \\ E_{\mathrm{H}} = 2\left[m_{\mathrm{H1}}(\theta) + m_{\mathrm{H2}}(\theta)\right]\left[c_{\mathrm{H1}}(\theta) + c_{\mathrm{H2}}(\theta)\right] \\ F_{\mathrm{H}} = \left[c_{\mathrm{H1}}(\theta) + c_{\mathrm{H2}}(\theta)\right]^2 \end{cases}$$

$m_{\mathrm{H1}}(\theta)$ 和 $m_{\mathrm{H2}}(\theta)$ 为水平极化天线波束 1 和波束 2 的主极化电压方向图，$c_{\mathrm{H1}}(\theta)$ 和 $c_{\mathrm{H2}}(\theta)$ 为波束 1 和波束 2 的交叉极化电压方向图；$k_{\mathrm{H}} = \left| s_{\mathrm{V}} / s_{\mathrm{H}} \right|$，$\alpha_{\mathrm{H}} = \arg(s_{\mathrm{V}}) - \arg(s_{\mathrm{H}})$；$k_{\mathrm{mH}}$ 为雷达水平极化通道的角度鉴别曲线斜率。

而垂直极化通道测量的角度为

$$\hat{\theta}_{\mathrm{V}} = k_{\mathrm{mV}} \frac{A_{\mathrm{V}} + B_{\mathrm{V}} k_{\mathrm{H}}^{-1} \cos(\psi_{\mathrm{V}} - \alpha_{\mathrm{H}}) + k_{\mathrm{H}}^{-2} C_{\mathrm{V}}}{D_{\mathrm{V}} + E_{\mathrm{V}} k_{\mathrm{H}}^{-1} \cos(\psi_{\mathrm{V}} - \alpha_{\mathrm{H}}) + k_{\mathrm{H}}^{-2} F_{\mathrm{V}}} \tag{6.2.8}$$

其中：

$$\begin{cases} A_{\rm V} = m_{\rm V1}^2(\theta) - m_{\rm V2}^2(\theta) \\ B_{\rm V} = 2\left[m_{\rm V1}(\theta)c_{\rm V1}(\theta) - m_{\rm V2}(\theta)c_{\rm V2}(\theta)\right] \\ C_{\rm V} = c_{\rm V1}^2(\theta) - c_{\rm V2}^2(\theta) \end{cases}$$

$$\begin{cases} D_{\rm V} = \left[m_{\rm V1}(\theta) + m_{\rm V2}(\theta)\right]^2 \\ E_{\rm V} = 2\left[m_{\rm V1}(\theta) + m_{\rm V2}(\theta)\right]\left[c_{\rm V1}(\theta) + c_{\rm V2}(\theta)\right] \\ F_{\rm V} = \left[c_{\rm V1}(\theta) + c_{\rm V2}(\theta)\right]^2 \end{cases}$$

其参数含义与上式一致。

当雷达发射水平极化电磁波激励目标时，一般情况下目标回波信号的垂直极化分量较小，即 $k_{\rm H} < 1$，这时水平极化通道测量的角度 $\hat{\theta}_{\rm H}$ 可简化为

$$\hat{\theta}_{\rm H} \approx k_{\rm mH} \frac{m_{\rm H1}(\theta) - m_{\rm H2}(\theta)}{m_{\rm H1}(\theta) + m_{\rm H2}(\theta)} = \theta \tag{6.2.9}$$

对于垂直极化通道而言，在 $k_{\rm H}$ 较小的情况下，实际工作的角度鉴别公式中难以忽略交叉极化接收分量的影响，也即垂直极化通道测量的角度 $\hat{\theta}_{\rm V} \neq k_{\rm mV} \dfrac{m_{\rm V1}(\theta) - m_{\rm V2}(\theta)}{m_{\rm V1}(\theta) + m_{\rm V2}(\theta)}$，测量值存在一定的角度误差。

同理，当雷达发射垂直极化电磁波激励目标时，在没有干扰的情况下，垂直极化通道测量的角度 $\hat{\theta}_{\rm V}$ 可简化为

$$\hat{\theta}_{\rm V} \approx k_{\rm mV} \frac{m_{\rm V1}(\theta) - m_{\rm V2}(\theta)}{m_{\rm V1}(\theta) + m_{\rm V2}(\theta)} = \theta \tag{6.2.10}$$

对于水平极化通道而言，实际工作的角度鉴别公式中难以忽略交叉极化接收分量的影响，也即水平极化通道测量的角度存在一定的误差。

由上面分析可知，理论上极化雷达可以采用共极化通道的测量值作为角度测量值。

6.2.3 交叉极化角度欺骗干扰的识别与抑制

下面以雷达发射水平极化信号为例，分析交叉极化角度欺骗干扰

的识别与抑制方法。当存在交叉极化干扰时，$s_{\mathrm{V}}(t)$包含干扰信号和目标散射的交叉极化分量两个部分，其幅度往往比$s_{\mathrm{H}}(t)$大很多，即$k_{\mathrm{H}}=\left|{s_{\mathrm{V}}}/{s_{\mathrm{H}}}\right|>>1$，此时$k_{\mathrm{H}}$事实上衡量了干扰信号与目标共极化散射信号能量之间的关系（简称为干信比），此时水平极化通道的测量角度与目标真实角度之差（简称为误差角）为

$$
\begin{aligned}
\tilde{\theta}_{\mathrm{H}}=|\hat{\theta}_{\mathrm{H}}-\theta|&=\left|k_{\mathrm{mH}}\left(\frac{m_{\mathrm{H}1}(\theta)-m_{\mathrm{H}2}(\theta)}{m_{\mathrm{H}1}(\theta)+m_{\mathrm{H}2}(\theta)}-\frac{A_{\mathrm{H}}+B_{\mathrm{H}}k_{\mathrm{H}}\cos(\alpha_{\mathrm{H}}+\psi_{\mathrm{H}})+k_{\mathrm{H}}^2C_{\mathrm{H}}}{D_{\mathrm{H}}+E_{\mathrm{H}}k_{\mathrm{H}}\cos(\alpha_{\mathrm{H}}+\psi_{\mathrm{H}})+k_{\mathrm{H}}^2F_{\mathrm{H}}}\right)\right|\\
&=\left|2K_{\mathrm{H}}(\theta)\frac{k_{\mathrm{H}}^2\left[c_{\mathrm{H}1}(\theta)+c_{\mathrm{H}2}(\theta)\right]+k_{\mathrm{H}}\left[m_{\mathrm{H}1}(\theta)+m_{\mathrm{H}2}(\theta)\right]\cos(\alpha_{\mathrm{H}}+\psi_{\mathrm{H}})}{k_{\mathrm{H}}^2F_{\mathrm{H}}+E_{\mathrm{H}}k_{\mathrm{H}}\cos(\alpha_{\mathrm{H}}+\psi_{\mathrm{H}})+D_{\mathrm{H}}}\right|
\end{aligned}
\tag{6.2.11}
$$

其中：$K_{\mathrm{H}}(\theta)=k_{\mathrm{mH}}\dfrac{m_{\mathrm{H}2}(\theta)c_{\mathrm{H}1}(\theta)-m_{\mathrm{H}1}(\theta)c_{\mathrm{H}2}(\theta)}{m_{\mathrm{H}1}(\theta)+m_{\mathrm{H}2}(\theta)}$。

由式（6.2.11）可见，对于给定的雷达系统而言，角度测理误差与干信比k_{H}和相位差α_{H}密切相关。通常情况下，精确控制$s_{\mathrm{V}}(t)$和$s_{\mathrm{H}}(t)$的相对相位差α_{H}，是难以实现的。由于目标姿态、干扰发射过程中各种不可预知相位等因素的影响，相位差α_{H}往往呈现出某种随机特性，这时应将其视为一个随机变量。不妨设α_{H}在某一区间内满足均匀分布，即$\alpha_{\mathrm{H}}\sim U[\phi_1,\phi_2]$，那么实际测量角度$\hat{\theta}_{\mathrm{H}}$也是随机变量，其均值为

$$
E\left(\hat{\theta}_{\mathrm{H}}\right)=\int_{\phi_1}^{\phi_2}\hat{\theta}_{\mathrm{H}}f(\alpha_{\mathrm{H}})\mathrm{d}\alpha_{\mathrm{H}} \tag{6.2.12}
$$

特别在相位完全不可控制的情况下，可认为α_{H}满足 0～2π之间均匀分布，此时雷达实际测量角度$\hat{\theta}_{\mathrm{H}}$的均值为

$$
E\left(\hat{\theta}_{\mathrm{H}}\right)=\frac{k_{\mathrm{mH}}}{2\pi}\int_0^{2\pi}\frac{A_{\mathrm{H}}+B_{\mathrm{H}}k_{\mathrm{H}}\cos(\alpha_{\mathrm{H}}+\psi_{\mathrm{H}})+k_{\mathrm{H}}^2C_{\mathrm{H}}}{D_{\mathrm{H}}+E_{\mathrm{H}}k_{\mathrm{H}}\cos(\alpha_{\mathrm{H}}+\psi_{\mathrm{H}})+k_{\mathrm{H}}^2F_{\mathrm{H}}}d\alpha_{\mathrm{H}} \tag{6.2.13}
$$

由于有$D_{\mathrm{H}}+k_{\mathrm{H}}^2F_{\mathrm{H}}\geqslant 2k_{\mathrm{H}}\sqrt{D_{\mathrm{H}}F_{\mathrm{H}}}=E_{\mathrm{H}}k_{\mathrm{H}}$，不妨设$D_{\mathrm{H}}+k_{\mathrm{H}}^2F_{\mathrm{H}}>E_{\mathrm{H}}k_{\mathrm{H}}$，由积分公式$\int_0^{2\pi}\dfrac{1}{a+\cos x}\mathrm{d}x=\dfrac{2\pi}{\sqrt{a^2-1}}\quad(a>1)$，可

推得

$$E\left(\hat{\theta}_{\mathrm{H}}\right)=\frac{k_{\mathrm{mH}}}{E_{\mathrm{H}}}\left(B_{\mathrm{H}}+\frac{A_{\mathrm{H}}E_{\mathrm{H}}-B_{\mathrm{H}}D_{\mathrm{H}}+k_{\mathrm{H}}^{2}\left(C_{\mathrm{H}}E_{\mathrm{H}}-B_{\mathrm{H}}F_{\mathrm{H}}\right)}{\sqrt{\left(D_{\mathrm{H}}+k_{\mathrm{H}}^{2}F_{\mathrm{H}}\right)^{2}-E_{\mathrm{H}}^{2}k_{\mathrm{H}}^{2}}}\right) \tag{6.2.14}$$

上面给出了相位差完全随机情况下雷达实际测量角度的均值，进而可以得到在相位差随机均匀分布情况下的平均误差角为

$$\mathrm{E}\left(\tilde{\theta}_{\mathrm{H}}\right)=\left|\theta-E\left(\hat{\theta}_{\mathrm{H}}\right)\right|=\left|k_{\mathrm{mH}}\left(\frac{m_{\mathrm{H1}}(\theta)-m_{\mathrm{H2}}(\theta)}{m_{\mathrm{H1}}(\theta)+m_{\mathrm{H2}}(\theta)}-\frac{1}{E_{\mathrm{H}}}\left(B_{\mathrm{H}}+\frac{A_{\mathrm{H}}E_{\mathrm{H}}-B_{\mathrm{H}}D_{\mathrm{H}}+k_{\mathrm{H}}^{2}\left(C_{\mathrm{H}}E_{\mathrm{H}}-B_{\mathrm{H}}F_{\mathrm{H}}\right)}{\sqrt{\left(D_{\mathrm{H}}+k_{\mathrm{H}}^{2}F_{\mathrm{H}}\right)^{2}-E_{\mathrm{H}}^{2}k_{\mathrm{H}}^{2}}}\right)\right)\right| \tag{6.2.15}$$

而对于垂直通道而言，类似可以得出垂直极化通道角度的测量值与真实角度之差为

$$\tilde{\theta}_{\mathrm{V}}=|\hat{\theta}_{\mathrm{V}}-\theta|=\left|2K_{\mathrm{V}}(\theta)\frac{c_{\mathrm{V1}}(\theta)+c_{\mathrm{V2}}(\theta)+k_{\mathrm{H}}\left[m_{\mathrm{V1}}(\theta)+m_{\mathrm{V2}}(\theta)\right]\cos\left(\alpha_{\mathrm{H}}-\psi_{\mathrm{V}}\right)}{F_{\mathrm{V}}+E_{\mathrm{V}}k_{\mathrm{H}}\cos\left(\alpha_{\mathrm{H}}-\psi_{\mathrm{V}}\right)+D_{\mathrm{V}}k_{\mathrm{H}}^{2}}\right| \tag{6.2.16}$$

其中：$K_{\mathrm{V}}(\theta)=k_{\mathrm{mV}}\dfrac{m_{\mathrm{V2}}(\theta)c_{\mathrm{V1}}(\theta)-m_{\mathrm{V1}}(\theta)c_{\mathrm{V2}}(\theta)}{m_{\mathrm{V1}}(\theta)+m_{\mathrm{V2}}(\theta)}$。

当相位差α_{H}随机均匀分布情况下的平均欺骗角度为

$$E\left(\tilde{\theta}_{\mathrm{V}}\right)=\left|\theta-E\left(\hat{\theta}_{\mathrm{V}}\right)\right|=\left|k_{\mathrm{mV}}\left[\frac{m_{\mathrm{V1}}(\theta)-m_{\mathrm{V2}}(\theta)}{m_{\mathrm{V1}}(\theta)+m_{\mathrm{V2}}(\theta)}-\frac{1}{E_{\mathrm{V}}}\left(B_{\mathrm{V}}+\frac{C_{\mathrm{V}}E_{\mathrm{V}}-B_{\mathrm{V}}F_{\mathrm{V}}+k_{\mathrm{H}}^{2}\left(A_{\mathrm{V}}E_{\mathrm{V}}-B_{\mathrm{V}}D_{\mathrm{V}}\right)}{\sqrt{\left(k_{\mathrm{H}}^{2}D_{\mathrm{V}}+F_{\mathrm{V}}\right)^{2}-E_{\mathrm{V}}^{2}k_{\mathrm{H}}^{2}}}\right)\right]\right| \tag{6.2.17}$$

采用图 6.2.1 所示的天线方向图，在水平极化天线的主极化和交叉极化特性与垂直极化天线的主极化和交叉极化特性一致的条件下，图 6.2.3 给出了在真实角度不同情况下水平极化通道和垂直极化通道的平均误差角随干信比 k_{H} 的变化曲线。

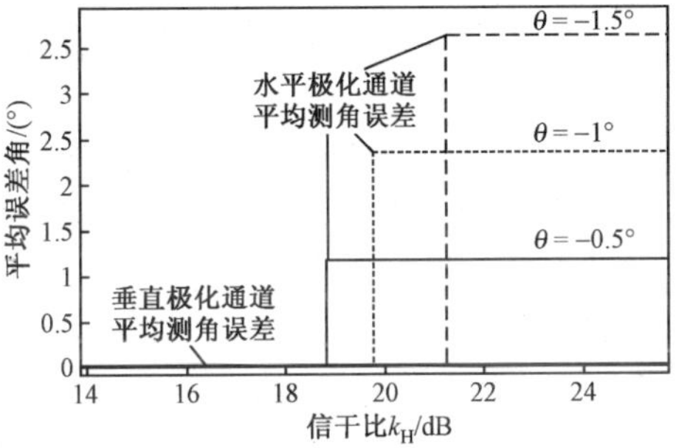

图 6.2.3 水平极化通道和垂直极化通道的平均误差角随干信比 k_{H} 的变化曲线

由式（6.2.15）～式（6.2.17）和图 6.2.3 可知，当雷达发射水平极化电磁波时，随着目标偏离雷达视线真实角度的不同，容许干信比 k_{H} 有所不同。由仿真分析可知，在 $k_{\mathrm{H}} \leqslant 5$ 时，水平极化通道测量角度误差和垂直极化通道测量误差相当；而当 $k_{\mathrm{H}} > 5$ 时，水平极化通道测量误差偏大，而垂直极化通道误差较小，此时认为存在交叉极化干扰，雷达应该选用垂直极化通道的测量值。当雷达发射垂直极化电磁波时，类似地，也可以得到相同的结论，当 $k_{\mathrm{H}} \geqslant 0.2$ 时，水平极化测量角度误差和垂直极化通道测量误差相当；而当 $k_{\mathrm{H}} < 0.2$ 时，垂直极化通道测量误差偏大，而水平极化通道误差较小，此时认为存在交叉极化干扰，雷达应该选用水平极化通道的测量值。

事实上，根据干信比 k_{H} 的定义可知，其度量的是水平极化通道和垂直极化通道接收信号的功率比，可以由两个极化通道的和信号 Σ_{H} 与 Σ_{V} 求得。下面给出极化雷达的实用测角公式为

$$\hat{\theta} = (1-\beta)\theta_{\mathrm{H}} + \beta\theta_{\mathrm{V}} \tag{6.2.18}$$

其中：$\beta=\begin{cases}1, & \hat{k}_{\mathrm{H}}\geqslant\beta_{\mathrm{T1}}\\ \dfrac{1}{1+\hat{k}_{\mathrm{H}}}, & \beta_{\mathrm{T1}}<\hat{k}_{\mathrm{H}}<\beta_{\mathrm{T2}}\\ 0, & \hat{k}_{\mathrm{H}}\leqslant\beta_{\mathrm{T2}}\end{cases}$，$\hat{k}_{\mathrm{H}}$为干信比$k_{\mathrm{H}}$的估计值，当两个天线特性一致时，$\hat{k}_{\mathrm{H}}=\left|\dfrac{\Sigma_{\mathrm{V}}}{\Sigma_{\mathrm{H}}}\right|$；$\beta_{\mathrm{T1}}$和$\beta_{\mathrm{T2}}$为测角有效的判决门限，与雷达天线参数集（$m_{\mathrm{H}}(\theta), c_{\mathrm{H}}(\theta), m_{\mathrm{V}}(\theta), c_{\mathrm{V}}(\theta), \psi_{\mathrm{V}}, \psi_{\mathrm{H}}$）、相位差$\alpha_{\mathrm{H}}$和$k_{\mathrm{H}}$的估计精度等因素有关。由于事先难以确定天线端口处来波信号两个极化分量的相位差，这里结合式（6.2.15）、式（6.2.17）和后面有关的计算机仿真结果分析，工程上可令$\beta_{\mathrm{T1}}=2$和$\beta_{\mathrm{T2}}=0.5$。极化雷达角度测量的具体处理流程如图 6.2.4 所示。

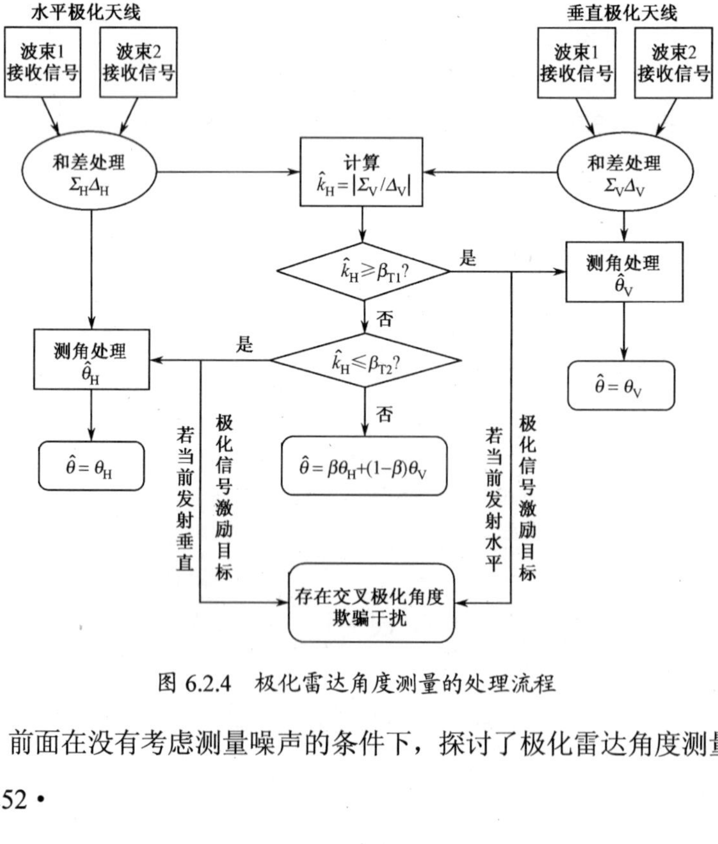

图 6.2.4 极化雷达角度测量的处理流程

前面在没有考虑测量噪声的条件下，探讨了极化雷达角度测量和抑制交叉极化干扰的方法，图 6.2.5 给出了在不同信噪比条件下雷达角度测量的误差随着干信比的变化曲线，其中，蒙特卡罗仿真次数为 10^4，天线参数与图 6.2.3 一致，$\alpha_H = 150°$。

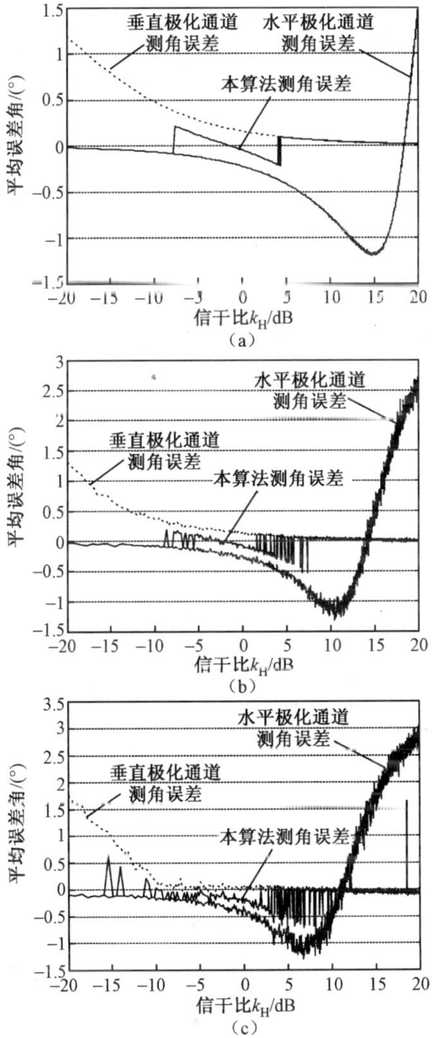

图 6.2.5　雷达角度测量的误差随着干信比变化的变化曲线

（a）SNR = 40dB；（b）SNR = 20dB；（c）SNR = 15dB。

由式（6.2.18）和图 6.2.5 及大量的计算机仿真可知，利用本节所提的极化雷达实用测角算法，不仅自动识别与抑制交叉极化角度欺骗干扰，同时在不存在干扰的情况下可以提高角度测量精度。

6.3 低空镜像角闪烁“干扰”的极化抑制

低空突防目标在“远距离区”的多径效应对雷达仰角测量的影响构成一个两点源角闪烁模型。本节以“角闪烁的极化抑制”为主题，研究一种两点源角闪烁干扰的极化抑制方法以消除低空镜像角闪烁，通过极化使两点源的相对系数幅度和相位同时发生变化，有效地降低角闪烁线偏差起伏。6.3.1 小节介绍了扩展目标角闪烁的相关概念及其抑制方法，6.3.2 小节建立了低空远距离区目标和镜像的两点源角闪烁模型，6.3.3 小节研究了目标和镜像的多径几何、散射矩阵构成，6.3.4 小节深入分析了极化参数对角闪烁抑制性能的调节作用，6.3.5 小节设计了极化分集的方式。

需说明的是，低空镜像角闪烁并不属于有意施放的干扰，而是目标镜像对雷达仰角测量的一种“角度欺骗干扰”，其产生机理与角闪烁干扰本质上没有差别。因此，本节的研究不仅可以用于雷达抗低空突防目标，对于雷达抗角闪烁干扰，以及改善近距离目标跟踪也有参考价值。

6.3.1 扩展目标的角闪烁及其抑制

扩展目标可看作由多个散射点源组成，这些散射点源的幅度和相对相位的变化会引起合成回波的波动，形成目标噪声。角闪烁和幅度噪声、多普勒噪声、距离噪声都属于雷达目标噪声[159]，它们都是由扩展目标的运动和姿态角变化引起的。

1. 扩展目标的角闪烁

雷达工程界对目标角闪烁噪声的认识比较晚，之前，角闪烁噪声和幅度噪声往往被混为一谈，直到单脉冲雷达出现后，才引发了人们对角闪烁噪声的深入了解。角闪烁的概念由 D. D. Howard（霍华德）

以及美国海军实验室（NRL）于 20 世纪 50 年代末期相继提出[145]，他们认为：扩展目标合成回波相位波前的畸变，在雷达接收天线口径面上的倾斜与随机摆动产生了角闪烁效应。J. E. Lindsay（林赛）扩展了 D. D. Howard 的概念，用相位函数梯度来定量地计算了角闪烁值[204]。20 世纪 60 年代末期，J. H. Dunn（邓恩）与 D. D. Howard 在计算某目标模型回波的平均坡印廷矢量时发现存在正交于散射传播方向的分量，正是该分量导致能流方向与目标视线方向之间的偏离。至此，人们认识到，目标散射波的相位波前畸变概念和能流倾斜概念是解释角闪烁产生机理的两种最基本的观点。20 世纪 90 年代，国内黄培康、殷红成等人证明了当目标处于几何光学区、且媒质各向同性的情况下，角闪烁的相位波前概念和能流倾斜概念是一致的[146, 157, 159]。

角闪烁误差以目标视在位置偏离目标中心的位移作为单位来表示（角闪烁线偏差），与距离无关，因此，距离越近，角闪烁对雷达目标角度测量影响越大，如雷达导引头跟踪近距目标时，角闪烁就是最主要的误差源。此外，目标的视在角度可能完全落于目标跨度之外（图 6.3.1），并且角闪烁线偏差有可能达到目标跨度的很多倍，这就不仅是跟踪误差增大的问题了，严重时会丢失目标。

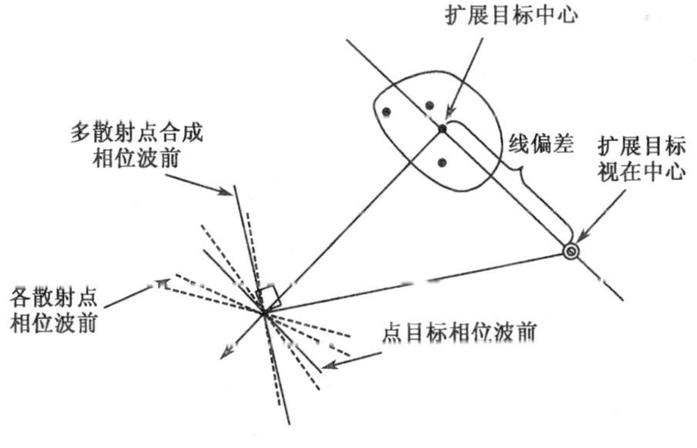

图 6.3.1　扩展目标角闪烁示意图

2. 角闪烁的抑制

对于角闪烁的抑制，主要方法是分集平均[146, 147, 151, 156, 159]，即通过对互不相关的多次测量值进行平均来减小角闪烁误差，因此角闪烁的抑制效果取决于测量值之间的去相关性，去相关性越强，抑制效果越好。对目标角闪烁的抑制方法主要有频率分集、空间分集、极化分集以及加权平均处理[147，152]。这四种方法本质上都是希望得到互不相关的多个测角样本，通过数据平均的方法降低角误差的起伏。

频率分集技术应用最为广泛，大多数近程火控系统都采用了频率分集技术。频率分集通过载频（波长）的改变，使目标各散射点之间的相对相位关系得以改变，从而使角度测量值产生变化，达到分集的目的。频率分集的效果取决于多个角度测量值之间的去相关性，去相关性越强，则抑制角闪烁的效果就越好[205，206]，这要求分集的带宽足够宽（频率间隔越大去相关性越强）。

空间分集用多个相距足够远的接收单元，从不同方向接收目标回波，将目标角度测量值经坐标变换后换算到同一基准坐标系后进行平均处理。空间分集本质上是利用了不同姿态角下目标角度测量值的去相关性，达到抑制角闪烁误差的目的[207]。空间分集要求有足够大的接收单元间距和单元数目。

加权平均处理是对多个角闪烁值进行加权平均，以更好地抑制角闪烁误差。加权多采用与 RCS 成正比的系数，这是利用了目标 RCS 与角闪烁存在着负相关性的关系。实际上，这种相关性关系是有争议的，目前比较一致的看法是，大 RCS 与小角闪烁存在着较强的相关性，其他范围的相关性并不明显[146，208]。

极化分集是通过改变雷达极化而使目标各散射点回波的幅度和相位产生随机变化，然后经平均后可以降低角闪烁线偏差，目标本身的极化散射特性对极化分集效果具有决定性的影响[146]。

现有关于极化分集抑制角闪烁的文献仅考虑了通过改变雷达极化使目标各散射点回波相位产生随机变化[146]，未提及回波幅度变化对抑制效果的正面影响，也没有对此进行理论分析。而实际上，极化分集对散射点幅度和相位同时具有调节作用，如果将这两个方面的调节作用都加以更好地利用，就可能获得比传统极化分集更好的角闪烁抑制效果。

3. 低空目标的远距离区角闪烁

低空或超低空飞行是飞机和巡航导弹突防的一种主要手段，也是雷达面临的主要威胁之一。低空目标飞行高度很低，大多数在 600m 以下，此时电磁波可经地（海）面在雷达与目标之间传播，即多径效应，多径效应不仅可能产生多径衰落威胁到雷达的探测，而且会使角度测量（主要是俯仰角测量）出现较大的偏差，轻则影响跟踪精度，严重则使雷达丢失目标。

在多径效应的分析中，根据目标、镜像进入天线方向图的区域，可分为三种[209, 210]：远距离区、近距离区和中间区：

（1）近距离区，又称副瓣反射区，在此区域内，天线波束主瓣未直接照射到地面，反射信号只能通过副瓣进入雷达接收机，雷达跟踪精度下降，目标角度范围约为 $1.5\theta_e < \theta_t < 6\theta_e$，其中 θ_t 为目标相对于雷达的仰角（平面地球模型），θ_e 为雷达波束 3dB 宽度。

（2）中间区，反射信号进入天线波束主瓣，但在 3dB 宽度以外，雷达跟踪精度下降要比近距离区更严重，目标角度范围约为 $0.3\theta_e < \theta_t < 1.5\theta_e$。

（3）远距离区，又称地平线反射区，在此区域内，目标和镜像在俯仰上非常接近，都进入了天线波束主瓣 3dB 宽度以内的高接收增益区，同时伴有多径衰落和多径角闪烁干扰，目标角度范围约为 $\theta_t < 0.3\theta_e$。

对于近距离区和中间区，仰角测量误差主要是随机误差，通过平滑滤波等措施一般可以较为有效地抑制。对于远距离区，目标和镜像在俯仰角上非常接近，角度误差主要是两反射体（目标及其镜像）之间形成的闪烁误差[209]，即“两点源角闪烁”误差。由于目标姿态的变化和地面反射系数的波动，仰角测量误差会出现较大的起伏，使得雷达不能稳定跟踪，或者跟踪误差很大。

6.3.2 低空远距离区角闪烁模型

镜像干扰是雷达探测低空目标时，目标在地平面下的镜像回波信号，它是由部分雷达电磁波经地面反射后在天线与目标之间构成镜面反射路径而形成的。

在远距离区，镜面反射路径和直达路径的路程差不足以在距离上进行分辨，两反射体构成了一个俯仰方向上略有不同的两点源（双源）扩展目标，使到达雷达天线的电磁波相位波前发生畸变，产生仰角测量偏差。

如图 6.3.2、图 6.3.3 所示，以镜面反射点处的水平面为基准，天线指向高于该水平面的角度为探测仰角 ϕ（也等于目标—镜像连线与反射点水平面的夹角），目标相对于该水平面的高度为 H，目标所在位置为 T，目标—镜像连线与水平面交点为 O'，反射点位置为 O，雷达所在位置为 R。

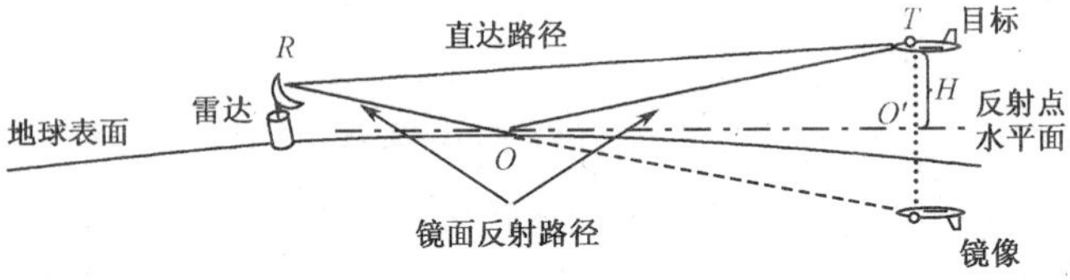

图 6.3.2　低空情况下雷达探测目标几何示意图

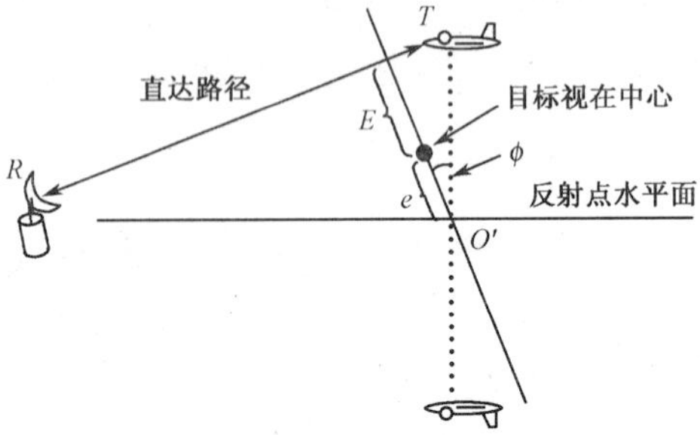

图 6.3.3　低空镜像角闪烁线偏差示意图

根据两点源目标角闪烁误差公式[159]，可得角闪烁线偏差（扩展目标视在中心与 O' 的距离，且设靠近目标方向为正，靠近镜像方向为负）为

$$e = H\cos\phi \frac{1-|\rho|^2}{1+|\rho|^2+2|\rho|\cos\left(-\dfrac{2\pi}{\lambda}H\sin\phi+\varphi_\rho\right)} \tag{6.3.1}$$

其中：$\rho=\dfrac{V_F}{V_T}$ 为镜像信号与目标回波信号电压的相对系数；$|\rho|$ 和 φ_ρ 分别为相对系数的幅度和相位，即 $\rho=|\rho|\cdot\exp\{j\varphi_\rho\}$，记合成相位为 $\varphi_\Sigma=-\dfrac{2\pi}{\lambda}H\sin\phi+\varphi_\rho$。

为了便于分析测角误差，这里定义归一化线偏差 E 为：扩展目标视在中心与目标位置 T 在垂直于直达方向上的投影距离，且靠近镜像一侧为正，以 $H\cos\phi$（即目标高度 H 在垂直于直达方向上的投影长度）进行归一化，则归一化线偏差 E 为

$$E=\frac{H\cos\phi-e}{H\cos\phi}=2\frac{|\rho|^2+|\rho|\cos\varphi_\Sigma}{1+|\rho|^2+2|\rho|\cos\varphi_\Sigma} \qquad (6.3.2)$$

根据上式可得，线偏差 E 随相对系数 ρ 的幅度 $|\rho|$ 和合成相位 φ_Σ（包含相位 φ_ρ）的变化如图 6.3.4 所示。由图 6.3.4 可知：

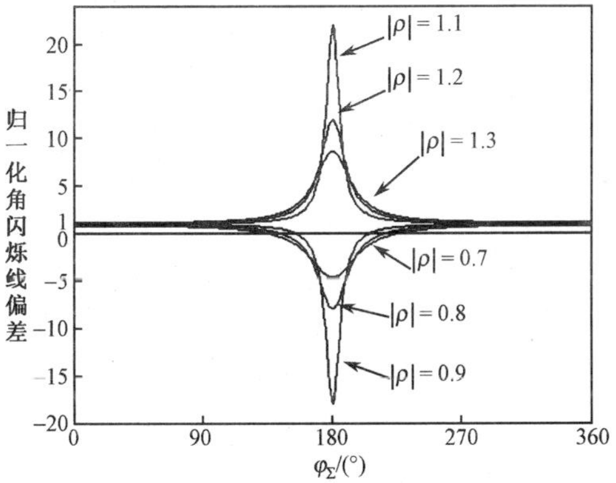

图 6.3.4 归一化角闪烁线偏差随镜面反射系数ρ的变化

（1）当 φ_Σ 为 180° 时，归一化线偏差 E 的绝对值最大，当 φ_Σ 接近 0° 或 360° 时，E 集中于 1 附近。

（2）$|\rho|$ 越接近于 1，线偏差曲线的峰值越大。

（3）参数 $|\rho|$ 和 $\dfrac{1}{|\rho|}$ 对应的线偏差曲线以 $E=1$ 为轴对称分布，

$|\rho|>1$时在该轴的上方，$|\rho|<1$时在该轴的下方。

需要说明的是，对于线偏差曲线簇以$E=1$为轴对称分布，在应用中一般会对角度跟踪结果进行补偿以减小偏差，因此该偏差并不影响跟踪的稳定性。为了分析和表述更为直观，下文中均认为曲线簇以$E=0$为轴对称分布。

6.3.3 目标、镜像回波参数

图 6.3.2 中，直达路径为$RT-TR$，经地面反射的镜像路径共有三条：$RT-TO-OR$、$RO-OT-TR$和$RO-OT-TO-OR$，其中$RT-TO-OR$与$RO-OT-TR$路径相同、方向相反。设：直达路径方向上目标的后向散射矩阵为$\boldsymbol{S}_{\mathrm{t}}$，$RT-TO$方向上目标的双站散射矩阵为$\boldsymbol{S}_{\mathrm{T1}}$，$OT-TO$方向上目标的后向散射矩阵为$\boldsymbol{S}_{\mathrm{T2}}$，$RO-OT$方向上镜面反射的双站散射矩阵为$\boldsymbol{S}_{\mathrm{f}}$。

1. 镜像回波信号的时延、方向角、多普勒速度

图 6.3.2 中，设h_{T}和h_{R}分别为目标和雷达天线中心的高度（相对于各自位置的地平面）。由于地球曲面的影响，雷达对该目标的可视距离为

$$R_{\max}=\sqrt{\left(a+h_{\mathrm{T}}\right)^2-a^2}+\sqrt{\left(a+h_{\mathrm{R}}\right)^2-a^2} \tag{6.3.3}$$

其中：a为地球半径。

目标和镜像对雷达天线的仰角分别为$\angle T$和$\angle F$：

$$\begin{aligned}\angle T&=\arcsin\frac{{h_{\mathrm{T}}}^2-{h_{\mathrm{R}}}^2+2a\cdot\left(h_{\mathrm{T}}-h_{\mathrm{R}}\right)-l^2}{2\cdot l\cdot\left(a+h_{\mathrm{R}}\right)}\\ \angle F&=\phi_{\mathrm{T}}-\arccos\frac{l^2+|\mathrm{OR}|^2-|\mathrm{OT}|^2}{2\cdot l\cdot|\mathrm{OR}|}\end{aligned} \tag{6.3.4}$$

式中，l为雷达到目标的距离$|RT|$。

当雷达天线高度和目标高度都较低时，可将图 6.3.2 简化为平面地球模型，此时反射点到天线的距离$|OR|$和反射点到目标的距离$|OT|$之和近似为

$$|OR|+|OT|=\sqrt{l^2+4\cdot h_{\mathrm{T}}\cdot h_{\mathrm{R}}} \tag{6.3.5}$$

而目标、镜像对雷达天线的仰角分别近似为

$$\angle T = \arcsin\frac{h_{\mathrm{T}} - h_{\mathrm{R}}}{|RT|} \qquad \angle F = \arcsin\frac{h_{\mathrm{T}} + h_{\mathrm{R}}}{|OR| + |OT|} \tag{6.3.6}$$

设目标径向速度为 V_{r}，$V_{\mathrm{r}} = 2\frac{\partial l}{\partial t}$。则根据多普勒速度的定义，路径 $RT-TO-OR$、$RO-OT-TR$ 信号的多普勒速度为

$$V_{\mathrm{r}}' = \frac{\partial\left[|RT| + |OR| + |OT|\right]}{\partial t} = \frac{V_{\mathrm{r}}}{2} + \frac{\partial\left[|OR| + |OT|\right]}{\partial t} \tag{6.3.7}$$

将式（6.3.5）代入式（6.3.7），可得

$$V_{\mathrm{r}}' = \frac{V_{\mathrm{r}}}{2}\left[1 + \frac{|RT|}{|OR| + |OT|}\right] \tag{6.3.8}$$

同理可得，路径 $RO-OT-TO-OR$ 信号的多普勒速度为

$$V_{\mathrm{r}}'' = \frac{|RT|}{|OR| + |OT|} \cdot V_{\mathrm{r}} \tag{6.3.9}$$

设天线高度为 5m，目标高度为 300m，则根据式（6.3.3）知可视距离为 69.5km。假设目标距离雷达 65km，则根据式（6.3.5）、式（6.3.6）可得，在远距离区，目标、镜像间的夹角为 0.0088°，而反射路径 $RT-TO-OR$、$RO-OT-TR$ 与直达路径 $RT-TR$ 的路程差仅为 0.046m，反射路径 $RO-OT-TO-OR$ 直达路径 $RT-TR$ 的路程差仅为 0.092m。

显然，在远距离区，目标、镜像的时延和夹角都是非常小的，这是构成角闪烁的必要条件。另外，由于 $\frac{|RT|}{|OR| + |OT|}$ 接近于 1，由式（6.3.8）、式（6.3.9），镜像反射路径回波信号的径向速度与目标回波径向速度几乎一致。

2. 目标和镜像的散射矩阵

多径情况下，目标散射源的合成散射矩阵为

$$\boldsymbol{S}_{\mathrm{T}} = \boldsymbol{S}_{\mathrm{t}} + A\mathrm{e}^{\mathrm{j}\phi_{\mathrm{A}}}\boldsymbol{S}_{\mathrm{T1}}\boldsymbol{S}_{\mathrm{f}} \tag{6.3.10}$$

镜像散射源的合成散射矩阵为

$$\boldsymbol{S}_{\mathrm{F}} = A\left(\boldsymbol{S}_{\mathrm{f}}\boldsymbol{S}_{\mathrm{T1}} + B\mathrm{e}^{\mathrm{j}\phi_{\mathrm{B}}}\boldsymbol{S}_{\mathrm{f}}\boldsymbol{S}_{\mathrm{T2}}\boldsymbol{S}_{\mathrm{f}}\right) \tag{6.3.11}$$

式中：A,ϕ_{A} 分别是由于路径 $RO-OT-TR$ 与直达路径的路程差带来的相对幅度系数和相位差；B,ϕ_{B} 是路径 $RO-OT-TO-OR$ 与路径 $RT-TO-OR$ 的路程差带来的相对幅度系数和相位差。

幅度系数（A,B）是由不同路径信号的时延差造成的：由于雷达回波信号在匹配滤波后脉冲回波被压缩到一个很窄的区域（宽度约为信号带宽的倒数），不同距离的"目标"压缩后回波的峰值位置也将错开，从而造成采样点处不同路径信号的幅度系数不同。对于一般的扩展目标角闪烁而言，散射点之间的这种幅度系数差别可以忽略不计（即幅度系数 A,B 均为 1），因为散射点径向差别太小。在本书的模型中，绝大多数情况下，这种幅度系数差别也完全可以忽略：如前，对于天线高度 5m，目标高度 300m，目标、雷达距离 65km 的情况下，镜像路径 $RO-OT-TR$ 与直达路径的长度差仅为 0.046m，一般窄带雷达压缩后脉冲的 3dB 宽度至少是几十米，所以可以忽略，即 $A\approx B\approx 1$。

$\phi_{\mathrm{A}},\phi_{\mathrm{B}}$ 由两个因素造成：一个是由不同路径信号的时延差导致了相位的不同；另一个是不同路径信号的多普勒频率不同而累积产生的相位差。两个因素造成的相位差叠加后为 $\phi_{\mathrm{A}},\phi_{\mathrm{B}}$。

综上所述，目标极化散射矩阵 $\boldsymbol{S}_{\mathrm{T}}$ 与镜像目标极化散射矩阵 $\boldsymbol{S}_{\mathrm{F}}$ 由 $\boldsymbol{S}_{\mathrm{t}}$、$\boldsymbol{S}_{\mathrm{T1}}$、$\boldsymbol{S}_{\mathrm{T2}}$、$\boldsymbol{S}_{\mathrm{f}}$ 以及 $\phi_{\mathrm{A}},\phi_{\mathrm{B}}$ 共同决定，相当复杂。由于这些参数本身具有不确定性，难以找出散射矩阵元素分布的规律性。

这里，假定目标散射矩阵

$$\boldsymbol{S}_{\mathrm{T}}=\begin{bmatrix} S_{\text{T-HH}} & S_{\text{T-HV}} \\ S_{\text{T-VH}} & S_{\text{T-VV}} \end{bmatrix}=\begin{bmatrix} A_{\mathrm{TH}}\mathrm{e}^{\mathrm{j}\varphi_{\mathrm{TH}}} & A_{\mathrm{THV}}\mathrm{e}^{\mathrm{j}\varphi_{\mathrm{THV}}} \\ A_{\mathrm{TVH}}\mathrm{e}^{\mathrm{j}\varphi_{\mathrm{TVH}}} & A_{\mathrm{TV}}\mathrm{e}^{\mathrm{j}\varphi_{\mathrm{TV}}} \end{bmatrix}$$

和镜像散射矩阵

$$\boldsymbol{S}_{\mathrm{F}}=\begin{bmatrix} S_{\text{F-HH}} & S_{\text{F-HV}} \\ S_{\text{F-VH}} & S_{\text{F-VV}} \end{bmatrix}=\begin{bmatrix} A_{\mathrm{FH}}\mathrm{e}^{\mathrm{j}\varphi_{\mathrm{FH}}} & A_{\mathrm{FHV}}\mathrm{e}^{\mathrm{j}\varphi_{\mathrm{FHV}}} \\ A_{\mathrm{FVH}}\mathrm{e}^{\mathrm{j}\varphi_{\mathrm{FVH}}} & A_{\mathrm{FV}}\mathrm{e}^{\mathrm{j}\varphi_{\mathrm{FV}}} \end{bmatrix}$$

满足下面的分布模型：

$$S_{\text{T-HH}},S_{\text{T-VV}}\sim N\left(0,{\sigma_{\mathrm{T}}}^2\right),\quad S_{\text{F-HH}},S_{\text{F-VV}}\sim N\left(0,{\sigma_{\mathrm{F}}}^2\right) \qquad (6.3.12)$$

即认为 $\boldsymbol{S}_{\mathrm{T}}$、$\boldsymbol{S}_{\mathrm{F}}$ 的两主对角元素均为**同分布的复高斯随机变量（即 HH 和 VV 分量在统计上相当）**，σ_{T}、σ_{F} 分别表示散射强度。在没有

目标以及地海面散射特性的先验信息的情况下，这个假定是合理的。

6.3.4 两点源角闪烁极化抑制原理

分集方法抑制角闪烁是通过对多个角度测量值$\{\psi_n\}$求平均值$\bar{\psi}$，从而减小误差起伏程度：即

$$\bar{\psi}=\frac{1}{N}\sum_{n=1}^{N}\psi_n \tag{6.3.13}$$

极化分集抑制角闪烁的系统构成如图 6.3.5 所示。考虑到低空目标探测时，为了消除地杂波的影响，一般采用高重频相干脉冲串和脉冲多普勒处理，因此，可采用分时极化体制来实现极化分集。雷达系统的前端通过一对正交的极化天线（如水平和垂直）实现发射和接收极化的捷变，各发射极化对应的角度测量值为ψ_n，按式（6.3.13）进行平均，得到目标角度测量的分集平均值。

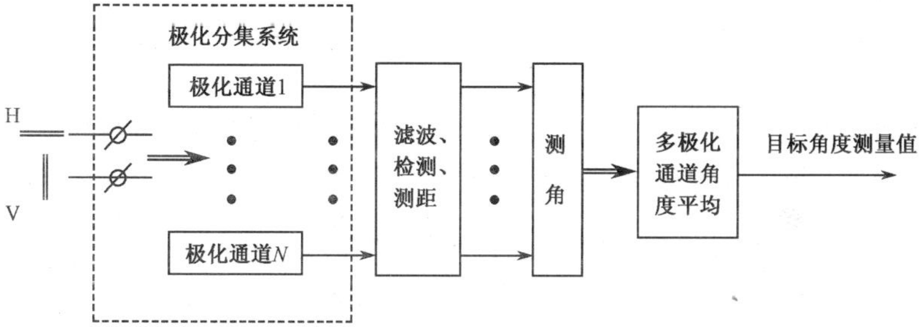

图 6.3.5 极化分集抑制角闪烁系统构成示意图

极化分集利用两散射源散射矩阵的差异，通过改变收、发极化，使它们之间的相对幅度和相对相位均发生改变，从而线偏差值的变化分布范围更广，去相关性更强，遍历性更好。特别地，在多个角度测量值中，如果$|\rho|$既有大于 1 的也有小于 1 的，则角闪烁线偏差将有正有负，从而在数据平均时产生正、负抵消的有利效果，减小平均后的误差。

因此，在下文的极化分集设计中，将力求使各极化通道回波中的$|\rho_n|$分布在 1 左右两边，并尽量按倒数对称分布。由于$|\rho|$和$\frac{1}{|\rho|}$的倒

数关系可以对应于一对相反数关系：$\ln\frac{1}{|\rho|}=-\ln|\rho|$，所以等效地，极化分集的设计目的应力求使$\ln|\rho_n|$按正、负对称分布。

6.3.5 极化分集的设计

目标回波信号和镜像回波信号的电压系数V_T、V_F可分别表示为

$$V_\mathrm{T}=\boldsymbol{h}_\mathrm{r}^\mathrm{T}\boldsymbol{S}_\mathrm{T}\boldsymbol{h}_\mathrm{t}\qquad V_\mathrm{F}=\boldsymbol{h}_\mathrm{r}^\mathrm{T}\boldsymbol{S}_\mathrm{F}\boldsymbol{h}_\mathrm{t}\tag{6.3.14}$$

其中：$\boldsymbol{h}_\mathrm{t}$和$\boldsymbol{h}_\mathrm{r}$分别为雷达发射和接收极化。

两散射源回波的相对系数为

$$\rho=\frac{V_\mathrm{F}}{V_\mathrm{T}}=\frac{\boldsymbol{h}_\mathrm{r}^\mathrm{T}\boldsymbol{S}_\mathrm{F}\boldsymbol{h}_\mathrm{t}}{\boldsymbol{h}_\mathrm{r}^\mathrm{T}\boldsymbol{S}_\mathrm{T}\boldsymbol{h}_\mathrm{t}}\tag{6.3.15}$$

显然，由于$\boldsymbol{S}_\mathrm{T}$与$\boldsymbol{S}_\mathrm{F}$的差异性，通过收发极化的改变，相对系数$\rho$的幅度和相位都将随之而改变。

设发射极化表示为$\boldsymbol{h}_\mathrm{t}=\begin{bmatrix}\cos\theta & \sin\theta\cdot\mathrm{e}^{\mathrm{j}\varphi}\end{bmatrix}^\mathrm{T}$，接收极化表示为$\boldsymbol{h}_\mathrm{r}=\begin{bmatrix}\cos\alpha & \sin\alpha\cdot\mathrm{e}^{\mathrm{j}\beta}\end{bmatrix}^\mathrm{T}$，那么，由式（6.3.14）知，目标和镜像回波经天线接收后的电压系数重写为：

$$\begin{aligned}V_\mathrm{T}=&\cos\alpha\cos\theta\cdot S_\mathrm{T\text{-}HH}+\cos\alpha\sin\theta\cdot\mathrm{e}^{\mathrm{j}\varphi}S_\mathrm{T\text{-}HV}\\&+\sin\alpha\cos\theta\cdot\mathrm{e}^{\mathrm{j}\beta}S_\mathrm{T\text{-}VH}+\sin\alpha\sin\theta\cdot\mathrm{e}^{\mathrm{j}(\varphi+\beta)}S_\mathrm{T\text{-}VV}\end{aligned}\tag{6.3.16}$$

$$\begin{aligned}V_\mathrm{F}=&\cos\alpha\cos\theta\cdot S_\mathrm{F\text{-}HH}+\cos\alpha\sin\theta\cdot\mathrm{e}^{\mathrm{j}\varphi}S_\mathrm{F\text{-}HV}\\&+\sin\alpha\cos\theta\cdot\mathrm{e}^{\mathrm{j}\beta}S_\mathrm{F\text{-}VH}+\sin\alpha\sin\theta\cdot\mathrm{e}^{\mathrm{j}(\varphi+\beta)}S_\mathrm{F\text{-}VV}\end{aligned}\tag{6.3.17}$$

若令发射极化和接收极化有如下关系：

$$\begin{cases}\theta=-\alpha\\\varphi=\beta\end{cases}\tag{6.3.18}$$

即接收极化为$\boldsymbol{h}_\mathrm{r}=\begin{bmatrix}\cos\theta-\sin\theta\cdot\mathrm{e}^{\mathrm{j}\varphi}\end{bmatrix}^\mathrm{T}$，则恰可去除目标、镜像散射矩阵中交叉极化散射分量的影响，使分析和设计大为简化，下文皆以此作为收、发极化的约束关系，有

$$V_{\mathrm{T}} = \left(\cos^2\theta\right)S_{\text{T-HH}} - \left(\sin^2\theta\right)\mathrm{e}^{\mathrm{j}2\varphi}S_{\text{T-VV}}$$
$$V_{\mathrm{F}} = \left(\cos^2\theta\right)S_{\text{F-HH}} - \left(\sin^2\theta\right)\mathrm{e}^{\mathrm{j}2\varphi}S_{\text{F-VV}} \tag{6.3.19}$$

由式（6.3.15）知，改变极化参数θ、φ，可以调节相对系数ρ。下面分析极化参数θ、φ对相对系数相位φ_{ρ}和幅度$|\rho|$的调节作用。

1. 相对系数相位φ_{ρ}

由式（6.3.19）可知，目标信号和镜像信号的相位分别为

$$\varphi_{\mathrm{T}} = \arctan\left[\frac{\cos^2\theta\cdot\sin\varphi_{\mathrm{TH}}A_{\mathrm{TH}} - \sin^2\theta\cdot\sin\left(\varphi_{\mathrm{TV}}+2\varphi\right)A_{\mathrm{TV}}}{\cos^2\theta\cdot\cos\varphi_{\mathrm{TH}}A_{\mathrm{TH}} - \sin^2\theta\cdot\cos\left(\varphi_{\mathrm{TV}}+2\varphi\right)A_{\mathrm{TV}}}\right]$$

$$\varphi_{\mathrm{F}} = \arctan\left[\frac{\cos^2\theta\cdot\sin\varphi_{\mathrm{FH}}A_{\mathrm{FH}} - \sin^2\theta\cdot\sin\left(\varphi_{\mathrm{FV}}+2\varphi\right)A_{\mathrm{FV}}}{\cos^2\theta\cdot\cos\varphi_{\mathrm{FH}}A_{\mathrm{FH}} - \sin^2\theta\cdot\cos\left(\varphi_{\mathrm{FV}}+2\varphi\right)A_{\mathrm{FV}}}\right]$$

其中：相对系数的相位为$\varphi_{\rho} = \varphi_{\mathrm{F}} - \varphi_{\mathrm{T}}$。

由前可知，合成相位φ_{Σ}（包含φ_{ρ}）对角闪烁线偏差的大小也起到了决定性的作用（图 6.3.4），为避免多极化下$\{\varphi_{\Sigma}\}$都集中于 180°的情况，希望φ_{ρ}随θ、φ的变化较快。将φ_{ρ}对φ求导并按式（6.3.12）进行仿真发现，当θ接近 0 或$\dfrac{\pi}{2}$时（取值范围为$\left[0,\dfrac{\pi}{2}\right]$），其导数绝对值较小，即$\varphi_{\rho}$随$\varphi$变化较平缓，而当$\theta$接近$\dfrac{\pi}{4}$时，其导数绝对值较大，$\varphi_{\rho}$随$\varphi$变化较快。因此，从相对系数的相位$\varphi_{\rho}$考虑，要求$\theta$接近于$\dfrac{\pi}{4}$，而不应接近于 0 或$\dfrac{\pi}{2}$。

2. 相对系数幅度$|\rho|$

目标信号和镜像信号的幅度系数平方分别为

$$\begin{aligned}|V_{\mathrm{T}}|^2 = {} & A_{\mathrm{TH}}^2\cos^4\theta + A_{\mathrm{TV}}^2\sin^4\theta - \\ & 2A_{\mathrm{TH}}A_{\mathrm{TV}}\cos^2\theta\sin^2\theta\cos\left(2\varphi+\varphi_{\mathrm{TV}}-\varphi_{\mathrm{TH}}\right)\end{aligned} \tag{6.3.20}$$

$$\begin{aligned}|V_{\mathrm{F}}|^2 = {} & A_{\mathrm{FH}}^2\cos^4\theta + A_{\mathrm{FV}}^2\sin^4\theta - \\ & 2A_{\mathrm{FH}}A_{\mathrm{FV}}\cos^2\theta\sin^2\theta\cos\left(2\varphi+\varphi_{\mathrm{FV}}-\varphi_{\mathrm{FV}}\right)\end{aligned} \tag{6.3.21}$$

可见，$|V_T|^2$和$|V_F|^2$均为随φ呈正弦变化的曲线，周期均为π，振幅分别为$2A_{TH}A_{TV}\cos^2\theta\sin^2\theta$和$2A_{FH}A_{FV}\cos^2\theta\sin^2\theta$。$|V_T|$和$|V_F|$随参数$\varphi$的变化曲线如图 6.3.6（a）和图 6.3.6（c）所示（分别是两曲线相交情况和相切情况），相应的对数幅度比（$\ln(|\rho|)$）曲线如图 6.3.6（b）和图 6.3.6（d）所示。

可见对于两曲线相交的情况，在每个交点的两侧，相对幅度对数$\ln(|\rho|)$有正有负，对分集平均是有利；对于两曲线相切的情况，$\ln(|\rho|)$全部在 0 轴的上方或下方，不利于分集平均；而若两曲线分离，则更不利于分集平均。

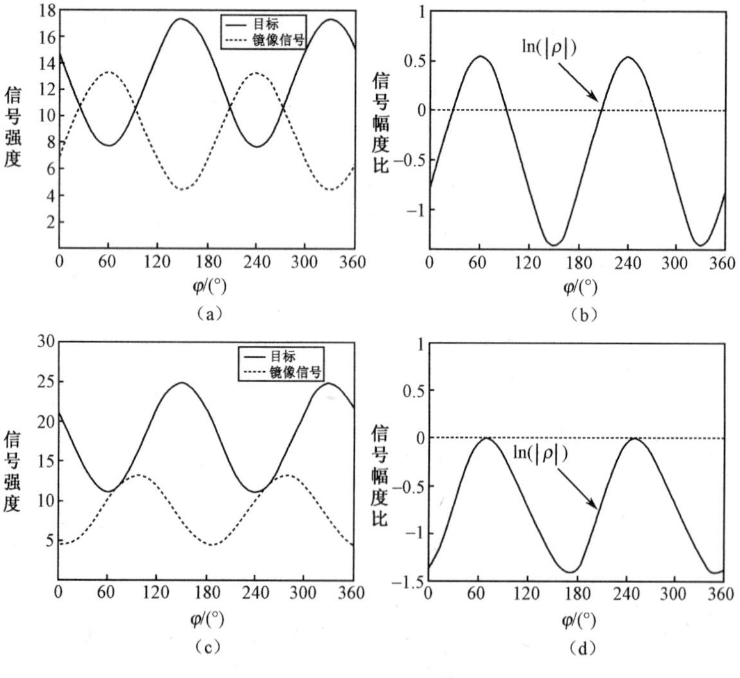

图 6.3.6 目标和镜像信号强度、对数幅度比随参数φ的变化曲线

（a）曲线相交的情况；（b）相对系数幅度对数曲线；

（c）两曲线相切的情况；（d）相对系数幅度对数曲线。

1）极化参数φ对$|\rho|$的调整作用分析

首先固定极化参数θ，只调整极化参数φ。

若对散射矩阵的 HH 和 VV 分量取相同的权重，则令$\theta=\dfrac{\pi}{4}$，式（6.3.20）、式（6.3.21）重写为

$$|V_{\mathrm{T}}|^2=\frac{1}{4}\left[A_{\mathrm{TH}}{}^2+A_{\mathrm{TV}}{}^2-2A_{\mathrm{TH}}A_{\mathrm{TV}}\cos\left(2\varphi+\varphi_{\mathrm{TV}}-\varphi_{\mathrm{TH}}\right)\right] \quad (6.3.22)$$

$$|V_{\mathrm{F}}|^2=\frac{1}{4}\left[A_{\mathrm{FH}}{}^2+A_{\mathrm{FV}}{}^2-2A_{\mathrm{FH}}A_{\mathrm{FV}}\cos\left(2\varphi+\varphi_{\mathrm{FV}}-\varphi_{\mathrm{FH}}\right)\right] \quad (6.3.23)$$

由图 6.3.6（a）可以看出，两条曲线如果相交，一般有 4 个交点。对交点求解，令$|V_{\mathrm{T}}|=|V_{\mathrm{F}}|$，可得

$$\varphi=\frac{1}{2}\arccos\left(\frac{\left(A_{\mathrm{TH}}{}^2+A_{\mathrm{TV}}{}^2\right)-\left(A_{\mathrm{FH}}{}^2+A_{\mathrm{FV}}{}^2\right)}{2\sqrt{A_{\mathrm{TH}}{}^2A_{\mathrm{TV}}{}^2+A_{\mathrm{FH}}{}^2A_{\mathrm{FV}}{}^2-2A_{\mathrm{TH}}A_{\mathrm{TV}}A_{\mathrm{FH}}A_{\mathrm{FV}}\cos\left(\varphi_{\mathrm{TV}}-\varphi_{\mathrm{TH}}-\varphi_{\mathrm{FV}}+\varphi_{\mathrm{FH}}\right)}}\right)$$
$$-\frac{1}{2}\varphi_{\mathrm{TF}}=\frac{1}{2}\arccos\varDelta-\frac{1}{2}\varphi_{\mathrm{TF}} \quad (6.3.24)$$

其中：$$\varDelta=\frac{\left(A_{\mathrm{TH}}{}^2+A_{\mathrm{TV}}{}^2\right)-\left(A_{\mathrm{FH}}{}^2+A_{\mathrm{FV}}{}^2\right)}{2\sqrt{A_{\mathrm{TH}}{}^2A_{\mathrm{TV}}{}^2+A_{\mathrm{FH}}{}^2A_{\mathrm{FV}}{}^2-2A_{\mathrm{TH}}A_{\mathrm{TV}}A_{\mathrm{FH}}A_{\mathrm{FV}}\cos\left(\varphi_{\mathrm{TV}}-\varphi_{\mathrm{TH}}-\varphi_{\mathrm{FV}}+\varphi_{\mathrm{FH}}\right)}}$$

$$\varphi_{\mathrm{TF}}=\arctan\left[\frac{A_{\mathrm{TH}}A_{\mathrm{TV}}\sin\left(\varphi_{\mathrm{TV}}-\varphi_{\mathrm{TH}}\right)-A_{\mathrm{FH}}A_{\mathrm{FV}}\sin\left(\varphi_{\mathrm{FV}}-\varphi_{\mathrm{FH}}\right)}{A_{\mathrm{TH}}A_{\mathrm{TV}}\cos\left(\varphi_{\mathrm{TV}}-\varphi_{\mathrm{TH}}\right)-A_{\mathrm{FH}}A_{\mathrm{FV}}\cos\left(\varphi_{\mathrm{FV}}-\varphi_{\mathrm{FH}}\right)}\right]$$

$$\varphi_{\mathrm{TF}}\in\left[-\frac{\pi}{2},\frac{\pi}{2}\right]$$

由式（6.3.24）可见：若$\varDelta$中分子与分母的绝对值之比小于 1，则φ有解，两曲线相交（或相切），其物理涵义是：若两散射矩阵的能量值较为接近（相对于两曲线的合成振幅，即$\varDelta$的分母部分），则两曲线相交或相切。

由φ和φ_{TF}的取值区域可以证明，两曲线一般有 4 个交点$\{\phi_1,\phi_2,\phi_3,\phi_4\}$，且满足如下关系：

$$\begin{cases}\varphi_3-\varphi_1=\pi\\ \varphi_4-\varphi_2=\pi\\ \varphi_2-\varphi_1=\arccos\varDelta\end{cases} \quad (6.3.25)$$

其中：$\arccos\Delta\in[0,\pi]$。当$\varphi_{TF}=\pm\arccos\Delta$时，$\varphi_1=0$，此时有5个交点：$\{0,\pi-\arccos\Delta,\pi,2\pi-\arccos\Delta,2\pi\}$ 或 $\{0,\arccos\Delta,\pi,\ \pi+\arccos\Delta,2\pi\}$。但不论是 4 个还是 5 个交点，相邻两交点之间的距离必定是 $\arccos\Delta$ 或 $\pi-\arccos\Delta$。

因此，从极化分集角闪烁抑制效果的角度考虑：

（1）$\arccos\Delta=\dfrac{\pi}{2}$ 为最理想情况，因为此时在 $\varphi\in[0,2\pi]$ 的区域内，$\ln(|\rho|)$ 正、负比重完全相同。对应到式（6.3.24），即当目标、镜像的散射矩阵能量相同时（Δ中分子部分为零时），分集平均的效果最佳。

（2）当 $\arccos\Delta$ 接近 0 或 π 时，$\ln(|\rho|)$ 正、负比重相差很大，这对于分集平均是不利的；

（3）极端情况是当 $\arccos\Delta$ 等于 0 或 π 时，在整个 $\varphi\in[0,2\pi]$ 区域内，$\ln(|\rho|)$ 全是正值或全是负值，此时两曲线相切（证明见附录 3），分集平均效果不好。

2）极化参数θ对$|\rho|$的调整作用分析

针对两曲线不相交，或者相邻交点距离（$\arccos\Delta$ 或 $\pi-\arccos\Delta$）不利于分集平均效果的情况，可以通过调整极化参数θ来部分地予以改善。式（6.3.20）、式（6.3.21）中，A_{TH}、A_{FH} 和 A_{TV}、A_{FV} 的系数分别是 $\cos^2\theta$ 和 $\sin^2\theta$，改变θ可以使两曲线的相交状况和相邻交点距离都得到调整，从而改善极化分集的效果。

θ的取值区间确定为$\left[0,\dfrac{\pi}{2}\right]$。由前面分析及图 6.3.6 可知，两曲线的振幅都与 $\cos^2\theta\cdot\sin^2\theta$ 成正比，因此，若θ太过接近于 0 或 $\dfrac{\pi}{2}$，则振幅太小从而两曲线不可能相交或相切。

3. 极化分集设计

以上分别讨论了极化参数φ、θ对相对系数幅度$|\rho|$和相位 φ_ρ 的调节作用，根据前面分析，在式（6.3.12）所确定的目标、镜像散射矩阵的统计分布模型的前提下，对雷达极化设计如下（极化分集总数为 MN）。

（1）由图 6.3.6（b）和图 6.3.6 （d）可知，对数幅度比随参数φ的变化曲线周期为π，因此参数φ的取值区域确定为$\left[0,\pi\right]$，取值为$\varphi=\dfrac{n\pi}{N}$，其中$n=0,1,\cdots,N-1$，共N个。

（2）参数θ的取值区域为$\left[0,\dfrac{\pi}{2}\right]$，共$M$个，当$M$为奇数时，取值为$\theta=\dfrac{\pi}{4}\pm m\cdot\varDelta_\theta$，$m=0,1,\cdots,\left[\dfrac{M}{2}\right]$；当 M 为偶数时，取值为$\theta=\dfrac{\pi}{4}\pm\left(m+\dfrac{1}{2}\right)\cdot\varDelta_\theta$，$m=0,1,\cdots,\left[\dfrac{M}{2}\right]-1$。其中，$[\cdot]$表示取整，$\varDelta_\theta$为$\theta$角的取值间隔，且保证$\theta=\dfrac{\pi}{4}\pm\left[\dfrac{M}{2}\right]\cdot\varDelta_\theta$（$M$为奇数）或$\theta=\dfrac{\pi}{4}\pm\left(\left[\dfrac{M}{2}\right]-\dfrac{1}{2}\right)\cdot\varDelta_\theta$（$M$为偶数）远离 0 和$\dfrac{\pi}{2}$。

6.3.6 仿真实验与结果分析

1. 极化分集效果与目标、镜像散射矩阵的关系

为验证 6.3.5 小节中关于极化分集效果与目标、镜像散射矩阵之间关系的结论。通过对仿真实验结果进行统计，得到采用极化分集后角闪烁线偏差随 $\arccos\varDelta$（由目标、镜像散射矩阵决定）的关系曲线如图 6.3.7 所示。每次蒙特卡罗仿真中，目标、镜像散射矩阵均按式（6.3.12）的分布性质随机产生，且设两者散射强度相当（角闪烁相对较大的情况），即$\sigma_{\mathrm{T}}=\sigma_{\mathrm{F}}$。

雷达收发极化参数θ、φ的个数分别为 1 个和 8 个，按 6.3.5 小节中进行取值。将各极化通道角度线偏差的绝对值进行平均得到平均线偏差，统计每次实验时的$\arccos\varDelta$及其对应的平均线偏差，并经数据拟合得到图 6.3.7 中的曲线（由于仿真次数是有限的，统计的样本数不能保证得到一条光滑曲线，因此用二次多项式拟合来更直观地描述）。

由图 6.3.7 可见，当$\arccos\varDelta=\dfrac{\pi}{2}$时，平均线偏差值最小，即分集

平均的效果最佳，而当 arccos Δ 接近 0 或 π 时，平均线偏差越来越大，分集平均效果越来越差。因此，用 arccos Δ 可以较好地描述目标、镜像散射矩阵对极化分集算法性能的影响。

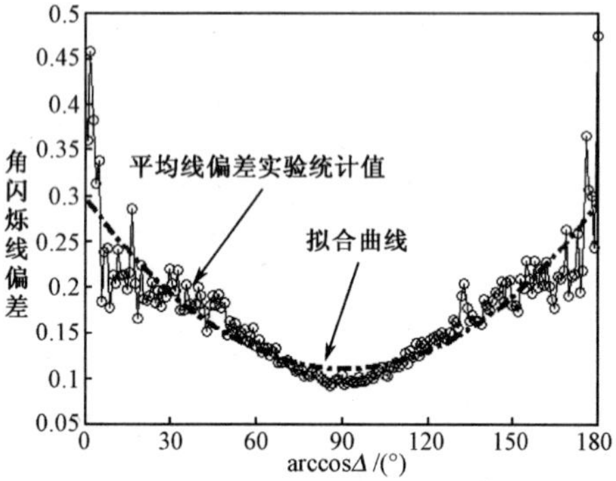

图 6.3.7　极化分集角闪烁线偏差与 arccos Δ 之间的关系曲线

2. 与其他极化分集方式的比较

目标、镜像散射矩阵的设置同上，参数 θ、φ 的个数均为 4 个。对利用 6.3.4 小节中给出的分集方式与均匀分集方式、随机分集方式的抑制效果进行比较，三种极化分集方式仿真得到的角闪烁线偏差结果如图 6.3.8 所示。

图 6.3.8（a）是按 6.3.4 小节的方式进行取值，θ 角的取值间隔 Δ_θ 为 $\pi/40$，φ 在 $[0,\pi]$ 内均匀取值；图 6.3.8（b）是均匀的极化分集方式，θ 和 φ 分别在 $\left[0,\dfrac{\pi}{2}\right]$、$[0,2\pi]$ 区间内均匀取值；图 6.3.8（c）是随机的极化分集方式，θ 和 φ 分别在 $\left[0,\dfrac{\pi}{2}\right]$、$[0,2\pi]$ 区间内完全随机、独立地取值。

经统计，三种极化分集方式下，角闪烁线偏差起伏方差分别为 0.6755、1.1110 和 1.6811，即采用极化分集方式，其角闪烁线偏差最小。

起伏方差仅是衡量角闪烁线偏差的一个指标，对于雷达搜索和跟踪而言，角闪烁线偏差的大值出现概率是另一个更为重要的指标，为此，图 6.3.8（d）对角闪烁线偏差值进行了统计分析，得到的三种极化分集方式下的概率密度曲线。由图 6.3.8（d）可见，采用本书的极化分集方式，在线偏差大值区域内（这里只取[10,20]的区域，太大的线偏差可视为野值）的概率密度明显要低于均匀和随机两种极化分集方式，这对雷达跟踪显然是更为有利的。

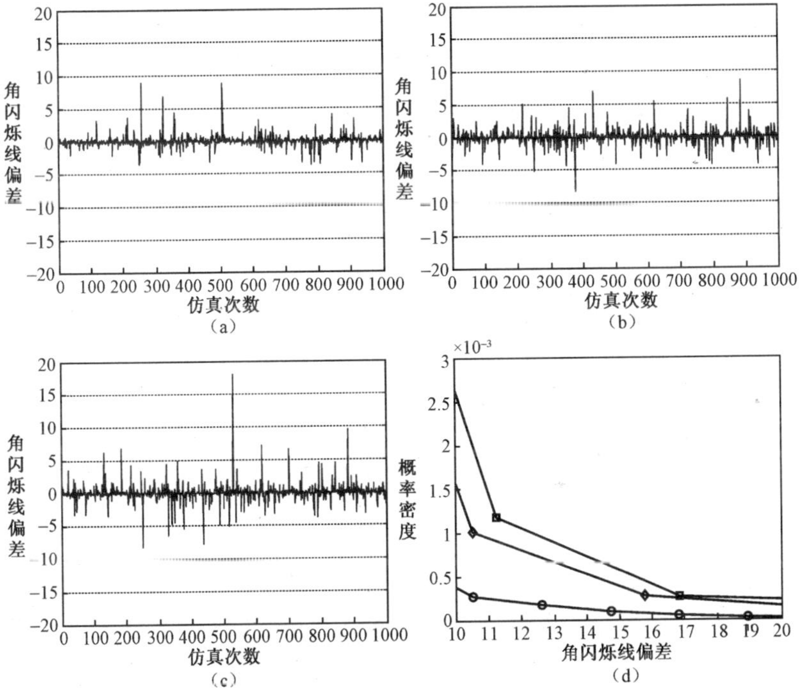

图 6.3.8　不同极化分集方式角闪烁线偏差的比较

（a）本书的极化分集方式；（b）均匀极化分集方式；

（c）随机极化分集方式；（d）角闪烁线偏差绝对值的概率密度统计曲线。

“○”—本书极化分集方式，“◇”—均匀极化分集方式，“□”—随机极化分集方式。

3. 分集数目对分集性能的影响

理论上，分集数目越大则平滑效果越好，平均角闪烁线偏差的起

伏越小。由图 6.3.4 已知，当 $\ln(|\rho|)=0$ 时角闪烁线偏差曲线振幅最大，而 $|\ln(|\rho|)|$ 越大，则曲线振幅越小。因此，在分集中，当 $\{\ln(|\rho|)\}$ 中某些值恰好为零或接近于零时，为了保证其平滑效果，增大极化参数 φ 的数目（由 6.3.4.3 节，φ 为等间隔采样）是一个有效的方法。

图 6.3.9（a）～图 6.3.9 （d）是不同参数 θ、φ 情况下仿真得到的角闪烁线偏差，θ、φ 的分集数目分别为（2,2）、（2,4）、（4,2）、（4,4），仿真次数为 10^3 次。经统计，四种情况下角闪烁线偏差方差比例大致为 $1.6:0.8:1.4:0.7$，这表明通过增加分集数目，可以改善极化分集的抑制效果。

图 6.3.9（e）是不同分集数目下角闪烁线偏差的概率密度分布曲线，由图可见，分集数目越大，在线偏差大值区域内的概率密度越低，而提高参数 φ 的分集数目更有利于降低线偏差。

4. 与不分集、理想频率分集模型的比较

目标、镜像散射矩阵的设置同上，参数 θ、φ 的个数分别为 2 个和 8 个，θ 角的取值间隔 Δ_θ 为 $\dfrac{\pi}{40}$。图 6.3.10（a）～图 6.3.10（d）分别为采用极化分集、不采用任何分集方式和采用频率分集的角闪烁线偏差，其中频率分集采用的是一种理想的模型，即假设目标、镜像的散射矩阵都不随频率变化（不符合实际情况，但在分集带宽有限的情况下可近似认为如此），而两“目标”回波的相对相位在频率分集之间完全独立（即完全去相关），雷达极化（收发极化相同）分别采用水平和垂直，分集数为 16。

由图 6.3.10（a）～图 6.3.10（d）可以看出，不分集时的角闪烁线偏差最大，频率分集次之，而极化分集的角闪烁线偏差最小。经统计，在该实验参数下，极化分集角闪烁线偏差方差大概为不分集时的 1/13，而频率分集则大概是不分集时的 1/4。

图 6.3.10（e）为三种分集方式下角闪烁线偏差的概率密度分布曲线，由图可见，采用分集有效地降低了线偏差的大值出现概率，而极化分集的线偏差大值出现概率是最小的。

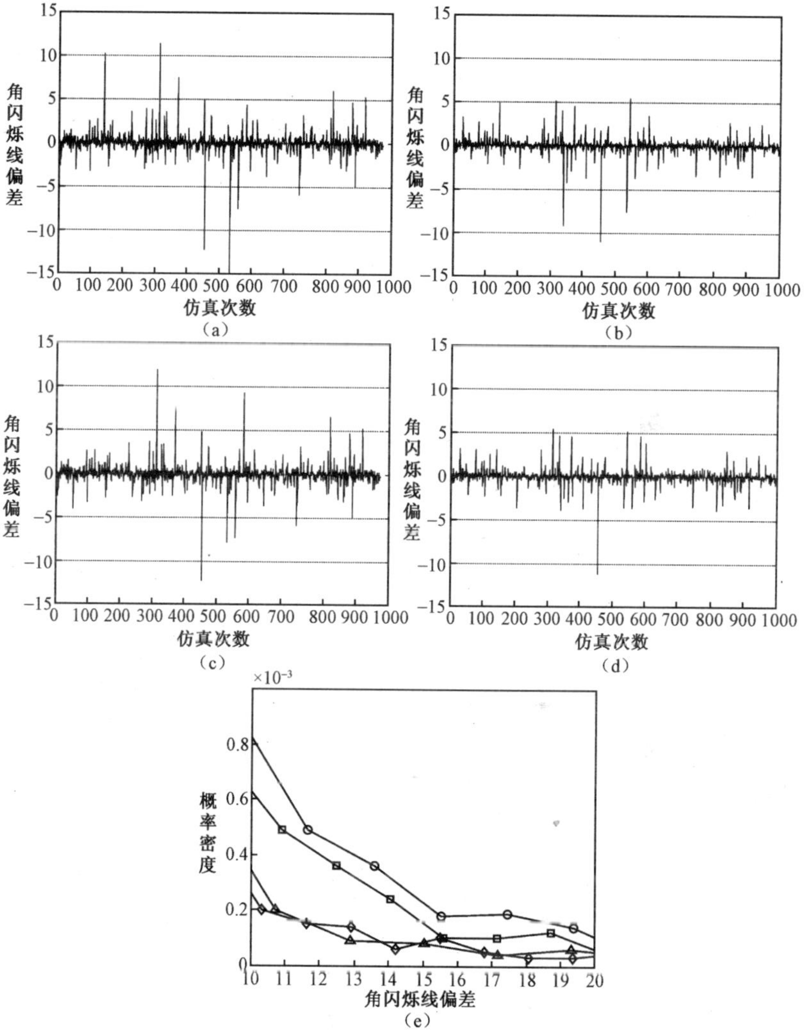

图 6.3.9　不同分集数目下角闪烁线偏差的比较

(a)(θ, φ)的数目为(2,2);(b)(θ, φ)的数目为(2,4);

(c)(θ, φ)的数目为(4,2);(d)(θ, φ)的数目为(4,4);

(e)角闪烁线偏差绝对值的概率密度统计曲线。

“○”对应(2,2),“□”对应(4,2),“◇”对应(2,4),“△”对应(4,4)。

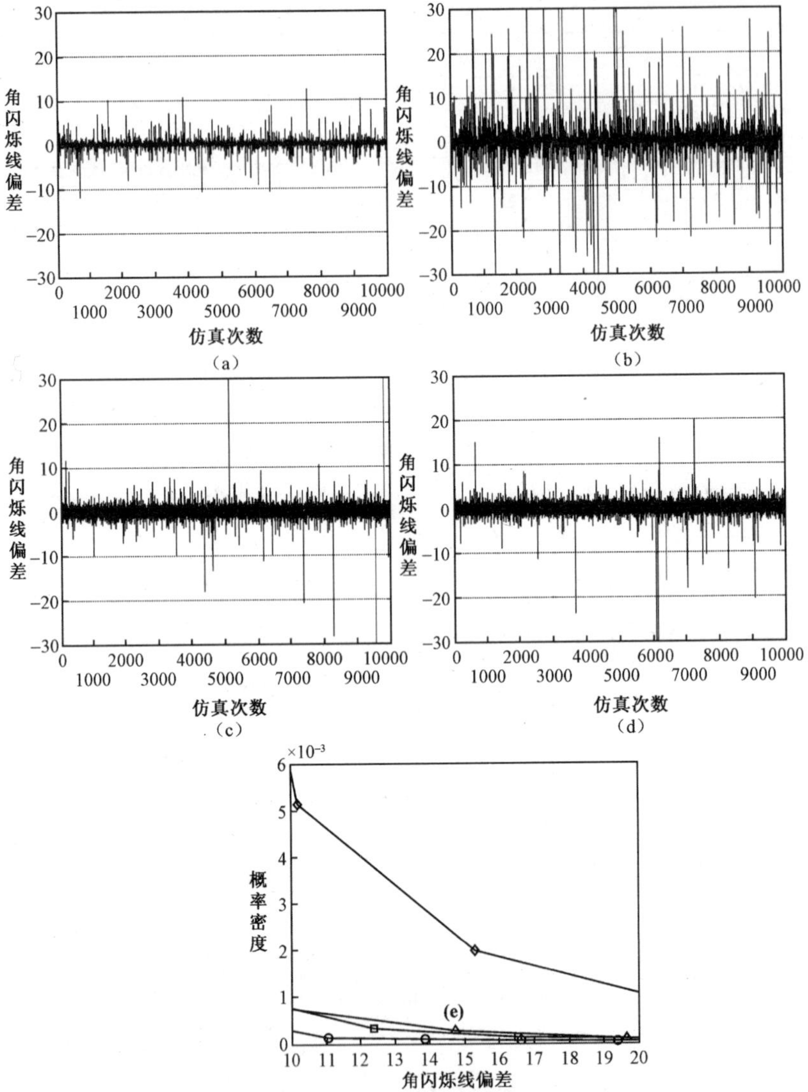

图 6.3.10　角闪烁线偏差对比图

（a）采用极化分集；（b）不分集；（c）采用 HH 极化的理想频率分集；

（d）采用 VV 极化的理想频率分集；（e）角闪烁线偏差绝对值的概率密度统计曲线。

“○”—极化分集，“◇”—不分集，“□”—采用 HH 极化的理想频率分集，

“△”—采用 VV 极化的理想频率分集。

本节着重研究了一种两点源角闪烁的极化抑制方法。首先提出了低空目标及其镜像干扰的角闪烁模型，进而研究了采用极化分集抑制角闪烁误差的方法，对极化分集进行了设计。设计时着重关注了双源角闪烁误差曲线关于相对幅度的对称性，使目标和镜像回波信号相对幅度和相对相位都随着极化变化而迅速改变，并尽量使对数相对幅度出现正负对称分布的情况，从而可以更为有效地抑制角闪烁误差。

本节的极化分集设计是在对目标和镜像散射矩阵统计分布特性进行了一定的假设的基础上进行的，下一步应具体地分析低空情况下目标和镜像的散射矩阵的统计特性，以便对分集设计进行适当调整。此外，将雷达角度测量加入到雷达角度跟踪仿真平台中进行仿真实验，可以更为直观和全面地评价该角闪烁抑制方法对雷达低空俯仰角跟踪性能的改善。

6.4 小　结

角度欺骗干扰是破坏雷达截获、跟踪的有效干扰手段，而且往往难以被雷达察觉。提高天线空域分辨率和降低旁瓣电平的方法对抗角度欺骗干扰并不十分有效，因为角欺骗干扰与被掩护目标在空间方向上往往十分接近，但却能产生远远偏离目标本体的欺骗方向。

利用极化信息可以抑制角度欺骗干扰，角度欺骗干扰一般有一个或多个点源，每个点源的散射矩阵和雷达的发射、接收极化决定了总的角度欺骗效果。因此，在分析角欺骗干扰机理及特性的基础上，针对性地对雷达发射极化、接收极化进行优化设计，将是抑制角度欺骗干扰的有效手段。

附 录 1

证明：复量的导数、梯度定义及相关公式的证明。

证：令 $w = w_\mathrm{r} + \mathrm{j} \cdot w_\mathrm{j}$，则 $|w|^2 = {w_\mathrm{r}}^2 + {w_\mathrm{j}}^2$。对复量 w 的导数定义为[249]：$\dfrac{\partial}{\partial w} = \dfrac{1}{2} \cdot \left(\dfrac{\partial}{\partial w_\mathrm{r}} - \mathrm{j} \dfrac{\partial}{\partial w_\mathrm{j}} \right)$ 和 $\dfrac{\partial}{\partial w^*} = \dfrac{1}{2} \cdot \left(\dfrac{\partial}{\partial w_\mathrm{r}} + \mathrm{j} \dfrac{\partial}{\partial w_\mathrm{j}} \right)$，梯度定义为[9]：$\nabla_\mathrm{w} = \nabla_\mathrm{wr} + \mathrm{j} \nabla_\mathrm{wj}$，从而 $\nabla_\mathrm{w} = 2 \cdot \dfrac{\partial}{\partial w^*}$。

因此有：$\nabla_\mathrm{w} w^* = 2 \cdot \dfrac{\partial w^*}{\partial w^*} = 2$，$\nabla_\mathrm{w} w = 2 \cdot \dfrac{\partial w}{\partial w^*} = 0$ 和

$\nabla_\mathrm{w} |w|^2 = \nabla_{\mathrm{w}_\mathrm{r}} |w|^2 + \mathrm{j} \cdot \nabla_{\mathrm{w}_\mathrm{j}} |w|^2 = 2 w_\mathrm{r} + \mathrm{j} \cdot 2 w_\mathrm{j} = 2w$。

故而，书中 ξ 对 w 的梯度为：$\nabla_\mathrm{w} \xi = 2w \cdot E\left[x_2(n) x_2^*(n) \right] - 2E\left[x_1(n) x_2^*(n) \right]$，式（4.5.9）得证。

附 录 2

证明：权系数起伏方差的推导。

证：由书中权系数起伏量的定义得

$$v(n+1)=w(n+1)-w_{\mathrm{opt}}=w(n)-w_{\mathrm{opt}}+2\mu y(n)x_2^*(n)$$
$$=v(n)\cdot\left[1-2\mu\left|x_2(n)\right|^2\right]+2\mu y_{\mathrm{opt}}(n)x_2^*(n)$$

其中：$y_{\mathrm{opt}}(n)=x_1(n)-w_{\mathrm{opt}}x_2(n)$，$E\left[\left|y_{\mathrm{opt}}(n)\right|^2\right]=\xi_{\min}$。为了求得$v(n)$的方差渐近值，在上面的式中用$E\left[\left|x_2(n)\right|^2\right]=\left|\boldsymbol{h}_2^{\mathrm{T}}\boldsymbol{h}\right|^2P_{\mathrm{J}}+P_{\mathrm{n}}=P_1$替换$\left|x_2(n)\right|^2$，于是可得

$$E\left[v(n+1)v^*(n+1)\right]=\left[1-2\mu P_1\right]^2E\left[v(n)v^*(n)\right]+4\mu^2P_1\xi_{\min}$$

在达到稳态后，可以认为权系数起伏方差是稳定的，即

$$\delta_{\mathrm{w}}{}^2=E\left[v(n+1)v^*(n+1)\right]=E\left[v(n)v^*(n)\right]$$

因此，可得$\delta_{\mathrm{w}}{}^2=\dfrac{\mu\xi_{\min}}{1-\mu\left(\left|\boldsymbol{h}_2^{\mathrm{T}}\boldsymbol{h}\right|^2P_{\mathrm{J}}+P_{\mathrm{n}}\right)}$，式（4.5.14）得证。

附 录 3

证明：图 6.3.6 中，当两曲线相切时，$\arccos\Delta$ 等于 0 或π。

证：设两曲线在某点相切，即在该点的函数值和一阶导数值都是相同的，也即目标和镜像的信号强度以及它们对 φ 的导数在该点都相等。

（1）目标和镜像的幅度相同，即：$|V_{\mathrm{T}}|=|V_{\mathrm{F}}|$，等价于 $|V_{\mathrm{T}}|^2=|V_{\mathrm{F}}|^2$，因此，根据式（6.3.22）、（6.3.23），有

$$\begin{aligned}&A_{\mathrm{TH}}{}^2+A_{\mathrm{TV}}{}^2-2A_{\mathrm{TH}}A_{\mathrm{TV}}\cos(2\varphi+\varphi_{\mathrm{TV}}-\varphi_{\mathrm{TH}})=\\&A_{\mathrm{FH}}{}^2+A_{\mathrm{FV}}{}^2-2A_{\mathrm{FH}}A_{\mathrm{FV}}\cos(2\varphi+\varphi_{\mathrm{FV}}-\varphi_{\mathrm{FH}})\end{aligned}\tag{a}$$

整理上式可得

$$\begin{aligned}\left(A_{\mathrm{TH}}{}^2+A_{\mathrm{TV}}{}^2\right)-\left(A_{\mathrm{FH}}{}^2+A_{\mathrm{FV}}{}^2\right)=2A_{\mathrm{TH}}A_{\mathrm{TV}}\big[&\cos(2\varphi)\cos(\varphi_{\mathrm{TV}}-\varphi_{\mathrm{TH}})\\&-\sin(2\varphi)\sin(\varphi_{\mathrm{TV}}-\varphi_{\mathrm{TH}})\big]-\\2A_{\mathrm{FH}}A_{\mathrm{FV}}\big[&\cos(2\varphi)\cos(\varphi_{\mathrm{FV}}-\varphi_{\mathrm{FH}})-\\&\sin(2\varphi)\sin(\varphi_{\mathrm{FV}}-\varphi_{\mathrm{FH}})\big]\end{aligned}$$

进一步地，有

$$\cos(2\varphi+\varphi_{\mathrm{TF}})=\frac{\left(A_{\mathrm{TH}}{}^2+A_{\mathrm{TV}}{}^2\right)-\left(A_{\mathrm{FH}}{}^2+A_{\mathrm{FV}}{}^2\right)}{2\sqrt{A_{\mathrm{TH}}{}^2A_{\mathrm{TV}}{}^2+A_{\mathrm{FH}}{}^2A_{\mathrm{FV}}{}^2-2A_{\mathrm{TH}}A_{\mathrm{TV}}A_{\mathrm{FH}}A_{\mathrm{FV}}\cos(\varphi_{\mathrm{TV}}-\varphi_{\mathrm{TH}}-\varphi_{\mathrm{FV}}+\varphi_{\mathrm{FH}})}}=\Delta\tag{b}$$

其中:

$$\varphi_{\mathrm{TF}}=\arctan\left[\frac{A_{\mathrm{TH}}A_{\mathrm{TV}}\sin(\varphi_{\mathrm{TV}}-\varphi_{\mathrm{TH}})-A_{\mathrm{FH}}A_{\mathrm{FV}}\sin(\varphi_{\mathrm{FV}}-\varphi_{\mathrm{FH}})}{A_{\mathrm{TH}}A_{\mathrm{TV}}\cos(\varphi_{\mathrm{TV}}-\varphi_{\mathrm{TH}})-A_{\mathrm{FH}}A_{\mathrm{FV}}\cos(\varphi_{\mathrm{FV}}-\varphi_{\mathrm{FH}})}\right]。$$

（2）目标和镜像的幅度对 φ 的导数相同，即 $\dfrac{\mathrm{d}|V_{\mathrm{T}}|}{\mathrm{d}\varphi}=\dfrac{\mathrm{d}|V_{\mathrm{F}}|}{\mathrm{d}\varphi}$。由式（6.3.22）、式（6.3.23）可得

$$|V_{\mathrm{T}}|=\frac{1}{2}\sqrt{A_{\mathrm{TH}}{}^2+A_{\mathrm{TV}}{}^2-2A_{\mathrm{TH}}A_{\mathrm{TV}}\cos(2\varphi+\varphi_{\mathrm{TV}}-\varphi_{\mathrm{TH}})}$$

$$\left|V_F\right| = \frac{1}{2}\sqrt{A_{FH}{}^2 + A_{FV}{}^2 - 2A_{FH}A_{FV}\cos\left(2\varphi + \varphi_{FV} - \varphi_{FH}\right)}$$

按上两式将$\left|V_T\right|$、$\left|V_F\right|$分别对φ求导，得

$$\frac{d\left(\left|V_T\right|\right)}{d\varphi} = \frac{1}{4}\frac{4A_{TH}A_{TV}\sin\left(2\varphi + \varphi_{TV} - \varphi_{TH}\right)}{\sqrt{A_{TH}{}^2 + A_{TV}{}^2 - 2A_{TH}A_{TV}\cos\left(2\varphi + \varphi_{TV} - \varphi_{TH}\right)}} = \frac{A_{TH}A_{TV}\sin\left(2\varphi + \varphi_{TV} - \varphi_{TH}\right)}{2\left|V_T\right|}$$

$$\frac{d\left(\left|V_F\right|\right)}{d\varphi} = \frac{1}{4}\frac{4A_{FH}A_{FV}\sin\left(2\varphi + \varphi_{FV} - \varphi_{FH}\right)}{\sqrt{A_{FH}{}^2 + A_{FV}{}^2 - 2A_{FH}A_{FV}\cos\left(2\varphi + \varphi_{FV} - \varphi_{FH}\right)}} = \frac{A_{FH}A_{FV}\sin\left(2\varphi + \varphi_{FV} - \varphi_{FH}\right)}{2\left|V_F\right|}$$

由于$\left|V_T\right| = \left|V_F\right|$，因此，由$\dfrac{d\left|V_T\right|}{d\varphi} = \dfrac{d\left|V_F\right|}{d\varphi}$可得

$$A_{TH}A_{TV}\sin\left(2\varphi + \varphi_{TV} - \varphi_{TH}\right) = A_{FH}A_{FV}\sin\left(2\varphi + \varphi_{FV} - \varphi_{FH}\right)$$

化简可得

$$\sin(2\varphi)\left[A_{TH}A_{TV}\cos\left(\varphi_{TV} - \varphi_{TH}\right) - A_{FH}A_{FV}\cos\left(\varphi_{FV} - \varphi_{FH}\right)\right] +$$
$$\cos(2\varphi)\left[A_{TH}A_{TV}\sin\left(\varphi_{TV} - \varphi_{TH}\right) - A_{FH}A_{FV}\sin\left(\varphi_{FV} - \varphi_{FH}\right)\right] = 0$$

进而可得

$$\sin\left(2\varphi + \varphi_{TF}\right) = 0 \qquad \text{(c)}$$

其中：φ_{TF}同式（b）。因此，式（b）中

$$\cos\left(2\varphi + \varphi_{TF}\right) = \varDelta = \pm 1$$

从而，必有$\arccos\varDelta$等于 0 或π。

参 考 文 献

[1] Boerner W M. Direct and Inverse Methods in Radar Polarimetry (Proc. of DIMRP'88). Netherlands: Kluwer Academic Publishers, 1992.

[2] Giuli D. Polarization diversity in radars. Proc. of the IEEE, 1986, 74(2): 245-269.

[3] Zyl J J van. On the importance of polarization in radar scattering problems[Ph.D. Dissertation] California Institute of Technology, Pasadena, CA, Jan. 1986.

[4] Huynen J R. Phenomenological Theory of Radar Target[Ph. D. Dissertation]. Netherlands: Technical University Delft, 1970.

[5] Kennangh E M. Polarization properties of radar reflectors[M.Sc.Thesis]. Dept. Of Electr. Eng., The Ohio State University, Columbus, OH 43212, 1952.

[6] Sinclair G. The transmission and reception of elliptically polarized radar waves. Proc. IRE-38: 148-151, Feb. 1950.

[7] 庄钊文，肖顺平，王雪松. 雷达极化信息处理及其应用. 北京：国防工业出版社, 1999.

[8] 肖顺平. 宽带极化雷达目标识别的理论与应用[博士学位论文]. 长沙：国防科技大学，1995.

[9] 王雪松. 宽带极化信息处理的研究[博士学位论文]. 长沙：国防科技大学，1999.

[10] 曾勇虎. 极化雷达时频分析与目标识别的研究[博士学位论文]. 长沙：国防科技大学，2004.

[11] 庄钊文，李永祯，肖顺平，等. 瞬态极化的统计特性与处理. 北京：国防工业出版社, 2005.

[12] 候印鸣，李德成，孔宪正，等. 综合电子战——现代战争的杀手锏. 北京：国防工业出版社，2001.

[13] 张锡熊. 21 世纪雷达的“四抗”. 雷达科学与技术，2003(6): 1-6.

[14] 吕连元. 现代雷达干扰和抗干扰的斗争. 电子科学技术评论. 2004(4): 1-6.

[15] 施龙飞. 雷达极化抗干扰技术研究[博士学位论文]. 长沙：国防科技大学, 2007.

[16] Kostinski A B, Boerner W M. On foundations of radar polarimetry. IEEE Trans. AP, 1986, 34(12): 1395-1404.

[17] Deschamps G A. Part2: Geometrical representation of the polarization state of a plane EM wave. Proc. IRE-39, 1951: 540-544.

[18] Gent H. Elliptically polarized waves and their reflections from radar targets: a theoretical analysis. Telecommunications Research Establishment, Chelenham, England, UK: TRE-MEMO 584, March 1954.

[19] Huynen J R. Study on Ballistic-Missle sorting based on radar cross-section data. Special Report NO.4, Radar Target Sorting based on Polarization Signature Analysis, Palo Alto, CA, Lockheed Aircraft Corp., Missles and Space Division, Rept. LMSD-288216, May 1960.

[20] Copcland J D. Radar target classification by polarization properties. Proc. IRE-48, 1960:1290-1296.

[21] Brickel S H. Some invariant properties of the polarization scattering matrix. Proc. IEEE, 1965.

[22] Lowenschuss O. Scattering matrix application. Proc.IEEE,1965.

[23] Kuhl Riovell F. Object identification by multiple observation of the scattering matrix. Proc.IEEE, 1965.

[24] Atlas D M, Hitfchfeld W. Scattering and attenuation by non-spherical atmospheric particles. J Atmos and Trrestphys, 1953,3: 108-119.

[25] M H I. Hunter Gent, Robinson N P. Polarization of radar echoes, Including aircraft, precipitation and terrain[J]. Prof of IEE, 1963, 110(12): 2139-2148.

[26] McCormic G C. An antenna for obtaining polarization-related data with the Alberda hail radar. Pro.13th Radar Meteor Conf, AMS 1968: 340-347.

[27] Poelman A J. Cross-correlation of orthogonally polarized backscatter components. IEEE Trans AES, 1976, 12.

[28] Fossi M M. Gherardelli, Girrnino P, et al, Experimental results of dual-polarization behaviour of ground clutter. Record of CIE 1986 Int'l Conf. on Radar, Nanjing, 1986.

[29] Giuli D, Fossi M, Gherardelli M. Polarization behavior of ground clutter during

dwell time. IEE Proc.-F, 138(3), June 1991.

[30] Foo B Y, Boerner W M. Basic monostatic polarimetric broad band target scattering analysis required for high resolution polarimetric target downrange crossrange imaging of airborne scatterers. Measurement, processing and analysis of radar target signatures, vol. z, OSV-ESL, Sept.1985.

[31] Poelman A J. On using orthogonally polarized receiving channels to detect target echoes in Gaussian noise. IEEE Trans AES, 11, 1975.

[32] Poelman A J. Virtual polarisation adaptation: A method for increasing the detection capability of a radar system through polarisation-vector processing. Proc. IEE, Pt. F, 1981, 128(5): 261-270.

[33] Poelman A J. Polarisation-vector translation in radar systems. Proc. IEE, Pt. F, 1983, VOL 130(2): 161-165.

[34] Poelman A J. A study of controllable polarization applied to radar. Military Microwaves'80 Conference, London UK, October 1980: 398-404.

[35] Haykin S, et al. Effect of polarization on the marine radar detection of icebergs. IEEE Intl. Radar Conference, 1985.

[36] Giuli D, Rossettini A. Analysis of radar receivers for dual polarization target detection. IEE Int.Conference RADAR 87, Conf.publ.281: 60-72.

[37] Wanielik G. Stock D J R. Use of radar polarimetric information in CFAR and classification algorithms. Proceedings Int. Conference on Radar, Paris, 1989(4): 242-247.

[38] Novak L M, Sechtin M B, Cardullo M J. Studies of target detection algorithms that use polarimetric radar data. IEEE Trans. AES, 1989, 25(2): 150-165.

[39] Wanielik G, Stock D J R. Measured scattering matrix data and polarimetric CFAR detector, which works on this data. IEEE Intl. Radar Conference, 1990.

[40] Chaney R D, Burl M C, Novak L M. On the performance of polarimetric target detection algorithms. IEEE Intl. Radar Conference, 1990: 520-525.

[41] Novak L M, Burl M C, Irving W W. Optimal polarimetric processing for enhanced target detection. IEEE Trans. AES, 1993, 29(1): 234-243.

[42] Novak L M, et al. Optimal polarizations for radar detection and recognition of target in clutter. 1993 IEEE National Radar Conference.

[43] Pottier E, Saillard J. Optimal polarimetric detection of radar target in a slowly

fluctuating environment of clutter. IEEE Intl. Radar Conference, 1990: 211-216.

[44] Park H R, Kwag Y K, Wang H. An efficient adaptive polarimetric processor with an embedded CFAR. ETRI Journal, 2003, 25(3): 171-178.

[45] Maio A D. Polarimetric adaptive detection of range-distributed targets. IEEE Trans. SP, 2002, 50(9): 2152-2158.

[46] Pastina D. Adaptive polarimetric target detection with coherent radar. IEEE Intl. Radar Conference, 2000: 93-97.

[47] Farina A, Scannapieco F, Vinelli F. Target detection and classification with polarimetric high range resolution radar. Proc. of DIMRP'88: 1021-1041.

[48] Garren D A, et al. Full-polarization matched-illumination for target detection and identification. IEEE Trans. AES, 2002, 38(3): 824-835.

[49] 王雪松, 李永祯, 徐振海, 等. 高分辨雷达信号极化检测研究. 电子学报, 2000, 28(12): 15-18.

[50] 王雪松, 徐振海, 李永祯, 等. 高分辨雷达目标极化检测仿真实验与结果分析. 电子学报, 2000, 28(12): 59-63.

[51] 李永祯, 王雪松, 肖顺平, 等. 基于非线性积累的高分辨极化目标检测. 红外与毫米波学报, 2000, 19(4): 307-312.

[52] 李永祯, 王雪松, 李军, 等. 基于 Stokes 矢量的高分辨极化目标检测. 现代雷达, 2001, 23(1): 52-57.

[53] 李永祯, 王雪松, 徐振海, 等. 基于强散射点径向积累的高分辨极化目标检测研究. 电子学报, 2001, 29(3): 307-310.

[54] Nathanson F E. Adaptive circular polarization[A]. IEEE Int.Radar Conf. Arlington, VA, USA, April, 1975: 221-225.

[55] Poelman A J. Virtual polarisation adaptation: A method for increasing the detection capability of a radar system through polarisation-vector processing. Proc. IEE, Pt. F, 1981, 128(5): 261-270.

[56] Poelman A J. Polarisation-vector translation in radar systems. Proc. IEE, Pt. F, 1983, 130(2): 161-165.

[57] Poelman A J. Nonlinear polarization-vector translation in radar system: A promising concept for real time polarization-vector signal processing via a single- notch polarization suppression filter. Proc. IEE, pt. F, 1984, 131(5): 451-465.

[58] Poelman A J, Guy J R F. Multinotch logic-product polarization suppression filters: Atypical design example and its performance in a rain clutter environment.IEE Proc.-F,1984,131(7):383-396.

[59] Giuli D, Fossi M, Gheraadelli M. A technique for adaptive polarizaion filtering in radars. Proc of IEEE Int Radar Conf. Arlington, VA, USA, May, 1985: 213-219.

[60] Wanielik G, Stock D J R. Radar polarization jamming using the suppression of two fully polarized waves. Radar-87.

[61] Gherardelli M, Giuli D, Fossi M. Suboptimum polarization cancellers for dual plarisation radars. IEE Proc.-F,1988(1),135: 60-72.

[62] Gherardelli M. Adaptive polarisation suppression of intentional radar disturbance. IEE Proc Pt. F,1990,137(6): 407-416.

[63] Stapor D P. Optimal receive antenna polarization in the presence of interference and noise. IEEE Trans. AP, 1995, 43(5): 473-477.

[64] Lee Chui Jai, Wang Hong. An adaptive multiband clutter polarization canceler, IEEE, AP-S, 1992, 1011-1014.

[65] Brown Russell, Wang Hong. Adaptive signal processing techniques for multiband polarimetric radar. Radar92, International Conference 1992; 308-311.

[66] Qiao Xiaolin, Liu Yongtan. Sequential polarization filtering for a ground wave radar. International Conference on Radar, Proc. of CIE 1991.

[67] 张国毅. 高频地波雷达极化抗干扰技术研究[博士学位论文]. 哈尔滨：哈尔滨工业大学, 2002.

[68] 张国毅, 刘永坦. 高频地波雷达多干扰的极化抑制. 电子学报, 2001, 29(9): 1206-1209.

[69] 曾清平. 雷达极化技术与极化信息应用. 北京：国防工业出版社, 2006.

[70] 王雪松, 汪连栋, 肖顺平, 等. 自适应极化滤波器的理论性能分析.电子学报, 2004, 32(4): 1326-1329.

[71] Stewart N A. Use of crosspolar returns to enhance target delectability. Advance in radar techniques. edited by J. Clarke, Peregrinus Ltd, 1985.

[72] Tatarinov S, Ligthart L, Gaevoy E. Dynamical polarization contrast of complex radar targets. Proc. IEEE International Geoscience and Remote Sensing Symposium, IGARSS'99: 1387-1389.

[73] Santalla V, Vera M, Pino A G. A Method for Polarimetric Contrast Optimization in the Coherent Case. Antennas and Propagation Society International Symposium. 1993:1288-1291.

[74] Yang J, Yamaguchi Y, Boerner W M. Numerical Methods for Solving the Optimal Problem of Contrast Enhancement. IEEE Trans GRS,2000,38(2): 965-971.

[75] Yang J, Dong G W, Peng Y N, et al. Generalized Optimization of Polarimetric Contrast. Enhancement. IEEE Trans GRS,2004,42(3):171-174.

[76] 王雪松，庄钊文，肖顺平，等. 极化信号的优化接收理论：完全极化情形. 电子学报, 1998, 26(6): 42-46.

[77] 王雪松，庄钊文，肖顺平，等. 极化信号的优化接收理论：部分极化情形. 电子科学学刊, 1998, 20(4): 468-473

[78] 王雪松，庄钊文，肖顺平，等. SINR 极化滤波器通带性能研究. 微波学报, 2000, 16(1): 29-37.

[79] Wang Xuesong, Zhuang Zhaowen, Xiao Shunping. Nonlinear programming modeling and solution of radar target polarization enhancement. Progress in Natural Science, 2000, 10(1):62-67.

[80] Wang Xuesong, Zhuang Zhaowen, Xiao Shunping. Nonlinear optimization method of radar target polarization enhancement. Progress in Natural Science, 2000, 10(2):136-140.

[81] 徐振海，王雪松，施龙飞，等. 信号最优极化滤波及性能分析. 电子与信息学报，2006, 28, (3): 498-501.

[82] 施龙飞，王雪松，徐振海，等. APC 迭代滤波算法与性能分析. 电子与信息学报，2006, 28 (9): 1560-1564.

[83] 施龙飞，王雪松，肖顺平，等. 干扰背景下雷达目标最佳极化的分布估计方法. 自然科学进展, 2005, 15(11): 1324-1329.

[84] Compton R T. On the performance of a polarization sensitive adaptive array. IEEE Trans. AP, 1981, 29(5):718-725.

[85] Compton R T. The tripole antenna: an adaptive array with full polarization flexibility. IEEE Trans. AP, 1981, 29(6): 944-952.

[86] Compton R T. The performance of a tripole adaptive array against cross-polarized jamming. IEEE Trans. AP, 1983, 31(4):682-685.

[87] Park Hyung-Rae, Wang Hong, Li Jian. An adaptive polarization-space-time processor for radar system, Antennas and Propagation Society International Symposium, 1993，AP-S, 2:698-701.
[88] 徐振海. 极化敏感阵列信号处理研究[博士学位论文]. 长沙：国防科技大学, 2004.
[89] 徐振海, 王雪松, 肖顺平, 等. 极化自适应递推滤波算法. 电子学报, 2002, 30(4): 608-610.
[90] 徐振海, 王雪松, 肖顺平, 等. 极化敏感阵列滤波性能分析: 完全极化情形. 电子学报, 2004, 32(8): 1310-1313.
[91] 徐振海, 王雪松, 肖顺平, 等. 极化敏感阵列滤波性能分析: 相关干扰情形. 通信学报, 2004, 25(10): 8-15.
[92] Park Hyung-Rae, Li Jian, Wang Hong. Polarization-space-time domain generalized likelihood ratio detection of radar targets, Signal Processing, 1995, 41:153-164.
[93] Debora Pastina, Piefrancesco Lombardo, Vincenzo Pedicini, Tullio Bucciarelli. Adaptive polarimetric target detection with coherent radar. IEEE International Radar Conference, 2000: 93-97.
[94] 徐振海, 王雪松, 肖顺平, 等. 极化敏感阵列信号检测研究：部分极化情形. 电子学报, 2004, 32(6): 938-941.
[95] Cheng Qi, Hua Yingbo. Further study of the pencil-music algorithm. IEEE Trans. AES, 1996, 32(1):284-299.
[96] Arye Nehorai, Eytan Paldi. Vector-sensor array processing for electromagnetic source localization, IEEE Trans. SP, 1994, 42(2):376-398.
[97] Hochwald, A. Nehorai. Identifiability in array processing models with vector-sensor application. IEEE Trans. SP, 1996, 44(1):83-95.
[98] Kah-Chye Tan, Kwok-Chiang Ho, Arye Nehorai. Uniqueness study of measurements obtainable with arrays of electromagnetic vector sensors. IEEE Trans. SP, 1996, 44(4):1036-1039.
[99] Kah-Chye Tan, Kwok-Chiang Ho, Arye Nehorai. Linear independence of steering vectors of an electromagnetic vector sensor. IEEE Trans. SP, 1996, 44(12):3099-3107.
[100] Peng-Huat Chua, Chong-Meng Samson See, Arye Nehorai. Vector sensor

array processing for estimating angles and times of arrival of multipath communication signals, IEEE Proc. ICASSP, 1998: 3325-3328.

[101] Kwok_chiang Ho, Kah-Chye Tan, Arye Nehorai. Estimating directions of arrival ofcompletely and incompetely polarized signals with electromagnetic vector sensors. IEEE Trans. SP, 1999, 47(10):2845-2852.

[102] Arye Nehorai, Petr Tichavsky. Cross-product algorithms for source tracking using an EM vector sensor. IEEE Trans. SP, 47(10):2863-2867.

[103] Wong K T. Blind beamforming/geolocation for wideband-FFHs with unknown hop-sequences. IEEE Trans. AES, 2001, 37(1):65-75.

[104] Wong K T. Direction finding/polarization estimation-dipole and/or loop triads. IEEE Trans. AES, 2001, 37(2):679-684.

[105] Cameron W L, Lenng L K. Feature motivated polarization scattering matrix decomposition. IEEE International Conf. On Radar, 1990.

[106] Cloude S R, Pottier E. A review of target decomposition theorems in radar polarimetry. IEEE GRS, 1996, 34(2): 498-517.

[107] Unal C M H, Ligthart L P Decomposition theorems applied to random and stationary radar targets. Progress in electromagnetics research, 1998, PIER 18: 45-66.

[108] Cloude S R, Pottier E. An entropy based classification scheme for land applications of polarimetric SAR. IEEE Trans. GRS, 1997, 35(1): 68-78.

[109] Van Zyl J J. Unsupervised classification of scattering behavior using radar polarimetry data. IEEE Trans. GRS, 1989, 27(1): 36-45.

[110] Dong Yunhan, Bruce C, Forster, et al. A new decomposition of radar polarization signatures. IEEE Trans. GRS, 1998, 36(3): 933-939.

[111] Firooz Sadjadi, et al. New experiments in the use of radar polarimetry for improving target recognition performance. SPIE Proc., 1997, 3069: 368-374.

[112] Firooz Sadjadi, et al. Improved target classification using optimum polarimetric SAR signatures. IEEE Trans AES, 2002, 38(1): 38-49.

[113] Novak L M, Halversen S D. Effects of polarization and resolution on SAR ATR. IEEE Trans. AES, 1997, 33(1): 102-116.

[114] Bennett A J, et al. The use of high resolution polarimetric SAR for automatic target recognition. SPIE Proc., 2002, 4727: 146-153.

[115] Chamberlain N F, Walton E K, Garber F D. Radar target identification of aircraft using polarization diverse features. IEEE Trans. AES, 1991, 27(1).

[116] 庄钊文. 雷达目标频域极化域目标识别的研究[博士学位论文]. 北京：北京理工大学, 1989.

[117] 何松华. 高距离分辨率毫米波雷达目标识别的理论与应用[博士学位论文]. 长沙：国防科技大学, 1993.

[118] 肖怀铁. 宽带极化毫米波雷达目标特征信号测量与识别算法研究[博士学位论文]. 长沙：国防科技大学, 2000.

[119] Melvin L S, Banner G P. Radars for the Detection and Tracking of Ballistic Missiles, Satellites, and Planets. Lincoln Laboratory Journal, 2000, 12 (2): 217-244.

[120] The NASA STI program office. Aeronautical Engineering-A continuing bibliography with indexes. NASA/SP-1999-7037/SUPPL395, March 5, 1999.

[121] Philip A Ingwersen , William Z Lemnios. Radars for Ballistic Missile Defense Research. Lincoln Laboratory Journal, 2000, 12(2):245-266.

[122] Gilet M, Sauvegeot H, Testud J. Weather radar progeams in France. Proc.22th Conf. on radar meteor, AMS, 1984: 15-20.

[123] Collier C G. Radar meteorology in United Kingdom. Proc. on radar Meteor, AMC, 1984: 1-8.

[124] 徐宝祥, 叶宗秀, 王致君. 双线偏振雷达的气象应用. 气象学报, 1987, 45(4): 86-91.

[125] 王致君. 偏振气象雷达发展现状及其应用潜力. 高原气象. 2002(10): 495-500.

[126] 徐宝祥, 张鸿发, 吕应刚, 等. 线圆偏振雷达的改装. 气象学报, 1984, 42(4): 416-422.

[127] 王致君, 蔡启铭, 徐宝祥,等. 713 双线偏振雷达的改装. 高原气象, 1988 (4): 177-185.

[128] Pettengill G H, Kraft L G. Observations Made with the Millstone Hill Radar. Avionics Research: Satellites and Problems of Long Range Detection and Tracking, AGARD Avionics Panel Mtg., Copenhagen, 1958(20-25): 125-134.

[129] Ingwersen P A, Lemnios W Z. Radars for Ballistic Missile Defense Research.

Lincoln Laboratory Journal, 2000, 12(2): 245-266.
[130] Freeman E C. MIT Lincoln Laboratory: Technology in the National Interest. Lincoln Laboratory, Lexington, Mass.,1995: 83.
[131] 向敬成, 张明友. 毫米波雷达及其应用. 北京：国防工业出版社, 2005.
[132] JoBea Way, Elizabeth Atwood Smith. The Evolution of Synthetic Aperture Radar Systems and Their Progression to the EOS SAR. IEEE Trans on Geoscience Remote Sensing, 1991, 29(6): 962-985.
[133] C E Livingstone, Gray A L, Hawkins R K, et al. CCRS C/X-Airborne Synthetic Aperture Radar: an R and D Tool for the ERS-1 Time Frame. Radar Conference, 1988, Proceedings of the 1988 IEEE National, 1988(20-21): 15-21.
[134] Christensen E L, Dall J. EMISAR: a Dual2Frequency, Polarimetric Airborne SAR. Geoscience and Remote Sensing Symposium, 2002. IGARSS 2002, IEEE International, 2002(3): 1711-1713.
[135] Christensen E L, Skou N, Dall J. EMISAR: an Absolutely Calibrated Polarimetric L- and C-band SAR . IEEE Trans on Geoscience and Remote Sensing, 1998, 36(6): 1852-1865.
[136] 863 先进防御技术通讯(A 类). 美国国防部声称 NMD 能够识别真假目标. 863 先进防御技术通讯简讯, 2000(14)：1,2.
[137] 马骏声. 目标识别与 GBR 地基成像雷达. 航天电子对抗, 1996, 12(4): 32 35.
[138] 马骏声. NMD-GBR 雷达的测量能力及其性能参数. 航天电子对抗, 2002, 18(5): 1-8.
[139] Andrew M S, John M C, Dietz Bob, et al. Countermeasures-A technical evaluation of the operational effectiveness of the planned US national missile defense system. Union of Concerned Scienst, Cambridge MA, 2000.
[140] Giuli D, Fossi M. Radar target scattering matrix measurement through orthogonal signals. IEE Proc.-F, 1993(4): 233-242.
[141] Scott R D, Krehbiel P R, William Rison. The Use of Simultaneous Horizontal and Vertical Transmissions for Dual-Polarization Radar Meteorological Observations. Latex2HTML, Bill Rison. 1999-09-03.
[142] Giuli D, Facheris L, Fossi M. Simultaneous scattering matrix measurement

through signal coding. Proceedings of IEEE 1990 International Radar Conference. Arlington, VA, USA: 258-262.
[143] 喻旭伟. 高密度脉内假目标生成技术. 电子对抗, 2003(6): 25-28.
[144] 施龙飞, 周颖, 李盾, 等. LFM 脉冲雷达恒虚警检测的有源假目标干扰研究. 系统工程与电子技术, 2005 (5): 818-222.
[145] Howard D D. Radar Target Glint in Tracking and Guidance System Based on Echo Signal Phase Distortion. Proc. of NEC, 1959, 15: 840-849.
[146] 黄培康. 雷达目标特征信号. 北京：宇航出版社, 1993.
[147] 孙文峰, 何松华, 赵宏钟. 频率分集技术对宽带毫米波雷达目标角闪烁的抑制. 现代雷达, 1999, 21(2): 12-15.
[148] 赵宏钟, 何松华. 基于高分辨距离像的单脉冲角跟踪技术. 电子学报, 2000(4): 142-144.
[149] 张涛, 张群, 马长征, 等, 基于高分辨距离像的角闪烁抑制方法. 西安电子科技大学学报(自然科学版), 2001, 28(3): 295-300.
[150] 王祖林, 张孟, 段世忠, 等. 比相单脉冲雷达测角与角闪烁研究. 航空学报, 2001(6): 26-29.
[151] 乔晓林, 肖渺, 金铭. 基于频率捷变和 RCS 加权抑制雷达角闪烁的研究. 系统工程与电子技术, 2001, 23(4): 54-57.
[152] 王祖林, 张孟, 段世忠, 等. 比相单脉冲雷达目标角闪烁建模与仿真, 系统工程与电子技术, 2001, 23(4): 4-5.
[153] 王国玉, 汪连栋, 王国良, 等. 雷达目标角闪烁的建模与仿真. 火控雷达技术, 2000(6): 1-5.
[154] 许小剑, 黄培康. 目标电磁散射特征信号的统计复现. 系统工程与电子技术, 1994(8): 21-27.
[155] 夏应清, 杨河林, 徐鹏根, 等. 雷达目标角闪烁预估计算. 电波科学学报, 2003, 18(1): 111-115.
[156] 李中兴. 雷达目标角闪烁抑制. 西北工业大学学报, 1994, 12(1): 57-62.
[157] 殷红成, 邓书辉, 阮颖铮, 等. 利用后向散射回波相对相位计算角闪烁的条件. 电子学报, 1996, 24(9): 36-40.
[158] Hongcheng Yin, Peikang Huang. Unification and comparison between two concepts of radar target angular glint. IEEE Transactions on AES, 1995, 31(2): 778-783.

[159] 黄培康, 殷红成, 许小剑. 雷达目标特性. 北京：电子工业出版社, 2005.
[160] Axellson S, Polarimetric statistics of electromagnetic waves scattered by distributed targets. PB93-195907, 1993, 2.
[161] Touzi R, Lopes A. Statistics of the Stokes parameters and of the complex coherence parameters in one-look and multi-look speckle fields, IEEE. Trans. GRE, 1996,34 (2):519-531.
[162] Eom Hyo J, Boerner W M. Statistical properties of the phase difference between two orthogonally polarized SAR signals. IEEE Trans.GRS-29(1), 1991: 182-184.
[163] Ecker H A, Jr.cofer J W. Statistical characteristics of the polarization power ratio for radar return with circular polarization. IEEE Trans on AES, 1969(5): 762-769.
[164] 刘涛. 雷达瞬态极化统计学理论及其应用研究[博士学位论文]. 长沙：国防科技大学，2007.
[165] 张祖稷, 金林, 束咸荣. 雷达天线技术. 北京：电子工业出版社, 2005.
[166] [美] Kraus John D， Marhefka Ronald J. 天线. 章文勋, 译. 北京：电子工业出版社, 2006.
[167] [美] Mott H. 天线和雷达中的极化. 林昌禄, 等, 译. 成都：电子科技大学出版社, 1989.
[168] Ludwig A C. The Definition of Cross Polarization. IEEE Trans. AP, Jan 1973,21:116-119.
[169] Nader Damavandi. Cross Polarization Characteristics of Annular Ring Microstrip Antennas. IEEE Antennas and Propagation Society International Symposium, July 1997,3:1878-1881.
[170] 周建寨. 利用馈源的高次模改善偏置抛物面天线的交叉极化性能. 无线电通信技术, 2001,27(4): 48-50.
[171] 王俊义. 改善单偏置天线交叉极化劣化的 C-band 馈源. 无线电通信技术, 2006,32(1): 29-32.
[172] GANS M J. 反射型波束波导和天线的交叉极化. 译自《B.S.T.J》V.55, N.3, 1976: 289-316.
[173] 杨雪霞. 双极化与变极化微带天线的研究[博士学位论文]. 上海：上海大学，2001.

[174] 罗佳. 天线空域极化特性及其应用[博士学位论文]. 长沙：国防科技大学，2008.
[175] 丁鹭飞. 雷达原理. 西安：西安电子科技大学出版社, 2001.
[176] 曾清平，董天临，万山虎. 极化雷达的发展动态与极化信息的应用前景. 系统工程与电子技术，2003，25(6): 669-673.
[177] X 波段双极化天气雷达在玉溪安装. 中国气象报, 2004-6-25 .
[178] [俄]维利卡洛夫，等. 弹道导弹突防中的电子对抗. 成都：信息产业部电子二十九研究所， 2001.
[179] 王光宇. 国外相控阵电子战系统的研制情况(相控阵干扰机文集). 信息产业部电子第五十一研究所，2001, 10:1-4.
[180] 李滔. 雷达干扰抗干扰效果评估准则与实现[硕士学位论文]. 西安: 西安电子科技大学, 2001.
[181] 周颖. 电子战条件下导弹防御相控阵雷达仿真与评估研究[博士学位论文]. 长沙: 国防科技大学，2005.
[182] 张巨泉. 雷达情报系统干扰易损性评估的基本理论和系统方法研究[博士后出站报告]. 长沙: 国防科技大学, 2001.
[183] 陈曾平. 雷达目标结构特征识别的理论与应用[博士学位论文]. 长沙: 国防科技大学，1994.
[184] 戴博伟. 多极化合成孔径雷达系统与极化信息处理研究[博士学位论文]. 北京：中国科学院，2000.
[185] 顾尔顺. 有源欺骗干扰的对抗技术. 航天电子对抗，1998, 3: 13-16.
[186] 倪汉昌. 抗欺骗式干扰技术途径研究. 航天电子对抗, 1998, 3: 17-20.
[187] 王国玉，汪连栋，等. 雷达电子战系统数学仿真与评估. 北京: 国防工业出版社, 2004.
[188] 李永祯，王雪松，王涛，等. 有源诱饵的极化鉴别研究. 国防科大学报，2004, 26(3):83-88.
[189] 王涛，王雪松，肖顺平. 随机调制单极化有源假目标的极化鉴别研究. 自然科学进展，2006，16(5):611-617.
[190] 王国玉. 基于雷达对抗的战区导弹突防仿真研究[博士学位论文]. 长沙：国防科学技术大学，1999.
[191] 侯民胜，张治海. “边沿跟踪法”抗距离欺骗干扰的计算机仿真. 现代雷达, 2004, 26(7):4-6,10.

[192] 张建军，刘 泉. 基于小波分析的距离拖引干扰检测. 武汉理工大学学报, 2006, 28(1):99-101,111.

[193] 刘兆磊，王国宏，张光义，等. 机载火控雷达距离拖引目标的交互式多模型跟踪方法. 航空学报, 2005, 26(4):465-469.

[194] 张小林，沈福民，刘峥. 末制导雷达抗距离拖引干扰的一种有效途径. 制导与引信, 2003, 24(4):46-49.

[195] Kenji KITAYAMA, Yoshio YAMAGUCHI,Jian YANG, et al. Compound scattering matrix of targets aligned in the range direction. IEICE Trans. COMMUN. E84,NO.1 Jan,2001.

[196] 吴翊，李永乐，胡庆军. 应用数理统计. 长沙：国防科技大学出版社, 1995.

[197] [苏]列昂诺夫. 单脉冲雷达. 北京:国防工业出版社，1974.

[198] Rudge A W, Adatia N A. New Class of Primary-Feed Antenna for Use With Offset Parabolic Reflector Antenna. Electronics Letters, 1975, 11(24): 597-599.

[199] 杨可忠，杨智友，章日荣. 现代面天线新技术. 北京：人民邮电出版社，1993.

[200] 倪晋麟，郑学誉，何东元. 单元交叉极化对自适应阵列性能的影响. 电子与信息学报，2002, 24(1).

[201] 代大海，王雪松，李永祯，等. 交叉极化干扰建模及其欺骗效果分析. 航天电子对抗，2004(3)：21-25.

[202] 刘克成，宋学诚. 天线原理. 长沙：国防科技大学出版社，1989.

[203] 施龙飞，王雪松，肖顺平，低空镜像角闪烁的极化抑制. 电波科学学报, 2008, 23(06).

[204] Lindsay J E. Angular Glint and the Moving,Rotating,Complex Radar Target. IEEE Trans on AES, 1968(2): 164-173.

[205] Rogers S. R. On Analytical Evaluation of Glint Error Reduction for Frequency-Hopping Radar. IEEE Trans on AES, 1991(6):891-894.

[206] Borden B. Requirements for Optimal Glint Reduction by Diversity Methods. IEEE Trans on AES, 1994(4):1108-1114.

[207] Sims R J, Graf E R. The reduction of radar glint by diversity techniques. IEEE Trans on AP, 1971(4):462-468.

[208] 黄培康，殷红成. 扩展目标的角闪烁. 系统工程与电子技术，1990(12):

1-17.
[209] Skolnik Merrill I. 雷达手册. 王军, 林强, 米慈中, 等, 译. 北京：电子工业出版社, 2003.
[210] 杨世海. 相控阵雷达低空目标探测与跟踪技术研究. 长沙: 国防科技大学, 2002(12): 36-40.
[211] 杨世海,胡卫东,杜小勇. 雷达低空目标跟踪的偏差补偿算法研究.电子学报, 2002(12): 1741-1744.
[212] 施莱赫 D C. 信息时代电子战. 成都: 信息产业部第 29 研究所, 2000.
[213] 秦忠宇. 相控阵雷达的自适应旁瓣对消系统中的几个问题. 系统工程与电了技术，1991, 13(10) : 39- 44.
[214] 杜耀惟, 张强, 何卫国. 雷达目标极化特性及其在反隐身中的应用[专题报告]. 信息产业部第十四研究所，1996.
[215] 柯有安. 雷达极化理论. 现代雷达，1987(5): 89-95.
[216] 魏克珠, 李士根. 双模铁氧体器件的发展及应用. 现代雷达, 2001, 23(3): 71-74.
[217] 蒋仁培, 魏克珠. 微波铁氧体新器件. 北京: 国防工业出版社，1995.
[218] 薛雷达. 美国国家导弹防御系统地基雷达测量与识别能力. 863 先进防御技术通讯(A 类)，2000.
[219] 孙俭. TMD-GBR 的发展与演变，863 先进防御技术通讯，1995.
[220] 黄培康. 反导系统中的目标识别技术. 战略防御，1981.
[221] Evans Gary E. 天线测量技术. 电子工业部第十四研究所, 译. 《SSS》丛书编辑部出版，1997. (Gary E.Evans. Antenna Measurement Techniques. Artech. House, Inc. 1990, ISBN: 0-89006-375-3).
[222] 王涛. 弹道中段目标极化域特征提取与识别 [博士学位论文]. 长沙: 国防科学技术大学, 2006(10): 58-92.
[223] 毛兴鹏，刘永坦. 极化滤波技术的有效性研究. 哈尔滨工业大学学报，2002, 34(4): 577-580.
[224] 毛兴鹏，刘永坦, 等. 零相移瞬时极化滤波器. 电子学报, 2004, 32(9): 1495-1498.
[225] 王被德. 虚拟极化在雷达接收系统中的应用和实现. 雷达科学与技术，2003, 1: 35-38, 45.
[226] 潘健，刘博. 自适应接收极化处理的方法与实现. 雷达电子战，2004，1:

1-8.
[227] 王雪松, 王涛, 李永祯, 等. 雷达目标极化散射矩阵的瞬时测量方法. 电子学报, 2006(6): 1020-1025.
[228] 张明胜. 极化信息与变极化技术的研究[硕士学位论文]. 南京: 南京理工大学, 2005.
[229] 世界地面雷达手册. 第二版. 电子信息产业部第 14 研究所，2002.
[230] 林象平. 雷达对抗原理. 西安. 电讯工程学院出版社, 1985.
[231] 斯培国. 电子对抗装备发展概论. 北京: 解放军出版社, 1999.
[232] [美]莱罗艾B.范布朗特. 应用电子对抗(一 二 三卷). 北京: 解放军出版社, 1981.
[233] 汪胡祯, 徐利治, 等. 现代工程数学手册. 武汉: 华中工学院出版社，1986.
[234] 马振华. 现代应用数学手册：概率统计与随机过程卷. 北京：清华大学出版社，2000.
[235] 皇甫堪, 陈建文, 楼生强. 现代数字信号处理. 北京：电子工业出版社, 2003.
[236] 王学仁, 王松桂. 实用多元统计分析. 上海：上海科学技术出版, 1990.
[237] 盛骤, 谢式千, 潘承毅. 概率论与数理统计. 北京：高等教育出版社, 1989.
[238] 张贤达.现代信号处理. 北京：清华大学出版社, 2002.
[239] 王朝瑞, 史荣昌. 矩阵分析. 北京: 北京理工大学出版社，1989.

内 容 简 介

本书是雷达极化抗干扰技术的一本专著，是作者多年来研究成果和工作经验的总结。本书系统地论述了雷达极化抗干扰的基本原理和方法，并介绍了这一研究领域的最新研究工作与成果。

本书以介绍雷达极化抗干扰的基本原理和方法为主线，着重介绍了雷达极化测量、压制干扰极化抑制、欺骗干扰的极化鉴别等相关方面的最新研究进展。本书共分 6 章：第 1 章简要归纳、评述了雷达干扰与抗干扰的研究现状和发展趋势，论述了雷达极化抗干扰的相关理论、应用成果以及亟需解决的前沿问题；第 2 章介绍了雷达极化学的基础理论，从物理层面揭示了雷达目标信号、干扰信号的极化本质特征；第 3 章介绍了雷达极化测量方法；第 4 章着重讨论了极化抗噪声压制干扰的相关问题；第 5 章介绍了利用极化信息鉴别有源假目标的研究成果；第 6 章讨论了极化抗有源角度欺骗干扰的相关问题。

本书内容以战场电磁环境为背景，充分考虑了工程应用中涉及的重要影响因素，其方法和结论对于雷达系统优化设计、提高雷达抗干扰和目标识别能力等科学研究和工程应用具有指导意义，可供从事雷达电子战领域的科研人员阅读，也可作为相关学科研究生的教材和学习参考书。